기계공학도를 위한

알기 쉬운
실용 기계재료

이건이, 최영 지음

Σ 시그마프레스

기계공학도를 위한 알기 쉬운
실용 기계재료

발행일 | 2017년 8월 10일 1쇄 발행
2021년 5월 10일 2쇄 발행
2024년 1월 5일 3쇄 발행

저 자 | 이건이, 최영
발행인 | 강학경
발행처 | ㈜시그마프레스
디자인 | 김은경
편 집 | 문수진

등록번호 | 제10-2642호
주소 | 서울특별시 영등포구 양평로 22길 21 선유도코오롱디지털타워 A401~402호
전자우편 | sigma@spress.co.kr
홈페이지 | http://www.sigmapress.co.kr
전화 | (02)323-4845, (02)2062-5184~8
팩스 | (02)323-4197

ISBN | 978-89-6866-971-2

＊책값은 책 뒤표지에 있습니다.

이 도서의 국립중앙도서관 출판예정도서목록(CIP)은 서지정보유통지원시스템 홈페이지(http://seoji.nl.go.kr)와 국가자료공동목록시스템(http://www.nl.go.kr/kolisnet)에서 이용하실 수 있습니다.(CIP제어번호 : CIP2017018155)

음식 재료의 종류 및 특성, 즉 인간이 먹을 수 있는 육류, 어류 및 채소 등 음식 재료의 종류와 재료의 성분, 영양소, 질긴지 연한지 등 재료의 성질을 모르고 음식을 만들 수 없듯이, 기계재료의 종류와 성질 및 특성을 모르고 기계를 만들 수는 없다.

이처럼 가장 기본이 되는 기계재료에 대해 엔지니어들이 의외로 너무 모르고 있음에 깜짝 놀라곤 하는데, 그 이유를 가만히 생각해보면 학교에서 그 중요성을 인식하지 못하고 가르치지 않거나 지나치게 금속학적으로 접근하여 기계공학을 배우는 학생들이 내용을 이해하기 어려워 흥미를 잃었기 때문이 아닌가 한다. 또한 금속재료학 부분에 중점을 두어, 실제 기계 관련 업무에 도움이 되는 재료의 종류 및 특성, 특히 활용되는 분야 또는 부품 등에 대한 가르침이 부족하게 되었다.

이와 같은 점을 개선하기 위해 금속학적인 부분은 재료의 강화 메커니즘을 이해하기 위한 정도로 최소화하여 서술하며, 주로 재료의 활용에 중점을 두어 서술하고자 했다. 아울러 고등학교를 졸업하고 처음으로 전공 분야를 접하는 것이 '기계재료학'이므로 보다 쉽고 편안하게 기계공학에 흥미를 가질 수 있도록 가능한 한 많은 사진을 싣고자 했다.

철강재료의 기호는 KS 규격 기준으로 서술하되 아직도 기업 현장에서 사용되고 있는 JIS를 병기하여 JIS 대신에 KS 규격 사용을 권장하고자 한다.

부품을 만들 때 어떤 재료를 쓸지를 결정하기 위해 검토하는 항목에는 다음과 같은 것이 있다. 이 항목들에 유의하며 공부하기 바란다.

- 재료 특성 : 인장강도, 항복점 또는 내력, 탄성 한도, 피로 강도, 충격 강도, 경도, 포아송 비, 탄성계수(종·횡), 열팽창특성, 크리프특성, 감쇠특성, 내열성, 내식성, 전기적 특성, 자기적 특성, 열 전도도, 전기 전도도
- 구입 용이성 : 시장성, 구입 가격, 신뢰성, 양산성, 개발비용 등
- 성형성 : 형상, 가공성, 재료 수율, 주조성, 단조성, 드로잉, 굽힘 특성
- 가공성 : 피절삭성, 용접성, 새로운 가공법에 대한 적용성
- 열처리성 : 담금성, 질량 효과
- 표면처리 : 방식성(도장, 도금 등), 내마모성, 외관 등

❋ 기계재료에 관한 상식과 오해 Q & A

☀ 기계재료에 관한 상식과 오해 Q & A

A01 – 강도와 강성, 비강도와 비강성
– 열처리성, 용접성, 절삭성, 소성 가공성
– 내부식, 내열, 내산, 전기 및 열 전도성
– 가격 및 유통성

A02 정답 없음

A03 정답 없음

A04 허용 인장 응력＝인장강도/4
허용 압축 응력＝허용 인장 응력
허용 전단 응력＝0.8×허용 인장 응력
허용 굽힘 응력＝1.5×허용 인장 응력

A05

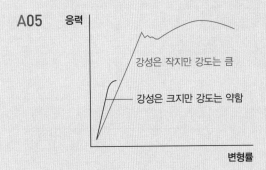

A06

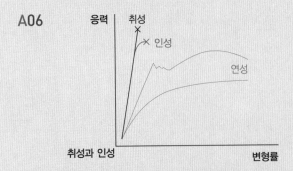

	C%	경도(HB)	인장강도 (kgf/mm²)	신율	충격량 (kgf · m/cm²)
압연재	0.7	250	85.7	16.4	0.6
조질	0.7	350	101.7	22.0	2.7

A07 필요한 기계적 성질과 화학적 성질을 경제적으로 얻기 위해

A08 경도와 강도 사이의 비례관계

인장강도$(kgf/mm^2) = \frac{1}{3}HB = 2.1HS = 3.2HRC$

지나치게 딱딱해지면 약하게 되어 버린다(HB≥500).

※ 스트레스를 받기 때문

A09 경도가 높아도 뜨임하지 않으면 비교적 마모가 크다.

담금+저온 뜨임 필요

경도는 C%가 많을수록 높아지되 C≥0.6%로 되면 경도는 거의 일정하다.

그러나 내마모성은 C≥0.6%으로 되어도 C%가 많을수록 커진다.

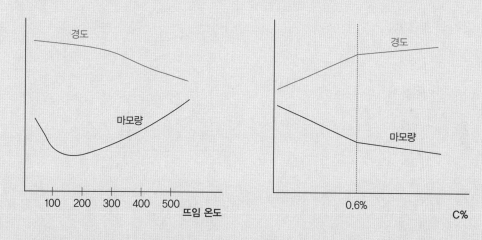

A10 큰 직경에서도 담금과 뜨임에 의해 저비용으로 높은 강도를 얻을 수 있기 때문이다.

A11 SM45C-HRC 53

SCM435-HRC 48

A12 C%가 같으면 경도와 인장강도는 비슷하지만 담금 임계직경이 다르기 때문에 같은 직경이라도 허용하는 힘이 다르다.

A13 - 0.2% 이하의 저탄소강이므로 침탄 경화에 잘 쓰임-침탄강 대용

- 림드(rimmed)강을 침탄하면 이상 조직으로 되어 침탄이 고르지 못하며 결정립이 이상성

장하여 거칠게 되므로 기계적 성질이 저하한다.

– SM9, 15, 20C의 고급강(P, S가 적음)인 SM9, 15, 20CK(킬드강)가 침탄에 최적인 강이다.
사무용 부품 및 재봉틀 부품 등에는 사용 가능하나 기계 부품에는 사용할 수 없다.

A14 고속도강은 담금 후 550~660℃로 뜨임하면 잔류 오스테나이트가 마르텐사이트로 바뀌게
되어 더욱 딱딱하게 된다.

A15 A7075-T6/A2014-T6

A16 A5083-H116

A17 A17 : A3000계

A18 A6063

A19 STS431, STS420J2
STS440C(HRC 58)

A20 STS416, 430F, 420F, 303

A21 STS310S

A22 STS304

A23 베릴륨동, 티타늄동

A24 인청동

A25 CFRP(강도 및 진동 감쇠성 우수)

A26 MC 나일론, 불소 수지(테프론)

A27 실리콘 고무

A28 우레탄 고무

A29 중금속이란 비중이 5 이상인 금속을 말한다. 중금속은 다음 표에서 볼 수 있듯이 지각은 물
론 인체 내에도 미량 존재한다. 따라서 존재하는 것만으로 위험하다고 말할 수는 없다. 문
제가 되는 것은 인위적인 고농도 오염에 노출됨에 의해 인체에 영향이 나타나는 경우이다.
인체에의 영향은 중금속의 독성과 인체에 스며든 양에 좌우된다. 스며드는 양은 식품 중
에 존재하는 중금속이 식품과 함께 입으로 들어가 장기 및 조직에 도달하여 그곳에 축적된
양이다.

원소명	지각 중 농도(%)	인체 내 존재량(mg)
철	4.7	4,500
아연	0.004	2,000
동	0.1	80
망간	0.09	15
몰리브덴	0.0013	9
코발트	0.004	2
크롬	0.02	2
납	0.0015	120
카드뮴	0.00005	50
바나듐	0.015	18
니켈	0.01	10
주석	0.004	6

유해 중금속의 구분

• 병리학적으로 유해한 중금속 : 납, 수은, 비소, 카드뮴, 니켈, 6가 크롬
• 산업상 유해한 중금속 : 납, 수은, 비소, 카드뮴, 크롬, 망간, 아연, 베릴륨
• 수질오염에 관계되는 규제 중금속 : 납, 수은, 비소, 카드뮴, 6가 크롬
• EU의 RoHS 규제 중금속 : 납, 수은, 카드뮴, 6가 크롬

아연은 생체 필수 물질로 체내에도 꽤 많이 존재하지만 규정량 이상으로 흡수하면 유해하게 되는 중금속이다.

A30 동의 녹청은 염기성 탄산동이 주인 화합물로 불쾌한 녹색을 띠고 있어 맹독인 것처럼 보이지만 실제로는 물에 녹지 않으며 체내에 축적되지도 않는다.

A31 1893년에 약간의 동을 물에 섞는 것만으로 놀라울 정도의 살균 작용을 보이는 것이 발견되었다. 이것을 금속 미량작용이라 부르며 은 및 수은도 같은 효과를 보인다.

스테인리스강, 알루미늄, 동, 황동제 박판에 대장균, 포도상구균, 연쇄구균 등을 넣은 육즙을 올려 놓으면 동과 황동에는 균의 성장이 보이지 않지만 스테인리스강과 알루미늄 판에서는 모든 균이 뚜렷이 성장, 번식하고 있었다. 또 살균되는 속도는 동과 황동에서는 7시간 이내에 살균되지만 스테인리스강과 알루미늄 판 위에서는 8일 후에 모든 세균이 뚜렷이 번식하고 있었다. 이것이 수도관 및 급배수관에 동을 사용하는 이유이다.

A32   알루미늄

A33   인체에 흡수되기 쉬운, 물에 녹은 알루미늄 화합물에 한해서 "엄밀한 인과관계를 증명할
수는 없으며, 담배와 암의 관계와 같은 정도로 알루미늄과 알츠하이머 사이에 위험인자가
존재하므로 알루미늄 냄비 등은 쓰지 않는 것이 바람직하다"는 견해가 많다. 알루미늄은
인체에 필수 원소는 아니다.
　　주스 캔 등에 쓰이는 알루미늄에는 얇은 PE막을 붙이므로 독성은 걱정할 필요가 없다.

A34   유기에 쓰이는 재료는 두 가지가 있는데, 일반적으로 주물 유기에는 동과 아연 합금인 황동
이 쓰이고 있으며 가열 후 둥글 넙적한 모양을 만든 다음 두드려서 만드는 고급 유기인 방
짜 유기에는 동과 주석(22%) 합금인 청동이 쓰이고 있다.

제5장 철계 금속의 개요

제6장 강의 일반 열처리

제7장 열처리하지 않고 쓰는 강

제8장 열처리하여 쓰는 강

제9장 특수 용도강

제10장 주철

제11장 비철계 금속

제12장 비금속 재료

제13장 복합재료

제14장 소결 합금 재료

제15장 기능성 재료

제16장 재료의 부식

제1장

기계의 정의

우리가 살고 있는 세상은 기계가 멈추면 하루도 살아갈 수 없을 것이다. 우리 주변에 보이는 무엇인가 움직이거나 이동하거나 하는 것은 전부 기계이기 때문이다. 자전거부터 우주선까지, 탈곡기부터 콤바인까지, 맷돌에서 세탁기까지 모두 기계이며, 범위를 넓혀 최근 수요가 급성장하고 있는 기기(휴대 기기, 사무 기기, 측정 기기 등)를 포함하면 기계공학 엔지니어가 개발·생산에 관여하는 분야는 엄청나게 넓어진다.

기계란 무엇인가? 많은 사람들이 여러 가지로 정의하고 있지만 '외부로부터 에너지를 받아 이 에너지를 전달 또는 변환하여 어떤 주어진, 즉 목적으로 하는 일을 하는 장치'라는 정의가 적당하다고 본다.

기계의 기본 조건은 (1) 여러 개의 부품으로 구성되어 있어야 하고 (2) 적절한 구속을 받아 운동이 제한적이어야 하며 (3) 구성 부품은 저항력에 견딜 수 있도록 강도를 가져야 하고 (4) 특히 유효한 일을 해야 한다 등을 꼽을 수 있다.

✥ 1-1 기계의 종류와 사용 환경 또는 요구 조건

기계의 종류는 표 1-1에 소개되어 있고, 주요 기계의 사진과 사용 환경 또는 요구 조건을 정리하면 다음과 같다.

표 1-1 기계의 종류

종류	제품
공작 기계	선반, 밀링기, 보링기, 머시닝 센터, 프레스, 레이저 가공기, 워터젯 절단기, 사출 성형기, 방전 가공기 등
운송 기계	자동차, 철도 차량, 선박, 항공기, 지게차, 엘리베이터 등
건설 기계	굴삭기, 크레인, 굴착기, 로드 롤러, 포장기, 대형 덤프트럭, 불도저 등
플랜트	제철, 화학, 정유, 시멘트, 해저 유정 설비, 제지 등
섬유 기계	자수기, 직조기, 재봉틀 등
인쇄 기계	윤전기, 오프셋 인쇄기
식음료 기계	각종 식품 제조 기계, 음료 제조 라인
목공 기계	라우터, 목공선반, 톱기계
농업 기계	트랙터, 콤바인, 파종기, 경운기 등
로봇	용접 로봇, 조립 로봇, 운반 로봇
전용 장비	반도체, 디스플레이, 솔라 셀 제조 장비 등
동력 장치	발전기, 내연 기관, 전동기

1. 공작 기계

공작 기계란 금속, 석재, 합성수지 등의 재료를 절단, 절삭, 구멍 뚫기, 연삭, 연마, 압연, 단조, 굽힘 등의 가공을 하기 위한 기계를 말한다. 일반적으로 가공 대상 부품(소재) 또는 공구의 회전 및 직선 운동에 의해 원하는 형상을 만드는 기계이다. 기계를 만드는 기계라고 과장해서 얘기하기도 하지만 기계나 기기에 쓰이는 부품을 만드는 기계라고 하는 것이 올바른 설명이다.

주로 공장 내에 설치되어 사용되므로 일반적인 대기 환경에서, 적당한 냉난방이 이루어지며, 절삭 유가 사용되므로 부식에 대해서는 양호한 환경이라 볼 수 있다.

선반

밀링기

벤치 드릴

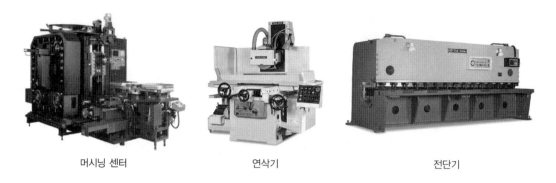

머시닝 센터 연삭기 전단기

2. 운송 기계

사람이나 물건을 한 곳에서 다른 곳으로 옮기는 데 사용되는 기계를 말한다. 일반적으로 지붕이 없
는, 대기 중에 노출된 환경에서 사용되므로 눈, 비, 바람 등에 강한 내후성이 요구되며, 종류에 따라
서는 고온, 저온, 많은 먼지, 습지 등 특별한 환경에서 사용된다.

버스

철도 차량

선박

항공기

3. 건설 기계

땅을 파거나 터널을 뚫거나 빌딩을 세우는 데 사용되는 기계를 말하며 건기 또는 중기라고도 불린다.
일반적으로 대기 중에 노출된 환경에서 사용되므로 눈, 비, 바람 등에 강한 내후성이 요구되며, 특히
흙, 석탄, 폐기물 등의 먼지가 많은 환경에서 사용된다.

타워 크레인

대형 덤프트럭

굴삭기

로더

4. 플랜트 설비

플랜트란 연속적으로 가능한 한 가동 중단 없이 부가가치를 만들어내는 장치를 말하며 그중 산업 플랜트는 우리 생활에 필요한 생산물, 즉 에너지(전기, 가스 등) 및 석유화학 제품(가솔린, 플라스틱 등) 등을 제조하는 플랜트를 말한다. 산업 플랜트는 생산물을 효율적으로 만들기 위해 생산 시스템, 물류 시스템, 정보 시스템이 서로 연관되어 구성되어 있다.

화학 플랜트는 화학 제품을 생산하는 공장 설비 및 장치의 총칭이다. 석유 및 천연 가스 등의 원료로부터 화학물질을 생산하는 시스템을 말한다. 예를 들면 소다 공업 플랜트, 암모니아 공업 플랜트, 석유 화학 플랜트, 석탄 화학 플랜트 등이다.

플랜트 설비는 외부는 일반적으로 대기 중에 노출된 환경에서 사용되므로 눈, 비, 바람 등에 강한 내후성이 요구되고 내부는 산, 알칼리, 약품 등에 노출되는 특별한 환경에서 사용된다.

해양 플랜트

5. 섬유 기계

섬유 제품을 만드는 기계의 총칭이며 면, 모, 견, 마 등의 천연 섬유와 나일론, 아세테이트 등의 화학 섬유를 대상으로 방사, 방직하는 여러 가지 기계가 있다. 화섬 기계, 방적 기계, 직기 및 니트 기계, 염색 기계 등으로 크게 분류된다.

섬유 기계는 일반적으로 실내에서 사용되므로 환경이 좋은 편이지만 실, 먼지 등에 노출되어 있다.

방사기

6. 인쇄 기계

인쇄 기계란 문자 및 화상을 판으로 만들어 잉크로 전사하는 기계를 말한다. 판의 형태에 따라 볼록판, 평판, 오목판 등이 있으며 가압 방식으로는 평압기, 원압기, 윤전기 등이 있다.

인쇄 기계는 일반적으로 냉난방이 되는 환경에서 사용되므로 특별히 고려해야 할 조건은 없다.

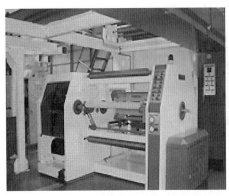

일반 인쇄기

윤전기

7. 목공 기계

목공 기계란 목재를 자르거나 깎거나 하여 건축 자재 및 가구 등을 제조하는 데 쓰이는 기계를 말한다. 넓게 보면 공작 기계의 하나라고 볼 수도 있으나 재료가 금속보다 약하므로 일반 공작 기계와 분리한다. 일반적으로 지붕이 있는 환경에서 사용되지만 목재 부스러기 및 나무 진 등에 노출되어 있다.

8. 식음료 기계

식음료 기계란 주로 농산물, 축산물 및 수산물 등을 원료로 하여 가공 처리하여 여러 가지 식품, 음료수, 조미료 등을 생산하는 공정에 사용되는 기계를 말한다. 정미 기계, 정맥 기계, 제분 기계, 제면·제빵·제과 기계 및 주조 기계, 우유 가공 기계, 음료 가공 기계, 육류 및 수산물 가공 기계 등이 있다.

식음료 기계는 일반적으로 매우 청결하며 온도 차이도 적지만 사람이 먹는 것을 만들므로 세균 번식 및 염분에 의한 녹 등에 특히 주의해야 한다.

식품 제조 장치

9. 농기계

농사를 짓는 데 필요한 기계 및 낙농이나 축산 등에 사용되는 설비를 말한다. 일반적으로 대기 중에 노출된 환경에서 사용되므로 눈, 비, 바람 등에 강한 내후성이 요구되며, 특히 진흙, 흙 먼지 및 가축 분뇨 등에 노출되어 있다.

트랙터   콤바인

10. 산업용 로봇

로봇이란 사람을 대신하여 어떤 일을 하는 장치를 말한다. 어느 정도 자율적으로 연속 혹은 임의의 자동 작업을 하며, 산업용 로봇, 군사용 로봇, 소방용 로봇, 청소용 로봇 등과 사람이나 동물과 비슷한 형상을 가진 지능 로봇 등이 있다.

이 중 산업용 로봇은 일반적으로 매우 좋은 환경에서 사용되지만 다른 로봇은 사용 목적에 따라 특별한 환경에서 사용된다.

직교 좌표 로봇   수평 다관절 로봇

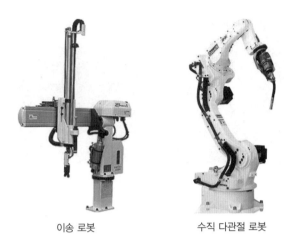

이송 로봇   수직 다관절 로봇

11. 동력 장치

동력 장치란 기계를 움직이는 데 필요한 동력을 만들어내는 장치를 말하며 연료, 물, 바람, 전기 등으로부터 에너지를 받아 이를 회전하는 축에 의한 출력으로 전환한다. 증기 기관, 내연 기관, 모터 등이 있다.

사용 환경은 일반적으로 고온이며 물 등의 액체에 노출되어 있다.

✧ 1-2   기계 부품의 종류와 요구되는 조건

기계는 표 1-2에 보이듯이 각각 다른 역할과 기능을 가지는 여러 가지 기계 요소 부품들로 구성되어 있는데, 그 역할과 기능에 따라 요구되는 조건(기계적 성질 및 물리적 성질)이 다르게 된다.

1. 동력 전달 축

요구 성질 : 강도, 굽힘 및 비틀림 강성, 강인성

여러 가지 축

표 1-2 기계 요소 트리

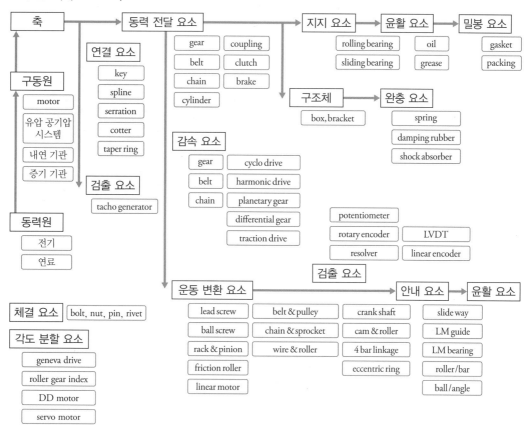

2. 동력 전달 요소

요구 성질 : 강도, 강인성, 내마모성, 내피로성

기어 및 스크루

3. 베이스 & 프레임

요구 성질 : 진동 감쇠성, 저팽창 계수, 주조성 또는 용접성

 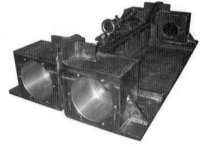

머시닝 센터 베이스   프레임

4. 하우징 & 기어 박스

요구 성질 : 주조성, 용접성

기어 박스

5. 기계 커버 & 판재 부품

요구 성질 : 전성, 연성, 용접성

공작 기계 커버   전자제품 케이스

6. 일반 구조 부품

요구 성질 : 절삭성, 경제성

지지대

❖ 1-3 기계 부품이 못쓰게 되는 이유

기계는 사용하다 보면 언젠가는 못쓰게 되는데, 가장 바람직한 것이 정상적인, 즉 예측 가능한 마모에 의해 수명을 다하는 것이다. 응력 계산을 잘못하거나 충격 등에 의해 못쓰게 되는 것은 매우 위험하다.

　전기 · 전자 등 제어와 관련된 고장은 제외하고 기계적 원인으로는 다음과 같은 것들을 들 수 있다.

1. 응력 계산 오류에 의한 파괴

이 경우에는 대체로 일찍 못쓰게 되는 경우가 많으며, 기계 부품에 걸리는 하중, 재료의 인장강도 또는 항복 응력 등을 잘못 입력하거나 무지하여 강도가 모자라는 재료를 사용하여 부품의 변형이나 파괴가 발생하는 것이다.

2. 부식

대부분의 기계 부품은 사용되는 환경에 따라 정도의 차이는 있지만 부식되며, 어느 한계를 넘으면 강도가 약해져 파괴에 이르게 된다.

3. 마모

다른 부품과 미끄럼 접촉하고 있는 부품은 마찰에 의한 마모가 일어나며 일정 한계를 넘으면 파괴에 이르거나 소음 또는 진동이 한곗값을 초과하여 기계를 가동할 수 없게 된다.

4. 충격

기계 작동 중 예측하지 못한 사고에 의해 엄청난 충격 하중이 부품에 걸리는 경우 부품은 파괴된다.

5. 열

고온 환경에서 작동 중인 기계에서, 고온에서 급격하게 강도가 낮아지는 재료를 사용한 경우 갑자기 파괴가 일어난다.

❖ 1-4   기계재료를 왜 공부해야 하는가

앞에서 설명했듯이 기계의 사용 환경 및 기계 부품의 역할과 기능에 따라 재료에 요구되는 성질이 다르며, 못쓰게 되는 이유도 다르다. 따라서 환경, 역할 및 기능에 적당한 재료를 선정하고, 못쓰게 되는 원인에 대한 대책을 수립하여 적절한 비용으로 기계를 제작할 뿐만 아니라 기계를 오래 쓸 수 있도록 할 필요가 있다.

　이러한 필요성에 대응하기 위해서는 기계재료의 종류에는 어떤 것이 있으며, 각 재료의 기계적, 물리적 및 화학적 성질뿐 아니라 각 재료의 강도와 내마모성 강화 방법 및 부식 방지를 위한 표면처리 방법에 대한 특성 등을 알아야 한다. 더 나아가 각 재료의 가격, 구입 용이성과 강화 방법 및 표면처리 방법의 비용 등도 파악하고 있어야 한다.

제2장

기계재료의 분류와 성질

❖ 2-1 기계재료의 분류

기계재료란 기계를 구성하는 부품에 필요한 요건을 갖춘 재료를 말한다. 기계에 필요한 기능, 강도, 사용 환경에 맞는 성질을 가진 각종 금속 재료, 비금속 재료 및 복합재료 등이 널리 사용되고 있지만, 대부분의 기계재료는 금속이며 그중에서도 철강 재료가 가장 많이 사용되고 있다. 아울러 제품의 경량화, 내식성 및 외관 중시 경향에 따라 비철금속의 사용도 점차 증가하고 있다.

금속 재료는 강도가 높고 재료의 성질이 균일하며 원하는 형상으로 만들기 쉽고 열처리에 의해 재료의 성질을 쉽게 향상시킬 수 있어 많이 사용되고 있다. 한편 화학 공업의 발전에 따라 기계재료의 요건을 갖춘 많은 종류의 비금속 재료가 태어나고 있으며, 재료 제조 기술의 발전에 따라 세라믹스, 복합재료 등이 만들어지고 있다. 표 2-1은 일반적인 기계재료 분류표로, 이후 이 분류표를 기준으로 설명하고자 한다.

참고로 원재료는 원료와 재료의 합성어이며, 원료란 물건이 만들어졌을 때 원형을 알 수 없는 것이다. 예를 들어 "밀가루 반죽의 원료는 밀가루, 계란, 물이며 종이의 원료는 펄프와 접착제, 나프타의 원료는 석유, 철강의 원료는 철광석, 코크스, 석회석이다"라고 말할 수 있다.

한편 재료는 물건이 만들어졌을 때 원형이 유지되는 것을 말하며 예를 들어 "타이어의 재료는 고무, 한옥용 기둥의 재료는 목재, 건축용 철골의 재료는 철강이다"라고 말할 수 있다.

소재는 원료와 재료를 모두 아우르는 보다 넓은 의미의 용어로 쓰이고 있다.

표 2-1   기계재료 분류표

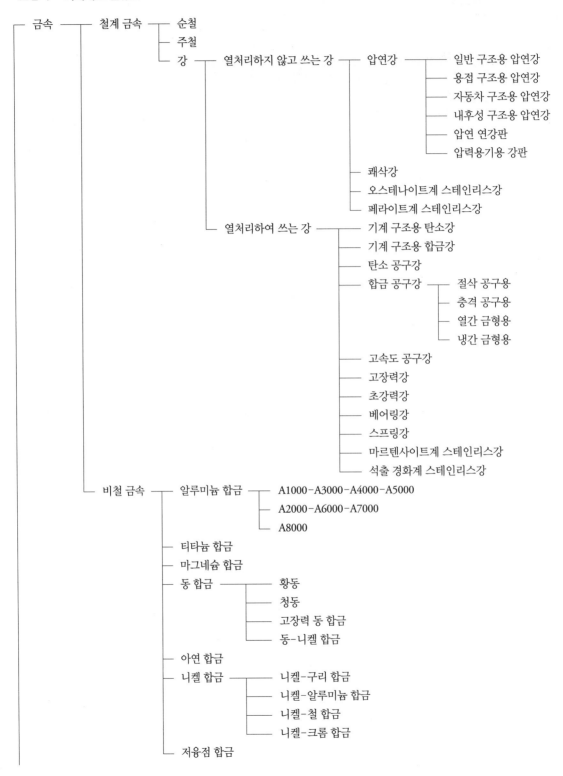

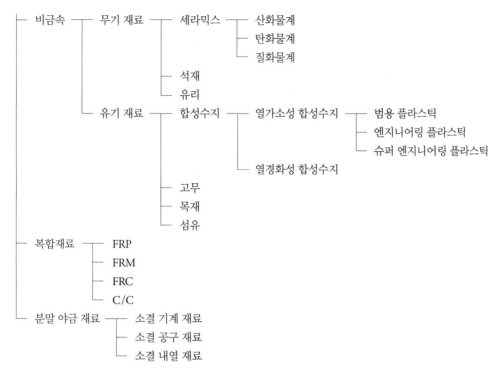

* 주 : 모든 금속은 무기 재료임

✿ 2-2 기계재료의 성질

재료의 성질은 크게 기계적 성질, 화학적 성질, 물리적 성질, 광학적 성질, 전자기적 성질 및 가공성 (즉 주조성, 용접성, 절삭성, 소성 가공성, 성형성) 등이 있지만 이 장에서는 주로 기계재료로서의 성질 즉 기계적, 화학적, 물리적 성질에 대해 서술하며, 재료의 가공성에 대해서는 각 재료 항목에서 서술하고자 한다.

1. 기계적 성질

재료는 외력의 작용에 의해 변형이나 파괴 등이 일어나는데 이것과 관련된 성질을 기계적 성질이라 하며, 이에 속한 항목에는 각종 강도 및 경도, 강성, 인성, 연성, 전성, 탄성, 소성, 피로 한도 등이 있다.

1) 강도

재료에 외력이 가해지면 변형하기 시작하는데, 외력에 대한 변형의 크기를 강도라 하며 외력의 방향에 따라 인장강도, 압축 강도, 굽힘 강도, 비틀림 강도(전단 강도)로 나뉜다. 일반적으로 재료의 강도는 인장강도로 표시하며 나머지 강도는 인장강도의 몇 퍼센트 등으로 표시된다.

인장강도는 재료 시험편의 인장 시험에 의해 얻어지는데, 이때 얻어지는 부하된 하중과 재료 변형과의 관계에 대한 그래프를 응력-변형률 선도라 한다(그림 2-1 및 그림 2-4 참조). 응력이란 단위

면적에 작용하는 힘을 말한다. 그림 2-1은 저탄소 함유 강과 같이 항복점이 명확하게 나타나는 재료의 응력-변형률 선도이며, 그림 2-4는 동이나 열처리된 합금강처럼 항복점이 확실하지 않은 재료의 응력-변형률 선도이다.

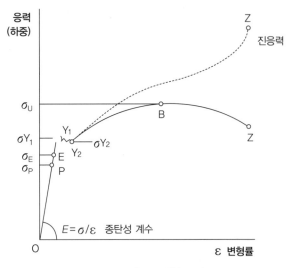

그림 2-1 연강의 응력-변형률 선도

여기서 변형률은 그림 2-2와 같은 시험편을 인장하였을 때 길이와 직경의 변화를 나타내는 값으로 다음 식과 같이 나타낸다.

수직 변형률(종 변형률, 종탄성 계수) : $\varepsilon = (l - l_0)/l_0 \times 100$
수평 변형률(횡 변형률, 횡탄성 계수) : $\varepsilon' = -(d - d_0)/d \times 100$
포아송 비 : $\nu = \varepsilon/\varepsilon'$

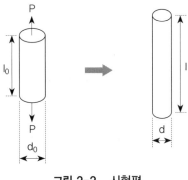

그림 2-2   시험편

위의 응력-변형률 선도(stress-strain curve)를 통하여 알 수 있는 값은 다음과 같다.

(1) 파단 강도(Z) : 계속 늘어나 끊어질 때의 하중 또는 응력

(2) 인장강도(B)(tensile strength, ultimate strength) : 계속 변형하지만 파단되지 않고 견디는 최대 하중 또는 응력. 정적인 외력에 견디는 성질

(3) 상항복점(Y₁, upper yield point) : 하중을 증가시키지 않아도 변형이 늘어나기 시작하는 점

(4) 하항복점(Y₂, lower yield point) : 응력이 급격히 저하하며 항복이 진행되는 점

(5) 항복 강도(yield strength) : 상항복점에서의 하중 또는 응력. 일반적으로 담금과 뜨임 처리하지 않은 경우에는 인장강도의 50~60% 정도이며 담금과 뜨임 처리한 경우에는 80~90% 정도로 높아진다.

(6) 항복 현상(yield phenomenon) : 연강 시험편에 인장 하중을 가하면 탄성 변형률은 재료에 걸리는 응력과 함께 증가하지만, 어떤 응력에 이르면 재료에 걸리는 응력이 갑자기 떨어지면서 응력 증가 없이도 소성 변형이 진행되는데 이것을 항복 현상이라 한다. 이때의 변형을 항복점 신장(yield point elongation)이라 한다(그림 2-3 참조).

한편 이 인장 시험 시 표면을 연마한 시험편을 사용하면 인장 방향에 대해 거의 45도 방향으로 띠 모양이 나타나는데 이를 뤼더스 밴드(Lüders band)라 한다.

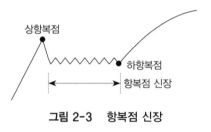

그림 2-3   항복점 신장

(7) 0.2% 내력(proof stress) : 가해진 하중을 제거하였을 때 돌아가는 위치가 변형률이 0.2% 이내인 한계 하중 또는 응력을 말하며, 항복점이 보이지 않는 재료인 경우 항복점 대신 적용한다.

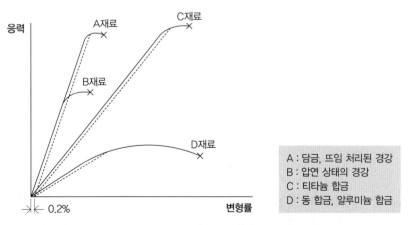

그림 2-4   항복점이 나타나지 않는 금속 재료의 응력-변형률 선도

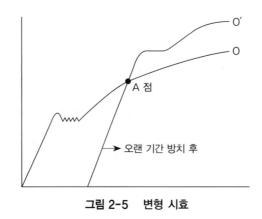

그림 2-5 변형 시효

(8) 탄성 한도(elastic limit) : O점과 E점 사이처럼 가해진 하중을 제거하였을 때 원래 위치로 돌아 갈 수 있는 한계 하중 또는 응력

(9) 비례 한도(proportional limit) : 그림 2-1의 O점과 P점 사이에서는 하중과 변형이 정비례하는 데 이것을 후크의 법칙(Hook's law)이라 하며 최대 한계 하중 또는 응력을 말한다.

(10) 종탄성 계수(elastic modulus, Young's modulus) : 비례 한도 범위 내에서의 길이 방향 하중/변 형률값, E

(11) 횡탄성 계수(elastic sheer modulus) : 비례 한도 범위 내에서의 반경 방향 하중/변형률값

$G = E/2(1+v)$ v : 포아송비

(12) 연신율(elongation) : O점에서 B점 사이에 있어서의 변형률

(13) 변형 시효(strain aging) : 연강에 하중을 가해 항복점을 지난 어떤 점까지 변형시킨 다음, 하중 을 제거하였다가 즉시 하중을 다시 가하면 항복점 없이 원래의 응력-변형률 곡선의 연장선 과 일치하면서 변형된다. 그러나 하중을 제거한 후 오랫동안 방치한 다음 하중을 가하면 원 래보다 높은 응력에서 응력-변형률 곡선이 나타나며 항복점도 다시 나타난다. 이러한 현상 을 변형 시효라 한다.

(14) 진응력-진변형률(true stress-true strain) : 지금까지 서술한 응력-변형률은 변형하기 전의 길이와 단면적을 기준으로 정의하고 있는데, 이를 공칭 응력(nominal stress), 공칭 변형률 (nominal stress)이라 부르기도 한다. 반면에 진응력-진변형률은 하중을 가함에 따른 길이 및 단면적의 변화를 그때그때 반영하여 계산한 것이다. 각각의 계산식은 아래와 같다.

$$진응력\ \sigma = P/A$$
$$진변형률\ \varepsilon = \int_{l_0}^{l} \frac{dl}{l} = \ln \frac{l}{l_0}$$

2) 경도

경도(hardness)는 인장강도와 비슷한 성질로, 재료의 소성 변형(압입)에 대한 저항의 크기를 나타내 는 값이며, 인장강도와는 경도의 크기에 따라 차이가 있지만 어느 정도 비례 관계를 갖는다. 대략 인

장강도는 $\sigma_B = 3.3x$ HB(브리넬 경도)이다.

경도 표시 방법은 측정 방법에 따라 네 가지로 분류된다.

(1) 브리넬 경도(Brinell hardness)

스틸 볼 또는 초경 합금 볼로 표면에 압입 자국을 만들고 부가한 하중을 압입된 형상의 표면적으로 나눈 값이며 단위는 HB로 나타낸다. 볼의 재질이 강인 경우는 HBS로, 초경 합금인 경우는 HBW로 표시한다. 자국이 크므로 경도가 위치에 따라 불균일한 재질 및 단조품에 적합하며 작은 시료 및 얇은 시료에는 부적합하다.

풀림 처리, 불림 처리 및 고용화 처리된 부품의 경도 표시에 쓰이고 있다.

(2) 비커스 경도(Vickers hardness)

사각 다이아몬드로 압입 자국을 만들고 압입 하중을 압입 표면적으로 나눈 값이다. 작은 시료 및 얇은 시료에 적합하며 고주파 경화, 침탄 및 질화 경화 부품과 전기 도금된 부품, 세라믹 코팅된 부품 등 경화층이 얇은 것에 쓰이고 있으며 표시는 HV로 나타낸다.

(3) 로크웰 경도(Rockwell hardness)

직경 1.5875mm(1/16인치)/3.175mm(1/8인치)의 스틸 볼 또는 다이아몬드 원추로 압입 자국을 만들고 가압 하중에 따른 자국 깊이를 측정하여 매기는 경도를 말한다. 시험 하중은 50kgf, 100kgf, 150kgf의 세 종류가 있으며, 주로 사용되고 있는 것은 스틸 볼을 하중 100kgf로 압입하는 B 스케일과 다이아몬드 원추를 150kgf로 압입하는 C 스케일이다.

짧은 시간 안에 경도값을 측정할 수 있어 현장에서의 중간 검사에 적합하며 담금 및 뜨임 처리 부품, 침탄 및 질화 경화 처리 부품, 동·황동·청동제 박판 측정에 쓰이고 있다.

(4) 쇼어 경도(Shore hardness)

끝에 다이아몬드를 박은 작은 망치를 시료 표면에 정해진 높이에서 떨어뜨렸을 때 반발하여 튀어 올라오는 높이를 측정하여 경도값을 구하는 방법이다.

운반이 가능하고 조작이 간단하며 짧은 시간에 경도 측정이 가능하여 대형 부품의 경도 측정에 적합하다. 또한 자국이 얕아 눈에 잘 띄지 않는다.

3) 강성, 인성, 취성, 연성, 전성

대부분의 재료는 가해진 힘에 비례하여 변형이 증가한다. 이것이 후크(Hook)의 법칙이다. 변형의 정도를 나타내는 값을 변형률이라 하는데 후크의 법칙은 결국 응력과 변형률이 비례하는 것을 의미한다. 이 응력과 변형의 비율을 탄성률이라 부르는데, 즉 탄성률은 재료의 변형하기 어려운 정도를 나타내는 양이다. 탄성률의 단위는 파스칼(Pa)이다. 탄성률의 값이 큰 재료를 강성이 큰 재료라 하며 강성이란 부하 하중에 대한 변형의 크기를 나타내는 성질이다.

인성이란 재료의 끈끈한 정도를 나타내는 성질이다. 도자기 그릇은 밖에서 큰 힘이 작용하면 쨍

그랑 하고 깨져 버리지만 금속으로 만든 그릇은 찌그러져 변형되기는 해도 전체는 연결되어 있어 아직도 얼마만큼의 힘에 견딜 수 있다. 이때 도자기는 인성이 낮다고 하고 금속은 인성이 높다고 한다. 인성은 또 재료에 충격 하중을 주었을 때 파괴되기 쉬운 정도를 나타내는 성질로, 충격에 대한 저항성을 나타내는 것이기도 하다. 인성은 구조물의 크기가 클수록 중요한 성질이다. 예를 들면 같은 유리로 만들었어도 구슬은 떨어뜨려서는 깨지지 않지만 어항은 깨져버린다. 즉 대형 구조물을 만들 때는 인성이 높은 재료를 써야 한다.

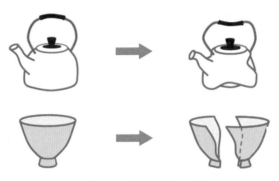

그림 2-6   주전자와 도자기

한편 취성이란 인장 시험 시 탄성 변형 범위를 벗어난 후 거의 늘어나지 않고 파단되는 정도를 나타내는 성질이고, 연성은 탄성 범위를 지난 후에 상당한 소성 변형을 일으킨 후 파단되는 성질을 나타내며, 전성이란 압축 하중을 가했을 때 잘 펴지는 성질을 나타낸다. 이들 성질을 응력-변형률 선도로 설명하면 그림 2-7과 같다.

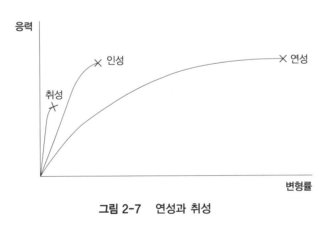

그림 2-7   연성과 취성

강성은 탄성 범위 내에서의 직선 부분 기울기, 즉 재료의 종탄성 계수와 같은 의미이며, 인성은 좌표 원점부터 파단점까지의 선도 아랫부분 면적(즉 변형 에너지)으로 나타낼 수 있다.

이들 성질은 재료의 이용에 있어 매우 중요하지만 그 개념을 혼동하기 쉽다. 이해하기 쉽게 예를 들어 설명하면 다음과 같다.

(1) 마른 국수 가락은 강성은 크지만 강도는 작고 취성이 크다.

(2) 살아있는 나뭇가지는 마른 나뭇가지보다 인성이 크다.

(3) 건축 자재에 강도는 높지만 취성이 있는 재료를 쓰면 강도는 낮지만 인성이 있는 재료를 쓸 때
보다 안전성이 떨어진다.

(4) 자장면의 가락은 연성이 좋고 칼국수의 반죽은 전성이 좋지만 인성이 나쁘다

일반적으로 칼의 재료로는 강도가 높고 강성이 좋으며 취성이 있는 재료를 사용하며 안전과 관련
된 부품에는 강도가 높고 강성이 적당히 있으며 인성이 좋은 재료를 사용해야만 이상 조짐도 없이
어느 날 갑자기 파괴되는 일을 방지할 수 있다.

4) 탄성, 소성

탄성(elasticity)이란 재료의 잘 늘어나는 성질을 말하는데, 작은 힘으로도 변형이 크게 일어나며 부하
를 제거하면 원래 위치로 빠르게 돌아오는 성질이다. 강도, 강성의 크기와는 관계없다.

소성(plasticity)이란 외력을 가하면 모양이나 치수가 바뀌며 외력이 없어져도 원래 모양으로 다시
돌아오지 않는 성질을 말한다. 대부분의 기계재료는 소성을 갖고 있다.

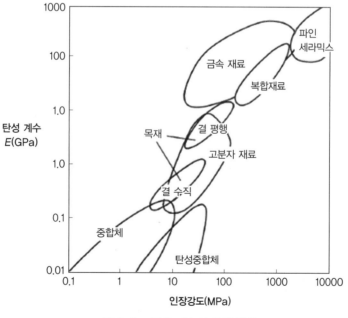

그림 2-8 주요 재료의 탄성 범위

5) 피로 한도

응력−변형률 선도의 탄성 변형 범위 내의 하중이 일정하게 걸리면 부품은 절대로 파괴되지 않지만

이 범위 내의 하중이 변동하면서 반복해서 걸리는 경우 어느 정해진 한도(하중의 크기에 따라 다름)를 넘으면 파괴된다. 이것을 피로 파괴(fatigue fracture, fatigue failure)라 한다. 그러나 어느 한도 이하의 변동 하중을 반복해서 걸어도 절대로 피로 파괴가 일어나지 않는데, 이 하중을 피로 한도(fatigue limit)라고 한다. 일반적으로 항복 강도보다 매우 낮은 응력에서 일어난다. 그림 2-9의 S-N 곡선 중 수평 부분의 하중 또는 응력이 이에 해당한다. 그러나 어떤 재료의 경우 이 수평선이 나타나지 않는데 이때는 반복 횟수가 10^7일 때의 피로 파괴 하중을 피로 한도(피로 강도 : fatigue strength)라 하며 시간 강도(fatigue strength at N cycles)라 부르기도 한다. 피로 한도는 인장강도의 1/2 정도이고 HRC40-45에서 최댓값을 보이며 그 이후에는 급격히 감소한다.

반복 하중(repeated loads, cyclic loads)의 종류에는 굽힘 하중, 비틀림 하중, 인장 압축 하중 또는 이들의 조합 등이 있다.

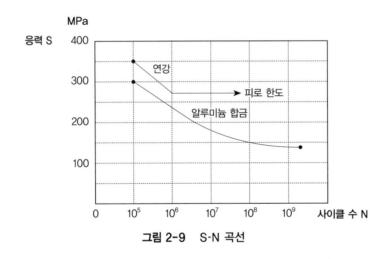

그림 2-9   S-N 곡선

6) 크리프 강도

부품이 고온에서 오랫동안 일정한 하중이나 응력을 받으면 서서히 변형하게 되는데 이러한 현상을 크리프(creep) 현상이라 한다. 따라서 자동차와 항공기의 엔진, 발전용 터빈 등과 같이 고온에서 사용되는 부품은 재료의 크리프 강도도 설계의 기준이 되어야 한다.

2. 화학적 성질

기계나 그 부품이 사용되는 환경에 대한 특성을 나타내는 성질로 내마모성, 내부식성, 내산성, 내알칼리성, 내약품성, 내열성, 내산화성, 고온 강도, 고온 크리프 저항 등이 이에 속한다.

내식성(corrosion resistance)이란 재료의 부식에 대한 저항력을 나타내는 것으로 부식의 종류 및 부식 환경의 종류, 즉 물, 산, 알칼리, 소금, 약품, 온도 등에 따라 여러 가지 종류로 세분화된다.

3. 물리적 성질

재료가 가진 고유의 성질로 비중, 비열, 융점, 열 전도율, 전기 전도율, 열팽창계수 등이 이에 속한다.

1) 비중(specific gravity)

4℃인 물 1cc의 무게와 같은 부피의 재료의 무게 비를 비중이라 한다.

2) 융점(melting point)

고체인 재료를 가열하면 어느 온도에 이르러 액체 상태로 되는데 이 온도를 용융점이라 한다.

3) 비열(specific heat)

재료 1g의 온도를 1℃만큼 올리는 데 필요한 열량을 비열이라 하며 단위는 Cal/g℃로 나타낸다.

4) 열팽창계수

재료의 온도가 1℃ 올라갔을 때 늘어난 치수와 늘어나기 전 치수의 비를 열팽창계수(coefficient of thermal expansion)라 하며, 여기에는 선팽창 계수와 부피 팽창 계수의 두 가지 종류가 있으며 일반적으로 선팽창 계수가 많이 사용된다.

5) 열 전도율

재료 내 분자에서 분자로의 열 이동을 열 전도라 하며, 전도의 빠르기를 나타내는 정도를 열 전도율(heat conductivity)이라 한다. 열 전도율은 기준 거리 1cm에 있어 1℃의 온도 차이가 있을 때, 1초 동안에 1cm²의 면적을 통하여 전달되는 열량을 말하며 단위는 cal/cm.sec.℃ 또는 kcal/m.h℃로 나타낸다.

6) 전기 전도율

재료에 전기를 흐르게 할 때 재료 내부의 전기 저항을 나타내는 것을 전기 전도율(electric conductivity)이라 한다.

✤ 2-3 기계재료의 선정 기준

아무리 좋은 아이디어로 우수한 설계를 해도 재료 선택을 잘못하면 아무것도 한 일이 없게 된다. 그만큼 기계 부품 제조에 있어 재료의 선정이 중요하다는 의미인 것이다. 적합한 재료를 선택하지 않으면 사용 중에 파손 및 파괴가 일어나거나 요구 수명만큼 사용하지 못하거나 제 기능을 발휘하지 못하게 된다.

재료를 선정할 때는 일반적으로 다음과 같은 일곱 가지 항목을 검토해야 한다.

(1) 강도, 강성 등 재료의 성질

(2) 가공성

(3) 기능성

(4) 가격

(5) 무게

(6) 구입 용이성

(7) 외관 및 장식성

이하 이 책에서 설명할 각 재료의 기계적 성질, 화학적 성질, 물리적 성질뿐만 아니라 전기 자기적 특성 및 광학 특성 등을 고려하여야 하며, 재료에 적합한 가공법은 어떤 것인지, 지역별 · 국가별로 구입이 쉬운 재료인지, 또한 그 부품이 밖으로 드러나는 부분에 사용되는 경우 외관상 문제는 없는지 등도 검토해야 한다.

이것을 조금 더 상세하게 정리하면 표 2-2와 같다.

표 2-2 기계재료 선정 시 검토 순서 및 고려 항목

검토 순서	고려 항목
재료의 특성	인장강도, 피로 강도, 충격 강도, 항복점 또는 0.2% 내력, 연신율, 탄성 계수, 포아송 비, 팽창 특성, 크리프 특성, 감쇠 특성, 내열성, 내식성, 전기 특성, 자기 특성, 전기 전도도, 열 전도도 등
가격 또는 개발 정보	시장성, 구입 가격, 신뢰성, 개발 비용
소재 성형	형상, 피가공성, 재료의 수율, 주조성, 단조성, 드로잉성, 굽힘 특성 등
가공 공정	절삭성, 용접성, 절단성, 열처리 등
열처리	인장강도, 표면 경도, 담금성, 질량 효과, 충격값, 내마모성, 피로 강도
표면처리	방식성, 내마모성, 피로 강도, 외관성, 전기 특성
부품 성능 결정	부품 강도, 부품 강성, 금속 친화성, 내마모성, 내식성, 신뢰성, 보전성

표 2-3은 금속 재료와 비금속 재료 중 많이 사용되는 합성수지와 세라믹스의 일반적인 특성을 나타내고 있으며, 표 2-4는 일반적인 응용 분야별 필요한 재료의 특성이나 기능 및 대표적인 부품을 보인다.

각각의 부품에 요구되는 특성은 하나의 부품에 하나의 특성만이 아니라, 기계적 특성과 전기적 특성, 기계적 특성과 열 특성과 같이 양 특성을 모두 만족시켜야 하는 경우도 있다.

표 2-3 주요 재료의 일반적인 특성

고려 항목	금속재료	합성수지	세라믹스
비중	• 철계 금속 : 7.0~8.8 • 비철 금속 : 1.74~19.3	0.83~2.2	1.6~7.7
기계적 성질	• 연질부터 강한 것까지 다양함. 강도 및 강성 면에서 가장 유리	• 기계적 성질 및 강인성 등에서는 금속에 비해 떨어짐	• 압축 강도와 경도는 큼, 충격 강도, 열 충격 강도는 일반적으로 약함
온도, 열 특성	• 내열성은 높은 것부터 낮은 것까지 다양함 • 열 전도율은 합성수지보다 높음 • 융점은 3,000℃부터 271℃까지 다양함	• 내열성은 일반적으로 약함(융점 : 49~320℃) • 열 팽창률은 10^{-5}℃ 정도 • 열 전도율은 금속보다 낮음	• 내열성은 가장 높음 (900~1,700℃ 정도) • 열 전도율은 일반적으로 낮음
전기적 특성	• 전도율은 일반적으로 높음	• 전기 절연성이 좋음 (10^8~$10^{18}\Omega cm$) • 내아크성이 큼	• 전기 절연성이 좋음 (10^{12}~$10^{15}\Omega cm$) • 내아크성이 매우 큼
화학적 특성	• 내산, 내알칼리, 내유기 약품이 강한 것부터 약한 것까지 다양함 • 내후성도 매우 좋은 것이 있지만 내부식성이 나쁜 것도 있음	• 내산, 내알칼리, 내유기 약품이 강한 것부터 약한 것까지 다양함 • 내후성이 좋지만 자외선에 약함	• 내약품성이 가장 강함 • 내후성도 가장 강함
광학적 특성	• 금속 색, 불투명체 • 표면을 연마하여 반사체 만듦	• 투명 또는 반투명, 착색 가능함	
특수한 성질	• 수분 및 기체 투과율은 거의 제로	• 수분 및 기체 투과율이 높음	• 수분 및 기체 투과율은 기공률에 따라 다름
성형 가공성	• 일반적으로 주조, 단조, 프레스 성형이 가능 • 절삭 가공도 가능	• 사출, 압출 등 성형성 좋음	• 성형 가공이 어려우며 절삭 가공도 쉽지 않음
가격	• 비중이 높고 가공비가 비싸므로 높은 편임	• 생산성이 높고 비중이 낮아 낮은 편임	• 생산성이 낮아 비싼 편임

표 2-4   응용 분야별 필요 특성

응용 분야/제품		필요한 특성/기능	대상 부품
구동 메커니즘	• 운동 제어 • 회전 운동 • 슬라이딩 운동	• 인장강도, 굽힘 강도, 압축 강도, 탄성률, 충격 강도, 경도, 마찰 계수	• 기계 부품 : 축, 기어, 캠 • 엔진 부품, 전동기, 발전기 부품 • 유압 기기 구동부 : 액추에이터, 펌프, 모터
기계 구조물	• 기계 구조 본체, 장치 커버, 케이스, 지지체	• 기계 강도 일반	• 공작 기계 베드, 자동차 하부 구조, 항공기 구조물, 전자 장비 케이스, 방진 흡진 장치 • 전기전자 장치의 절연 지지물
공구	• 공구 • 게이지	• 경도, 기계 강도, 가공성	• 절삭 공구, 각종 측정기
금형		• 가공성, 경도, 기계 강도	• 플라스틱 성형 금형, 다이캐스팅 금형, 프레스 성형 금형
전기 분야	• 전기 전도용	• 도전성, 기계 강도	• 송전용 부품, 트랜스포머, 발전기
	• 전기 접점용	• 경도, 스프링 특성	• 전기 접점, 로터리 스위치 접점, 약전 릴레이용 접점
	• 전기 저항체	• 적당한 저항	• 표준 저항, 권선 고정 저항, 발열체
	• 전기 절연재	• 전기 절연성, 기계 강도, 가공성	• 전기 절연 성형 재료, 접착제, 도료, IC 기판, 절연 적층판
일용품			• 스푼, 나이프, 신발, 식품 용기
의료 분야			• 인공 관절, 임플란트, 스텐트

제3장

물질의 구성과 구조

우리가 살고 있는 집을 살펴보는 관점에는 (1) 집을 짓는 데 사용한 건축 자재가 어떤 것인가와 (2) 집의 구조가 어떻게 되어 있는가의 두 가지가 있다.

사용한 건축 자재의 종류에는 흙, 벽돌, 목재, 콘크리트, 철골 등 여러 가지가 있으며 집의 구조에는 방이 몇 개인지, 주방, 거실, 화장실이 어디에 있는지 등에 따라 다양한 종류가 있다.

그림 3-1 집의 구조

마찬가지로 이 세상을 이루고 있는 물질의 내부를 보는 관점도 물질을 구성하고 있는 성분(원소, 건축 자재)이 어떤 것인가라는 관점과 물질이 어떤 구조(원자 구조, 집의 구조)로 이루어져 있는가라는 관점의 두 가지가 있다.

물질은 순물질과 혼합물로 구분하며 순물질은 단체(simple substance)와 화합물로 구분한다. 단체란 수소, 산소, 흑연, 다이아몬드, 순금속과 같이 하나의 원소로 이루어진 물질을 말하며, 화합물이란 물(H$_2$O), 티타늄카바이드(TiC), 텅스텐 카바이드(WC), 질화 티타늄(TiN), 나트륨(NaCl), 각종 플라스틱 등과 같이 2개 이상의 원소가 일정 비율로 결합하여 이루어진 물질을 말한다. 한편 혼합물은 2개 이상의 원소가 결합이 아니라 같은 원소로 이루어진 구조물 중에 다른 원소가 섞여 있는 형태로 암석, 철강, 각종 합금이 이에 해당한다. 단체와 화합물은 구성 원소의 종류에 따라 그 성질과 특성이 정해지며 원소의 종류도 많지 않아 이해하기 쉽지만, 혼합물은 원소의 종류도 많으며 구조물 중에 다른 원소가 섞여 있는 형태의 종류에 따라 그 성질 및 특성이 달라지므로 매우 복잡할 뿐 아니라, 섞여 있는 형태를 여러 가지 방법으로 바꿀 수 있어 더욱 복잡해진다.

기계재료로 가장 많이 사용되고 있는 철강 재료 및 비철금속 재료 합금(알루미늄 합금, 동 합금 등)은 혼합물로, 이들은 합금 원소의 종류 및 성분 비율, 주성분 원소 구조의 종류(결정 구조) 및 주성분 원소의 구조에 다른 합금 원소가 섞여 있는 형태(강화 메커니즘 및 미세 조직의 형태)에 따라 재료의 성질 및 특성이 바뀌므로 이에 관한 공부가 매우 필요하다.

이 장에서는 구성 원소의 종류와 역할 및 결정 구조에 대해 서술하며 제4장에서는 재료의 강화 메커니즘에 대해 서술하고자 한다.

✿ 3-1   구성 원소의 종류와 역할

1. 철계 금속의 구성 원소

철계 금속의 기본 구성 원소는 철(Fe)과 탄소(C)이며 이 기본 원소의 비율을 다르게 하거나 여러 가지 원소를 첨가하고 또 첨가 비율을 달리 하여 다양한 성질과 특성을 가진 여러 가지 종류의 강종을 만들 수 있다.

일반 구조용 압연강이나 기계 구조용 탄소강에 합금 원소를 첨가하면 기계 구조용 합금강으로 되며 탄소강에 비해 많은 점에서 개선이 일어난다. 일반 구조용 압연강이나 탄소강에도 철 및 탄소 이외의 다른 원소가 들어 있지만, 이들은 성질이나 특성 향상을 위해 인위적으로 첨가한 것이 아니라 철광석에서의 제철, 제선 과정 중에 어쩔 수 없이 남아 있는 것으로 오히려 불순물의 의미가 있다.

합금 원소 첨가에 의한 개선점을 정리하면 아래와 같다.

(1) 기계적 성질 향상
(2) 담금 성능 향상(재료 선정에 있어 매우 중요한 성질로 제9장에서 상세히 설명한다)
(3) 고온 성질 저하 방지
(4) 내식성 증가
(5) 내마모성 증가
(6) 결정립 성장 방지
(7) 절삭성, 용접성 향상

1) 합금 원소별 효과

주로 많이 사용되고 있는 합금 원소와 첨가 효과를 각 원소별로 정리해보자.

- 니켈(Ni)

  내식성 향상, 내산성 향상, 담금성 약간 향상, 강인성(점성 및 내충격성)을 향상시킨다. 천이 온도를 낮추어 저온 취성을 억제한다.

- 크롬(Cr)

  페라이트에 고용되면 강도와 경도를 증가시키며 오스테나이트에 고용되면 담금성을 향상시킨다. 함량이 많아지면 내식성, 내산성 및 내열성이 증가하며 내마모성도 향상된다. 고온 강도도 증가시킨다.

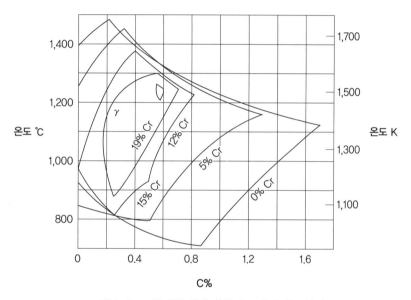

그림 3-2 크롬 함유량에 따른 오스테나이트 영역

- 몰리브덴(Mo)

  오스테나이트에 고용되면 담금성을 좋게 하고 페라이트에 고용되면 고온에서의 인장강도 및 크리프 저항을 향상시킨다. 내식성 향상과 뜨임 메짐(취성) 방지 효과도 있다. 스테인리스강에 첨가하면 내식성을 늘린다.

- 망간(Mn)

  니켈과 비슷한 효과를 내는데, 함량이 많아지면(1.2% 이상) 강도, 경도가 증가하여 내마모성이 증가한다. 황(S)에 의해 생기는 적열 메짐(열간 취성)을 방지한다.

- 규소(Si)

  함량이 적으면 강도와 경도가 약간 증가(규소 1%마다 인장강도가 98MPa 정도 상승한다)하며 함량이 많아지면 내마모성이 많이 증가하고 저합금강의 강도 증가에 효과가 있다. 전자기 성질을 개선한다.

- 보론(B)

  미량(0.001~0.003%) 첨가에 의해 담금성을 향상시킨다. 첨가량을 늘리면 열간 취성이 일어난다.

- 납(Pb)

  강을 부서지기 쉽게 하여 쾌삭성을 향상시킨다.

- 황(S)

  인과 같은 유해 원소로 인과는 반대로 뜨거울 때 부서지게 하는 성질이 있다. 즉 열간 취성을 일으키기 쉽게 한다.

- 인(P)

  황과 같은 유해 원소로 차가울 때 강을 부서지게 하는 성질이 있다. 즉 냉간 취성을 일으키기 쉬우며, 편석을 늘려 재질을 약화시켜 쾌삭성을 향상시킨다.

- 칼슘(Ca)

  비금속 개재물의 형태와 분포를 조정하여 탈황, 탈산에 유효하다.

- 알루미늄(Al)

  질화강의 합금 원소. 효과적으로 탈산시켜 질화물 생성에 의한 결정립 성장을 억제하여 미세화한다.

- 텅스텐(W)

  크롬과 비슷한 효과를 보이는데 함량이 많아지면 탄화물 생성을 쉽게 하여 고온에서의 경도와 내마모성을 향상시킨다. 결정립을 미세화한다.

- 코발트(Co)

  크롬과 같이 사용되어 고온 강도와 경도를 크게 향상시킨다.

- 바나듐(V)

  결정립을 미세화하여 강인성 및 내마모성을 증가시킨다. 2차 경화를 일으킨다.

- 동(Cu)

  크롬 또는 텅스텐과 함께 첨가하여 효과를 보며 석출 경화가 일어나기 쉽게 하고 내후성과 내산화성을 증가시킨다. 열간 취성을 일으킨다.

- 티타늄(Ti)

  규소나 바나듐과 같은 효과를 보이며 내식성을 증가시킨다.

- 니오븀(Nb)

  크리프 강도를 크게 하지만 담금성을 저하시킨다.

- 저커늄(Zr)

  탈가스 작용이 크므로 강괴의 결함을 방지한다.

한편 철강의 제조 공정에서 어쩔 수 없이 존재하는 불순물로서의 원소가 있는데 그 영향은 아래와 같다.

- 질소(N)

  탄소와 비슷한 역할을 하며 경도와 내마모성을 증가시키지만 질소를 포함한 강은 변형 시효 등에 의해 재료를 취화시킨다.

- 수소(H)

  대기 및 원료 중의 수분 분해, 염산 및 황산 용액 중에서의 산 세척, 도금액으로부터의 침입에 의해 강 중에 고용되는 수소는 원자 반경이 최소이므로 헤어 크랙을 포함한 백점(white spot), 수소 취성(hydrogen embrittlement) 등의 원인이 된다. 고온과 상온의 수소 용해도는 크게 다르며 급랭에 의해 수소가 전부 외부로 확산되지 않는다면 약 2GPa의 내압을 일으킨다는 실험도 있다.

- 산소(O)

  산소는 거의 고용되지 않고 주로 Al_2O_3, SiO_2, MnO 등의 비금속 개재물로 존재하게 되므로 기계적 성질을 떨어뜨린다.

2) 인장강도에 미치는 합금 원소의 효과

여러 가지 합금 원소의 종류와 함량에 따른 인장강도의 상승 효과는 그림 3-3에 나타나 있다.

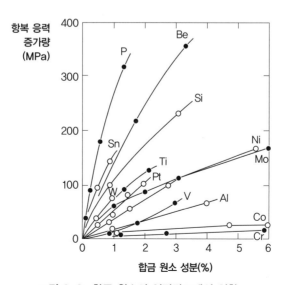

그림 3-3　합금 원소의 인장강도에의 영향

3) 공석 온도에 미치는 합금 원소의 효과

여러 가지 합금 원소의 종류와 함량에 따른 공석 온도의 상승 또는 하강 효과는 그림 3-4에 나타나 있다. 공석 온도란 오스테나이트 상이 펄라이트 상으로 변태하는 온도를 말하며 제5장에서 상세히 설명한다.

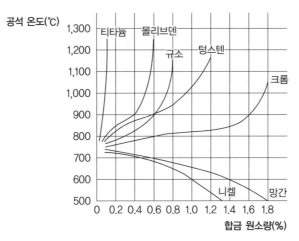

그림 3-4 공석 온도에 미치는 합금 원소의 효과

4) 내열성과 경도에 미치는 합금 원소의 효과

철(Fe)보다 탄소(C)와의 결합력이 큰 합금 원소를 첨가했을 때, 합금 원소의 양이 적을 때는 시멘타이트(Fe_3C) 중에 섞여 있게(고용)되지만 양이 많아지면 시멘타이트 이외에 합금 원소와 탄소가 결합한 별도의 탄화물을 생성하게 된다. 이 탄화물은 경도가 매우 높으며 용융점도 매우 높다. 이러한 탄화물의 경도와 용융점을 표 3-1에 정리하였다.

표 3-1 탄화물의 경도와 용융점

탄화물	경도(HV)	용융점(℃)
TiC	3,200	3,140
VC	2,800	2,830
WC	2,400	2,867
NbC	2,400	3,506
Cr_7C_3	2,100	1,665
Mo_2C	1,800	2,687
Ge_3C	840	1,650

5) 쾌삭성에 미치는 합금 원소의 효과

소형의 시계 부품이나 자동차 부품 등은 소재를 자동으로 공급하면서 24시간 자동으로 무인 가공해야 하는 경우가 많다. 이때 칩(절삭되어 떨어져 나가는 부분)이 절삭 공구에 엉키거나 들러붙으면 절삭에 문제가 생겨 자동 가공이 불가능하게 된다. 이를 방지하기 위해서는 칩이 절삭 공구에 들러붙지 않도록 윤활성을 갖거나 칩이 짧게 끊어지면서 배출되도록 해야 한다. 이러한 효과를 보는 첨가 원소에는 황(S), 인(P), 납(Pb) 및 칼슘(Ca)이 있으며 이런 원소를 첨가한 강을 쾌삭강(free cutting steel)이라 부른다. 그러나 쾌삭강은 강도가 낮아지므로 사용에 주의해야 한다.

첨가 원소에 따른 공구 수명과 절삭 속도에 대한 효과는 그림 3-5에 나타나 있다.

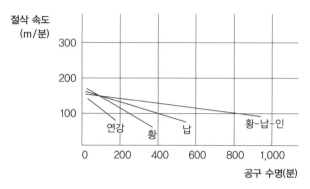

그림 3-5 합금원소와 공구 수명

6) 담금성에 미치는 합금 원소의 효과

담금성이란 일반 열처리 중 하나인 담금이 잘 되는 정도를 나타내는 성질로 그림 3-6에 각종 원소의 담금성에 미치는 효과가 나타나 있다.

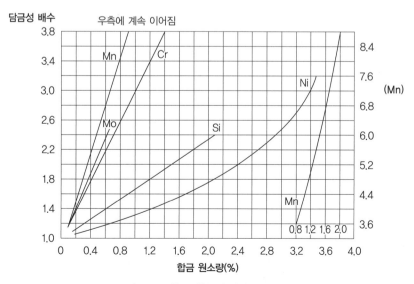

그림 3-6 합금 원소와 담금성 배수

2. 비철계 금속의 구성원소

1) 알루미늄 합금

알루미늄 합금에 첨가되는 원소에는 동, 망간, 규소, 마그네슘, 아연, 리튬, 주석, 비스무트, 니켈, 납, 나트륨, 철, 티타늄 등이 있다.

2) 티타늄 합금

티타늄 합금에 첨가되는 원소에는 니켈, 몰리브데넘, 팔라듐, 알루미늄, 주석, 저커늄, 바나듐, 철, 크롬 등이 있다.

3) 마그네슘 합금

알루미늄, 저커늄, 은, 리튬, 주석, 톨륨, 망간, 아연, 이트륨, 동, 규소, 망간 등이 마그네슘 합금에 쓰이는 첨가 원소들이다.

4) 동 합금

동 합금에 첨가되는 원소로는 아연, 주석, 망간, 납, 알루미늄, 철, 니켈, 규소, 인, 베릴륨, 티타늄, 크롬, 저커늄 등을 들 수 있다.

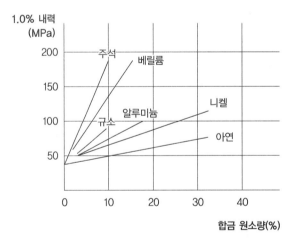

그림 3-7 동 합금의 고용 원소에 따른 내력

5) 아연 합금

알루미늄과 마그네슘이 아연 합금에 쓰이는 첨가 원소이다.

6) 니켈 합금

동, 알루미늄, 규소, 황, 철, 크롬, 몰리브데넘, 코발트, 니오븀, 탈륨, 티타늄, 탄소, 보론, 저커늄, 텅스텐 등이 니켈 합금의 첨가 원소이다.

✿ 3-2 원자의 구조

물질을 그 형태와 내부 구조의 관점에서 보면, 우선 원자의 집합 상태에 따라 기체 상태, 액체 상태 및 고체 상태로 나뉘는데, 온도를 낮추면 대부분의 물질은 고체 상태로 된다.

고체에는 물질을 구성하고 있는 다수의 원자가 공간 내에 규칙적으로 배열되어 있는 것과 불규칙적으로 모여 있는 것이 있는데, 전자를 결정(crystal) 고체, 후자를 비결정질(amorphous) 고체라 한다 (그림 3-8). 대부분의 금속 재료는 다결정체(poly crystal)이며 유리는 비결정질체(비정질체)이고 고분자 재료(플라스틱, 합성 고무 등)는 결정질과 비결정질의 혼합체이다.

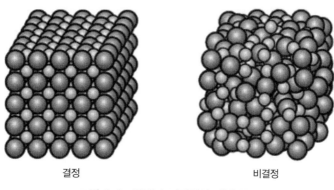

| 결정 | 비결정 |

그림 3-8 결정과 비결정의 내부 구조

다결정체의 조직 사진(그림 3-9)에서 입자 하나하나를 결정립(crystal grain), 입자와 입자 사이의 경계면을 결정립계(grain boundary)라 한다.

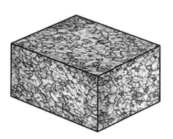

그림 3-9 다결정체의 조직 사진

한편 단결정(single crystal, mono crystal)이란 결정의 어느 위치에서도 결정 축의 방향이 바뀌지 않는 것을 말한다. 실리콘(규소)의 단결정은 반도체 제조에 없어서는 안 되는 실리콘 웨이퍼다.

결정에서 구성 원자가 공간적으로 배열되어 있는 규칙적인 구조 형태를 결정 격자(crystal lattice)라고 한다. 그림 3-10과 같은 입방체가 단위 격자이며 각 교차점을 격자점(lattice point), 모서리 변의 길이를 격자 상수(lattice constant)라 한다.

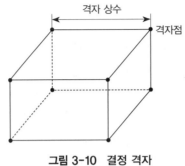

그림 3-10 결정 격자

결정의 구조 형태에는 수많은 종류가 있으나 주요 금속 원소의 결정 구조는 다음 세 가지 중 하나로 되어 있다. 열처리에 의해 결정 구조가 변하는 경우도 있는데 이 결정 구조의 변경을 변태라 한다. 변태에 대해서는 제5장에서 상세히 설명한다.

(1) 체심 입방 격자(body centered cubic lattice, bcc 격자)
(2) 면심 입방 격자(face centered cubic lattice, fcc 격자)
(3) 조밀 육방 격자(hexagonal close packed lattice, hcp 격자)

표 3-2 결정 격자의 종류

결정계		삼사정 (triclinic)	단사정 (monoclinic)	사방정 (orthorhombic)	육방정 (hexagonal)	삼방정 (trigonal)	정방정 (tetragonal)	입방정 (cubic)
결정 격자	단순	$\alpha,\ \beta,\ \gamma \neq 90°$	$\beta \geq 90°$ $\alpha,\ \gamma = 90°$	$a \neq b \neq c$	$a \neq c$	$\alpha,\ \beta,\ \gamma \neq 90°$	$a \neq c$	
	저심		$\beta \geq 90°$ $\alpha,\ \gamma = 90°$	$a \neq b \neq c$				
	체심			$a \neq b \neq c$			$a \neq c$	
	면심			$a \neq b \neq c$				

1. 체심 입방 격자

α-Fe, δ-Fe, Cr, Mo, W, V, β-Ti, β-Zr, Ta, Cs, Li, Nb, Na, K 등의 결정 구조로, 그림 3-11과 같은 구조이며 입방체의 격자점과 중심에 각각 1개씩의 원자가 자리 잡고 있는 구조이다.

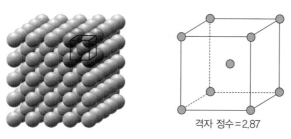

격자 정수=2.87

그림 3-11 체심 입방 격자

이 구조에 포함되어 있는 원자의 개수를 구해보면, 각 격자점에 있는 원자는 이웃하고 있는 7개의 격자와 공유하고 있으므로 하나의 격자 구조 내에는 $\frac{1}{8}$ 밖에 없으며 격자 중심에 하나의 원자가 있으므로 단위 격자 내의 원자 수는 다음과 같이 구해진다.

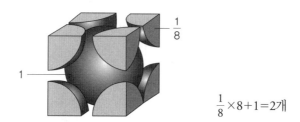

$$\frac{1}{8} \times 8 + 1 = 2개$$

그리고 입방체의 체적 중 원자가 차지하고 있는 비율은 68%이다. 이 격자 구조는 비교적 변형하기 어렵다는 특징을 가지고 있다.

2. 면심 입방 격자

γ-Fe, Ni, Cu, Al, Pb, Ag, Au, Pt, Ca, Sr, Rh, Pd, Xe, Ce, Yb, Ir, Ar 등의 결정 구조로, 그림 3-12와 같은 구조이며 입방체의 격자점과 각 면의 중심에 각각 1개씩의 원자가 자리 잡고 있는 구조이다.

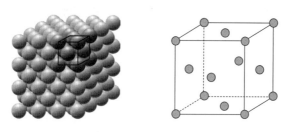

그림 3-12 면심 입방 격자

이 구조에 포함되어 있는 원자의 개수를 구해보면, 각 격자점에 있는 원자는 이웃하고 있는 8개의 격자와 공유하고 있으므로 하나의 격자 구조 내에는 $\frac{1}{8}$밖에 없으며 면의 중심에 있는 하나의 원자는 이웃하고 있는 1개의 격자와 공유하고 있으므로 단위 격자 내의 원자 수는 다음과 같이 구해진다.

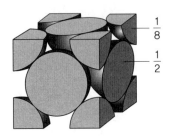

$$\frac{1}{8} \times 8 + \frac{1}{2} \times 6 = 4\text{개}$$

그리고 입방체의 체적 중 원자가 차지하고 있는 비율은 74%이다. 이 격자 구조의 특징은 전성과 연성이 풍부하여 소성 변형하기 쉬운 점이다.

3. 조밀 육방 격자

α-Ti, Mg, Zn, Co, Be, α-Zr, Cd, Y, Sc, Os, Ru 등의 결정 구조로 그림 3-13과 같은 구조이며 육각 기둥의 12개 격자점과 위아래 육각면의 중심에 원자가 있으며, 육각 기둥을 이루고 있는 6개의 삼각 기둥 중 3개의 중심에 원자가 자리 잡고 있는 구조이다.

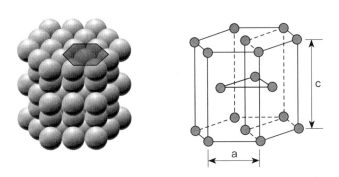

그림 3-13 조밀 육방 격자

이 구조에 포함되어 있는 원자의 개수를 구해보면, 각 격자점에 있는 원자는 이웃하고 있는 12개의 격자와 공유하고 있으므로 하나의 격자 구조 내에는 $\frac{1}{8}$밖에 없으며 위아래 면의 중심에 있는 2개의 원자와 6개의 측면 중 3개의 면 중심에 있는 3개의 원자는 이웃하고 있는 1개의 격자와 공유하고 있으므로 단위 격자 내의 원자 수는 다음과 같이 구해진다.

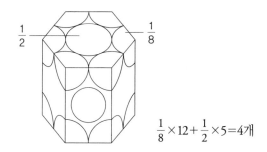

$$\frac{1}{8} \times 12 + \frac{1}{2} \times 5 = 4개$$

　육각 기둥의 높이와 육각면의 면 길이 비율은 1.633이며, 이 구조에서 원자가 차지하는 체적 비율은 면심 입방 격자와 같은 74%이다.

　이 격자 구조는 연성이 부족한 것이 특징이다.

✿ 3-3　원자 사이 결합의 종류

원자는 중심의 핵(nucleus)과 그 주변 궤도를 도는 전자(electron)로 구성되어 있으며 전자의 수는 원자 번호(atomic number)와 같다.

　원자끼리의 상호 결합에 의해 물질의 미세 구조 및 성질이 변하게 되는데, 이 원자 결합의 종류에는 1차적 결합(강한 결합)인 금속 결합, 이온 결합, 공유 결합과 2차적 결합(약한 결합)인 반더발스 결합, 수소 결합 등이 있다.

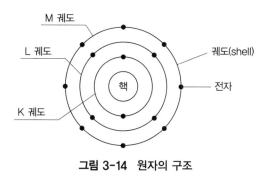

그림 3-14　원자의 구조

1. 금속 결합

금속 결합(metallic bonding)은 2개 원자 내의 가장 바깥의 전자 궤도를 돌고 있는 전자 — 가 전자(valence electron, 價 電子)라 부름 — 가 원자의 속박에서 벗어나 일체로 되어 격자 내를 자유롭게 움직일 수 있는 자유 전자(free electron)가 되고 전자를 내준 원자는 양이온이 되는데, 이 자유 전자가 2개의 양이온과 결합하는 것에 의해 이루어진다. 금속 결합은 가 전자를 인접 원자와 공유한다는 점에서는 공유 결합과, 또 전자와 양이온 사이의 결합이라는 점에서는 이온 결합과 유사하다.

모든 금속의 원자 간 결합이 이에 해당한다.

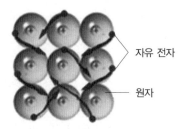

그림 3-15 금속 결합 개념도

2. 이온 결합

이온 결합(ionic bonding)이란 두 원자 사이에 서로 전자를 주고받아 생긴 +, − 이온 사이의 정전기 상호작용(쿨롱의 힘)에 의해 결합하는 것으로 금속 원소와 비금속 원소의 결합에 많이 보이는 결합이다. 예를 들면 NaCl, CsCl, MgO 등이다.

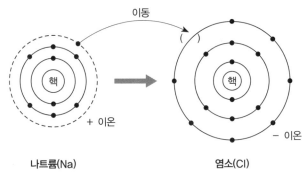

그림 3-16 염화나트륨의 이온 결합

3. 공유 결합

공유 결합(covalent bonding)이란 두 원자의 각 1개의 가 전자가 서로 합쳐져 결합한 것이다. 즉 2개의 원자가 전자를 공유하는 것이다. 탄소, SiC, Ge, GaAs 등의 예가 있으며, 주기율표에서 가까이 있는 원소의 원자들 사이에서 일어나는 결합이다.

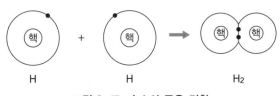

그림 3-17 수소의 공유 결합

4. 수소 결합

수소 결합(hydrogen bonding)은 +전하(전기량, electrical charge, 전기를 띰)를 띤 수소 원자가 −전하를 띤 원자와 정전기 상호작용으로 결합하고 있다. 예로는 H_2O, HF 등이 있다.

5. 반더발스 결합

가 전자가 없는 분자 결합인 반더발스(Van der Waals) 결합은 폐 궤도(closed shell) 구조를 가진 중성 원자(분자)가 전하 분포의 흔들림에 기초한 반더발스 힘으로 결합한다.

기체는 약간의 점성이 있어 압축시키면 액화하며 더 진행하면 응결된다. 이것은 기체 분자 사이에 약한 인력이 작용하고 있음을 보이는데 이 힘을 반더발스 힘이라 부른다. 예로는 Ne, Ar, CH_4 등이 있다.

❖ 3-4 혼합물에 있어서의 원소가 섞여 있는 형태

두 가지 물질을 혼합했을 때, 자갈과 모래를 섞었을 때처럼 단순히 섞여 있는 상태인 경우에는 하나의 고체(state)에 2개의 고상(phase)이 있다고 말하며, 시멘트와 모래처럼 균일하게 섞여 있어 마치 하나처럼 섞여 있는 경우 하나의 고체에 하나의 고상이 있다고 말한다. 이것이 상태와 상의 개념이다.

후자처럼 하나의 금속에 다른 원소(금속 원소 또는 비금속 원소)가 섞여 들어가 전체가 균일한 고체 상태로 되는 것을 고용체(solid solution)라 하며 섞여 들어가는 형태에 따라 치환형 고용체(substitutional solid solution)와 침입형 고용체(interstitial solid solution)의 두 가지가 있다.

1. 치환형 고용체

그림 3-18과 같이 격자 구조의 격자점을 차지하고 있던, 모체가 되는 금속의 원자(용매 원자) 중 일부가 다른 원자(용질 원자)로 교체되어 격자가 구성된 형태를 말한다. 치환되는 위치는 정해져 있지 않으며 금속 원자와 금속 원자 사이에서 일어나고 용매 금속과 용질 금속의 결정 격자 구조가 같은 경우 또는 원자의 크기가 같으면 치환이 일어나기 쉽다. 원자 크기의 차이가 10% 정도까지는 완전 고용이 되지만 15% 이상 차이가 나면 치환 고용은 일어나지 않는다.

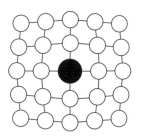 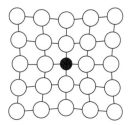

그림 3-18 치환형 고용체

2. 침입형 고용체

그림 3-19와 같이 격자점을 차지하고 있는 용매 원자 사이의 틈새로 용질 원자가 비집고 들어가 있는 형태를 말한다. 틈새 공간이 넓지 않으므로 용질 원자는 용매 원자보다 작아야 하며 비금속 원소 (C, N, B, Si, Ge, As, Sb 등)인 경우가 대부분이다.

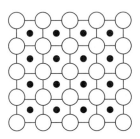

그림 3-19 침입형 고용체

3-5 변형과 전위

기계재료는 여러 가지 종류의 가공에 의해 원하는 형상 및 치수를 갖는 부품으로 바뀐다. 특히 금속 재료에 대한 가공에는 재료 제거 가공, 주조 및 소성 가공의 세 가지가 있는데 이 중 소성 가공에는 반드시 재료에 소성 변형이 일어난다. 소성 변형이란 재료의 제거 없이, 즉 무게의 감소 없이 외력에 의해 외관 형상 및 치수가 변화하는 것을 말한다.

금속 결정체의 변형은 원자의 상대 이동에 의해 일어나는데, 상대 이동에는 원자 간 거리의 변화와 원자 사이의 미끄러짐의 두 가지가 있다. 전자는 탄성 변형인 경우에 해당하며 후자는 소성 변형인 경우로 주로 결정의 미끄럼 변형(slip deformation), 즉 전단 변형(shearing deformation)에 의해 일어난다.

이러한 미끄럼 변형을 재료 내부의 원자 관점에서 보면 그림 3-20과 같이 결정 격자 구조의 변형, 즉 원자의 어긋남이라 볼 수 있다.

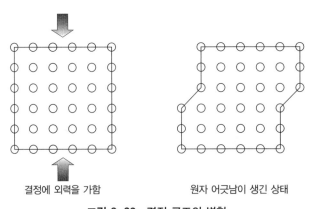

결정에 외력을 가함   원자 어긋남이 생긴 상태

그림 3-20 결정 구조의 변형

 그런데 위와 같이 원자 어긋남이 동시에 일어나기 위해서는 상당히 큰 힘이 필요하게 되는데, 이 미끄럼에 필요한 이론적인 임계 전단 응력은 실제 금속에서 보여지는 변형 저항의 수백 배에서 수천 배의 값으로 되어 이론적으로는 불가능하다. 따라서 원자의 어긋남은 그림 3-21과 같이 순차적으로 이루어지는 것이 필요하다. 하나의 원자 간격의 변형은 대략 수 옹스트롬(angstrom, Å)이다.

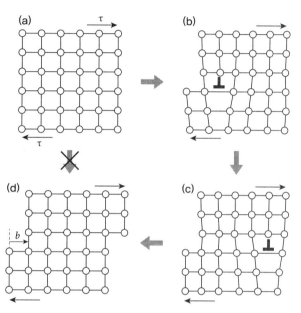

그림 3-21 원자 어긋남의 순서

 이와 같이 순차적인 어긋남이 가능하게 하는 것이 전위(dislocation)이다. 모든 결정성 고체는 용해 후 응고 과정, 급랭에 의한 열 응력, 압연 등의 소성 변형 등에 기인하는 일종의 결정 결함인 전위를 갖는다. 풀림 처리된 금속 다결정체에는 $10^7 \sim 10^9$개/cm^2 정도지만 소성 변형 중에 증식되어 $10^{11} \sim 10^{12}$개/cm^{2}에도 이르게 된다.

 금속 다결정체의 소성 변형은 냉간에서는 결정 내를 관통하는 미끄럼 변형에 의해 일어나며 열간에서는 결정립 경계를 관통하는 미끄럼 변형에 의해 일어난다.

 결정 내를 관통하는 변형의 경우에는 결정면을 따라서 전위가 이동하는데, 전위 이동에 필요한 응력을 파이얼스-나바로(Peierls-Nabarro) 응력이라 하며 다음 식으로 표시된다.

$$\tau_{pn} = \frac{2\mu}{1-\nu} \exp\left\{ \frac{2\pi a}{(1-\nu)b} \right\}$$

 위 식으로부터 미끄럼 면 간격 a가 크고 인접하는 원자 간 거리 b가 작을수록 파이얼스-나바로 응력은 작으므로 최대 원자밀도 면에서 미끄럼이 생긴다.

 이 미끄럼이 생기는 면을 미끄럼 면(slip plane), 방향을 미끄럼 방향(slip direction)이라 하며 이들 조합을 미끄럼 계(slip system)라 부른다.

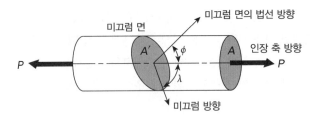

ϕ : 인장 축 방향과 미끄럼 면의 법선 방향이 이루는 각
λ : 인장 축 방향과 미끄럼 방향이 이루는 각

그림 3-22 미끄럼 계

결정 중에는 결정학적으로 등가인 미끄럼 계(active slip system)가 다수 존재하는데, 외력이 가해졌을 때 실제로 활동하는 미끄럼 계는 작용하는 전단 응력 τ가 임계 전단 응력 τ_{cr}에 도달하는 면과 방향이다.

인장 응력은 다음 식으로 주어지며 이 관계는 슈미트의 법칙(Schumit's rule)으로 알려져 있다. $\cos\phi\cos\lambda$는 슈미트 인자라고 하며 0~0.5 사이의 값을 갖는다.

소성 변형의 원인(또는 메커니즘)에는 앞에서 설명한 미끄럼 변형과 쌍정 변형이 있다. 쌍정 변형은 전단 변형에 의해 어떤 면에 평행으로, 이 면에서부터의 거리에 비례하여 원자 면을 집단 이동시키는 변형이며 상하의 원자면은 경면 대칭이고 복잡한 결정 구조를 갖고 있으며 저온에서의 변형에 중요하다.

이러한 결정체 소성 변형의 특징은 다음과 같다.

1. 이방성, 등방성

단결정체에서는 원자 배열의 방향은 결정체 내의 어디에서도 동일하며 방향에 따라 물리적 성질은 다르고 미시적은 물론 거시적으로도 이방성(anisotropy)을 보인다. 한편 다결정체에서는 원자 배열의 방향이 다른 많은 결정립들이 모여서 하나의 금속 괴를 형성하므로 거시적 또는 통계적으로 보아 등방성(isotropy)이다.

그런데 다결정 금속 괴에 일정 방향의 큰 소성 변형을 가하면 여러 가지 방위를 갖고 있던 결정립이 방향을 일치하여 간다. 이것을 선택 방위(preferred orientation)라 한다. 선택 방위를 가진 재료는 단결정과 비슷하여 기계적 성질이 방향에 따라서 다르며 거시적 방향성을 보인다.

2. 체적 일정 법칙

일반적으로 고체의 변형은 체적 변화가 있는 부분과 체적 변화가 없는 부분으로 나뉘는데 소성 변형은 미끄럼 변형, 즉 전단 변형에 의하므로 체적 변화를 동반하지 않는다. 이것을 체적 일정 법칙(volume constancy) 또는 비압축성(incompressibility)이라 한다.

일반적으로 미끄럼 면에는 수직 응력(normal stress)과 전단 응력이 작용하는데 전자는 탄성 변형인 원자 간 거리의 변화, 즉 체적 변화를 가져오며 소성 변형의 발생에는 직접 관여하지 않는다. 후자는 소성 변형을 이끌어낸다.

3. 정수 응력과 편차 응력

어떤 물체의 임의 미세 요소에 작용하는 3방향 수직 응력의 평균값을 정수 응력(hydrostatic stress) 또는 평균 수직 응력(mean normal stress)이라 하는데 이것은 체적 변화를 일으키는 응력 성분이므로 소성 변형에는 관여하지 않는다. 한편 각 방향의 수직 응력에서 평균 수직 응력을 뺀 것을 편차 응력(deviatoric stress)이라 하며 소성 변형을 일으킨다.

4. 소성 변형 능력

재료에 파괴를 일으키지 않고 소성 변형을 지속시키는 능력을 소성 변형 능력(plastic deformability)이라 한다. 금속의 연성 파괴는 원자 결합의 분리(void)와 그에 의해 생기는 미세 구열(micro crack)의 성장과 전파에 기인한다. 이 때문에 인장 평균 수직 응력은 파괴를 촉진하며 압축 평균 수직 응력은 파괴를 억제하는 경향을 보인다. 정수 응력이 높으면 소성 변형 능력은 향상된다.

5. 가공 경화

금속 결정체에 외력이 가해져 미끄럼 계에서의 분해 전단 응력이 임계값에 도달하면 그들의 활동 미끄럼 계에서 전위의 이동이 시작된다. 전위 이동에 의한 소성 변형은 보통 미끄럼 면의 회전을 수반하며 활동 미끄럼 계의 변화를 가져온다. 소성 변형의 진행과 함께 전위들의 상호작용, 전위 교차, 전위 반응, 전위의 장애물에의 집적 등 여러 현상이 나타난다. 또 얼마 지나지 않아 전위 원의 활동에 의해 전위의 증식이 시작되며 전위 밀도는 차차 올라간다.

이와 같이 하여 전위 교차의 빈도 및 장애물에의 전위 퇴적은 점점 증가하며 이들 과정은 응력의 증가를 필요로 하게 된다. 이것이 가공 경화(work hardening) 또는 변형 경화(strain hardening)의 메커니즘이다.

가공 경화에 의해 재료는 소성 변형에 대한 저항이 커짐과 동시에 소성 변형 능력은 떨어진다. 경화된 재료는 이것을 그대로 제품으로서 사용하는 경우에는 큰 문제가 없지만 경화된 후에 또 다른 소성 가공을 하지 않으면 안 되는 경우에는 문제가 된다. 가공 경화된 재료는 기계적 성질의 변화 외에 전기 전도도 및 투자율의 저하도 수반된다.

한편 전위는 변형하기 위해 반드시 필요하지만 전위의 숫자가 너무 많아지면 동시에 이동할 전위가 많아져 이동이 어려워지며 따라서 변형이 어렵게 된다.

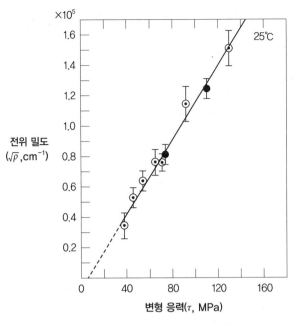

그림 3-23 전위 밀도와 변형 응력

✿ 3-6   크리프 변형

고온에서의 크리프 변형은 인상 전위의 상승 운동(climbing motion)에 의해 일어나는데, 이것은 고온(일반적으로 융점의 30% 이상인 온도)에 있어서 원자 확산에 의해 생기는 버거스 벡터(Burger's vector, 전위 이동에 의한 미끄럼의 단위로 되는 벡터)와 수직인 방향으로의 인상 전위의 이동을 말하며 비교적 고하중 아래에서는 석출된 입자에 의해 막혀 있던 전위가 상승하여 석출 입자를 피해 전위가 이동하여 미끄럼 운동에 의해 변형이 진행되게 된다.

제4장

기계재료의 기계적 성질 강화

기계재료는 어느 한계 이상의 외력이 작용하면 소성 변형하는데, 소성 변형은 전위의 이동에 의해 이루어지므로, 강한 재료란 소성 변형시키기 위하여 보다 큰 힘이 필요한 재료를 말하며 이는 전위의 이동이 어려운 재료를 의미한다. 가장 이상적인 '강한 재료'는 전위가 없는 재료지만 현실적으로는 매우 어렵다. 휘스커(Whisker)가 결함이 거의 없는 매우 가는 결정을 얻었는데 이를 휘스커 결정이라 한다.

결국 강한 재료를 얻기 위한 현실적인 방법은 전위의 이동을 어렵게 하는 미시적인 장애물을 만들거나 방해할 수 있는 여건을 만드는 것이다. 재료 내에 장애물이 다수 존재하면 할수록, 장애가 강고하면 할수록 개개 전위의 미끄럼 운동은 곤란하게 되며 재료를 소성 변형시키기 위해서는 보다 큰 응력이 필요하게 된다. 이러한 재료 내의 장애물이란 결국 결정 격자의 결함(lattice defect)을 말한다. 결정 격자의 모든 격자점이 같은 원자로 채워져 있을 때 이것을 완전 결정(perfect crystal)이라 한다. 그러나 실제 결정에는 다양한 종류의 결함이 존재하므로 실제의 결정은 불완전 결정(imperfect crystal)이다.

금속의 격자 결함에는 다음과 같은 것들이 있다.

- 점 결함(point defect)
  - 공공(vacancy) : Frenkel 결함, Schottky 결함
  - 자기 격자 간 원자(self-interstitial atom)
    이상 내인성(intrinsic) 결함
  - 치환형 불순물 원자(substitutional impurity atom)
  - 격자 간(침입형) 불순물 원자(interstitial impurity atom)
    이상 외인성(extrinsic) 결함

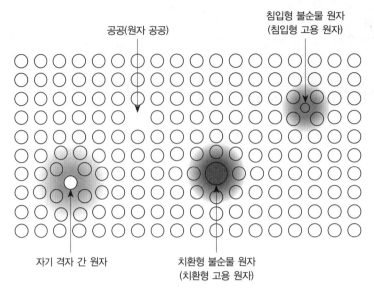

그림 4-1 점 결함의 종류

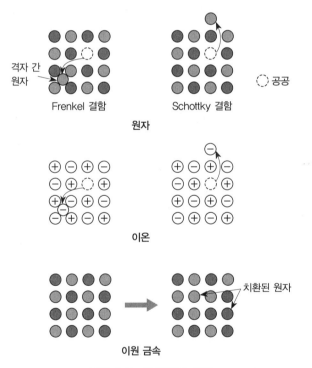

그림 4-2 점 결함의 종류

- 선 결함(line defect)
  - 전위(dislocation)

- 면 결함(planar defect)
  - 표면(surface)
  - 결정립 경계(grain boundary)
  - 이상계면(interface)
  - 자구(magnetic domain)

- 체적 결함(bulk defect)
  - 개재물(이상 입자)
  - 공극(void)
  - 구열(crack)

이 중에서 중요한 결함에 대해 아래에서 설명한다.

❖ 4-1 주요 결함

1. 치환형 불순물 원자

치환형 고용 원자라고도 하며 결정의 기본이 되는 원자가 다른 원자와 격자 점에서 치환하여 생기는 결함이다. 크기가 다른 경우에는 그 주위에 변형을 일으킨다.

2. 침입형 불순물 원자

격자 점이 아닌 곳에 다른 원자가 들어앉은 것을 말한다. 원자의 직경이 큰 것은 들어가기 어려우며 들어가서 격자 사이의 간격을 넓게 하므로 주위의 변형을 일으킨다.

3. 전위

"전위는 중요한 개념이지만 이해하기 어렵다"라는 말이 있듯이 전위의 개념을 정확히 이해하는 것은 매우 어렵다.

결정 격자의 원자 배열 어긋남이 선 모양으로 되어 있는 것을 전위라 한다. 결정에 외력을 가하면 원자 배열은 결정 중간에서 끊어진 상태로 되어 원자가 없는 결함이 생긴다. 실제 결정은 입체이므로 지면과 수직인 방향으로 같은 원자 면이 이어져 있다. 따라서 원자 배열이 끊어져 생긴 결함은 선 모양으로 된다.

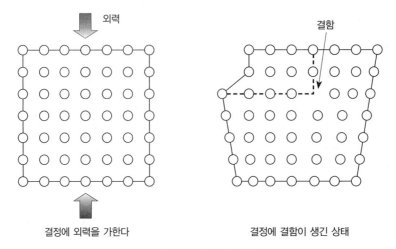

그림 4-3 전위의 생성

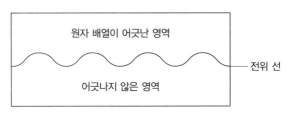

그림 4-4 전위 선

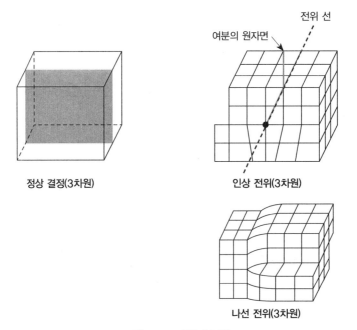

그림 4-5 전위의 종류

전위는 미끄럼 면 위를 이동하고 석출된 입자 및 결정립 경계에 의해 집적(pile up)되며 전위의 집적에 의한 집중 응력의 영향 때문에 새로운 전위 원이 생기게 된다.

이들 격자 결함은 재료의 기계적, 전기적, 자기적, 화학적, 광학적 성질에 큰 영향을 주는데, 이처럼 격자 결함 및 조직에 의존하는 성질을 구조 민감(structure-sensitive) 성질이라 한다. 이러한 성질은 열처리에 의해 제어 가능하며 열처리에 의해 미시적 구조를 변화시키는 방법에는 다음과 같은 것이 있다.

(1) 합금 원소의 고용에 의한 방법
(2) 경질의 미세 입자를 분산 석출시키는 방법
(3) 결정 입자를 미세화하는 방법

이러한 방법을 통하여 전위 이동(미끄럼 변형)에 대한 저항이 상승하며 이에 따라 소성적 성질이 변화하여 인장강도, 항복 응력이 상승하고 연성이 떨어진다.

한편 구조 둔감(structure-insensitive) 성질은 존재하는 원소의 종류에 의존하는 재료 고유의 성질을 말하며, 이 성질은 열처리에 의해 제어할 수 없다. 이러한 성질로는 탄성적 성질인 영률과 포아송비, 열적 성질인 열팽창계수, 융점, 비열, 열전도율 등과 밀도가 있다.

전위의 이동을 방해하여 금속 재료를 강화시키는 방법에는 위의 세 가지 방법 외에 가공 경화에 의한 방법이 있으며 아래에서 설명한다. 철계 금속의 일반 열처리는 위의 방법 중 세 가지 방법이 복합적으로 작용하는 전위 이동 방해 방법으로 그 메커니즘이 매우 복잡하므로 제5장에서 별도로 설명하기로 한다. 한편 비금속 재료의 강화 방법으로는 복합 재료화가 있는데 이에 대해서는 제14장에서 설명한다.

❖ 4-2 합금 원소의 고용에 의한 방법

3장에서 설명했듯이 합금 원소의 고용 방법에는 치환형 고용과 침입형 고용이 있다. 금속 원소끼리의 합금은 치환형 고용인데 용매 원자와 용질 원자의 크기에 차이가 있는 경우 그림 4-6과 같이 결정 격자에 불안정한 변형 상태가 생긴다. 이를 격자 변형(lattice distortion)이라 한다.

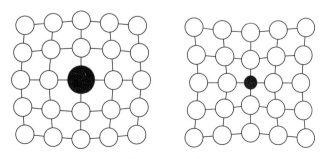

그림 4-6 격자 변형

이와 같이 용질 원자 주변의 찌그러짐이 전위의 이동을 방해하는 상태에서는 전위의 이동에 보다 큰 힘이 필요하게 된다. 즉 소성 변형에 대한 저항이 커지므로 재료의 강도가 크게 되는 것이다. 이 것을 고용 강화(solid solution strengthening)라 한다. 고용 강화는 고용량이 많을수록 크게 되며 용매 와 용질 원자의 크기 차이가 클수록 크게 된다.

한편 용질 원자가 비금속 원소인 경우는 침입형으로 고용되는데, 이때는 용질 원자가 용매 원자의 전위가 있는 아래쪽으로 들어가 고착(locking)되게 되며 이 상태를 코트렐 분위기(Cottrell atmosphere)라 한다. 이 상태에서는 마치 전위가 없는 것처럼 되어 에너지가 안정하며, 전위가 이동하기 어렵게 된다. 이렇게 하여 금속의 강화 효과를 얻을 수 있으나 이 효과는 온도가 조금 올라가면 전위가 이 분위기로부터 벗어나게 되어 효과가 없어진다.

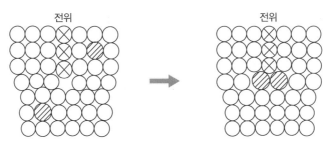

그림 4-7 침입형 원자에 의한 코트렐 고착

❖ 4-3 경질의 미세 입자를 분산 석출하는 방법

아래 그림과 같은 상태도에서 P조성인 합금을 가열한 다음 서서히 냉각하면 안정한 상인 α상을 지나 (α+β)상으로 변태되지만 급랭하면 β상을 석출할 수 있는 시간적인 여유가 없어 과포화 상태의 불안정한 단일 상(과포화 α고용체)이 나타나는데 이 처리를 용체화 처리(또는 고용화 처리, solution treatment)라 한다.

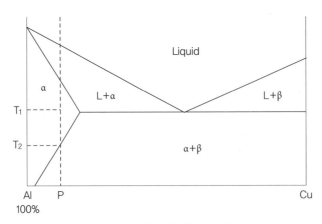

그림 4-8 알루미늄 합금 상태도

그러나 이 상태는 안정한 상태가 아니므로 상온에서 오랫동안 방치하거나 약간 가열하여 온도를 조금 올리면 이 과포화 고용체(supersaturated solid solution)가 중간 상(transition structure) 석출(precipitate)을 거쳐 안정한 상(equilibrium phase)을 석출하게 된다.

오로완 메커니즘(Orowan mechanism)이란 전위가 석출 입자를 절단할 수 없는 경우 아래 그림과 같이 석출 입자 사이를 통과하므로 필요한 전단 응력은 석출 입자 사이의 평균 거리 l에 대해 $\tau_{max} = \mu b/l$이므로 석출 입자는 전위가 통과할 수 없을 만큼 경질인 것이 필요하며 석출 입자 사이의 평균 거리가 작을수록 전위 이동에 대한 저항값이 상승한다는 것이다.

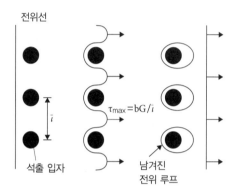

그림 4-9 오로완 메커니즘

미세 석출 입자의 석출이 전위 이동에 대한 저항으로 되며 소성 변형을 일으키기 위해서는 보다 큰 응력이 필요하게 되는 것을 석출 강화(precipitation strengthening)라 한다.

❖ 4-4 결정 입자를 미세화하는 방법

이웃한 결정립의 결정 방위가 다르므로 전위는 결정립 경계에 퇴적하며 이로 인해 인접한 결정립에 응력이 발생하고 입자 경계 근방에서 전위가 생성하여 이동한다.

이때 결정립이 크면 응력 집중이 커져 항복점이 낮아지며 결정립의 직경이 작을수록 퇴적되는 전위 수가 감소하여 인접 결정립의 응력이 감소하므로 작용 응력이 크지 않으면 미끄럼은 전파되지 않는다. 이것이 조직 미세화에 의한 강화이다.

한편 그림 4-10에서 각 결정립의 미끄럼 변형이 일어나기 쉬운 방향은 각 결정립 내의 화살표 방향인데 그 방향이 그림처럼 각기 다르므로, 만일 재료에 위아래 방향으로 인장 하중이 걸리면 하중의 방향과 결정립의 미끄럼 변형이 일치하는 결정립은 쉽게 변형되지만 일치하지 않는 결정립은 변형에 대한 저항이 크게 된다.

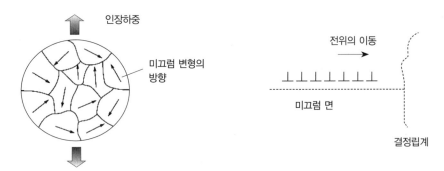

그림 4-10 결정립 내의 미끄럼

따라서 결정립이 미세화하면 하중 방향과 일치하지 않는 미끄럼 방향을 가진 결정립의 수가 많아져 변형에 대한 저항이 커지므로 결국 재료의 강화가 이루어지는 것이다.

반면 고온에서는 결정립이 미세할수록 변형이 일어나기 쉽게 되는데 이것은 고온에서는 보다 많은 공공이 존재하게 되며 결정립계는 이들 원자 공공이 모이는 곳이므로 결정 입자 수가 많을수록 전위의 이동이 쉽게 되기 때문이다.

결정립 직경과 항복 응력 사이에는 아래와 같은 식이 성립하는데 이를 홀-페치(Hall-Petch)의 관계식이라 한다. 즉 결정립의 직경이 작을수록 항복 응력이 커진다.

$$\sigma_y = \sigma_f + \frac{k}{\sqrt{d}} \qquad \sigma_f : 재료 고유의 마찰 응력 \quad k : 재료 상수$$

결정립을 미세화하는 방법은 큰 소성 변형을 가해 전위 밀도를 상승시킨 후 재결정화하는 방법이 있다.

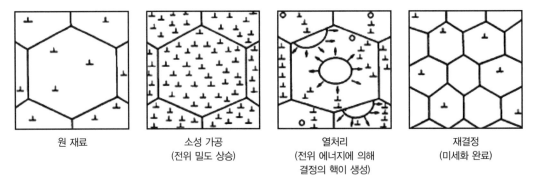

| 원 재료 | 소성 가공
(전위 밀도 상승) | 열처리
(전위 에너지에 의해
결정의 핵이 생성) | 재결정
(미세화 완료) |

그림 4-11 결정립 미세화 방법

❖ 4-5 소성 가공에 의한 경화 방법

소성 가공을 하면 전위 밀도가 상승하여 전위 사이의 상호작용 및 교차 때문에 추가적인 소성 변형을 시키기 위해서는 보다 큰 응력이 필요하게 된다. 이것을 가공 경화(work hardening)라 한다.

금속 결정체에 외력이 가해져 미끄럼 계에서의 분해 전단 응력이 임계값에 도달하면 그들의 활동 미끄럼 계에서 전위의 이동이 시작된다. 전위 이동에 의한 소성 변형은 보통 미끄럼 면의 회전을 수반하며 활동 미끄럼 계의 변화를 가져온다. 소성 변형의 진행과 함께 전위들의 상호작용, 전위 교차, 전위 반응, 전위의 장애물에의 집적 등 여러 현상이 나타난다. 또 얼마 지나지 않아 전위 원의 활동에 의해 전위의 증식이 시작되며 전위 밀도는 차차 올라간다.

이와 같이 하여 전위 교차의 빈도 및 장애물에의 전위 퇴적은 점점 증가하며 이들 과정은 응력의 증가를 필요로 하게 된다. 이것이 가공 경화(work hardening) 또는 변형 경화(strain hardening)의 메커니즘이다.

이 메커니즘을 진응력-로그 함수 변형률 선도로 설명하면 아래 그림과 같다. 초기 항복점 Y를 지나 임의의 점 Q_1까지 인장 하중을 준 다음, 하중을 제거하면 응력은 Q_1R_1선을 따라 직선적으로 감소하다가 R_1O_1 선을 따라서 O_1에 이르게 된다. 여기서 다시 하중을 가하면 Y가 아니라 Y보다 더 높은 응력인 새로운 Y_1에서 항복하며 원래 곡선 YQ선을 따라 늘어난다.

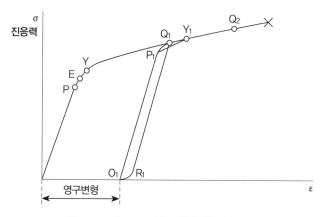

그림 4-12 진응력-로그 함수 변형률 선도

이처럼 가공 경화에 의해 재료는 소성 변형에 대한 저항이 커짐과 동시에 소성 변형 능력은 떨어진다. 경화된 재료는 이것을 그대로 제품으로서 사용하는 경우에는 큰 문제가 없지만 경화된 후에 또 다른 소성 가공을 하지 않으면 안 되는 경우에는 문제가 된다.

가공 경화된 재료는 기계적 성질의 변화 외에 전기 전도도 및 투자율의 저하도 수반된다.

그림 4-13에 냉간 소성 가공된 동의 냉간 가공률에 따른 기계적 성질 변화를 보인다. 냉간 가공률은 (최초의 단면적-소성 변형 후의 단면적)/최초의 단면적×100으로 나타낸다.

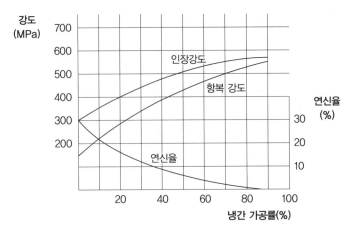

그림 4-13 동의 냉간 가공률에 따른 기계적 성질 변화

한편 냉간 가공에 의해 경화된 재료를 다시 소성 가공해야 하는 경우, 이러한 가공 경화가 오히려 문제가 되므로 추가 가공을 위해서는 이를 해결해야 한다. 냉간 가공된 재료를 어느 온도 이상으로 가열하면 가공 경화에 의한 강도와 경도는 떨어지며 연성은 회복되어 가공 경화 전의 상태로 된다. 이 과정을 회복(recovery)이라 한다. 회복 온도를 지나 더욱 가열하면 새로운 핵이 생성되고 이 핵이 성장하여 새로운 결정이 만들어진다. 이 과정을 재결정(recrystallization)이라 한다. 이러한 과정이 1시간 정도의 가열에 의해 이루어지는 온도를 재결정 온도라 한다. 표 4-1에 주요 금속의 재결정 온도를 정리하였다.

표 4-1 주요 금속 원소의 융점과 재결정 온도

금속명	융점(℃)	재결정 온도(℃)	금속명	융점(℃)	재결정 온도(℃)
철	1,535	350~500	동	1,085	200~250
니켈	1,453	530~660	아연	420	15~50
알루미늄	660	150~200	주석	232	0~25
몰리브데넘	2,625	900	납	327	0
텅스텐	3,410	1,200	황동	900	475

이 재결정 온도 이상에서 이루어지는 가공을 열간 가공이라 하며 열간 단조, 열간 압출, 열간 압연 등이 있고, 재결정 온도 이하에서 이루어지는 가공을 냉간 가공이라 하며 딥드로잉, 냉간 단조 등이 있다.

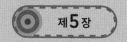

제5장

철계 금속의 개요

철계 금속이란 구성 성분 중에 50% 이상의 철(Fe)이 포함되어 있는 금속을 말한다. 표 5-1에 철의 물리적 성질을 정리하였다. 철은 일상생활뿐 아니라 산업용으로도 오랫동안 인간과 매우 밀접한 관계를 가져 왔다. 철은 매장량이 많고 강도와 인성이 크면서도 가격이 저렴하여 여러 종류의 부품에 활용 가능하며 열처리 방법에 따라 우리가 원하는 다양한 성질을 가진 재료로 바꿀 수 있어 공업적으로 가장 우수한 재료지만 그 이용에 앞서 공부해야 할 것이 그만큼 많은 재료이기도 하다. 제5장부터 제11장에서는 철계 금속에 대해 설명하고자 한다.

표 5-1 철의 물리적 성질

항목	값	항목	값
비중(g/cm³)	7.87	열전도율(W/m K)	80.4
융점(℃)	1,538	전기 전도율(%IACS)	17.6
융해 잠열(kJ/kg)	247	비열(J/kg K)	24.98
열팽창계수(μm/m K)	11.7	전기저항(nΩm)	9.7
영률(GPa)	210	결정 격자 구조	면심 입방 격자 체심 입방 격자

%IACS : International Annealed Copper Standard
풀림 처리한 순동의 20℃에서의 전기 전도율인 $1.7241 \times 10^{-8} \Omega m$를 100%IACS로 하고 각 금속의 전기 전도율을 이것과의 비율로 표시한 것
$$1.7241 \times 10^{-8} \Omega m = 5.8108 \times 10^{7} \text{Siemens/m(S/m)}$$
$$\text{Siemens} = 1/\Omega = A/V$$

❖ 5-1 철계 금속의 제조

1. 제선

철계 금속은 철광석(iron ore)을 원료로 하여 코크스와 석회석을 용광로(고로, blast furnace)에 혼입하여 용해하여 만드는데, 철광석의 구성 성분은 주로 Fe_xO_y의 형태로 존재하는 철 성분, 규산(SiO_2) 및 알루미나(Al_2O_3)와 같은 맥석이다.

성분 중의 산소를 분리하기 위해 철보다 산소와 결합하기 쉬운 코크스(C)를 첨가하며, 철보다 용융점이 높은 규산과 맥석을 분리하기 위해 맥석과 화합하면 비교적 융점이 낮은 화합물을 만드는 석회($CaCO_3$)를 용제(flux)로서 첨가하여 슬래그(slag) 형태로 분리한다. 슬래그는 용융되지는 않지만 부드러워져 유동하기 쉽고 비중이 철보다 작아 그 위에 뜨게 된다.

이렇게 만들어진 용융 금속을 선철이라고 한다.

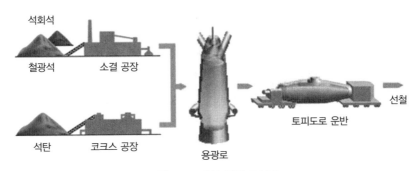

그림 5-1 제선 공정 모식도

2. 제강

선철은 탄소, 규소, 인, 황 등의 기타 성분을 많이 포함하고 있으므로 연성, 인성이 부족하여 압연, 단조 등의 소성 가공이 불가능하다. 따라서 이들 성분을 제거하든가 그 양을 적게 할 필요가 있는데 이것을 제강이라 한다. 이들 원소를 산화물로 만들어 슬래그로 제거한다.

제강법에는 석회석을 더해 장입물을 염기성으로 하는 염기 제강법과 그렇지 않은 산성 제강법이 있다. 염기성 제강법에서는 석회가 인, 황과 반응하여 황화 칼슘(CaS)이나 인산 칼슘($Ca_3(PO_4)_2$)으로 제거된다. 산성 제강법으로는 인과 황을 제거하기 어려우므로 이들이 낮은 원료의 사용이 필요하다.

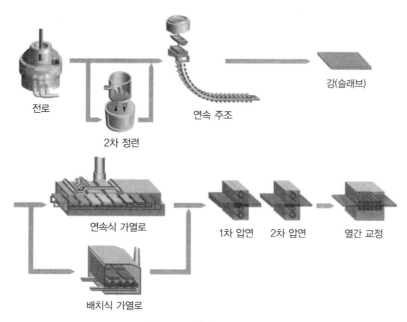

그림 5-2   제강 공정 모식도

　현재는 주로 전로(converter) 제강법이 쓰이며 고탄소강 및 합금강 등은 전기로(electric furnace) 제강법이 쓰이고 있다.

1) 전로 제강법

술병 모양의 로에 용융 선철을 넣고 아래로부터 공기를 불어 넣어 각 성분과 산화 반응을 일으켜 그 발열 반응으로 제강한다. 생산성이 높아 제품 비용도 저렴하고 수소, 산소, 질소 등의 함유 가스도 적으며 스크랩의 사용량도 적으므로 불순물 원소의 혼입도 적다. 저탄소강의 제조에 알맞지만 현재는 고탄소강 및 저합금강에도 쓰인다.

2) 전기로 제강법

(1) 전기 아크로법(electric arc furnace process)

탄소 전극과 장입물 사이에 아크를 발생시켜 그 열에너지를 열원으로 한다. 고온으로 되므로 $C+O \Leftrightarrow CO$의 반응이 왕성하게 되고 비등(boiling)이 심하므로 수소, 질소, 기타 불순물 원소의 제거가 쉽다.
　연료 및 열풍에 의한 유해한 불순물의 혼입도 적으며 탈황, 탈인도 쉽게 이루어지므로 양질의 강을 쉽게 만들 수 있다.

(2) 유도로 법(induction furnace process)

원리는 변압기의 2차 측이 장입물로 되어 유도 와전류의 주울열에 의해 금속이 녹는다. 이 방법에는 960~10,000 c/s의 고주파 전류를 흘리는 고주파식과 보통 주파수인 저주파식이 있으며, 유도 전류에 의해 용강이 교반되므로 성분 조정 및 재용해에 많이 쓰이고 있다.

고주파식에서는 표피 효과 때문에 로의 내부까지 들어가지 않으므로 대용량은 용해할 수 없으나 저주파식에서는 수십 톤도 가능하다.

3) 진공 야금법

수요자의 요구 품질이 엄격해짐에 따라 산화하기 쉬운 티타늄, 저커늄 등의 고급 재료에 주로 쓰이고 있는 진공 야금법(vacuum metallurgy)이 고급강, 저합금강 및 일반 강에도 쓰이게 되었다.

일반적으로 진공 중에서 탈가스하면 산소 함유량은 3ppm 정도로 되며 알루미나, 규산 등 비금속 개재물도 감소한다. 따라서 기계적 성질 및 가공성이 향상되며 내식성도 좋아진다.

진공 주조법과 진공 용해법이 있다.

3. 반제품의 종류

제강된 강은 일반적으로 연속 주조에 의해 강편으로 제조되며 강편에는 표 5-2와 같은 중간 반제품으로 구분되며, 압연 등에 의해 2차 제품으로 된다.

표 5-2 반제품 일람표

종류	개요
블룸(bloom)	□ 150~300mm, 길이 1~6m인 직사각형 강편으로 빌렛, 슬래브 등의 반제품으로 압연된다.
슬래브(slab)	편평한 띠 강편(두께 50mm 이상, 폭 300mm 이상)으로 후판, 중후판의 재료가 된다.
시트 바(sheet bar)	슬래브보다 얇은(두께 71~30mm, 폭 250~500mm, 길이 1m 이하) 박 강판, 규소 강판의 소재로 된다.
빌렛(billet)	□ 40~150mm, 길이 1~2.5m인 작은 각형 강편으로 형강, 선재, 띠재로 압연된다.
팀버(timber)	시트 바보다 더 얇은 강판(두께 8.1mm, 폭 250mm, 길이 736mm)이며 주석 도금 강판의 원재료이다.
스켈프(skelp)	두께 2.3~3.5mm, 폭 100mm, 길이 5m 정도의 얇은 강편으로 강관의 재료이다.

4. 제품의 종류

현재 생산되고 있는 철 제품의 형상은 다음과 같은 종류가 있다.

열처리를 하지 않고 쓰던 열처리를 하고 쓰던 모든 강재는 일단 열간 압연하여 만들어지는데, 일반적으로 후판 압연기, 형강 압연기, 선재 압연기 등에서 열간 압연 광폭 띠강, 후판, 형강, 봉강, 선재 등의 형상으로 만들어진다.

1) 열간 압연 광폭 띠강

열간 압연기(hot strip mill)에서 압연되며 폭이 넓은 롤 종이처럼 코일 모양으로 감은 띠 모양 강판이다. 열간 압연 강재 중에서는 생산량이 가장 많다. 대상 강종은 연강, 고장력강, 스테인리스강, 전자강판 등이 있으며 폭은 0.6~2m, 두께는 1.2~20mm까지이다.

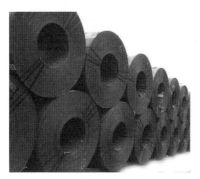

적재된 열연 코일

2) 후판

선박, 교량, 산업 기계, 대형 압력용기 등에 쓰이는 강으로 두께, 폭, 길이 등이 제각각이며 비양산형 제품이다. 두께 4.5~100mm, 폭 5m 정도, 길이 25m 정도인 것도 있다.

구입 가능한 크기 : 3×6ft , 1×2m, 4×8ft, 5×10ft, 8×20ft
구입 가능한 두께 : 0.8~400 mm

재질에 따라 차이가 있으며 더 작은 크기 및 얇은 두께 또는 더 두꺼운 두께의 소재도 구입 가능하다.

두께 100mm 후판

3) 환봉재

원형 봉강, 철근 콘크리트용 이형 봉강, 여러 가지 형상의 각봉 등이 있다.
굵기 : Ø6~800mm
길이 : 6m

절단 중인 환봉

4) 각봉재 : 4각, 6각

굵기 : 1×1~400×400mm

　　　　1~400mm

길이 : 6m

굽혀진 각봉

5) 관재(파이프)

- 원형 : 내경 10~600mm
- 각형 : 내측 16×16~500×500mm

원형 파이프

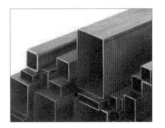

각형 파이프

6) 형재

H형 강, I형 강, 등변 산형(앵글), 구형, C형 채널, 레일 등 토목 건축용으로 쓰는 제품이다.

- H빔, I빔 : 100×100~900×300mm

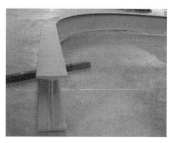

굽혀진 H빔

- C 채널 : 60×30~250×80mm

굽혀진 C채널

- 앵글(ㄱ형 강, L형 강) : 25×25~200×200mm

7) 평재(평철, flat bar)

13mm×3t~280mm×25t

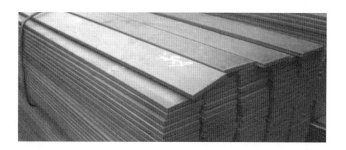

✿ 5-2 철계 금속의 분류

철계 금속은 그 종류도 많지만 분류 기준도 다양해서 분류하는 것이 쉽지 않다. 철계 금속은 크게 나눠 철과 강으로 구분하는데 구분 기준은 탄소(C)의 함량이다. 탄소는 철강 중에 포함되어 철강의 기계적 성질에 상당한 영향을 주며, 후에 상세히 설명하지만 열처리에 의한 강의 성질 변화에도 가장 큰 영향을 주는 원소이다.

탄소 함량이 0.02% 이하인 철계 금속을 순철(pure iron)이라 하며, 탄소 함량이 0.02% 초과 2.1% 이하인 철계 금속을 강(steel)이라 하고 2.1% 초과인 철계 금속은 주철(cast iron)이라 분류한다.

이 책에서는 열처리 여부를 기준으로 구분하되 용도 및 특성도 고려하여 표 5-3과 같이 분류하고자 한다.

표 5-3 철계 금속의 분류

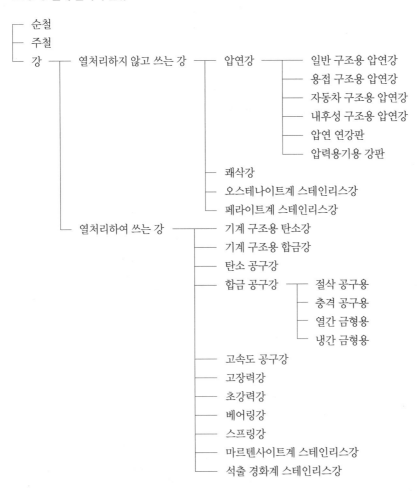

표 5-4 철계 금속의 다른 분류

항목	특별 극연강	극연강	연강	반연강	반경강	경강	최경강
탄소량(%)	<0.08	<0.12	<0.2	<0.3	<0.4	<0.5	<1.0
인장강도 (MPa)	298~380		380~450	450~530	530~620	620~700	>700
연신율	50~25		22	18	18	14	8
성질	매우 부드러워 실온 가공도 가능		가공 용이 상당한 강도	연강보다 강함	상당한 강도와 경도를 가지며 내마모성 있음		강하고 딱딱함 내마모
용도	아연도금강판 주석도금강판		철골, 철근 강관, 봉재 형강	일반 압연 강재	기계 구조용 부품		공구
비고	구조용 강재로 사용 불가		철강재의 3/4 차지		담금 뜨임하여 사용		

❖ 5-3 철계 금속의 상과 상태도

물질은 원자의 집합 상태에 따라 기체, 액체, 고체로 구분한다. 금속도 가열한 후 냉각하면 기체 → 액체 → 고체로 변화하는데 이것은 원자의 배열, 즉 결정 구조가 변화하기 때문이다. 이와 같이 물질 구성 원자의 존재 형태가 바뀌는 것을 변태(transformation)라고 하며 변태가 일어나는 온도를 변태점이라고 한다.

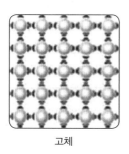
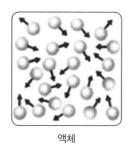
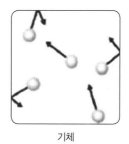

고체   액체   기체

그림 5-3 물질의 상태

그런데 금속에 따라서는 냉각 과정 중 같은 고체 상태에서 구성 원소의 성분 및 비율은 같지만 결정 구조가 다른 것으로 변화하는 경우가 있으며 때로는 두 가지가 섞여 있는 경우도 나타난다. 이것을 상(相, phase)이 변화했다고 표현한다. 상이 변화하는 것도 변태라고 하며 상 변태가 일어나는 점도 변태점이라 한다.

물질의 상태 변화나 상 변화는 구성 성분의 종류, 성분 비율 및 온도에 따라 달라지며, 이것을 주요 원소의 성분 비율과 온도를 좌표로 하여 그래프로 나타낸 것을 상태도(state or phase diagram)라 한다.

같은 물질 또는 성분의 변화가 없는 계에서 2개 이상의 상을 가질 때 상 사이에 평형 상태가 되는 것을 상 평형이라 하며 임의의 성분 비율 및 임의의 온도에서 어떤 상이 나타나는지를 그래프화한 그림을 평형 상태도(equilibrium phase diagram)라 한다.

철강은 철(Fe)과 탄소(C)의 이원 합금으로, 철에 탄소를 고용시키면 탄소의 비율과 온도에 따라 어떻게 변화하는지를 알아야 한다. 그림 5-4가 이런 변화를 알 수 있는 철-탄소(Fe-C) 평형 상태도이다.

단, 그림 5-5의 상태도는 철강을 가열 후 서서히 냉각했을 때 나타나는 상태도이다. 상태도에 나오는 용어를 설명하면 아래와 같다.

1. 액상선, 고상선

합금의 응고는 어떤 온도에서 응고 개시 후 응고 잠열을 방출하면서 응고를 지속하여 보다 낮은 어떤 온도에서 응고를 종료하는데, 성분 조성에 따라 응고를 시작하는 점과 종료하는 점이 다르며 이 점들을 연속으로 이은 것이 액상선과 고상선이다.

액상선 이상에서는 완전히 녹은 상태로, 고상선 아래에서는 완전한 고체 상태이며 그 사이에서는 액체와 고체가 혼재하고 있는 것이다.

2. 순철의 상태도

순철은 상온에서는 결정 구조가 체심 입방 격자이지만 계속 가열하여 911℃에 이르면 면심 입방 격자로 변화하며, 더욱 가열하여 1,392℃에 이르면 다시 체심 입방 격자로 되었다가 1,598℃에서 용해한다. 911℃ 이하의 순철을 α철이라고 하며 911~1,392℃ 사이의 순철을 γ철, 1,392℃ 이상의 순철을 δ철이라 한다. α철 → γ철 사이의 변태를 A3 변태, γ철 → δ철 사이의 변태를 A4 변태라 한다.

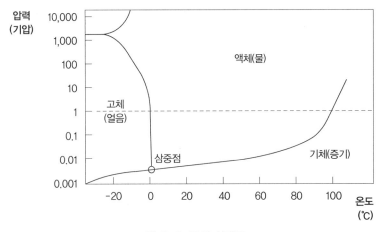

그림 5-4 물의 상태도

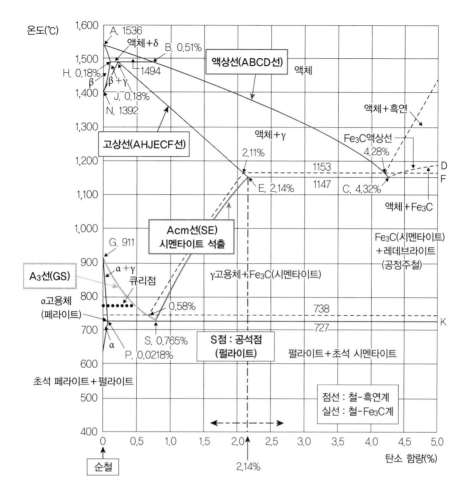

A	순철의 융점	C	공정점
AB	δ고용체에 대한 액상선	E	감마 고용체의 탄소 고용 최대점
AH	δ고용체에 대한 고상선	ES	감마 고용체로부터 시멘타이트 석출 개시선
HUB	포정선	S	공석점
J	포정 반응점(포정점) 0.16%	GS	γ고용체로부터 α고용체로 변태 개시선
HN	δ고용체로 변태 시작선	GP	γ고용체로부터 α고용체로 변태 종료선
JN	δ고용체 → γ고용체로 변태 종료선	P	α고용체의 탄소 고용 최대점(0.02%)
N	순철의 A4 변태점(130℃)	PSK	공석선(γ → α+Fe₃C)
BC	γ고용체에 대한 액상선	PU	A고용체에 대한 시멘타이트의 용해도 한계선
JE	γ고용체에 대한 액상선	A₂변태	강자성체 → 상자성체(770℃)
CD	시멘타이트에 대한 액상선	A₀변태	시멘타이트의 강자성체 → 상자성체
ECF	공정선(L → γ+Fe₃C)		

그림 5-5 Fe-C 평형 상태도

순철은 상온에서는 강자성체(ferromagnetic)이지만 768℃ 부근에서는 급격히 자성을 잃어버려 상자성체(paramagnetic)로 변한다. 이 변화를 자기 변태라고 하며 A2 변태라 하고 이 점을 큐리점(curie point)이라 한다.

3. 철강의 상과 조직

그림 5-5의 상태도에 보이는 철강의 상은 페라이트 상, 오스테나이트 상, 시멘타이트의 세 가지이다.

1) 페라이트 상

탄소를 약간(0.02% 이하) 고용하고 있는 α철 고용체를 말하며 결정 구조는 체심 입방 격자(bcc 격자)이다.

2) 오스테나이트 상

탄소를 0.02%부터 최대 2.14%까지 고용하고 있는 γ철 고용체를 말하며 결정 구조는 면심 입방 격자(fcc 격자)이다.

3) 시멘타이트

3개의 Fe와 1개의 C로 이루어진 화합물로 Fe_3C로 표기하는 탄화철이다.

위의 세 가지 상의 조합에 의해 만들어진 결정 입자의 형태를 현미경으로 본 것을 조직(structure)이라 하며 강의 가열 및 냉각 방법에 따라 여러 가지 조직이 만들어지며 조직의 종류에 따라 기계적 성질이 달라진다.

조직에 대해서는 제6장 열처리에서 설명한다.

4. A₃선, Acm선, PSK선, 공석점

1) A₃선

오스테나이트에서 페라이트의 석출이 시작되는 온도선이며 오스테나이트의 온도에 따른 탄소의 고용 한도선이기도 하다.

2) Acm선

오스테나이트에서 시멘타이트의 석출이 시작되는 온도선이며 오스테나이트의 온도에 따른 탄소의 고용 한도선이기도 하다.

3) PSK선(A₁ 변태선), 공석점

S점에서는 오스테나이트가 페라이트로의 변태와 오스테나이트에서 시멘타이트로의 변태가 동시에 일어나는데 이 반응을 공석 반응(eutectoid reation) 또는 공석 변태라 하며 S점을 공석점(eutectoid point)이라 한다. 공석 변태는 A1 변태라고도 한다.

5. 공석강, 아공석강, 과공석강

0.77%의 탄소를 함유한 강을 공석강이라 하며 0.77% 미만인 강을 아공석강, 0.77% 초과인 강을 과공석강이라 한다. 그림 5-6과 그림 5-7에 각각의 냉각에 따른 조직 변화를 보인다.

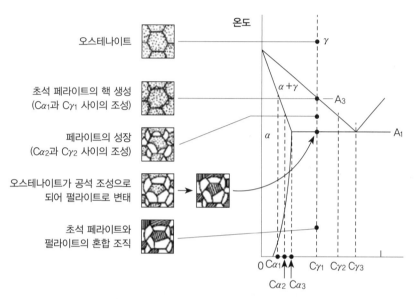

그림 5-6 아공석강의 냉각에 따른 조직 변화

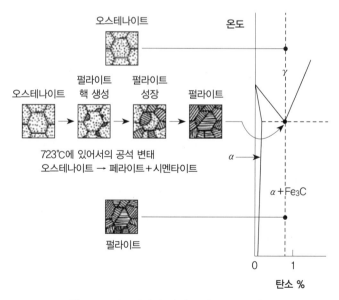

그림 5-7 과공석강의 냉각에 따른 조직 변화

6. 공석과 공정

하나의 고상에서 2개의 고상이 동시에 만들어지는 것을 공석이라 하며 액상에서 2개의 고상이 동시에 만들어지는 것을 공정이라 한다.

7. 점선(철·흑연계), 실선(철·Fe₃C계)

1) 철-흑연계

탄소량 2.1% 이상인 주철의 냉각 속도가 느릴 때 나타나는 안정 상태도로 회주철이 만들어진다.

2) 철-Fe₃C계

탄소량 2.1% 이상인 주철의 냉각 속도가 빠를 때 나타나는 불안정 상태도로 백주철이 만들어진다.

한편 합금 원소를 상태도에 미치는 영향의 종류별로 분류하면 다음과 같다.

■ 탄화물 생성 경향에 의한 분류

Fe-C 평형 상태도에서 알 수 있듯이 강의 조직은 페라이트와 시멘타이트의 두 가지 상으로 이루어지는데 합금 원소를 두 가지 중 어느 쪽에 고용되는지로 분류한 것이다.

가. 탄소와의 친화력이 약한 원소

페라이트에 고용되며 강인성, 내열성, 내식성을 향상시킨다. 규소, 알루미늄, 니켈 등이 해당된다.

나. 탄소와의 친화력이 큰 원소

소량일 때는 시멘타이트(Fe₃C)에 고용되며, 양이 많게 되면 특수 탄화물을 만들며 강도와 내마모성을 향상시킨다. 원소 및 경향의 크기는 아래와 같다.

티타늄>니오븀>바나듐>탈륨>텅스텐>몰리브덴>크롬>망간>철

■ 변태 온도 및 변태 속도에 의한 분류

(1) A3점을 강하시켜 γ철(오스테나이트)에서 α철(페라이트)로의 변태가 일어나기 어렵게 하는 원소에는 니켈, 망간 등이 있다.
(2) A3점을 상승시켜 변태 속도를 느리게 하는 원소로는 크롬, 텅스텐 등이 있다. 탄화물을 만들기 쉬운 원소로 이들 탄화물은 γ철로부터 석출되기 어려우므로 γ철을 안정화시켜 γ철에서 α철로의 변태를 억제하며 변태 속도를 느리게 하므로 마르텐사이트 변태가 쉽게 일어나 마르텐사이트 조직이 되기 쉽다.
(3) A3점을 상승시키고 변태 속도를 약간 느리게 하는 원소에는 알루미늄, 규소 등이 있다.

■ 오스테나이트 역에 의한 분류

(1) 오스테나이트 역을 확대하는 원소 : 니켈, 망간, 코발트 등

A3점을 낮추고 A4점을 올려 γ철에서 α철로의 변태 온도와 γ철에서 δ철로의 변태 온도 사이가 벌어지므로 오스테나이트 역을 확대하는 원소이다.

(2) 오스테나이트 역을 좁게 하는 원소 : 70쪽 '탄소와의 친화력이 큰 원소'

(1)항의 원소와 반대로 A4점을 낮추고 A3점을 올려 γ철에서 α철로의 변태 온도와 γ철에서 δ철로의 변태 온도가 가까워져 오스테나이트 역을 좁히는 원소이다.

✿ 5-4   확산 변태와 무확산 변태

1. 확산 변태

물에 물감을 떨어뜨리면 물감은 빠르게 퍼져나가 물이 같은 색으로 변한다. 이것은 물감이 물속으로 확산(diffusion)되기 때문이다. 물속처럼 볼 수는 없지만 고체 속에서도 이와 같은 현상이 일어난다. 즉 고체 내에서의 원자 이동이다.

금속 내 원소의 성분 비율이 바뀌면 고체 내에서 확산이 일어나는데 고체 내의 확산은 용질 원자가 용매 원자의 결정 격자 속으로 이동하는 것을 말한다. 확산 과정은 그림 5-8과 같이 A, B 두 종류의 금속을 접촉시킨 다음, 가열하면 A금속 중으로 B금속 원자가 이동하고 B금속 중으로 A금속 원자가 이동하게 된다.

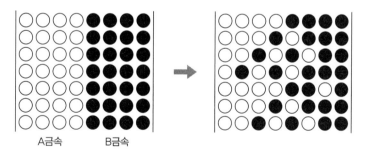

A금속   B금속

그림 5-8 확산 과정

확산에는 철 중에 탄소 또는 질소 원자를 일방적으로 침입시키는 단일 확산(침입형 확산)과 금과 구리를 접촉시켜 가열할 때 접촉 부분에서 원자를 서로 치환하는 상호 확산(치환형 확산)이 있다. 상 변태에서 수반되는 각 상의 결정 구조 및 화학 조성의 변화가 일어나는 과정이 이와 같은 원자의 확산에 의해 일어나는 변태를 확산 변태라 하며 다음과 같은 종류가 있다.

1) 동소 변태

동소 변태(polymorphic transformation)란 순금속과 같이 하나의 성분계에 있어서 일어나는 상 변태이며 화학 조성의 변화는 일어나지 않는다. 대표적인 동소 변태는 γ철과 α철 사이의 변태이다.

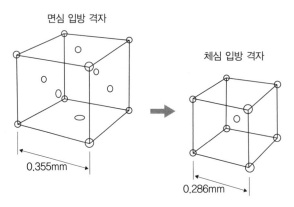

그림 5-9 γ철 α철의 동소 변태

2) 석출

석출(precipitation) 반응은 아래의 식으로 표현할 수 있다(α, β 등은 각각 다른 상이다).

$$\alpha' \longrightarrow \alpha + \beta$$

여기서 α′은 준 안정한 과포화 고용체(supersaturated solid solution)이며 α는 α′과 같은 결정 구조를 갖지만 평형 상태에 가까운 화학 조성을 갖는 보다 안정한 상이다. β는 석출 상이다.

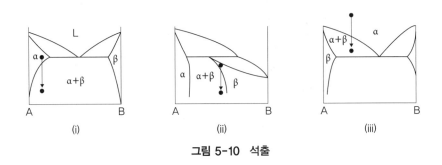

그림 5-10 석출

3) 공석 변태

공석 변태(eutectoid transformation)는 아래 식으로 나타낸다.

$$\gamma \longrightarrow \alpha + \beta$$

탄소강의 오스테나이트가 펄라이트(페라이트＋시멘타이트) 변태하는 것이 대표적이다.

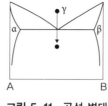

그림 5-11 공석 변태

4) 규칙 변태

규칙, 불규칙 변태에 있어서는 평균적인 조성은 동일하지만 2종류 이상의 원자가 규칙적으로 배열되는지 임의로 배열되는지로 변화한다.

$$\alpha(불규칙, disordered) \rightarrow \alpha'(규칙, ordered)$$

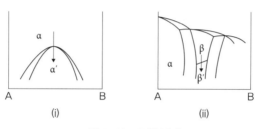

그림 5-12 규칙 변태

5) 매시브 변태

매시브(massive) 변태란 2개 이상의 성분을 갖는 합금계에 있어서 모상과 같은 조성을 갖는 다른 결정 구조의 새로운 상으로의 변태이다.

$$\beta \rightarrow \alpha$$

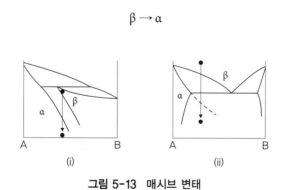

그림 5-13 매시브 변태

2. 무확산 변태

확산에 의한 원자의 각개 운동을 수반하지 않는 상 변태를 무확산 변태(diffusionless transformation)

라 한다. 확산을 필요로 하지 않으므로 극저온에서도 상 변태가 일어날 수 있다.

1) 마르텐사이트 변태

원자 면의 일정한 어긋남, 즉 전단 변형을 수반하는 상 변태를 말하며 이때 생성된 상을 마르텐사이트라 한다. 순철은 912℃ 이상의 고온에서 면심 입방 격자, 이것보다 저온에서는 체심 입방 격자로 된다. 그러나 이것은 평형 상태인 경우이며 고속으로 냉각되면 다른 변태가 일어난다. 면심 입방 격자가 안정한 영역에서 급랭하면 온도가 낮아져도 불안정항 면심 입방 격자 그대로이다. 그렇지만 500℃ 미만까지 온도가 내려가면 원자는 무확산으로 전단형 변태를 시작하며 350℃에서 종료한다. 이 변태에 의해 격자 결함을 많이 갖고 있는 체심 입방 구조로 된다.

이 마르텐사이트 변태의 특징으로는 다음과 같은 것이 있다.

(1) 단일 상에서 단일 상으로의 변태이며 화학 조성의 변화가 없다.
(2) 모상과 마르텐사이트 상의 원자 사이에 1:1 대응이다.
(3) 표면 기복과 형상 변화를 수반한다.
(4) 모상과 마르텐사이트 상 사이에 일정한 결정 방위 관계가 존재한다.
(5) 마르텐사이트 상은 모상의 일정한 결정면(habit plane)에 따라서 생성한다.
(6) 마르텐사이트 상 내에는 고밀도의 격자 결함(전위)이 존재한다.
(7) 라스(lath) 상 또는 침상의 미세 조직으로 된다.
(8) 탄소가 과포화 상태로 고용된다.

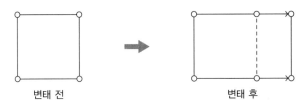

그림 5-14 마르텐사이트 변태

2) 팽창 수축만 보이는 변태

주석의 체심 정방정 구조에서 다이아몬드 구조로의 상 변태가 이에 해당한다.

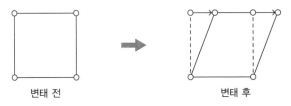

그림 5-15 팽창 수축만 보이는 변태

3) 셔플링(shuffling)

티타늄 합금에서 β상(bcc 구조)에서 ω상으로의 상 변태가 이에 해당한다.

변태 전   변태 후

그림 5-16 셔플링

제6장

강의 일반 열처리

기본 성분이 철과 탄소인 철강 재료의 최대 매력은 내부 조직을 변화시킴에 따라 수백 MPa부터 수천 MPa까지의 강도를 경제적으로 얻을 수 있다는 점이다. 이 때문에 여러 가지 조직 제어 수법이 개발되어 왔는데 이를 열처리(heat treatment)라 통칭한다.

강의 열처리는 강을 가열하고 냉각하는 것으로 적정한 가열 온도 및 방법, 냉각 온도 및 속도, 방법에 의해 강을 딱딱하게 하거나 부드럽게 하거나 하여 필요로 하는 여러 가지 기계적 성질과 특성을 가진 강을 만들 수 있는 처리이다. 기본 원리는 원자의 확산과 재결정 및 상 변태를 이용하는 것이다.

열처리의 기본 규칙은 가열과 냉각 처리 중 어느 것이든 부적절하면 적절한 열처리가 안 된다는 것이다.

가열 처리

열처리를 위한 가열 속도는 일반적으로 서서히 가열하는 것이 원칙이며, 특히 고합금강에서는 열팽창계수가 크고 열전도율이 작으므로 급속 가열하면 재료 내외에 큰 응력이 발생해 파괴되는 일이 있다. 이것을 열 충격(thermal shock)이라 하며 이 때문에 고합금강에는 급속 가열을 필요로 하는 고주파 경화 열처리와 화염 경화 열처리는 사용되지 않는다.

서서히 가열하는 경우에는 표면부와 중심부가 동일 온도로 되기까지 일정 시간을 유지할 필요가 있다. 이 시간은 아래와 같이 추정할 수 있다.

로(furnace) 내 유지 시간＝가열 시간＋열 침투 시간＋열 균등화 시간
＝20＋직경(mm)/2분

냉각 처리

열처리는 냉각 방법에 따라 내용이 뚜렷이 변화하므로 냉각 처리는 가열 처리보다 더욱 세심한 주의를 필요로 한다.

냉각 방법에는 매우 많은 종류가 있으며 이에 대해서는 다음의 각 열처리 항목에서 설명한다.

열처리의 목적은 앞에서 설명한 재료의 강화뿐 아니라 부품 가공(절삭, 용접, 소성 가공 등)을 위해 필요한 성질을 얻는 것도 있다. 이를 정리해보면 다음과 같다.

(1) 강의 강화
(2) 조직의 미세화
(3) 재료의 연화
(4) 재료의 균질화
(5) 잔류 응력의 제거

한편 열처리는 크게 나눠 부품을 만들기 위한 재료인 소재에 대한 열처리인 일반 열처리와 가공이 거의 완료된 부품에 대한 열처리인 표면 경화 열처리로 구분한다.

이 책에서는 소재에 관한 일반 열처리에 대해서만 설명한다.

❖ 6-1　일반 열처리의 종류

강에 대한 일반 열처리의 종류에는 담금과 뜨임, 불림, 풀림 등이 있다.

1. 담금과 뜨임

강의 담금과 뜨임은 강을 강화시켜 인장강도를 증가시킴과 동시에 강의 충격 강도를 높이기 위한 인성을 부여하기 위해 대부분의 경우 연속하여 실시하는 열처리이다. 담금과 뜨임은 합쳐서 QT처리라고 하며 조질처리라 하는 경우도 있다.

담금과 뜨임 처리가 완료된 강의 인장강도는 다음 식으로 구할 수 있다.

$$인장강도(MPa) = 980 \times C\% + 980 \times (C\% + 0.4)/3 + 98 \times Si\% + 245 \times Mn\% + 118 \times Cr\% + 294 \times Mo\% + 59 \times Ni\% + 20 \times W\% + 588 \times V\%$$

$$탄소 \ 당량 \ Ceq = C + Mn/6 + Si/24 + Ni/40 + Cr/5 + Mo/4 + V/14$$

1) 담금

(1) 담금의 메커니즘

강을 Fe-C 평형 상태도의 오스테나이트 영역, 즉 A_3선 및 Acm선 이상으로 가열한 다음 물 또는 기름 속에서 급속 냉각하는 열처리를 담금(quenching, 소입)이라 한다.

앞 장 그림 5-5의 Fe-C 평형 상태도는 원자의 이동(확산)이 충분히 일어날 수 있는 느린 냉각 속도에서의 상태도이며, 0.45% 탄소량인 강의 조직 변화를 살펴보면, 오스테나이트 조직에서 오스테나이트＋페라이트 조직으로, 이어서 초석 페라이트＋펄라이트 조직으로 변화한다.

그러나 담금은 급속 냉각이므로 원자 확산(이동)이 충분히 일어날 수 없어 탄소량을 그대로 고용한 상태에서 결정 구조가 오스테나이트의 면심 입방 격자에서 체심 정방 격자로 변한다.

체심 정방 격자는 페라이트 조직의 면심 입방 격자보다 c축이 길어 고용할 수 있는 탄소량이 늘어난다.

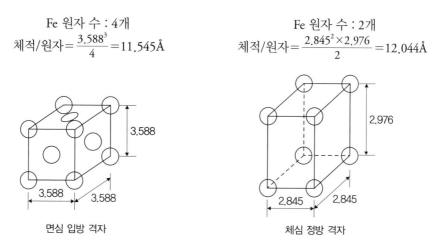

Fe 원자 수 : 4개

$$체적/원자 = \frac{3.588^3}{4} = 11.545Å$$

Fe 원자 수 : 2개

$$체적/원자 = \frac{2.845^2 \times 2.976}{2} = 12.044Å$$

면심 입방 격자

체심 정방 격자

그림 6-1 두 가지 격자 비교

이 변태는 원자 이동에 의한 면심 입방 격자에서 체심 입방 격자로의 변태가 아니라, Fe 원자가 동시에 움직여 새로운 구조로 되므로 무확산 변태라 한다. 이 변태는 10^{-7}초라는 매우 짧은 시간에 일어난다.

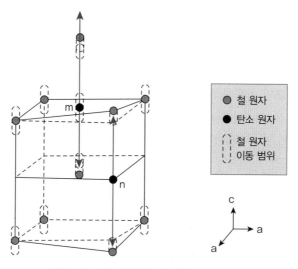

그림 6-2 마르텐사이트의 결정 격자 모식도

이때 만들어진 조직을 독일의 마르텐스(Martens)가 발견하여 마르텐사이트(martensite) 조직이라 하며 이 변태를 마르텐사이트 변태라 한다. 마르텐사이트 조직은 딱딱하고 단단한 성질을 갖고 있는데 그 이유는 과포화로 고용한 탄소에 의한 고용 강화와 많이 포함하게 된 전위가 서로 얽혀 전위가 이동하기 어렵게 되기 때문이다. 더욱이 이 전위에 고착된 탄소 원자가 전위의 움직임을 방해하므로 코트렐 효과에 의해서도 강화된다.

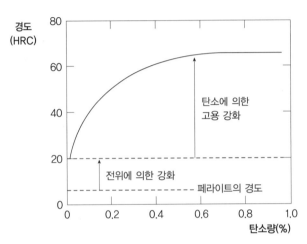

그림 6-3　마르텐사이트 변태의 강화 메커니즘

또한 합금강의 경우에는 원자의 크기가 다른 원소가 고용함에 의한 강화 및 탄화물 생성에 의한 석출 경화, 탄화물 자체의 경도에 의한 경화 등의 메커니즘이 복합되어 강화된다.

강을 가열하면 A3선 및 Acm선을 넘으면서 초석 페라이트 및 초석 시멘타이트가 오스테나이트로 바뀌는데, 변화 온도가 높을수록 오스테나이트 결정 입자는 거칠고 굵어진다(조대화된다). 이때의 입자 크기를 오스테나이트 입도(grain size)라 한다. 오스테나이트 입도는 담금 처리된 강의 기계적 성질에 큰 영향을 주는데 입자가 굵고 거친 오스테나이트 조직의 강을 냉각하여 변태한 조직은 거칠고 인성과 연성이 떨어지고 부서지기 쉽다.

강을 급랭할 때 마르텐사이트 변태가 시작되는 점을 Ms(martensite start)점이라 하며 이 온도는 탄소량과 합금 원소의 종류 및 비율에 따라 정해진다. 이 변태는 온도의 하락을 멈추면 변태의 진행도 멈춘다. 변태가 끝나는 점은 Mf점이라 한다.

Ms점이 낮아지면 전위 밀도가 높아져 강이 강화되어 강도가 높아진다.

$$Ms점 = 550 - (350 \times C\%) - (40 \times Mn\%) - (35 \times V\%) - (20 \times Cr\%) - (17 \times Ni\%) - (10 \times Cu\%) -$$
$$(10 \times Mo\%) - (10 \times W\%) - (0 \times Si\%) + (15 \times Co\%)$$

담금된 직후의 강의 구성 조직은 다음과 같다.

(1) 마르텐사이트 조직

(2) 잔류 오스테나이트

(3) 시멘타이트

(4) 소바이트(탄소강), 베이나이트(합금강)

담금된 강의 최고 경도와 임계 경도는 다음 식으로 나타낸다.

$$최고 경도(HRC) = 30 + (50 \times C\%)$$
$$임계 경도(HRC) = 24 + (40 \times C\%)$$

임계 경도란 급랭에 의해 오스테나이트 조직이 마르텐사이트 조직으로 50% 이상 변태된 부분의 경도를 말한다.

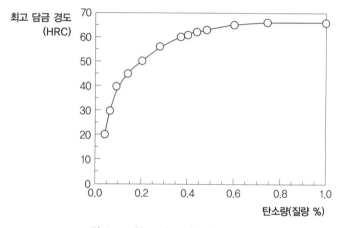

그림 6-4 최고 담금 경도와 탄소량의 관계

담금 후 고온 뜨임 처리된 강의 강도는 아래 식에 의해 구할 수 있으며, 탄소강이나 저합금강에서는 거의 탄소량에 의해 결정된다.

$$인장강도(MPa) = 980 \times C + 980(C + 0.4)/3 + 98Si + 245Mn + 118Cr + 294Mo + 59Ni + 20W + 588V$$

원소 함량의 단위는 %이며 C<0.9%, Si<1.8%, Mn<1.1%, Cr<1.8%, Ni<5%, V<2%인 경우만 해당된다.

잔류 오스테나이트(residual austenite)란 마르텐사이트로 변태되지 않고 상온에서도 오스테나이트 조직으로 남아 있는 것을 말한다. 잔류 오스테나이트는 재료의 지정 담금 온도를 넘으면 급격히 증가하며 냉각 속도가 느리거나 강에 포함되어 있는 탄소량이 많을수록 많게 되는데, 300℃ 이상으로 가열하든가 영하 온도로 냉각하면 감소한다.

잔류 오스테나이트가 많으면 경도가 낮아지고 내마모성 및 피로 강도가 떨어진다. 그러나 기어 치면에 잔류 오스테나이트가 5~7% 정도 있으면 인성을 향상시켜 완충 역할을 하여 치 접촉이 부드러워져 기어의 수명이 길어지는 장점도 있다.

뜨임을 하면 잔류 오스테나이트가 안정하게 되어 그 후의 냉각에서는 분해되거나 변화되는 일이 적으므로 잔류 오스테나이트의 악영향은 크게 걱정하지 않아도 된다. 잔류 오스테나이트는 시간의 경과에 따라 다른 조직으로 변태되므로 처리 부품에 변형을 일으킨다. 이 때문에 측정 공구나 냉간 금형 등은 잔류 오스테나이트가 없어야 한다. 이러한 처리에 서브 제로 처리가 있다.

탄소 1%+망간 13%인 고망간강과 오스테나이트계 스테인리스강의 경우에는 잔류 오스테나이트가 100%인 강이라 볼 수 있다.

(2) 강의 담금성

담금에 의한 마르텐사이트 변태는 가열 후 급랭에 의해 생기는데 직경이 크거나 두께가 두꺼운 소재 및 커다란 소재는 열전도 때문에 중심부로 갈수록 급랭이 되지 않아 마르텐사이트 변태가 잘 이뤄지지 않게 된다. 그 결과 표면 부위와 중심부의 경도가 다르게 된다. 이것을 질량 효과(mass effect)라 한다. 질량 효과가 큰 재료는 담금성(hardenability)이 나쁘다. 담금성이 좋다는 것은 담금 강도가 높게 된다는 뜻이 아니라 임계 경도가 나오는 깊이가 깊다는 뜻이다.

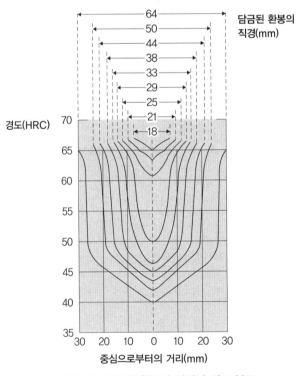

그림 6-5 담금된 환봉의 직경과 경도 분포

강의 담금성은 원소 성분, 오스테나이트 입도, 가열 온도, 화합물의 존재 등에 따라 달라지며 그 표시 방법은 임계 냉각 속도, 조미니 곡선(Jominey curve), 임계 직경 등이 있는데 임계 직경이 가장 많이 쓰이고 있다.

탄소강은 질량 효과가 크며 Ni, Cr, Mo, Mn 등을 포함한 합금강은 질량 효과가 작다. 표 6-1에 주요 구조용 강의 담금 직경이 나타나 있다.

표 6-1 주요 구조용 강의 담금 직경

강의 종류	담금 직경
SM45C	21.6mm
SMn438	37
SCr440	66
SMnC443	85
SCM435	107
SNC836	120
SNCM625	224

(3) 담금 시의 문제

- 흑피

  담금 온도를 높게 하면 흑피(scale)를 만들어 질량 효과를 크게 하므로 경화하는 데 필요한 최저 온도로 가열하는 것이 좋다. 담금 온도는 강종에 따라 정해져 있다.
- 잔류 오스테나이트와 서브제로 처리

  강을 담금할 때 잔류 오스테나이트(retained austenite)의 양은 아래와 같이 된다.

  ① 탄소량이 높을수록 Ms점, Mf점이 낮아지므로 잔류 오스테나이트가 많게 된다.
  ② 담금 온도가 낮으면 탄화철의 γ철에 고용되는 탄화철이 낮아져 저탄소강을 담금한 것과 같이 되므로 잔류 오스테나이트는 낮아진다. 담금 온도가 900~1,000℃ 범위에서 그 양은 최고로 된다.
  ③ 냉각 속도가 늦을수록 오스테나이트 상이 안정하므로 유 담금이 수 담금보다 잔류 오스테나이트 양이 많다.
  ④ 탄소, 망간, 니켈 등이 많으면 Ms점을 낮추므로 잔류 오스테나이트 양이 많게 된다.

  잔류 오스테나이트는 부드러워 내마모성이 나쁘며 장시간의 시효에 의해 마르텐사이트로 변태하여 치수 및 형상의 변화를 가져오므로 경도를 필요로 하는 공구강, 치수 안정이 필요한 게이지용 강은 잔류 오스테나이트 양을 줄이기 위해 서브제로(subzero) 처리가 쓰이고 있다.

  탄소 농도가 높은 경우 및 합금 원소량이 많은 경우 담금하면 Mf점이 낮아져 실온보다 낮은 온도로 되어 다량의 잔류 오스테나이트가 남게 된다. 이 잔류 오스테나이트는 불안정하여 서서히 변화하므로 부품의 치수 변화 및 변형의 원인이 된다. 서브제로 처리란 이것을 방지하기 위해 −80℃ 부근에서 담금한 다음 저온 뜨임하는 것을 말한다.

서브제로 처리에는 액체 산소(−138℃), 액체 질소(−196℃) 중에 담그는 초서브제로 처리와 에테르, 알코올, 아세톤 등과 드라이아이스 혼합액(−70~80℃)에 담그는 일반 서브제로 처리가 있는데 내마모성이 필요한 공구강에는 일반 서브제로 처리로도 충분하다.

- 담금 크랙
- 담금 변형 : 담금하면 굽거나 비틀리는 변형, 신축 등의 치수 변화 등 담금 변형(quenching distorsion)이 일어난다. 이것은 피할 수 없다.
- 담금 연점 : 담금된 표면이 일정한 경도를 보이지 않고 부분적으로 완전하게 경화되지 않은 연점(soft spot)이 생기는 것으로, 표피 탈탄, 산화막 및 냉각의 불균일 등에 의해 생긴다.

한편 담금 냉각 중 어느 온도에서 일정 시간 유지한 다음 다시 냉각하는 것을 등온 담금이라 하며 이에는 다음과 같은 종류가 있다.

■ 오스템퍼

TTT곡선의 코 아래이며 Ms점보다는 높은 온도에서, 오스테나이트를 항온 변태시켜 강인한 베이나이트로 만드는 방법을 오스템퍼(austemper)라 한다. 대형 부품은 내부가 서냉되므로 펄라이트가 되기 쉬우므로 적당하지 않다.

강도와 강인성을 동시에 요구하는 부품, 스프링 등에 사용된다.

■ 마르템퍼

Ms점 근처 온도에서 일시적으로 유지하여 강재 전체의 온도를 균일하게 하고 베이나이트를 만들지 않고 있는 중에 로에서 꺼내 냉각한다. 그 후 마이크로한 응력을 더욱 제거할 목적으로 실시하는 처리를 마르템퍼(martemper)라 한다. 마르퀜치(marquench)라고도 한다.

2) 뜨임

마르텐사이트 조직은 과포화 탄소 고용체이므로 불안정하며 기계적 성질도 단단하지만 깨지기 쉽고, 인성과 내마모성이 크지 않아 강도와 인성이 모두 필요한 기계 요소용 부품에 그대로 활용하기 어렵다. 이런 상태를 안정화하여 인성을 개선하고 잔류 응력을 감소시키되 경도와 강도를 낮춰 다음에 이어지는 가공을 쉽게 하기 위해 담금한 강을 재가열하여 냉각하는 처리를 뜨임(tempering, 소려)이라 한다.

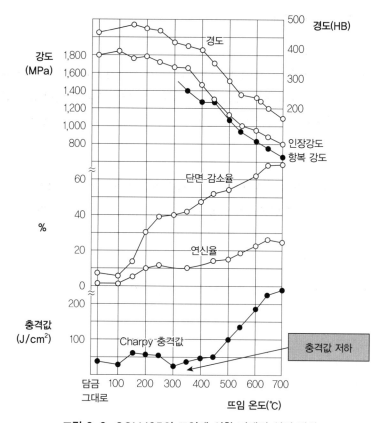

그림 6-6 SCM435의 뜨임에 의한 기계적 성질 변화

뜨임 반응은 대체로 3단계에 걸쳐서 일어나는데, 1단계는 150℃ 정도로 가열하면 마르텐사이트 조직에 과포화되어 있는 탄소가 철과 화합하여 탄화물(η 탄화물, Fe$_2$C)로 석출하면서 마르텐사이트의 결정 구조 높이가 줄어든다. 이것을 뜨임 마르텐사이트(tempered martensite)라 한다. 다음 2단계는 150~250℃에서 잔류 오스테나이트가 저탄소 마르텐사이트와 η 탄화물로 변화한다. 이 단계는 저탄소강(C%<0.25)과 서브제로 처리된 강에서는 일어나지 않는다. 마지막 3단계는 250~400℃에서 일어나는데 1, 2단계에서 석출된 Fe$_2$C가 Fe$_3$C로 바뀌고 마르텐사이트는 페라이트로 변태한다. 즉 조직이 페라이트와 입자가 미세한 시멘타이트의 조합 조직으로 된다. 이 조직을 트루스타이트(troostite)라 한다.

여기서 온도를 더 올리면 미세한 시멘타이트 조직이 조대화하는데 이 조직을 소바이트(sorbite)라 한다.

(1) 고온 뜨임

550~650℃까지 가열한 다음 냉각하는 뜨임 처리이며 조직은 소바이트 조직으로 되며 처리된 강은 강인한 성질을 갖는다. 대부분의 동력 전달용 기계 부품에 쓰이는 중탄소강 및 저합금강은 고온 뜨임 처리하며 열간 공구강에도 적용한다.

고온 뜨임의 목적은 다음과 같다.

- 잔류(내부) 응력의 제거

  강을 담금할 때 그 내부에는 변태에 따른 응력과 열 수축이 장소에 따라 다른 것에 의한 응력이 남는데 이것을 잔류 응력(residual stress, 내부 응력)이라 한다. 잔류 응력이 남아 있으면 그 상태(인장 또는 압축)에 따라 갈라지거나 피로 강도가 낮아지는 등의 문제가 생긴다.

- 경도와 인성의 조정

- 치수 및 형상의 안정화

  담금된 강은 매우 불안정한 상태에 있으므로 상온에서 오랜 시간 방치하면 잔류 오스테나이트가 서서히 마르텐사이트로 변화되어 팽창하므로 내부 응력이 증대하여 형상 및 치수의 변화를 일으키거나 갈라져 버린다. 그래서 적당한 온도로 가열하여 이 변화를 촉진해 주면 나중의 변화를 아주 작게 할 수 있다.

한편 담금 온도의 고저에 따른 뜨임 온도별 경도 변화와 잔류 오스테나이트 양의 변화를 각각 그림 6-7과 그림 6-8에 보인다.

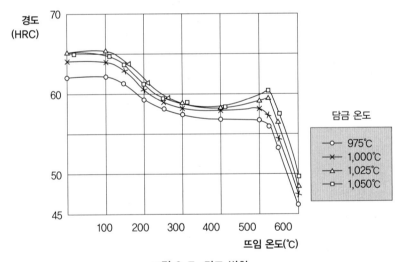

그림 6-7 경도 변화

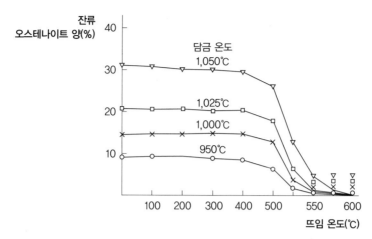

그림 6-8 잔류 오스테나이트 양

(2) 저온 뜨임

150~200℃ 정도로 가열 후 냉각하는 뜨임 처리이며 100℃에서 50%, 200℃ 가까이에서 60~70% 정도의 내부 응력이 제거된다. 조직은 저탄소 마르텐사이트와 η 탄화물로 되며 잔류 오스테나이트도 적게 되어 강도와 경도가 높고 특히 내마모성이 큰 성질을 갖고 있어 침탄 처리 후의 담금과 뜨임 시의 뜨임 처리, 고탄소강 및 냉간 공구강(베어링 및 게이지용)의 뜨임에 쓰인다. 여기서의 저탄소 마르텐사이트를 뜨임 마르텐사이트(tempered martensite)라고 하는데 마르텐사이트보다 내부식성이 떨어진다.

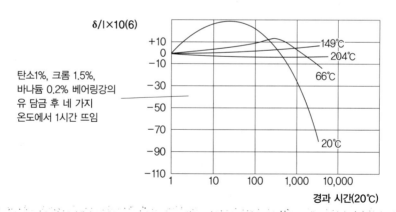

그림 6-9 베어링강의 뜨임 온도별 경년 변화량

(3) 2차 경화

탄화물 생성 경향이 큰 원소(Mo, V)를 포함하고 있는 고합금강을 담금한 후 뜨임할 때 합금 원소의 양이 적으면(0.5% 이하) 뜨임 시의 연화 효과를 줄이는 정도지만, 합금 원소의 양이 많아지면(2% 이상) 일단 연화하다가 다시 경화하는 현상이 생긴다. 이를 2차 경화(secondary hardening)라 한다.

 탄화물 생성 경향이 큰 원소(크롬, 텅스텐, 몰리브덴, 바나듐 등)를 포함한 합금강(고속도 공구강 및 열간 금형용 공구강)을 담금하면 이들 원소는 마르텐사이트 조직 내에 고용되는데, 이것을 재가 열하면 이들 원소는 저온에서는 확산이 늦어 뜨임 초기에는 탄소의 확산에 의한 탄화물 반응이 진행 되지만 온도가 올라가면 이들 원소의 확산이 진행되어 시멘타이트 중에 이들 원소가 고용되어(Fe + 합금 원소) 3C로 된다. 이 탄화물은 시멘타이트보다 응고가 늦어 고합금강은 탄소강에 비해 연화가 어렵게 되는 것이다. 온도가 450℃ 이상으로 되면 이 탄화물의 양이 더 많아져 다시 경화하게 된다. 이것이 2차 경화이다.

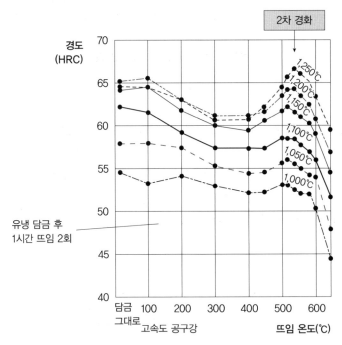

그림 6-10 SKH51의 담금 후 뜨임 경도

(4) 뜨임 시의 문제

- 고온 뜨임 취성 : 뜨임 처리 중 500℃ 부근에서 강의 충격 저항값이 떨어지는 현상을 말하며 뜨 임 후 급랭하거나 몰리브덴, 텅스텐(Mo, W) 등을 첨가하면 방지 가능하다.
- 저온 뜨임 취성 : 300℃ 부근에서 석출되는 시멘타이트의 입자가 입상이 아니고 편상이므로 충 격 저항값이 떨어지는 현상을 말하며 청열 취성(blue shortness)이라고도 하는데 방지할 수 없다. 탄소가 0.25% 이하인 강에서는 일어나지 않는다.

2. 불림

제강 후 열간 압연, 열간 압출, 열간 단조 및 주조된 소재는 고온으로 가열되므로 결정의 입자가 굵고 내부 응력이 발생하며 탄화물 등의 석출물이 불균일하게 분산되어 기계적 성질이 떨어진다.

이러한 비정상 상태를 해소하기 위해, 소재를 Ac3선 및 Acm선 이상의 온도로 가열한 다음(오스테나이트 조직) 공기 중에서 자연 공랭 또는 강제 공랭하면 입자가 미세한 초석 페라이트와 펄라이트의 혼합 조직 또는 미세한 시멘타이트와 펄라이트의 혼합 조직으로 되고 균일하게 되어 기계적 성질(강도, 인성, 연성)이 개선된다. 이러한 처리를 불림(normalizing, 소준) 처리라 한다.

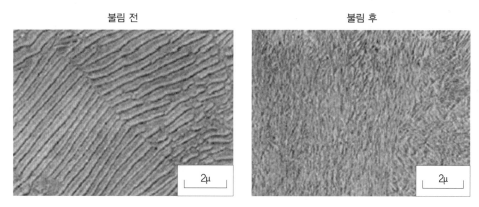

불림 전   불림 후

그림 6-11 불림 전후의 조직

불림의 목적을 정리하면 다음과 같다.

(1) 열간 가공에서 가열 온도가 높으면 결정립이 거칠고 크게(조대화)되고 내부 응력이 생기는데 이를 미세화하거나 없애기 위해 실시한다.

(2) 저탄소강은 너무 연하면 절삭성이 나쁘게 되므로 불림하여 결정립을 미세화하여 절삭하기 쉬운 HB200 정도의 경도로 만든다. 침탄강 등의 경우 페라이트 밴드 조직을 없애 피삭성에 알맞은 금속 조직으로 한다.

(3) 탄소 0.77% 이상인 강(과공석강)에서는 결정립 경계에 그물망 모양으로 석출하는 탄화물을 없애 결정립 내의 펄라이트 층 간격을 적절히 작게 하고 이어서 실시하는 구상화 처리로 균일한 탄화물을 생성하기 쉽도록 한다.

(4) 고주파 가열 및 화염 가열에 의한 표면 경화에 있어서, 결정립을 미세하고 균일하게 하여 급속 가열된 표면 층에 오스테나이트화가 쉽게 되도록 하며 경도가 높은 균일한 경화층이 얻어지게 한다.

(5) 중탄소강 및 저합금강인 경우 담금 뜨임의 대체 열처리로 이용된다.

불림 처리된 강의 인장강도 및 경도는 다음 식으로 구할 수 있다.

$$인장강도(MPa) = 196 + 980 \times C\%$$
$$경도\ HS = 10 + 50 \times C\%$$
$$HB = 80 + 200 \times C\%$$

표 6-2에 C가 0.11%인 주강품의 불림 효과를 정리하였다.

표 6-2 주강품의 불림 효과

구분	인장강도	항복 강도	연신율	단면 수축률	충격 저항값
주강 상태	400MPa	176MPa	26%	31%	39J/cm^2
불림 상태	421	254	30	69%	156

담금성이 좋은 합금강이라도 담금 직경의 크기에 한계가 있으므로 대형 부품 또는 형상이 복잡한 소재인 경우는 담금과 뜨임 대신에 불림 처리하여 사용하며 불림 처리도 불가능한 크기의 소재는 압연이나 주조 상태 그대로 사용할 수밖에 없다. 이 경우의 인장강도는 다음 식에 의해 구할 수 있다.

$$인장강도(MPa) = (598 \times Ceq\% + 238) \pm 34$$
$$Ceq = C + Mn/5 + Si/7 + Cu/7 + Mo/2 + Cr/9 + V/2 + Ni/20$$

3. 풀림

냉간 압연된 판재, 선재 및 봉재 등 소재의 냉간 가공성 개선, 절삭성 개선 및 응력 제거 등을 위해 재가열 후 냉각하는 처리를 풀림(annealing, 소둔)이라 한다. 풀림 처리에 의해 금속 조직 내의 격자 결함이 감소하며 재결정이 이루어져 조직이 균일화하고 내부 응력도 감소한다.

목적에 따라 여러 가지 풀림 방법이 있다.

1) 완전 풀림

결정 입자를 미세화하여 절삭 가공이 잘 되게 하기 위해 실시하는 풀림 방법으로, 탄소량이 0.77% 이하인 강(아공석강)은 A3선 이상, 0.77% 이상인 강(과공석강)은 A1선 이상의 온도로 가열한 다음 열처리 로(furnace) 안에서 냉각시킨다. 냉각 속도는 5~30℃/시간 정도이다. 연화 풀림(softening annealing)이라고도 한다.

2) 항온 풀림

완전 풀림에서 냉각하는 중에 600~650℃ 부근에서 일정 시간 유지한 다음 다시 냉각하는 처리를 항온 풀림(isothermal annealing)이라 하며, 연화가 빨리 되어 풀림 시간을 단축하는 것이 가능하다. 공구강이나 고합금강의 연화 풀림에 적합하다.

3) 공정 풀림

제강 회사에서 연속 냉간 압연된 강판이나 강선 등에 생긴 내부 응력을 제거하고 경도를 낮춰 다음에 실시할 소성 가공을 하기 쉽게 만드는 처리를 공정 풀림(processing annealing)이라 하며 가열 온도는 A1선보다 낮은 500~700℃ 정도이므로 저온 풀림이라고도 하며, 압연 공정 중간에 실시한다 하여 중간 풀림이라고도 한다.

저탄소강의 경우 완전 풀림을 하면 지나치게 연화하므로 공정 풀림을 한다.

4) 구상화 풀림

공구강이나 베어링강과 같은 고탄소강 조직 내 시멘타이트의 층상 결정 입자를 구상화(spheroidizing)하면 절삭 가공 및 소성 가공성이 좋아지며 인성이 좋아지고 담금 처리 시 균일한 담금이 가능하게 된다.

Ac1선 바로 아래의 650~700℃로 가열한 다음 냉각한 후, A1선을 기준으로 위아래로 가열 냉각을 반복하여 그물 모양 시멘타이트를 제거한다. 다시 Ac3 및 Acm선 온도 이상으로 가열하여 시멘타이트를 고용한 후 급랭하여 그물 모양 시멘타이트를 석출하지 못하도록 하여 구상화한다. Ac1점과 Acm 사이의 온도로 가열한 다음 Ar1점까지 서서히 냉각한다.

5) 응력 제거 풀림

주조, 단조, 절삭 가공, 냉간 가공 및 용접 후의 잔류 응력을 제거하기 위해 500~700℃로 가열하여 일정 시간 유지한 다음 서서히 냉각하는 풀림을 응력 제거 풀림(stress-relief annealing)이라 한다.

두꺼운 강판은 대부분 용접되어 사용되는데 용접에 의한 열 영향부는 용접 방법에 따라 약간 다르지만 일반적인 상태는 아래와 같다.

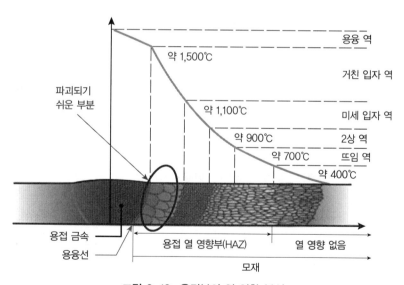

그림 6-12 용접부의 열 영향 분석

표 6-3 용접 각 부분의 특징

구분	가열 온도	상태
용융 영역	용융 온도 이상 1,500℃	용융 후 응고되는 부분으로 덴드라이트(dendrite) 조직(나뭇가지 모양 결정)을 보인다.
거친 입자 영역	>1,250℃	결정 입자가 조대화된 부분으로 경화하기 쉽고 크랙 등이 생긴다.
미세 입자 영역	1,100~900℃	재결정으로 결정 입자 미세화. 인성 등 기계적 성질이 양호하다.
2상 영역	900~700℃	펄라이트만 변태 또는 구상화. 서냉일 때는 인성이 양호하지만 급랭일 때는 마르텐사이트를 만들어 인성이 떨어진다.
뜨임 영역	700~400℃	열 응력 및 석출에 의해 취성을 보이는 것이 있다. 현미경 조직적으로 는 변화 없다.
모재 영역	400℃~실온	열 영향을 받지 않는 모재 부분

비조질강의 경우 용접 금속(weld metal)부는 일종의 주조 조직으로 되므로 열 영향부(heat affected zone, HAZ)는 담금 효과에 의해 모재부(base metal)보다 경도가 올라가는 것이 일반적이다. 그림 6-13에 보인다.

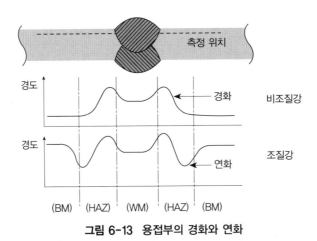

그림 6-13 용접부의 경화와 연화

열 영향부가 경화하면 그것에 따라 연성이 저하하며 용접 중 혹은 사용 중에 크랙이 생기기 쉬우므로 열 영향부의 최고 경도는 가능한 한 낮게 되도록 재질 및 용접 조건을 정하지 않으면 안 된다.

최고 경도의 측정에는 탄소 당량이 널리 쓰이고 있으며 최고 경도와 탄소 당량의 관계는 다음과 같다. 최고 경도는 Hmax＝a×Ceq＋b(a, b는 용접 이음 상태에 따른 계수)로 표시되며 탄소 당량 Ceq는 Ceq＝C＋Si/24＋Mn/6＋Ni/40＋Cr/5＋Mo/4＋V/14(%)로 표시된다.

조질강의 경우에는 이 부분이 뜨임 온도 이상의 고온에서 열을 받으므로 연화 현상이 생긴다. 그러므로 연화층 발생을 방지하기 위해 가능한 한 용접열 입력을 작게 하여 용접 작업을 실시할 필요가 있다.

이상의 열처리를 다른 관점으로 정리하면 다음과 같다.

(1) 변태점 위에서부터 냉각하는 열처리

- 서냉(로냉) : 풀림
- 공랭 : 불림
- 급랭 : 담금, 용체화 처리
- 등온 냉각 : 오스템퍼, 마르템퍼
- 계단 냉각 : 인상 담금(interrupted quenching), 마르퀜칭(marquenching)

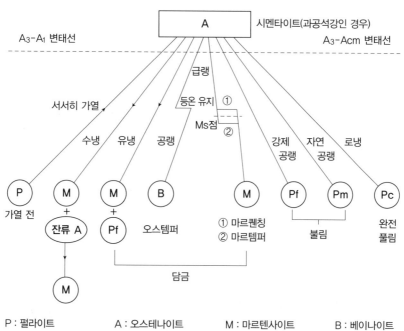

그림 6-14 변태점 위에서 냉각하는 열처리 종합도

(2) 변태점 아래에서부터 냉각

- 서냉(로냉) : 뜨임, 시효 처리
- 공랭 : 뜨임, 시효 처리
- 급랭 : 뜨임, 시효 처리
- 등온 냉각 : 베이나이트 뜨임

한편 위의 열처리 종류를 상태도를 통하여 나타내면 그림 6-15, 그림 6-16과 같다.

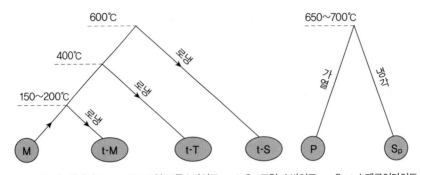

t-M : 뜨임 마르텐사이트   t-T : 뜨임 트루스타이트   t-S : 뜨임 소바이트   Sp : 스페로이다이트

그림 6-15 뜨임 종합도

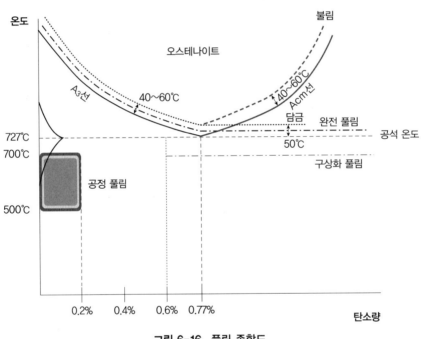

그림 6-16 풀림 종합도

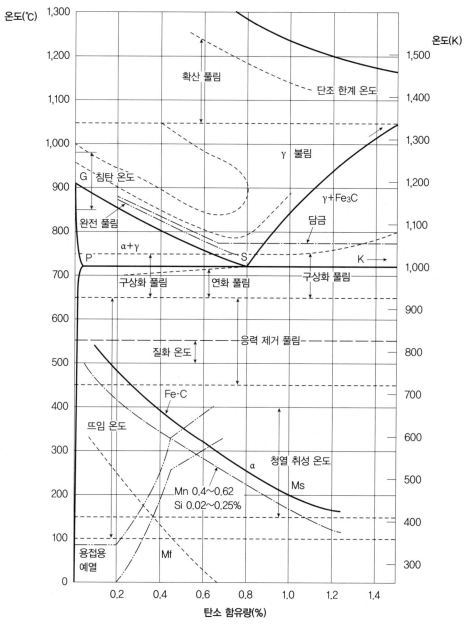

그림 6-17 강의 열처리 온도

4. 냉각

한편 냉각 방식에 따라 연속 냉각과 계단 냉각으로 분류하는데 이에 대해 아래에 설명한다.

1) 연속 냉각

연속 냉각(continuous cooling)이란 가열 온도로부터 상온까지 일정한 냉각 속도로 쭉 식히는 방식이다.

(1) 연속 냉각 변태 곡선(CCT곡선, continuous cooling transformation diagram)

이 곡선은 오스테나이트 역으로부터 냉각 시 냉각 속도를 바꾸어 가면서 각각의 변태 개시점과 종료점을 변태 측정 장치로 구하고 이 점들을 연결한 곡선이다. 이 곡선을 통하여 탄소강에서는 베이나이트가 나타나지 않으므로 페라이트, 펄라이트, 마르텐사이트가, 합금강에서는 베이나이트가 나타나므로 페라이트, 펄라이트, 베이나이트, 마르텐사이트가 어떤 온도 구간에서 나타나는지를 알 수 있다.

철강 재료 용접 시 열 영향부의 조직 변화를 예측하는 데 활용된다.

냉각 속도 : 100℃/초
조직 : 마르텐사이트
강도 : 800MPa 이상

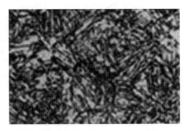

냉각 속도 : 10℃/초
조직 : 베이나이트
강도 : 600MPa 이상

냉각 속도 : 1℃/초
조직 : 미세 페라이트＋베이나이트
강도 : 5,800MPa 이상

냉각 속도 : 0.1℃/초
조직 : 페라이트＋펄라이트
강도 : 400MPa 이상

그림 6-18 냉각 속도와 미세 조직 및 강도 관계

2) 계단 냉각

계단 냉각(stepped cooling)이란 냉각 도중에 냉각 속도를 바꾸는 방식으로 필요한 온도 범위만 필요한 냉각 속도로 식혀 속도를 관리하는 방식이다. 이 방식은 냉각 속도 변경점을 어디로 할 것인지가 중요하며 일반적으로 불꽃색이 없어지는 온도(약 550℃)를 변곡점으로 한다.

- 항온(등온) 변태도(isothermal transformation diagram)
  강은 냉각 속도에 따라 펄라이트, 소바이트, 트루스타이트, 마르텐사이트로 되는데, 이 변화를 냉각 시의 냉각 시간과 온도로 표시한 것을 연결한 곡선을 말하며 TTT 선도(Time-Temperature-Transformation diagram)라고도 한다.

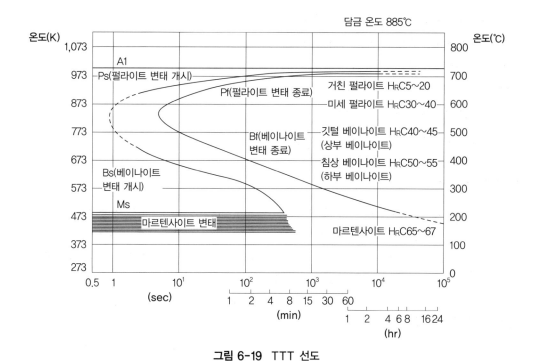

그림 6-19 TTT 선도

강을 일정한 오스테나이트 온도에서 A1점 이하의 여러 가지 온도로 순간적으로 냉각한 다음 이 온도를 유지하면서 강의 변태 상황을 관찰하여 변태 개시점과 종료점을 조사하고 이 점들을 연결한 선이며 S형 곡선을 하고 있어 S곡선이라 한다.

펄라이트 변태 범위 중 변태 개시 시간이 짧은 곳을 코(nose)라 부른다.

❖ 6-2 강의 열처리 과정에서 생기는 미세 조직

철강은 기본적으로 철-탄소 합금을 기초로 하며, 상 변태를 이용하여 여러 가지 조직을 얻고 그 조직에 대응하여 기계적 성질이 다양하게 변화한다. 이 조직을 형성하는 상(phase)에는 세 가지가 있는데, bcc 구조인 페라이트 상과 fcc 구조인 오스테나이트 상, 그리고 탄소 화합물인 사방정 구조의 시멘타이트 상(Fe_3C)의 세 가지이다.

이 세 가지 상의 단독 또는 조합에 의해 조직(structure)이 만들어지며, 이를 정리하면 다음과 같다.

(1) 페라이트 조직 : 페라이트 상 단독

(2) 마르텐사이트 조직 : 페라이트 상 단독

(3) 펄라이트 조직 : 페라이트 상+시멘타이트 상

(4) 트루스타이트 조직 : 페라이트 상+시멘타이트 상

(5) 소바이트 조직 : 페라이트 상+시멘타이트 상

(6) 베이나이트 조직 : 페라이트 상+시멘타이트 상

(7) 오스테나이트 조직 : 오스테나이트 상 단독

(8) 시멘타이트 조직 : 시멘타이트 상 단독

(9) 레데브라이트 조직 : 오스테나이트 상+시멘타이트 상

(10) 스페로이다이트 조직 : 페라이트 상+시멘타이트 상

각 조직의 특징에 대해서 아래에 설명한다.

1. 페라이트 조직

페라이트(ferrite)는 탄소를 0.02% 이하 고용하고 있는 α철(α고용체)로, 체심 입방 격자이며 성질은 순철처럼 부드럽고 전연성이 크다. 이 페라이트는 시멘타이트, 소바이트와 펄라이트를 발견한 헨리 소비(Henry Sorby)가 발견하였다. 최근에 컴퓨터의 기억용 재료 및 스피커 등에 사용되는 재료로서의 페라이트가 있는데 이것은 탄화철과 금속 산화물을 열로 구운 자성재료이다.

2. 마르텐사이트 조직

마르텐사이트는 탄소를 과포화 고용하고 있는 α철로 체심 정방 격자이며 가장 단단하지만 부서지기 쉽다. 마르텐스가 발견하였다.

그림 6-20 마르텐사이트의 현미경 조직

3. 오스테나이트 조직

오스테나이트는 탄소를 0.02%에서 2.14%까지 고용할 수 있는 γ철로 면심 입방 격자이며 부드럽지만 끈끈한 조직이다. 오스틴(Austen)이 발견하였다.

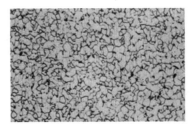

그림 6-21 오스테나이트의 현미경 조직

4. 시멘타이트 조직

철과 탄소의 화합물로 탄화철(Fe_3C)을 금속학적으로 부르는 것이며 사방정 구조이고 매우 딱딱하고 부서지기 쉬운 성질을 갖고 있다.

5. 펄라이트 조직

페라이트와 시멘타이트의 층상 조직으로 강도와 경도는 그다지 높지 않지만 가장 안정된 조직이다. 페라이트 층과 시멘타이트 층의 간격이 넓고 좁음에 따라 거친(coarse) 펄라이트, 중간(medium) 펄라이트 및 미세(fine) 펄라이트로 분류한다.

층상 펄라이트의 현미경 조직

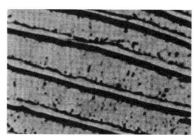
층상 펄라이트 확대 사진

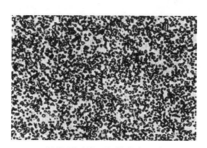
구상 펄라이트의 현미경 조직

그림 6-22 펄라이트의 현미경 조직

6. 트루스타이트 조직

트루스타이트(troostite)는 마르텐사이트 조직 바탕에 시멘타이트 극미립이 토출된 조직으로 마르텐사이트 다음으로 단단하고 강하며 고급 칼의 조직으로 이용되지만 녹이 나기 쉽다. 트루스트(Troost)가 발견하였다.

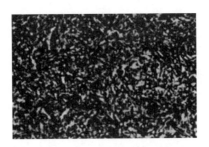

그림 6-23 트루스타이트의 현미경 조직

7. 소바이트 조직

트루스타이트 조직의 시멘타이트 입자보다 약간 거친 입자의 시멘타이트 조직으로 트루스타이트보다 부드럽고 충격에 강하다. 고온 뜨임에 의해 만들어지며 기계 부품 등의 열처리 조직은 대부분 이 조직이다.

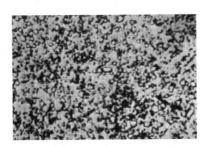

그림 6-24 소바이트의 현미경 조직

8. 베이나이트 조직

베이나이트는 침 모양의 마르텐사이트 또는 새의 날개 모양 펄라이트 조직으로, 합금강의 오스템퍼 처리 시 만들어지며 딱딱하면서도 끈끈하다. 뜨임 처리하지 않아도 QT 처리와 같은 효과를 볼 수 있다. 베인(Bain)이 발견하였다.

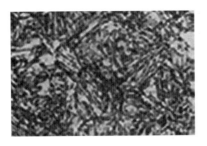

그림 6-25 베이나이트의 현미경 조직

9. 레데브라이트 조직

레데브라이트는 오스테나이트와 시멘타이트의 공정 조직이다.

10. 스페로다이트 조직

스페로다이트는 페라이트와 구상 시멘타이트의 혼합 조직이며 펄라이트보다 경도는 낮지만 인성은 높다.

❖ 6-3   가공 열처리

강인 재료란 상반되는 성질인 높은 강도와 인성을 모두 가진 재료를 말한다. 지금도 특정의 합금 원소를 첨가하여 마르텐사이트 변태, 석출 경화 등의 열처리에 의한 강화, 결정립을 미세화하여 인성을 향상시키는 소극적인 방법을 쓰고 있지만, 열처리와 가공을 조합시킨 가공 열처리(thermal mechanical treatment)법은 강인 재료를 얻기 위해 개발된 효과적인 방법이다.

가공 열처리는 일반적인 강의 열처리 과정인 오스테나이트화 → 담금 → 뜨임 공정 중 하나의 과정에 소성 가공을 실시하는 방법이며 현재 쓰이고 있는 종류에 대해 표 6-4에 정리하였다.

표 6-4 가공 열처리의 종류

가공 시기	확산 변태		마르텐사이트 변태	
	분류	명칭	분류	명칭
변태 전 가공	안정 오스테나이트 역에서 가공	제어 압연 열가공 제어 특수 가공 열처리	안정 오스테나이트 역에서 가공	단조 담금 열가공 제어 오스포밍 고온 가공 열처리
	준안정 오스테나이트 역에서 가공		준안정 오스테나이트 역에서 가공	
변태 중 가공	펄라이트, 베이나이트 변태 중 가공	아이소포밍	마르텐사이트 변태 중 가공	서브제로 처리
변태 후 가공	펄라이트, 베이나이트 변태 후 가공	파텐팅	마르텐사이트 변태 후 가공	마르포밍

1. 제어 압연과 열가공 제어

1) 제어 압연

제어 압연(controlled rolling process)이란 재료의 가열부터 압연 공정까지 모두 제어하여 압연 상태대로 강인화하는 방법으로, 오스테나이트에서 마르텐사이트로 변태 도중에 압연하여 결정립을 미세화한다. 첨가 원소는 티타늄, 바나듐, 텅스텐, 니오븀 등 탄화물을 만드는 원소이며 특히 니오븀이 효과가 있어 반드시 첨가되고 있다.

이들의 탄화물은 오스테나이트 중에 분산하여 결정립 성장을 늦춘다. 따라서 이들을 함유한 저탄소강, 저합금강을 압연 온도, 가공도 및 냉각 속도를 정확하게 관리하여 제어 압연하면 냉각 과정 중에 오스테나이트 입자를 미세화함과 함께 페라이트의 핵 발생 수도 증가시키므로 페라이트 입자가 미세화한다. 하지만 재질의 이방성이 커지는 단점이 있다.

최근에는 후판, 평강 및 봉강도 이 방법으로 만들어지고 있다.

2) 열가공 제어

한편 제어 압연을 기초로 강제 공랭 등을 조합시켜 제조하는 방법을 열가공 제어(thermo-mechanical control process)라 하며 제조된 강을 TMCP 강이라 부른다.

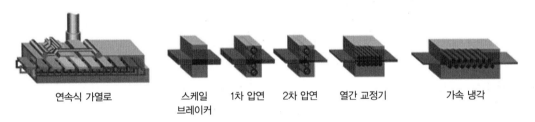

연속식 가열로   스케일 브레이커   1차 압연   2차 압연   열간 교정기   가속 냉각

그림 6-26 TMCP 공정도

일반적으로 $490N/mm^2$ 이상의 고장력강 후판에 적용하며 저탄소화 및 합금 원소 첨가를 대폭 줄일 수 있다(저탄소 당량화). 이를 통하여 저온 인성과 용접성을 대폭 개선할 수 있다.

$$C_{eq} = C + \frac{Mn}{6} + \frac{Si}{24} + \frac{Ni}{40} + \frac{Cr}{5} + \frac{Mo}{4} + \frac{V}{14}$$

용접성의 개선이란 아래와 같은 효과를 의미한다.

(1) 용접 시의 예열 온도를 저Pcm화(용접 크랙 감수성 조성)에 의해 종래의 고장력강보다 낮게 하는 것이 가능하다.

$$P_{cm} : \text{parameter crack measurement of steel products}$$
$$= C + \frac{Si}{30} + \frac{Mn}{20} + \frac{Cu}{20} + \frac{Ni}{60} + \frac{Cr}{20} + \frac{Mo}{15} + \frac{V}{10} + 5B$$

(2) 용접 이음부의 최고 경도를 종래 고장력강보다 낮게 할 수 있다.

(3) 용접 이음부의 인성이 개선된다.

(4) 선상 가결에 의한 재질 변화가 매우 적다.

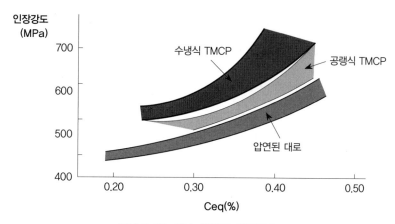

그림 6-27 탄소 당량과 인장강도

탄소 당량을 낮춰 용접에 유해한 니오븀, 바나듐 등을 적극 억제하여 인성을 향상시키고 있다. 주로 조선 해양 구조물, 교량, 건축, 산업 기계, 파이프 라인, 저장 탱크 등 넓은 분야에 걸쳐 쓰이고 있다.

철의 금속 조직과 강도는 앞에서 설명했듯이 고온의 오스테나이트로부터 실온까지 냉각하는 도중에 변태 온도 영역인 800~300℃ 사이를 어떤 속도로 냉각하는지에 따라 크게 변화한다. 천천히 냉각하면 인장강도가 400~500MPa 정도인 페라이트와 펄라이트(일부는 베이나이트)의 혼합 조직으로 되며, 조금 더 빨리 냉각하면 600~800MPa급 강도를 가진 베이나이트 조직으로 된다. 이보다 더 빨리 냉각하면 800MPa 이상인 마르텐사이트 조직을 얻을 수 있다. 결국 이러한 열처리의 중심은 냉각 속도 제어에 있다.

이에 비해 TMCP는 금속 조직의 제어 범위를 넓혀 결정립을 비약적으로 미세화가 가능하게 한 기술이다. 압연 중과 압연 후의 냉각 조합에 의해 종래 방법에는 없는 새로운 조직 제어 기술을 실현한 것이다.

압연에 의해 새로운 결정의 핵을 심으면 압연 후 냉각에 의한 결정립의 미세화에 효과가 있다. 압연 공정에서의 가공 효과와 냉각 공정에서의 변태 온도역 냉각 속도 제어의 효과를 조합시킨 것으로, 제강 단계에서 시작하며 강편의 가열, 압연, 제어 냉각에 이르는 각 공정에서 연속적으로 금속 조직을 제어하는 것이다.

2. 특수가공 열처리

제어 압연과 불림처리를 조합한 방법을 말한다.

3. 단조 담금

단조 담금(ausforging)이란 열간 단조 후 바로 담금하는 방법을 말한다. 인장강도는 거의 변하지 않지만 인성이 약간 증가하고 담금성은 뚜렷이 향상된다. 단점은 치수가 크면 표면과 중심부의 가공률이 다르게 된다.

4. 고온 가공 열처리

마르텐사이트 조직의 미세화가 목적이며 다음과 같은 방법이 있다.

(1) 재결정 온도 이상에서 가공하여 오스테나이트 입자를 미세화함에 의해 마르텐사이트 조직을 미세화한다.

(2) (1)항 가공 후 계속해서 재결정 온도 이하에서 가공하여 서브 그레인(sub grain)으로 미세화하여 마르텐사이트 조직을 보다 더 미세화한다.

5. 오스포밍

오스포밍(ausforming)은 준안정 오스테나이트 영역에서 가공 후 마르텐사이트 변태를 일으키고 뜨임하는 방법이다. 이를 위해서는 안정한 오스테나이트 영역을 가지며 마르텐사이트 변태를 일으키기 쉽고 탄화물도 만들기 쉬운 크롬강 등을 쓴다.

이 방법에서의 강인화 메커니즘은 오스테나이트 중의 격자 결함이 거의 마르텐사이트로 이어져 미세한 서브 그레인을 가지는 마르텐사이트 조직으로 되기 때문이다. 이 방법에서는 가공도가 높고 가공 온도가 낮으며 탄소량이 높을수록 강화되지만 가공 온도가 낮으면 변형하기 어렵고 기계적 성질의 이방성이 크게 되며 형상이 복잡한 것은 가공하기 어려운 점 등의 결점이 있어 지금은 거의 채택되지 않고 있다.

6. 가공 유기 변태

가공 유기 변태(transformation induced by plasticity)는 TRIP이라고도 하며 잔류 오스테나이트를 많이 포함하고 니켈, 망간을 포함한 니켈-크롬계와 망간-크롬계 강을 오스포밍하면 이 잔류 오스테나이트가 마르텐사이트 변태를 하면서 큰 소성 변형을 한다.

따라서 트립강(TRIP)은 오스포밍으로 강화하고 트립으로 인성화된 강인강으로 탄소 0.3%-크롬 9%-니켈 8%-몰리브덴 4% 계에서 1,370~2,060MPa의 항복 강도를 가지며 25~40%의 연신율을 보인다.

그림 6-28 딥드로잉 성형성

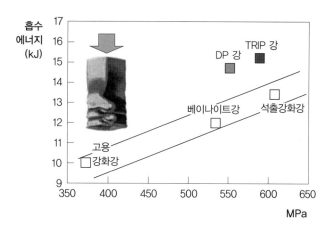

그림 6-29 박육 각 파이프의 눌려 찌그러질 때의 흡수 에너지

7. 파텐팅

파텐팅(patenting)은 연속로에서 오스테나이트화하고 등온 변태도의 코 부근(약 550℃)에서 등온 변태시켜 미세 펄라이트 조직으로 만드는 처리를 말한다. 이 조직은 가공 경화도가 낮아 90%를 넘는 인발 가공이 가능하며 강인한 선재가 만들어진다. 피아노 선은 이 방법에 의해 제조된다.

8. 2상 영역 가열 처리법

아공석강에서는 페라이트와 오스테나이트, 과공석강에서는 오스테나이트와 시멘타이트의 2상 영역으로 가열하면 2상이 서로 간섭하여 입자의 성장이 억제되어 미세 조직이 되며 이것을 담금하면 아공석강에서는 페라이트＋마르텐사이트 조직의 복합 조직강(dual phase steel)이 만들어지며 이 강은 항복점이 높고 강인하다.

❖ 6-4 광휘 열처리

모든 금속의 합금은 제조 공정 중에 각종 열을 받아 제품으로 된다. 따라서 이 과정 중에 산화되어 흑피가 생기거나 탄소 %가 높은 강에서는 표면으로부터 탄소가 빠져나가는 탈탄을 수반할 위험이 있다.

　이것을 방지하기 위한 열처리를 광휘 열처리(bright heat treatment)라 하는데 열처리 전과 같은 밝은 표면을 유지하며 무산화 열처리(non-oxidation heat treatment)라고도 한다.

1. 진공 가열법

진공도가 10^{-2} torr 이하에서 가열하는 것을 진공 가열법(vacuum heating)이라 하며 내외 온도차이가 작아 팽창·수축이 비교적 균일하여 열처리 변형이 적으며 금속 표면의 탈가스 작용이 있어 재료의 청정도를 좋게 하여 기계적 성질도 좋게 한다.

2. 염욕 가열법

가열, 담금 및 뜨임을 용융 염 중에서 하는 방법을 염욕 가열법(salt bath heating)이라 하며, 염욕은 열처리 온도에 따라 저온용(250~600℃), 중온용(750~950℃), 고온용(1,050~1,310℃)으로 분류된다. 저온용에는 초산염(KNO_3, $NaNO_3$), 중온용에는 중성염($NaCl$, KCl, $BaCl_2$, $CaCl_2$), 고온용에는 $BaCl_2$가 쓰이고 있다.

염욕은 열용량이 커 가열 시간을 단축할 수 있으나 오랜 시간 사용하면 탈탄, 산화 등의 반응이 일어난다.

3. 분위기 가열법

(1) 불활성 가스법 : 아르곤, 헬륨
(2) 중성 가스법 : 질소, 수소, 암모니아 분해 가스
(3) 환원성 가스법

제7장

열처리하지 않고 쓰는 강

🔩 7-1 구조용 압연강

자동차의 하부 구조, 선박의 주요 구조물, 장비의 하부 구조 및 프레임, 교량, 건축물 등의 구조물에 쓰이는 재료를 구조용 압연강이라 부른다. 이 재료의 대부분은 인장강도로 분류하며 불순물의 허용 한도 외에 별도의 성분에 대한 규정은 없다.

용도에 따라 일반 구조용, 용접 구조용, 자동차 구조용, 보일러용, 내후용, 압력 용기용 등으로 분류되고 있다.

1. 일반 구조용 압연강

건축물, 교량, 선박의 내부 구조물, 기계류의 일반 구조물 등에 압연된 상태 그대로 가장 널리 사용되고 있는 구조용 강재다. 원소 성분에 대한 규정은 별도로 없으며 인과 황의 상한값이 정해져 있고, 규정은 없지만 탄소량은 0.3% 이하이다. 림드(rimmed)강을 압연하며 형태로는 판재, 형재(H, I, 앵글 등), 평재, 봉재 등이 있다.

인장강도의 크기에 따라 SS330, SS400, SS490, SS540, SS590의 다섯 가지로 분류한다. 표 7-1에 성분이 정리되어 있다.

SS는 steel structure의 두문자이며 뒤의 세자리 숫자는 인장강도를 의미하고 단위는 MPa이다. 판재의 경우 두께는 6mm부터 생산하고 있다. 표 7-2에는 일반 구조용 압연강의 종류를 소개하였다.

표 7-1 일반 구조용 압연강의 성분

종류	JIS	C	Mn	P	S
SS330	SS330				
SS400	SS400	–	–	≤0.05	≤0.05
SS490	SS490				
SS540	SS540	≤0.3	≤1.6	≤0.04	≤0.04
SS590					

표 7-2 일반 구조용 압연강의 기계적 성질

종류	인장강도 (MPa)	항복 강도(≥MPa)				연신율 (%)	경도 (HV)
		두께(mm)					
		<16	<40	<100	>100		
SS330	330~430	205	195	175	165	26	
SS400	400~510	245	235	215	205	21	
SS490	490~610	285	275	255	245	19	
SS540	≥540	400	390	–	–	16	
SS590	≥590	450	440			14	

* 2018년 SS235, SS275, SS315, SS410, SS 450으로 각각 개정됨

그림 7-1 사용 부품 예

2. 용접 구조용 압연강

교량이나 선박의 외부 구조물과 같이 용접 부위가 많은 대형 구조물은 용접부의 가열 냉각에 의한 경화 및 취성에 의해 원래의 항복점보다 낮은 응력에서 용접 크랙 등 이상이 발생하는 경우가 있다. 이를 방지하기 위해 탄소량을 0.2% 이하로 낮추고 망간을 최대 1.5%까지 첨가한 강재를 용접 구조용 강재라 한다. 알루미늄 킬드(killed)강을 압연하여 만들며 0℃에서의 V 노치(notch) Charpy 충격시험값이 규정되어 있고 저온 취성 방지가 고려되고 있다.

인장강도의 크기에 따라 SM400, SM490, SM520, SM570의 네 가지로 분류한다. SM은 steel for marine의 두문자이며 뒤의 세자리 숫자는 인장강도를 의미하고 단위는 MPa이다. 판재의 경우 두께는 6mm부터 생산하고 있다.

표 7-3에 종류가 소개되어 있다.

표 7-3 용접 구조용 압연강의 종류와 기계적 성질

종류	JIS	인장강도(≥MPa)		항복 강도(≥MPa)				연신율 (%)
		두께(mm)		두께(mm)				
		<100	>100	<16	<40	<100	>100	
SM 400A, B, C	KS와 동일	400	400	245	235	215	195	
SM 490A, B, C		490	490	325	325	295	275	
SM 490YA, B		490	–	365	355	325	–	
SM 520B, C		520	–	365	355	325	–	
SM 570		570	–	460	450	420	–	

* 2018년 SM275, SM315, SM355, SM420으로 각각 개정됨

그림 7-2 사용 제품

3. 자동차 구조용 압연강

자동차의 하부 구조에 쓰이는 부품은 자동차 산업의 특성상 대량 생산이 가능한 프레스 성형에 의해 만들어진다. 그러므로 자동차용 강재는 소성 가공성이 필요하다.

인장강도에 따라 SAPH310, SAPH370, SAPH400, SAPH440의 네 가지가 있다. SAPH는 steel automobile press hot의 두문자이며 뒤의 세 자리 숫자는 인장강도를 의미하고 단위는 MPa이다. 판재의 경우 두께는 3.2mm부터 생산하고 있다. 또한 P와 S의 함유량은 0.04% 이하로 규정되어 있으며 두께에 따라 항복점이 다르게 지정되어 있다. 최근에는 성형 기술의 발달에 따라 고장력 강판의 채용이 증가하고 있다.

표 7-4에 종류가 소개되어 있다.

표 7-4 자동차 구조용 압연강의 종류와 기계적 성질

종류	JIS	인장강도 (≥MPa)	항복 강도 (≥MPa)			연신율 (%)	경도 (HV)
			두께 (mm)				
			<6	6~8	8~14		
SAPH 310	KS와 동일	310	185	185	185		
SAPH 370		370	225	225	215		
SAPH 400		400	255	235	235		
SAPH 440		440	305	295	275		

바디 인 화이트(body-in-white)

그림 7-3 사용 부품 예

4. 특수용도용 압연강

1) 내후성 강판

저탄소 저합금강에 인(0.1%), 구리(0.25~0.5%), 크롬 등을 미량 첨가하면 강재 표면에 생성되는 산화 피막이 안정화되어 대기 중에서의 부식에 대한 보호 피막이 된다. 이와 같은 강을 내후성 강이라 하며, 무도장 또는 녹 안정화 처리를 실시하여 사용하는 강판으로 차량, 교량, 철탑 등에 사용된다.

    SMA400, 490, 570 : 용접 구조용 내후성 강재

그림 7-4 내후성 강판 예

2) 니켈계 고내후성 강판

무도장 상태에서도 뛰어난 내염분 특성을 가지는 강판으로 교량, 철탑, 건축물에 사용되며 종류와 기계적 성질 및 성분은 표 7-5와 표 7-6에 정리하였다.

표 7-5 기계적 성질

종류	JIS	인장강도(MPa)	항복점(MPa)	연신율(%)
SPA-H	좌동	≥490	≥355	22
SPA-C		450	315	26

H : 두께 16mm 이하의 열간 압연 강판
C : 두께 0.6~2.3mm 이하의 냉간 압연 강판

표 7-6 성분

	C	Si	Mn	P	S	Cu	Cr	Ni
SPA	≤0.12	0.25~0.75	≤0.6	0.07~0.15	0.035	0.25~0.55	0.3~1.25	≤0.65

    참고로 내후성 순위는 SPA>SMA>SM>SS이며 SPA는 부식 감량이 SS의 1/5 정도이다.

3) 내황산, 염산 노점 부식 강판

아황산 가스 및 배기 가스 등의 노점 부식에 강한 강판으로 보일러 열교환기 및 부대 설비, 공기 예열기, 집진기, 연돌 등에 사용된다.

4) 내마모 강판

일반 압연강에 비해 내마모성이 1.5~5배인 강재로 쇼벨 로더(shovel loader)의 버킷(bucket), 컨베이어 호퍼, 덤프트럭의 짐칸, 불도저의 배토판 등에 사용된다.

5) 건축 구조용 내화 강판

고온 시에도 내력이 매우 높은 강재로 내화 피복을 대폭으로 줄이는 것이 가능하며 건축물의 화재에 대비한 무피복 철골 건축물 설계가 가능하다.

6) 내라멜라 강판

복잡한 구조물, 예를 들면 석유굴착 장치의 격자점(panel point) 구조 및 건축 구조물의 컬럼(column)에는 판의 두께 방향으로 인장 응력이 작용한다. 이와 같은 경우 귀퉁이 살 용접부 등에 판 표면과 평행한 크랙이 발생하는 일이 있으며 이 크랙을 라멜라(lamellar)라고 한다.

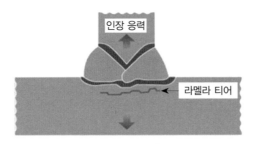

그림 7-5 라멜라 티어

라멜라는 강 중의 황화물계 개재물이 압연 공정에서 압연 방향으로 늘어나게 되고 판 두께 방향의 응력에 의해 개재물을 기점으로 하여 크랙이 발생하고 성장한다. 이를 방지하기 위한 강판을 내라멜라 강판이라 한다.

5. 교량용 강재

교량용 강재로는 SS400, SM400, SM490, SM490Y, SM520 등이 쓰이고 있으며 특히 SM490Y가 많이 쓰이고 있다. 최근에는 내후성 강재도 쓰이고 있으며 강도도 590MPa급인 SM570, SMA570 등도 일반화되고 있다.

또 교량의 길이가 길어짐에 따라 690MPa, 780MPa급 강재도 적극적으로 채용되고 있다. 그러나 이 등급의 강판을 용접하는 경우 저온 크랙 방지를 위해 100℃ 이상의 예열이 필요하다.

그림 7-6 사용 예

✤ 7-2 일반 압연 연강판

자동차의 외판, 전자 제품의 외판 및 각종 장비의 커버류에 주로 쓰이는 연강판으로, 열간 압연 연강판, 냉간 압연 연강판, 전기 아연도금 강판, 용융 아연도금 강판, 주석도금 강판 등이 있다.

1. 열간 압연 연강판

인장강도가 270MPa 이상이며 탄소 함유량이 0.15% 이하인 열간 압연 강판으로 큰 소성 변형이 가능하여 프레스 성형 가공이 쉬우며 탄소 함량에 따라 세 가지가 있다. 생산하고 있는 판의 두께는 1.2~14mm까지다. 단, SPHE는 6mm까지 가능하다.

표 7-7과 표 7-8에 성분과 기계적 성질을 보인다.

표 7-7 성분

종류	JIS	C	Mn	P	S
SPHC	KS와 같음	≤0.15	≤0.6	≤0.05	≤0.05
SPHD		0.12	0.5	0.04	0.04
SPHE		0.10	0.45	0.03	0.03

SPHC : steel plate hot commercial
SPHD : steel plate hot deep drawn
SPHE : steel plate hot deep drawn extra

표 7-8 기계적 성질

종류	인장강도 (MPa)	연신율(%)					
		1.2~1.6	1.6~2.0	2.0~2.5	2.5~3.2	3.2~4.0	≥4.0
SPHC	≥270	≥27	≥29	≥29	≥29	≥31	≥31
SPHD	≥270	30	32	33	35	37	39
SPHE	≥270	31	33	35	37	39	41

그림 7-7 사용 부품 예

2. 냉간 압연 연강판

성형 가공하여 부품 제작 후 표면을 도장하거나 도금하고자 할 때는 표면 상태가 깨끗한 것이 요구
된다. 열간 압연 연강판을 산(acid)으로 세척한 후 상온에서 다시 압연하여 만든다. 냉간 압연에 의한
가공 경화를 제거하기 의한 풀림 처리를 실시한다.

탄소 함량에 따라 SPCC(일반용), SPCD(드로잉용), SPCE(딥 드로잉용), SPCF(비시효성 딥 드
로잉용), SPCG(비시효성 초딥 드로잉용)의 다섯 가지가 있다. 생산하고 있는 두께는 0.4mm에서
3.2mm까지다.

표 7-9와 표 7-10에 성분과 기계적 성질을 각각 보인다.

표 7-9 성분

종류	JIS	C	Mn	P	S
SPCC	KS와 동일	≤0.15	≤0.6	≤0.05	≤0.05
SPCD		0.12	0.5	0.04	0.04
SPCE		0.10	0.45	0.03	0.03
SPCF		0.08	0.45	0.03	0.03
SPCG		0.02	0.45	0.02	0.02

표 7-10 기계적 성질

종류	조질 압연 경질	인장강도 (MPa)	항복 강도 (MPa)	연신율 (%)	경도	
					HRV	HV
SPCC-AB	풀림 상태	≥270		32~39		
SPCC-SB	표준 조질	≥270		32~39		
-8B	1/8 조질	290~410		25	50~71	95~130
-4B	1/4 조질	370~490		10	65~80	115~150
-2B	1/2 조질	440~590		–	74~89	135~185

(계속)

종류	조질 압연 경질	인장강도 (MPa)	항복 강도 (MPa)	연신율 (%)	경도	
					HRV	HV
-1B	경질	550 이상		–	85 이상	170 이상
SPCD		≥270	240			
SPCE		≥270	220			
SPCF		≥270		40~45		
SPCG		≥270		42~46		

* 경질(full hard) : 풀림 처리 후 드로잉 이외의 가공을 위해 경도를 조정할 목적으로 조질 압연(skin pass)기를 통과시
  키는 것
* B : Bright finishing – 표면을 매끈하게 롤로 마무리한 것

그림 7-8 사용 예

냉간 압연 강판의 시효 현상

풀림 처리한 연강을 인장 시험하면 탄성 변형한 다음에 항복 현상이 나타난다. 항복 신장 후에 가
공 경화 영역으로 들어가 인장강도에 도달한 다음 감소하여 응력이 저하하며 최후에 파단된다.

이때 항복 신장은 스트레처 스트레인(stretcher strain)으로 프레스 가공에서는 문제가 된다. 이
항복 신장은 냉간 가공 직후 및 고탄소강 등에서는 나타나지 않는다. 그리고 풀림 처리한 연강에
서 항복점이 나타나지 않게 하기 위해 조질 압연(skin pass, temper 압연)을 실시한다. 조질 압연이
란 0.3~3.0% 정도의 마무리 압연으로, 판의 표피와 평면도 향상에도 역할한다.

그러나 조질 압연한 재료도 오랫동안 방치해 두면 다시 항복점이 나타나게 된다. 이것을 변형

시효(strain aging)라 한다. 변형 시효 현상을 억제하기 위해서는 알루미늄, 붕소, 티타늄, 니오븀 등을 첨가하여 철 중에 고용하고 있는 탄소 또는 질소를 무해한 탄화물 또는 질화물로 석출시키는 것이 효과적이다.

3. 전기 아연도금 강판

냉간 압연 연강판을 연속으로 전기 아연도금한 강판으로 주로 전기 · 전자 제품의 케이스, 실내용 건축 자재 등에 쓰이고 있다.

냉간 압연 연강판의 종류에 맞춰 SECC, SECD, SECE의 세 가지가 있다.

그림 7-9 적용 부품

4. 용융 아연도금 강판

열간 및 냉간 압연 연강판을 연속으로 용융 아연도금한 강판으로 도금층이 전기 아연도금 강판보다 두꺼워 내식성이 좋아 자동차용 판재, 옥외용 전기 케이스 및 외부용 건축 자재 등에 쓰이고 있다.

SGHC : 열간 압연 연강판의 용융 도금, 판 두께 1.2~6.0mm
SGCC : 냉간 압연 연강판의 용융 도금, 판 두께 0.25~3.2 mm
SGCD 1 : 냉간 압연 연강판 드로잉용 1종 용융 도금, 두께 0.4~2.3mm
SGCD 2 : 냉간 압연 연강판 드로잉용 2종 용융 도금, 두께 0.4~2.3mm
SGCD 3 : 냉간 압연 연강판 드로잉용 3종 용융 도금, 두께 0.4~2.3mm
SGCH : 냉간 압연 연강판 경질 처리 용융 도금, 두께 0.11~1.0mm
SGH 330/ 400/ 490/ 540 : 일반 구조용 압연강의 용융 도금

그림 7-10 사용 예

5. 주석도금 강판

보존 식품인 통조림은 옛날부터 식품 캔을 비롯하여 주스, 탄산 음료, 건강 음료 등의 음료 캔 및 18 리터용 대형 캔, 미술품 보관용 캔 등 다양한 종류가 있는데, 주석도금 강판(tinned plate)은 이들 용기의 재료로 오랫동안 사용되어 왔으며 뛰어난 내식성, 기계적 강도, 제관 가공성 및 준수한 외관 등을 살려 버킷, 지붕용 판재, 일반 배기용 관재 등을 비롯하여 가정용 전기기구, 에어졸 캔, 오일 필터, 각종 용기 뚜껑에 폭넓게 쓰이고 있다.

대표적인 제조 방법은 냉간 압연 강판 코일을 전해 청정 → 공정 풀림 → 전기 주석도금 → 코일 되감기 또는 시트 절단 등을 거쳐 만드는 것이다.

종류에는 1회 냉간 압연 제품과 2회 냉간 압연 제품, 고내식성 주석도금 강판, 광택 배 껍질 표면(dull finishing, silver finishing) 제품 등이 있다. 2회 냉간 압연 제품(double reduced tin plate)은 1회 냉간 압연 제품보다 같은 두께에서 강도가 높은 것으로 캔의 몸통부에 쓰인다.

고내식성 강판은 주로 내면이 무도장 상태로 사용되는 산성 식품용 캔 등에 사용되며 광택 배 껍질 표면 제품은 특수한 표면 마무리를 실시한 다음 전기 주석도금한 것으로 잉크 및 도료와의 밀착성이 좋아 고급스러운 인쇄 효과를 얻을 수 있다.

1회 냉간 압연 제품은 두께가 0.18~0.8mm, 폭 508~1,000mm까지 생산되고 있으며 2회 냉간 압연 제품은 두께 0.15~0.36mm, 폭 508~990mm까지 생산 가능하다. KS 재료 기호는 ET(JIS는 SPTE)이다.

그림 출처 : 신일철주금

그림 7-11 사용 예

❖ 7-3 쾌삭강

대량 생산에 따른 생산성 향상 요구와 인건비 절감 요구에 따라 절삭 가공 기계의 무인 자동 운전이 필요하게 되었으며 이에 따라 가공 중 문제 발생의 주요 원인인 절삭 칩의 말림에 의한 공구 손상 및 가공 부품의 손상을 방지하기 위한 재료의 개발이 필요하게 되었다. 이를 방지하기 위해서는 절삭된 칩이 짧게 끊어지는 재료가 필요한데, 강에 S, Pb, Ca 등을 첨가하여 만들 수 있으며 이를 쾌삭강(free cutting steel)이라 한다.

쾌삭강의 평가 요소는 아래와 같다.

(1) 절삭 저항의 대소
(2) 가공된 면의 표면 조도
(3) 공구의 마모와 공구 수명
(4) 절삭 칩 처리의 용이성
(5) 절삭 속도

저탄소강의 페라이트 조직은 연하여 절삭하기 쉽다고 생각하는데, 절삭하면 절삭 칩이 바이트 날 끝에 들러붙어 구성 인선을 만들어 절삭 저항을 크게 하고 가공면을 거칠게 만든다.

강재의 피삭성을 좋게 하는 방법에는 두 가지가 있다.

(1) 경도를 조금 높게 한다. 저탄소강에서는 인발 등의 냉간 가공을 실시하든가 인(p) 및 질소 같은 페라이트를 고용 강화하는 원소를 첨가한다.
(2) 연하고 부서지기 쉬운 제2상을 분포시켜 바이트 날 면에 윤활 작용을 시키고 절삭 칩이 끊어지기 쉽게 한다.

그림 7-12 적용 예

1. 황(S) 쾌삭강

저탄소강(C<0.15%)에 황과 망간을 첨가하여 망간황(MnS)을 만들어 분산시키면 망간황이 칩 브레이커 역할을 하여 칩이 잘 끊어진다. 그러나 기계적 성질에 방향성이 생겨 강도 면에서는 좋지 않은 영향을 준다.

SUM22, SUM23이 있다.

2. 납(Pb) 쾌삭강

기계 구조용 탄소강 및 기계 구조용 합금강에 0.1~0.3%의 납을 첨가하여 납을 미세하게 분산시키면 이 미세 납 입자가 재료에 취성을 주며 절삭 칩의 생성을 쉽게 만든다. 상온에서의 기계적 성질은 기본 강재와 차이가 없지만 300℃ 이상에서는 납 입자가 연화, 용융하기 시작하므로 피로 강도가 저하한다. 또 납은 공구와 재료 사이의 접촉면에서 윤활 작용을 하여 마모를 적게 한다. 그러나 최근에는 납의 유해성 때문에 사용이 점점 줄고 있다.

SUM24L이 이에 해당된다.

3. 칼슘(Ca) 쾌삭강

칼슘은 알루미늄 및 규소처럼 탈산제이며 탈산 생성물인 $Ca-SiO_2-Al_2O_3$계 복합 산화물을 쾌삭성에 이용한 강이다. 칼슘은 공구와 피삭재 사이의 확산 반응을 방지하는 역할이 있다. 기계적 성질의 저하는 작지만 절삭 칩 파쇄성 및 가공면의 조도가 문제로 된다. 또 제조 시 합격률이 낮으며 비용은 높은 경향이 있다.

칼슘계 쾌삭강은 초경 절삭 공구에 의한 고속 절삭(150m/분) 가공용 쾌삭강으로는 뛰어나지만 중저속 가공에는 문제가 있다.

❖ 7-4 스테인리스강 : 페라이트계, 오스테나이트계, 2상계

1. 스테인리스강 종합

1) 스테인리스강의 특징

스테인리스강(stainless steel)이란 세계세관기구(World Customs Organization, WCO)의 정의에 의하면 탄소가 1.2% 이하로 크롬을 10.5% 이상 포함하고 있는 합금강이다. 2007년부터 이 정의에 따르고 있으며 이 정의에 의하면 내열강도 스테인리스강의 일종이다.

스테인리스강의 일반적인 특징은 다음과 같다.

- 내부식성이 좋다

    철(Fe)은 대기 중에 방치하면 짧은 기간에 녹이 슬지만 크롬을 첨가하면 부식량이 감소한다. 크롬의 양이 11~12%에 이르면 부식에 의한 감량이 없게 된다.

- 전기 전도율이 나쁘다

    전기 비저항이 철의 6~7배, 동의 30~40배에 달하여 난방용 전기 히터의 저항 재료로 사용되며 저항 용접에 적합하다.

- 열전도율이 나쁘다

    철의 1/5~1/3, 알루미늄의 1/13~1/8 정도로 욕조나 식기 등에 많이 쓰이고 있으며 용접부의 용접성은 좋은 편이지만 열에 의한 변형이 큰 점에 주의해야 한다.

- 소성 가공성이 좋다

- 고온 특성이 좋다

    고온에서의 내산화성이 좋으며 표 7-11에 각종 스테인리스강의 사용 온도를 정리하였다.

표 7-11 스테인리스강의 내열 온도

		반복 가열 온도(℃)	연속 가열 온도(℃)
STS	301	815	845
	304	780	925
	310	1,035	1,150
	316	870	925
STS	410L	850	800
	420J1	735	760
STS	430	870	815
	405	815	705
STR	661	1,035	1,150
탄소강			600

2) 종류별 특성

스테인리스강의 종류에는 합금 성분의 종류와 비율에 따라 페라이트계, 마르텐사이트계, 오스테나이트계, 2상계(페라이트＋오스테나이트), 석출 경화계의 다섯 가지가 있다. 이 중에서 열처리하지 않고 사용되는 것은 페라이트계, 오스테나이트계 및 2상계이다.

이들 스테인리스강의 물리적 성질은 계통에 따라 약간 다르며 표 7-12와 같다.

표 7-12 물리적 성질

계통/ 대표 강종	밀도 (g/cm³)	비열 (kJ/kg K)	열전도율 (W/kg K)	열팽창계수 (10^{-8}/K)	전기저항 ($10^{-8}\Omega$m)	종탄성계수 (MPa)	자성 (상온)
오스테나이트 STS304	7.93	0.5	16.3	17.3	72	193	무
페라이트 STS430	7.70	0.46	26.0	10.4	60	200	유
2상계 STS329J1	7.76	0.46	20.9	12.2	83	198	유
마르텐사이트 STS410	7.75	0.46	24.9	9.9	57	205	유
냉간 압연 강판 SPCC	7.85	0.42	79.0	12.2	14.2~19.0	206~226	유
알루미늄 합금 A5052	2.68	0.88	195.0	23.8	4.9	70.6	무
동 C1220	8.9	0.38	376.0	14.1~16.8	1.9~2.5	118~132	무

한편 이들 다섯 가지 스테인리스강의 일반적인 특징과 용도를 정리하면 표 7-13과 같다.

표 7-13 특징과 용도

계통	특징	용도
오스테나이트계	열처리에 의해 경화되지 않으며 연성, 강도, 내열성 및 저온 인성이 뛰어남. 가공경화성이 큰 것도 있음. 선팽창률이 큼	내구소비재, 화학 플랜트 등 용도 범위가 매우 넓음
페라이트계	열처리에 의해 경화되지 않으며 가공성이 양호하고 내응력 부식 크랙성과 경제성이 뛰어남	가전, 건축 내장, 주방, 자동차 배기 계통
2상계	금속 조직 상 오스테나이트 상과 페라이트 상의 2상으로 강도가 크고 내식성이 뛰어남	유정, 케미컬 탱커, 저수조
마르텐사이트계	열처리에 의해 경화됨	부엌 칼, 기계 부품, 오토바이 디스크 브레이크, 터빈 블레이드
석출경화계	열처리에 의해 금속 간 화합물이 석출하여 경화. 고강도와 어느 정도의 내식성이 있음	스프링, 스틸 벨트, 축

3) 가공 특성

(1) 절삭성

스테인리스강의 절삭성은 표 7-14와 같다.

표 7-14 절삭성

종류	피삭률		종류	피삭률	
	선삭	드릴		선삭	드릴
STS303	60	61	STS303Se		61
STS304	35	45	STS430F	80	91
STS416		91	STS420F		91
STS440F		61	연강	70~86	
반경강	50~65		경강	45~50	
동	60~70		알루미늄	300~2,000	

* 절삭성 기준 : AISI B1112 160 Brinel hardness cold drawn steel
* Free cutting steel : C 0.08~0.13%, Mn 0.6~0.9%, P 0.09~0.13%, S 0.16~0.23%

(2) 소성 가공성

싱크대의 프레스 가공은 드로잉과 부풀림 성형의 2종류 변형 형태의 혼합이다. 드로잉성을 평가하는 데는 한계 드로잉비(LDR)로 평가하는 것이 일반적이다. 페라이트계에서는 랭포드(Lankford)값(r값)이 높은 재료가 유리하며 r값의 차이가 적은 오스테나이트계에서는 내력이 낮은 재료가 유리하다. 부풀림 성형에서는 신율과 가공 경화 지수가 높은 것이 유리하다.

(3) 용접성

표 7-15 용접성

종류	용접 크랙성	용접부의 성질
페라이트계	일반적으로 용접 크랙 감수성은 낮다. 고합금계에서는 지연 크랙을 일으키는 일이 있어 주의를 요한다.	일반적으로 용접 열 영향부는 입자가 거칠어져 연성, 인성이 떨어지며 입계 부식이 생기기 쉽다. 300℃ 정도의 후열처리에 의해 연성만은 회복된다. C, N을 줄이고 Ti, Nb를 첨가한 강종은 이런 성질이 양호하다.
오스테나이트계	STS304는 용접성이 양호하다. 니켈, 몰리브덴이 높은 재료는 고온 크랙에 민감하다.	입계 부식에 민감해진다. C를 줄인 강종, Ti, Nb를 첨가한 강종에서는 입계 부식을 방지할 수 있다.
마르텐사이트계	용접 시 냉간 크랙에 주의를 요한다. 보통 예열이 필요하다. C, N을 줄인 강종에서는 이 크랙 감수성이 작으며 γ계 용접 재료를 쓸 때는 예열이 불필요하다.	딱딱하고 부서지기 쉽게 된다. 후열처리를 하면 인성, 연성이 회복된다.
2상계	용접 크랙 감수성은 낮다.	페라이트 상이 늘어나고 인성이 떨어짐과 동시에 입계 부식에 민감하게 되므로 주의 필요 → 고용화처리

4) 표면 마무리의 종류

반도체 설비의 커버류, 장식품, 주방용품 및 건축 자재 등에 많이 쓰이는 스테인리스강 판재의 표면 마무리에는 다른 금속 재료와는 달리 매우 다양한 종류가 있다.

표 7-16에 이를 정리하였다.

표 7-16 스테인리스강의 표면 마무리

종류	표면 상태	표면 마무리 방법	주요 용도
No. 1	은백색이며 광택이 없음	열간 압연 후 열처리, 산 세척 또는 이에 준하는 처리를 실시	표면 광택이 필요없는 용도에 사용
No. 2D	진한 회색으로 광택을 없앤 마무리 (배 껍질 마무리)	냉간 압연 후 열처리, 산 세척한 것. 또는 이것을 광택을 없앤 롤로 가볍게 냉간 압연한 것	일반용 재료 건축 자재
No. 2B	2D보다 매끄러우며 약간 광택이 있는 마무리	2D 마무리재에 적당한 광택을 주는 정도의 가벼운 냉간 압연을 한 것	일반용 재료, 건자재 (대부분의 시판 재료는 이 마무리)
No. 3	광택이 있는 굵은 무늬의 마무리	100~200번의 입자인 연마 벨트로 연마한 것	건자재, 주방용품

(계속)

종류	표면 상태	표면 마무리 방법	주요 용도
No. 4	광택이 있는 가는 무늬의 마무리	150~180번의 입자인 연마 벨트로 연마한 것	건자재, 주방용품, 의료기구, 차량, 식품 설비
# 240	가는 무늬의 연마 마무리	2D 또는 2B 마무리재를 240번 정도의 입자인 연마 벨트로 연마한 것	주방기구
# 320	# 240보다 가는 무늬의 연마 마무리	2D 또는 2B 마무리재를 320번 정도의 입자인 연마 벨트로 연마한 것	주방기구
# 400	BA에 가까운 광택	2B 재료를 400번 버프(buff)에 의해 연마한 것	건자재, 주방용품
BA	경면에 가까운 광택을 가진 마무리	냉간 압연 후 광휘 열처리를 실시하고 더욱 광택을 올리기 위해 가벼운 냉간 압연을 시행한 것	자동차 부품, 가전 제품, 주방용품, 장식품
HL (hair line)	길게 연속된 연마 줄무늬를 가진 마무리	적당한 입도(일반적으로 150~240번 입자가 많다)의 연마 벨트로 머리카락처럼 길게 연속된 연마 무늬를 주는 것	건자재의 가장 일반적인 마무리
Vibration	무방향성 헤어라인 연마 마무리	다축 수평연마에 의해 무방향성 헤어라인 마무리한 것	건자재
No. 7	고도의 반사율을 가진 준경면 마무리	깨끗이 연삭한 면을 600번인 회전 버프로 연마한 것	건자재, 장식용 (AISI 규격)
No. 8 (경면)	가장 반사율이 높은 경면 마무리(연마 무늬 없음)	가는 입도의 연마제로 연마한 후 경면 버프로 연마한 것	건자재, 장식용, 반사경(AISI 규격)
DULL	2D보다 더 거친 무늬	광택 없앤 롤로, 압연 혹은 쇼트 블라스트하여 표면에 가는 요철을 준 것	건자재용으로 최근 수요 증가
엠보스	요철 모양을 준 마무리	에칭 또는 기계적으로 모양을 조각해 넣은 엠보스 롤로 압연한 것	건자재, 장식용
화학 발색	여러 종류의 색을 얻을 수 있고 밀착성, 내마모성이 양호	화학적 또는 전기화학적으로 발색한 것	건자재, 주방용품
산화 착색	여러 종류의 색을 얻을 수 있지만 밀착성, 내마모성은 충분하지 않음	황산에 산화제를 첨가한 수용액(90~100℃)에 담근다	광학 부품, 미술품
도장	여러 종류의 색이 얻어지며 가공 비용이 저렴	불소, 폴리에스테르 등의 합성수지계 도료를 굽기 도장한다	건자재, 주방용품

* D : dull finish, B : bright finish

이 외에 도금(금, 동, 알루미늄) 및 에칭, 드라이 코팅, 전해연마, 화학연마 등이 있다.

5) 계통도

참고로 스테인리스강의 계통도를 표 7-17과 표 7-18에 보인다.

표 7-17 크롬-니켈계 스테인리스강 계통도

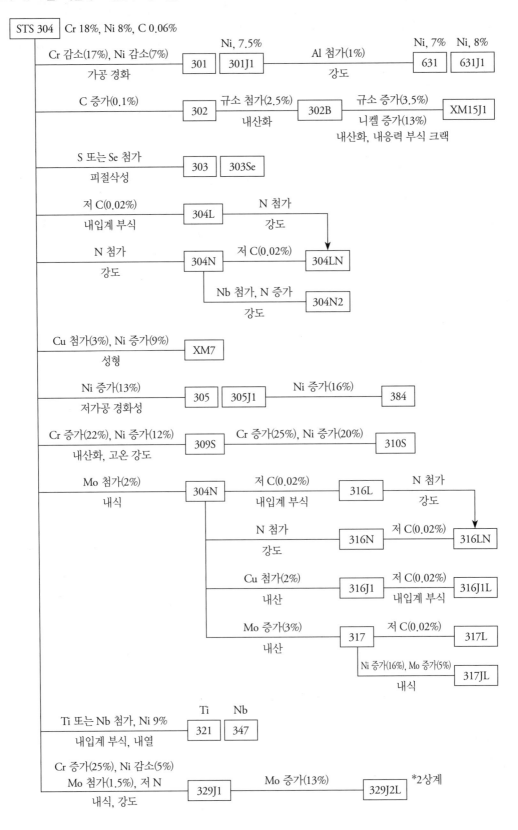

표 7-18 크롬계 스테인리스강의 계통도

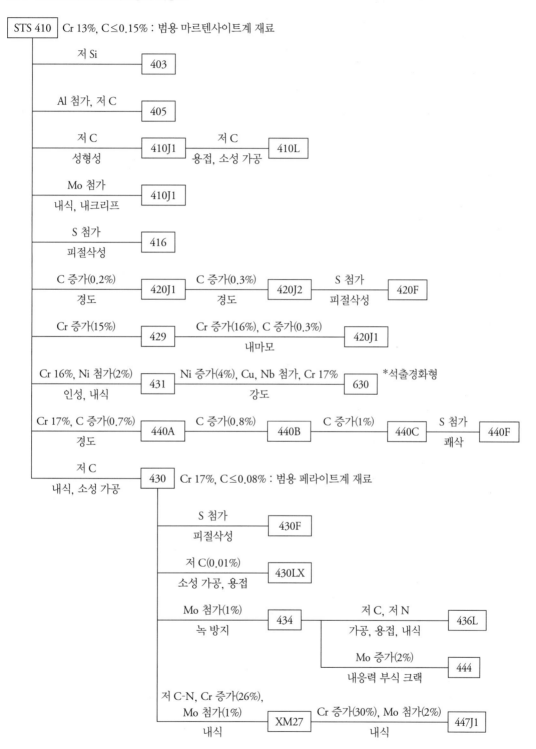

(1) 페라이트계 스테인리스강

탄소가 0.12% 이하, 니켈이 0.6% 이하이며 크롬이 11~32%(주로 13~17.5%) 포함되어 있는 강을 페라이트계 스테인리스강이라 한다. 페라이트계는 담금이나 불림에 의해 경화하지 않으므로 풀림 상태에서 사용된다. 또한 소성 가공성과 용접성이 좋고 가격이 비교적 저렴하여 가전 제품, 건축 내장재, 주방기기, 자동차 배기 부품 등에 널리 이용되고 있다.

강도와 경도는 비교적 낮은 편이며 저온에서는 인성이 떨어지므로 저온 사용은 곤란하며 자성을 띠고 있다. 1,000℃를 넘는 고온에 노출되면 결정립이 조대화하여 인성이 나빠지며, 600℃ 부근에서는 크롬량이 많은 종류는 취화하고 475℃ 부근에서는 취화됨은 물론 내식성도 나빠지는 475℃ 취성을 보인다.

탄소와 질소의 양을 적게 한 고순도 페라이트계(STS430LX, 430J1L, 436L, 444 등)는 다른 페라이트계보다 성형성, 용접성, 인성이 뛰어나며, 몰리브덴을 함유한 종류(STS434, STS436L)는 강도가 좋으면서 성형성도 좋아 용기류에 사용되고 있다.

페라이트계의 종류와 성분 및 기계적 성질을 표 7-19와 표 7-20에 정리하였다.

표 7-19 성분

종류	JIS	원소 성분				
		C	Cr	Mo	Ni	Si
STS405	SUS405	0.08 이하	11.5~14.5			1.0 이하
STS430	SUS430	0.12	16.0~18.0			0.75
STS430LX	SUS430LX	0.03	16.0~19.0			0.75
STS434	SUS434	0.12	16.0~18.0	0.75~1.25		1.0
STS436L	SUS436L	0.025	16.0~19.0	0.75~1.25	0.025 이하	1.0

표 7-20 기계적 성질

종류	인장강도(MPa)	0.2% 내력(MPa)	연신율(%)	경도(HB)
STS405	451	275	25	175
STS430	520	343	35	185
STS434	530	362	23	197

그림 7-13 적용 예

(2) 오스테나이트계 스테인리스강

탄소가 0.12% 이하이며 니켈을 6~15% 첨가하고 크롬을 16~26% 첨가한 강을 오스테나이트계 스테인리스강이라 하는데, 첨가된 많은 양의 니켈 및 크롬에 의해 급속 냉각 시 나타나는 마르텐사이트 변태 시작점이 상온 이하로 낮아져 상온에서도 오스테나이트 조직이 얻어지게 된다.

내식성이 우수하며 인성, 연성이 뛰어나 내구 소비재, 기계 커버, 화학 플랜트 등에 널리 이용되고 있으며 가장 종류가 많고 비자성이다. 내식성 목적으로는 고용화 처리 상태에서 사용되고 있다.

소성 가공에 의해 오스테나이트 조직이 마르텐사이트 조직으로 변태되는 가공 유기 변태에 의해 가공 경화가 되지만 내식성은 떨어지며 자성을 띠게 된다.

가공 유기 변태의 양은 오스테나이트 안정도와 가공 온도, 결정립도, 가공도, 가공 속도에 따라 다르다. 또 절삭 및 연삭 등에 의해 표면이 마찰되면 표면 부근의 조직이 변화하여 경도가 증가하며 내식성이 떨어진다.

판재의 딥 드로잉 성형 시에 가공이 이루어져 판 두께가 얇아지면 가공 응력에 견딜 수 없어 파단되는데 가공 유기 변태에 의해 강도가 증가하면 이것을 방지할 수 있다. 한편 딥 드로잉 성형 시 결정립이 큰 판재를 쓰면 표면이 귤 껍질(orange peel)처럼 거칠어질 가능성이 있으므로 결정립이 작은 것(결정립도 6.5 이하)이 좋다. 이 계통의 스테인리스강은 저온에서도 오스테나이트 조직을 보이므로 연성 또는 취성 천이 온도가 없으므로 극저온(-273℃)까지 사용 가능하며 고온에서의 강도도 다른 스테인리스강보다 높다. 절삭성이 좋은 STS303은 304보다 경화의 정도가 작다. 질소 첨가 강(STS304N2, STS836L)은 강도가 특히 높으며 STS201 및 202는 STS301 및 302에 비해 니켈 첨가량을 줄인 저가형이다.

표 7-21과 표 7-22에 오스테나이트계 스테인리스강의 종류와 특성을 정리하였다.

표 7-21 성분

종류	원소 성분				
	C	Cr	Ni	Mo	N
STS301	0.15 이하	16.0~18.0	6.0~8.0	–	
STS304	0.08	18.0~20.0	8.0~10.5	–	
STS310S	0.08	24.0~26.0	19.0~22.0	–	
STS316	0.08	16.0~18.0	10.0~14.0		
STS316L	0.03	16.0~18.0	12.0~15.0	2.0~3.0	
STS316LN	0.03	16.5~18.5	10.5~14.5		0.12~0.22

표 7-22 기계적 성질

종류	인장강도(MPa)	0.2% 내력(MPa)	연신율(%)	경도(HB)
STS301	755	275	60	185
STS301-1/4H	910	615	32	256
STS304	580	285	55	180
STS304L	560	265	55	179
STS309S	620	310	45	185
STS310S	655	310	45	185
STS316	575	285	50	179

그림 7-14 적용 예(액체질소통)

(3) 2상계 스테인리스강

크롬 첨가량을 23~28%로 높이고 몰리브덴과 질소를 첨가한 강을 2상계(페라이트-오스테나이트상)

스테인리스강이라 한다. 2상 조직으로 하기 위해 페라이트 생성 원소인 크롬과 오스테나이트 생성 원소인 니켈의 양의 비율(크롬/니켈)은 오스테나이트계보다 크게 한다.

2상계 스테인리스강은 내해수성이 뛰어나며 특히 공식, 응력 부식 크랙, 입계 부식 등과 같은 국부 부식에 대해서는 STS304 및 316보다도 강하며 용접부의 내식성도 양호하여 유정, 화학제품 탱커 및 선박 부품 등에 쓰이고 있다. 인장강도와 0.2% 내력은 오스테나이트계보다 높지만 연성과 냉간 성형성은 떨어지며 자성이다.

2상계 스테인리스강은 900~1,000℃ 부근에서 뛰어난 초소성을 보이지만 박육 성형품을 1,000℃ 이상으로 유지하면 고온 강도가 작아 자중에 의해 변형될 가능성이 있으므로 주의해야 한다.

표 7-23과 표 7-24에 2상계 스테인리스강의 종류를 정리하였다.

표 7-23 성분

종류	원소 성분				
	C	Cr	Ni	Mo	Si
STS329	0.08 이하	23.0~28.0	3.0~6.0		

표 7-24 기계적 성질

종류	인장강도(MPa)	0.2% 내력(MPa)	연신율(%)	경도(HB)
STS329	725	545	25	197

❖ 7-5 압력용기용 강판

압력용기는 보일러 및 각종 수조, 저장조, 반응 용기, 어큐뮬레이터, 열 교환기 등 산업용으로 뺄 수 없는 구성 요소의 하나이다. 사용되는 환경은 극저온부터 고온, 진공 상태에서 1,000기압을 넘는 고압까지 다양하다. 온도와 압력은 어디까지 견딜 수 있는지, 사용되는 액체나 기체는 무엇인지에 따라 적합한 압력용기 재료가 달라진다. 예를 들면 헬륨과 같이 비등점이 −268℃인 액화 가스인 경우 이 같은 극저온에 대응 가능한 강재를 선택해야 한다. 또한 압력용기용 재료는 사용되는 물질에 대한 부식에 견딜 수 있어야 하며 특히 용기 제조 시 불가결한 용접부의 강도에 대해서 주의해야 한다.

압력용기에 사용되는 재료의 종류에는 탄소강, 저합금강, 스테인리스강, 내열강, 초합금 및 비철 금속 등 여러 가지가 있는데 사용 온도별로 구분하면 다음과 같다.

1. 저온 압력용기용 강판

−10℃ 미만의 저온에서 사용되는 강 구조물에서는 취성 파괴가 큰 문제이므로 이의 방지를 위해 충분한 저온 인성을 가진 강판을 사용할 필요가 있다.

1) 저탄소 알루미늄 킬드강판

규소-망간계 킬드강을 베이스로 노치 인성의 향상을 꾀하기 위해 탄소 함량을 낮게 억제하고 망간 함량을 높게 하며 P, S를 더욱 낮게 억제한 강판이다. 또 결정립을 미세화하기 위해 알루미늄을 첨가하며 제어 압연이나 불림 처리를 실시하고 있다. 저온 압력용기용 탄소강 강판이라 불리며 SLA325A, SLA325B, SLA360의 세 가지가 있다. 표 7-25에 기계적 성질을 정리하였다.

표 7-25 기계적 성질

종류	판 두께(mm)	인장강도(MPa)	항복 강도(MPa)	연신율(%)
SLA325A	13	498	347	36
	30	483	336	41.5
SLA325B	13	486	420	43.5
	25	486	381	35.5
SLA360	16	553	426	40.5
	25	542	451	36

2) 니켈 강판

저온 압력용기용 니켈 강판으로 불리며 SL-N으로 표시된다. 니켈 함량이 2.25%, 3.5%, 5%, 9%의 네 가지가 있다.

니켈 함량이 증가함에 따라 인성이 향상되며 최저 사용 온도도 낮아진다.

2. 중온 압력용기용 강판

-10℃에서 350℃ 사이에서 사용되는 강판으로 다음과 같은 것들이 있다.

1) 탄소강판

SGV로 표시되며 탄소 0.16~0.17%, 규소 0.20~0.23%, 망간 1.11~1.12%, 인 0.011~0.012%, 황 0.006~0.020%이며 인장강도는 490~520MPa이고 항복 강도는 330~370MPa 정도이다.

일반적으로 불림 처리하여 제조된다.

2) 규소-망간 강판

SPV□□□로 표시되며 □□□는 상온에서의 항복 강도 최젓값이고 탄소량은 0.18% 이하 또는 0.2% 이하로 억제되며 열 가공제어 처리를 통하여 저온 인성과 용접성을 향상시킬 수 있다.

SPV235는 압연 상태 그대로 사용되며 필요에 따라 불림하여 사용되고 SPV315와 SPV355도 압연 상태 그대로 사용되며 필요에 따라 불림하여 사용되지만 협의에 따라 열 가공제어 및 담금 뜨임을 해도 좋다.

SPV410은 열 가공제어를 실시하는 강판이며 협의에 따라 불림 또는 담금 뜨임을 해도 좋고, SPV450과 490은 열처리로 담금 뜨임을 하는 강판이지만 협의에 따라 불림할 수도 있다.

표 7-26에 성분 조성을 보이며 표 7-27에 기계적 성질을 보인다.

표 7-26 성분 조성

종류		C	Si	Mn	P	S
SPV235	≤100mm	≤0.18	≤0.35	1.4	0.03	0.03
	>100	0.2				
SPV315		0.18	0.55			
SPV355		0.2				
SPV410		0.18		1.6		
SPV450		0.18	0.75			
SPV490		0.18				

표 7-27 기계적 성질

종류	항복점, 내력(MPa)			인장강도	연신율		
	6~50	50~100	100~200		≤16	16~40	>40
SPV235	≥235	≥215	≥195	400~510	≥17%	≥21	≥24
SPV315	315	295	275	490~610	16	20	23
SPV355	355	335	315	520~640	14	18	21
SPV410	410	390	370	550~670	12	16	18
SPV450	450	430	410	570~700	19	26	20
SPV490	490	470	450				

3) 고온 내력 보증 강판

350℃에 있어서 0.2% 내력의 값을 보증하는 강판이다.

SEV345

3. 고온 압력용기용 강판

1) 탄소강판

보일러 및 압력용기용 탄소강 및 몰리브덴 강판을 말하며 산업용 보일러용 구조재로 쓰이므로 내열성 및 내압성이 요구된다. 고온에서의 안전성이 특별히 필요하여 탄소량, 규소 및 망간의 양이 규정되어 있다.

인장강도에 따라 SB410, SB450, SB480(두께 6~200mm) 및 SB450M, SB480M(두께 6~150mm) 등이 있다.

출처 : 세광보일러

그림 7-15 적용 예(산업용 보일러)

2) 몰리브덴 강판

보일러 및 압력용기용 망간 몰리브덴강 및 망간 몰리브덴 니켈 강판 : SBV1A, SBV1B

압력용기용 조질형 망간 몰리브덴강 및 망간 몰리브덴 니켈 강판 : SQV1A, SQV1B

3) Mn-Mo-Ni 강판

용기의 대형화 및 고압화와 함께 사용 강판의 두께가 증가하고 기계적 성질을 확보하기 위해 Mn-Mo계 강에 Ni을 첨가하여 불림 혹은 담금 뜨임 처리한 강판이다.

SBV2, SBV3와 SQV2A, SQV2B, SQV3A, SQV3B 등이 있다.

4) Cr-Mo 강판

크리프 강도, 내산화성 및 내수소 취화성에 대해 양호한 특성을 보여 고온 고압하에서 가동되는 석유정제용 압력용기 및 각종 화학공업의 화학 반응 용기로 쓰이는 강판이다.

보일러 및 압력용기용 크롬 몰리브덴 강판 : SCM V

고온 압력용기용 고강도 크롬 몰리브덴 강판 : SCM Q

4. 고압가스 용기용 강판

가스 용기에는 LPG와 같은 압력이 낮은 저압가스 용기와 산소, 질소, 수소 및 아르곤 등 1MPa를 넘는 압축가스를 넣는 압력이 높은 고압가스 용기가 있다.

고압가스 용기는 높은 신뢰성이 요구되므로 용접에 의한 이음매가 없는 용기가 쓰인다. 재질로는 망간강이 일반적으로 쓰이고 있지만 더욱 경량화를 꾀하기 위해 강도가 높은 크롬 몰리브덴강을 사용하기도 한다. 가장 많이 보급되어 있는 것은 40~47리터 가스 실린더[일명 가스 봄베(bombe : 독일어)]인 중형 용기이다. 이 외에 특수 고압가스 용기로서 높은 청정도가 요구되는 반도체 제조 장치용 내면 연마 가스 용기 및 CNG(압축 천연가스) 전용 용기 및 연료전지 차의 수소가스 용기 등이 있다.

종류에는 SG255, SG295, SG325, SG365 네 가지가 있으며 각각의 성분 및 기계적 성질은 표 7-28, 표 7-29와 같다.

표 7-28 성분

종류	C	Si	Mn	P	S
SG255	≤0.2		≥0.3	≤0.04	≤0.04
SG295		≤0.35	≤1.0		
SG325		0.55	≤1.5		
SG365					

표 7-29 기계적 성질

종류	항복점 또는 내력	인장강도	연신율
SG255	≥255	≥400	≥28
SG295	295	440	26
SG325	325	490	22
SG365	365	540	20

제8장

열처리하여 쓰는 강

❖ 8-1   기계 구조용 탄소강

축, 기어, 키 등 기계 요소 부품에 쓰이는 재료에 요구되는 특성은 아래와 같다.

⑴ 정적, 동적 하중에 대한 인장강도와 충격 하중에 대한 저항이 클 것
⑵ 반복 응력에 대한 피로 강도가 클 것
⑶ 마모에 대한 저항이 클 것

이러한 특성을 만족시키는 재료가 기계 구조용 탄소강으로, 킬드강(killed steel)을 열간 가공하여 만들며 포함되어 있는 탄소 함량에 따라 종류를 구분한다. 강도는 탄소량에 비례하므로 높은 강도가 요구되는 부품에는 탄소량이 많은 강이 쓰인다.

탄소량이 0.3% 미만인 것을 저탄소강, 0.3% 이상 0.6% 미만인 것을 중탄소강, 0.6% 이상 1.0% 미만인 것을 고탄소강, 1.0% 이상인 것을 초고탄소강이라 부르며, 일반적으로 어느 정도의 기계적 강도, 내마모성 및 내피로성을 갖고 있다.

저탄소강은 비용 대비 담금 효과가 거의 없으므로 주로 불림 처리하여 사용하며 강도가 높을 필요가 없는 볼트, 너트, 핀 등의 부품에 사용되고, 중탄소강 이상은 담금과 뜨임 처리(QT 처리)하여 사용하지만 질량 효과가 크므로 주로 작은 기계 요소 부품에 사용되고 있다.

SM9CK-SM20CK 강은 탈산이 충분히 된 청정 강으로 표면 경화처리의 일종인 침탄 처리 전용강(case hardening steel)이다. 침탄 효과를 충분히 얻고 침탄 후 담금, 저온 뜨임을 해도 중심부가 인성을 갖도록 하기 위해 탄소량은 0.2% 이하로 한다. 또 담금성 향상을 위해 망간, 크롬, 몰리브덴 등을 첨가하는 경우도 있다. 침탄 작업은 900℃ 정도에서 하므로 오스테나이트 입자의 조대화를 방지한다.

기계 구조용 탄소강의 용접 시에는 주의가 필요한데, 저탄소강을 용접하면 노치 인성이 떨어지며 중탄소강과 고탄소강을 용접하면 열 영향부의 경화가 뚜렷하며 용접 크랙이 발생할 수 있으므로 용접 전 충분히 예열하고 용접 후 급속 냉각을 피해야 하며 풀림 처리에 의해 경화된 부위를 연화해야 한다.

강의 표시 기호는 SM□□C로 나타내는데 중간의 숫자 □□는 탄소함량(0.□□%)을 나타내며 오차 범위는 ±0.03%이다.

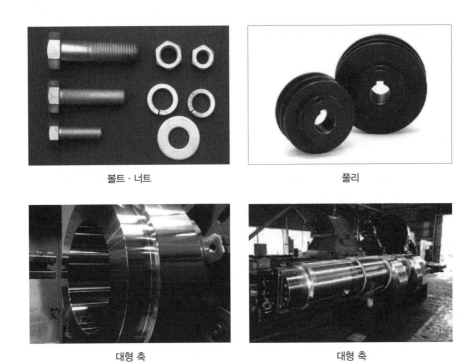

볼트 · 너트   풀리

대형 축   대형 축

그림 8-1 사용 예

표 8-1에 기계 구조용 탄소강의 종류를 정리하였다.

표 8-1 기계 구조용 탄소강의 기계적 성질

종류	JIS	불림 처리				담금과 뜨임 처리			
		인장강도 (MPa)	항복 강도 (MPa)	연신율 (%)	경도 (HB)	인장강도 (MPa)	항복 강도 (MPa)	연신율 (%)	경도 (HB)
SM10C	S10C	314	206						
SM15C	S15C	373	235	30					
SM25C	S25C	441	265	27	120~180				

(계속)

종류	JIS	불림 처리				담금과 뜨임 처리			
		인장강도 (MPa)	항복 강도 (MPa)	연신율 (%)	경도 (HB)	인장강도 (MPa)	항복 강도 (MPa)	연신율 (%)	경도 (HB)
SM30C	S30C	471				539	333		
SM35C	S35C	510	304	23	150~210	539	392	22	160~240
SM40C	S40C	539				608	441		
SM43C	S43C	500			160~230	627			200~270
SM45C	S45C	569	343	20		686	490	17	
SM48C	S48C	569			180~230	667			210~270
SM50C	S50C	608				735	539		
SM53C	S53C	647	392			785			230~290
SM55C	S55C	647	392			785			
SM58C	S58C	647			180~250	785	588		230~290
SM9CK	S9CK					373			109~149
SM15CK	S15CK					490	343	20	143~235
SM20CK	S20CK					539	392	18	159~241

❖ 8-2 기계 구조용 합금강

기계 구조용 탄소강은 부품의 크기가 크게 되면 질량 효과 때문에 담금 효과를 얻을 수 없게 된다. 이의 부족한 성질을 보완하기 위해, 특히 담금성과 뜨임 시 연화를 줄이기 위해 크롬, 니켈, 몰리브덴, 망간 등의 합금 원소를 한 가지 이상 첨가한 강을 기계 구조용 합금강이라 한다. 크롬은 내식성, 니켈은 인성과 강도 및 내열성, 몰리브덴은 고온 강도와 경도를 향상시킨다.

기계 구조용 합금강은 강도가 필요한 축, 기어 등 주요 기계요소 부품에 쓰이고 있으며, 합금강의 종류에는 크롬강, 크롬 몰리브덴강, 니켈 크롬강, 니켈 크롬 몰리브덴강 및 망간강 등이 있다. 한편 기계 구조용 합금강의 기호 뒤에 H가 붙어 있는 경우(예 : SCM435H)가 있는데 이것은 담금 후 강도의 상한과 하한이 정해져 있는, 즉 담금성이 보증된 구조용 강이라는 의미이다.

스크루　　　　　　　스핀들

터빈 블레이드　　　　　　　기어

그림 8-2　사용 예

1. 크롬강

탄소강에 1% 정도의 크롬을 첨가하여 만든 강으로, 가격이 비교적 저렴하며 구하기 쉬워 합금강 중 우선적으로 검토하고 있다. 유 담금을 하면 직경 60mm까지 담금 가능하다. 크롬이 탄화물 중에 고용되면 내마모성을 향상시키므로 축, 키, 핀, 암(arm) 및 볼트 등에 쓰이고 있다.

KS 재료 기호는 SCr□□□으로 나타낸다. 첫 자리 숫자 □는 2, 4, 6, 8 중 하나가 쓰이며 4가 기본형이고 2, 6, 8은 특별한 용도를 목적으로 탄소를 제외한 나머지 원소의 비율을 조정한 강종이다. 뒤의 두 자리 숫자 □□는 탄소강과 마찬가지로 탄소 함량을 나타낸다.

표 8-2와 표 8-3에 각각 크롬강의 성분과 기계적 성질을 정리하였다.

표 8-2　크롬강의 성분

종류	JIS	원소 성분(%)		
		C	Cr	Mn
SCr415	KS와 동일	0.13~0.18	0.9~1.2	0.6~0.85
SCr420		0.18~0.23		
SCr430		0.28~0.33		
SCr435		0.33~0.38		
SCr440		0.38~0.43		
SCr445		0.43~0.48		

표 8-3 크롬강의 기계적 성질

종류	QT 처리 후의 기계적 성질				
	인장강도 ≥ MPa	내력 ≥ MPa	연신율(%)	경도(HBW)	비고
SCr415	784		15	217~302	침탄용 강
SCr420	830		14	235~321	
SCr430	780	635	18	229~293	강인, 내산화성, 부식성
SCr435	882	735	15	255~321	강인
SCr440	931	784	13	269~331	
SCr445	980	835	12	285~352	

2. 크롬 몰리브덴강

탄소강에 크롬과 몰리브덴을 첨가하여 만든 강으로 유 담금하면 약 100mm까지 담금 가능하다. 인성이 있으며 500℃ 정도의 고온에서도 강도 저하가 일어나지 않아 고온 고압 조건에서도 사용 가능하다. 몰리브덴 첨가로 뜨임 저항의 향상과 뜨임 취성을 감소시킨 강이다.

합금강 중 비교적 용접성이 뛰어나므로 관이나 박판 등으로 가공하여 용접 후 사용한다. 가격도 비교적 좋은 편이므로 가장 널리 사용되고 있지만 크롬 첨가량이 적어 녹에는 약하다. 용도는 자전거 프레임, 크랭크 축, 플라이 휠, 스태빌라이저, 볼트, 이음쇠, 항공기의 바퀴 부품 및 엔진 부품 등에 쓰이고 있다. KS 재료 기호는 SCM□□□으로 나타낸다. 뒤의 두 자리 숫자 □□는 탄소강과 마찬가지로 탄소 함량을 나타낸다.

표 8-4와 표 8-5에 크롬 몰리브덴강의 성분과 기계적 성질을 각각 보인다.

표 8-4 크롬 몰리브덴강의 성분

종류	JIS	원소 성분(%)			
		C	Cr	Mo	Mn
SCM415	KS와 동일	0.13~0.18	0.9~1.2	0.15~0.3	0.6~0.85
SCM420		0.18~0.23			
SCM430		0.28~0.33			
SCM432		0.27~0.37	1.0~1.5		0.3~0.6
SCM435		0.33~0.38	0.9~1.2		0.6~0.85
SCM440		0.38~0.43			
SCM445		0.43~0.48			

표 8-5 크롬 몰리브덴강의 기계적 성질

종류	QT 처리 후의 기계적 성질				비고
	인장강도 ≥ MPa	내력 ≥ MPa	연신율(%)	경도(HBW)	
SCM415	833		16	235~321	침탄용
SCM418	880		15	248~331	
SCM420	930		14	262~352	
SCM421	980		14	285~375	
SCM822	1,030		12	302~415	
SCM430	830	685	18	241~302	강인
SCM432	880	785	16	255~321	강인, 단조
SCM435	931	784	15	269~331	강인
SCM440	980	835	12	285~352	
SCM445	1,030	885	12	302~363	

3. 니켈 크롬강

탄소강에 니켈 1.0~3.0%, 크롬을 0.5~1.5% 정도 첨가하여 만든 강으로 내식, 내마모성이 뛰어나며 풀림 처리에 의해 가공성이 좋아진다. 니켈은 인성과 담금성을 향상시키지만 가공 시 크랙을 유발하기 쉽고 단조 및 압연 후에는 서냉할 필요가 있는데 서냉하면 뜨임 취성을 일으키기 쉽게 된다. 이러한 문제로 최근에는 크롬 몰리브덴강으로 대체되고 있다. 유 담금하면 약 150mm까지 담금 가능하다.

용도는 차축 및 일반 전동축, 크랭크축, 피스톤 핀, 기어, 포신 등에 쓰이고 있으나 가격이 비교적 비싼 편이므로 크롬 몰리브덴강으로 대체하기도 한다. KS 재료 기호는 SNC□□□으로 나타낸다. 뒤의 두 자리 숫자 □□는 탄소강과 마찬가지로 탄소 함량을 나타낸다.

표 8-6과 표 8-7에 니켈 크롬강의 성분과 기계적 성질을 보인다.

표 8-6 니켈 크롬강의 성분

종류	JIS	원소 성분(%)				
		C	Ni	Cr	Si	Mn
SNC415	KS와 동일	0.12~0.18	2.0~2.5	0.2~0.5	0.15~0.35	0.35~0.65
SNC815			3.0~3.5	0.7~1.0		
SNC631		0.27~0.35	2.5~3.0	0.6~1.0		
SNC236		0.32~0.40	1.0~1.5	0.5~0.9		0.5~0.8
SNC836			3.0~3.5	0.6~1.0		0.35~0.65

표 8-7 니켈 크롬강의 기계적 성질

종류	QT 처리 후의 기계적 성질				
	인장강도 ≥ MPa	내력 ≥ MPa	연신율(%)	경도(HBW)	비고
SNC415	880		17	235~341	침탄용
SNC815	980		12	285~388	
SNC631	830	685	18	248~302	강인
SNC236	740	590	22	217~277	강인, 내마모성
SNC836	930	785	15	269~321	강인

4. 니켈 크롬 몰리브덴강

탄소강에 니켈, 크롬 및 몰리브덴을 첨가한 합금강으로, 구조용 합금강 중 기계적 성질이 가장 우수하며 담금성과 인성, 뜨임 저항이 크고 뜨임 취성이 일어나지 않지만 용접성은 나쁘며 가격도 비싸다. 용도는 자동차의 크랭크축, 커넥팅 로드, 항공기 부품, 엔진 부품 및 대형 기계 요소 부품 등이다.

KS 재료 기호는 SNCM□□□으로 나타낸다. 뒤의 두 자리 숫자 □□는 탄소강과 마찬가지로 탄소 함량을 나타낸다.

표 8-8과 표 8-9에 니켈 크롬 몰리브덴강의 성분과 기계적 성질을 보인다.

표 8-8 니켈 크롬 몰리브덴강의 성분

종류	JIS	원소 성분(%)				
		C	Ni	Cr	Mo	Mn
SNCM220	KS와 동일	0.17~0.23	0.4~0.7	0.4~0.65	0.15~0.30	0.35~0.65
SNCM625		0.2~0.3	3.0~3.5	1.0~1.5		
SNCM630		0.25~0.35	2.5~3.5	2.5~3.5	0.5~0.7	
SNCM431		0.27~0.35	1.6~2.0	0.6~1.0	0.15~0.30	0.5~0.8
SNCM439		0.36~0.43				0.35~0.65
SNCM240		0.38~0.43	0.4~0.7	0.4~0.65		
SNCM447		0.44-~0.50	1.6~2.0	0.6~1.0		

표 8-9 니켈 크롬 몰리브덴강의 기계적 성질

종류	QT 처리 후의 기계적 성질				
	인장강도 ≥ MPa	내력 ≥ MPa	연신율(%)	경도(HBW)	비고
SNCM415	880		16	255~341	침탄
SNCM815	1,080		12	311~375	침탄, 내열, 내식
SNCM220	834		17	248~341	침탄
SNCM420	980		15	293~375	침탄
SNCM625	930	835	18	269~321	강인, 내식, 내마모
SNCM630	1,079	883	15	302~385	
SNCM431	830	685	20	248~302	
SNCM439	981	883	16	293~352	강인
SNCM240	883	785	17	255~311	
SNCM646	1,180		14	341~415	강인, 내식, 내마모
SNCM447	1,030	930	14	302~368	강인, 항공용

5. 망간강

탄소강에 망간을 첨가한 합금강으로 하드필드(Hadfield)강이라고도 불리며, 내마모성이 뛰어나며 인성도 우수하다. 내력이 낮고 경도는 높지 않지만 가공하면 가공 경화하기 쉬워 절삭 가공이 어려우므로 주강으로 많이 사용되며 용도에는 커넥팅 로드, 프론트 액슬, 리어 액슬 축, 볼 조인트 및 U-볼트 등이 있다.

KS 재료 기호는 SMn□□□으로 나타낸다. 첫 자리 숫자 □는 현재는 큰 의미가 없으며 뒤의 두 자리 숫자 □□는 탄소강과 마찬가지로 탄소 함량을 나타낸다.

표 8-10에 망간강의 기계적 성질을 정리하였다.

표 8-10 망간강의 기계적 성질

종류	JIS	QT 처리 후의 기계적 성질				
		인장강도 ≥ MPa	내력 ≥ MPa	연신율(%)	경도(HBW)	비고
SMn 420	KS와 동일	390		14	201~311	침탄, 내마모
SMn 433		690	540	20	201~277	강인

(계속)

종류	JIS	QT 처리 후의 기계적 성질				
		인장강도 ≥ MPa	내력 ≥ MPa	연신율(%)	경도(HBW)	비고
SMn 438	KS와 동일	740	590	18	212~285	강인
SMn 443		780	635	17	229~302	강인
SMnC 420		830		13	235~321	침탄
SMnC 443		930	785	13	269~321	강인

한편 SMn□□□C로 표기되는 망간 크롬강은 내충격성이 뛰어나 철도 차량 및 자동차용 스프링 재료로 많이 쓰이고 있다.

6. 질화강

중탄소강에 질소와 화합이 잘되는 알루미늄과 크롬 등을 첨가하여 표면 경화처리의 일종인 질화 처리용으로 만든 강을 질화강(nitriding steel)이라 한다. 질화 처리는 일반적으로 500~550℃에서 오랜 시간 가열하므로 치수 변형은 작지만 뜨임 취성이 발생하기 쉬우므로 이를 방지하기 위해 몰리브덴을 첨가한다. 질화강은 내마모성이 뛰어나며 내식성도 우수하다.

종류에는 SAlCrMo645 하나가 있으며 그 성질은 표 8-11과 같다.

표 8-11 질화강의 기계적 성질

종류	JIS	QT 처리 후의 기계적 성질				
		인장강도 ≥ MPa	내력 ≥ MPa	연신율(%)	경도(HBW)	비고
SAlCrMo645	SAlCrMo645(SACM645)	830	685	15	241~302	

7. 기계 구조용 강의 가공성

1) 용접성

탄소량 0.3% 미만인 연강의 용접성은 주로 노치 인성의 저하를 고려하는데, 대부분의 용접 방법을 적용할 수 있지만 서브머지드 아크 용접 및 일렉트로 가스 용접에서는 인성 저하를 일으킬 수 있으므로 용접 후 풀림 처리가 필요하다.

중탄소강 및 고탄소강에서는 열 영향부의 경화가 뚜렷이 나타나며 크랙이 발생하기 쉽다. 저수소계 용접봉과 예열이 필요하다. 열 영향부의 경화가 큰 경우에는 용접 후 급랭을 피해야 하며 가열(600~650℃)에 의해 경화부를 풀어줄 필요가 있다.

2) 절삭성

절삭에 적당한 탄소량과 마이크로 조직은 탄소량 0.2~0.3%, 불림 또는 열간 압연된 상태의 층상 펄라이트 20~30% 정도인 것이다. 0.4% 이상에서는 펄라이트 또는 구상 시멘타이트 조직이 적당하며 0.1% 이하에서는 냉간 가공을 실시하여 취성을 늘리는 것이 좋다.

탄소강과 합금강의 피삭률이 표 8-12에 정리되어 있다.

표 8-12 기계 구조용 강의 피삭률

강의 종류	피삭률	강의 종류	피삭률
SM10C	55	SMn438	60
15C	60	SCr430	70
20C	65	SCr435	70
25C	65	SCr440	65
30C	70	SCM430	70
35C	65	SCM435	70
40C	60	SCM440	65
45C	55	SCM445	60
50C	45	SNCM240	65
53C	45		

3) 표면경화 처리

표 8-13 주요 기계 구조용 강의 표면경화 처리 후의 표면 경도

재질	고주파 경화		침탄 경화		질화	
	경도(HV)	허용 Hertz 응력 (MPa)	경도(HV)	허용 Hertz 응력 (MPa)	경도(HV)	허용 Hertz 응력 (MPa)
SM15CK			580~800	1,107		
SM43C SM48C	500~680	941				
SCM415/420 SNC415/815 SNCM420			580 (HRC55) ~800	1,284~1,431		
SCM435/440 SNC836 SNCM439	500~680	1,068				
SAlCrMo645					650	1,176

❖ 8-3   공구강

칼, 줄, 정 등 여러 가지 작업용 공구, 드릴, 바이트 등 절삭 가공용 공구 및 펀치, 다이 등 성형 가공을 위한 금형, 그리고 측정기 등에 쓰이는 재료를 공구강으로 분류하는데, 성분에 따라 탄소 공구강, 합금 공구강 및 고속도 공구강으로 나뉜다. 합금 공구강은 다시 용도에 따라 절삭 공구용, 내충격 공구용, 열간 금형용 및 냉간 금형용의 네 가지로 분류된다.

절삭 가공용 공구강에 요구되는 특성은 아래와 같다.

(1) 내마모성이 뛰어날 것
(2) 고온에서 경도가 낮아지지 않을 것
(3) 끈끈하고 강도가 있으며 내충격성이 있을 것
(4) 고온에서 확산 용착이 없이 안정할 것

또 성형 가공용 금형에 요구되는 특성은 아래와 같다.

(1) 내마모성이 있을 것
(2) 뜯김이나 긁힘에 강할 것
(3) 강도, 경도가 높을 것
(4) 담금성이 좋을 것
(5) 가공성이 좋을 것
(6) 인성이 뛰어날 것
(7) 열처리 시 변형이 적을 것

1. 탄소 공구강

탄소 공구강은 철 이외의 주요 성분이 탄소뿐인 강으로 일반 작업 공구용으로 쓰이는 재료이며 값이 저렴하지만 담금성이 나쁘고 고온에서는 열화되므로 소형 공구, 즉 칼날, 줄, 톱, 다이스, 각인용 펀치, 태엽, 스냅 등에 주로 사용된다. 인성을 높이기 위해 구상화 풀림 처리 후에 담금 처리하여 사용한다. KS 기호는 STC□로 표시되며 숫자가 커질수록 탄소 함량이 적어진다.

표 8-13에 탄소 공구강의 종류를 정리하였다. STC□□□ 또는 STC□□으로 숫자는 탄소 함량을 나타내는데 STC140은 탄소 함량이 1.4%인 탄소 공구강이다.

표 8-14 탄소 공구강의 기계적 성질 및 용도

종류	JIS	탄소량(%)	경도		용도
			구상화 풀림 < (HBW)	QT > (HRC)	
STC140(STC1)	SK140(SK1)	1.3~1.5	217	63	면도기, 칼, 줄, 활톱, 게이지, 정, 태엽
STC120(STC1)	SK120(SK2)	1.1~1.3	217	63	
STC105(STC3)	SK105(SK3)	1.0~1.1	212	63	
STC95(STC4)	SK95(SK4)	0.9~1.0	207	61	목공용 송곳, 도끼, 정, 태엽, 펜촉, 재봉 침, 게이지, 슬리터
STC90	SK90	0.85~0.95	207		
STC85(STC5)	SK85(SK5)	0.8~0.9	207	59	각인용 펀치, 태엽, 띠톱, 둥근 톱, 칼, 줄, 정
STC80	SK80	0.75~0.85	192		
STC75(STC6)	SK75(SK6)	0.7~0.8	192	56	각인용 펀치, 스냅, 칼
STC70	SK70	0.65~0.75	183		
STC65(STC7)	SK65(SK7)	0.6~0.7	183	54	
STC60	SK60	0.55~0.65	183		

* 위 표의 모든 공구강은 Si<0.36%, Mn<0.5%, P, S<0.03%, Cu, Ni<0.25%, Cr<0.3%를 포함하고 있다. 담금은 760~820℃에서 수냉이며 뜨임은 150~200℃ 저온 뜨임이다.

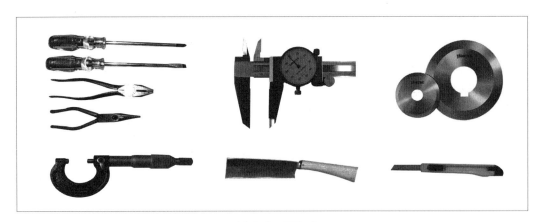

그림 8-3 사용 예

2. 합금 공구강

탄소 공구강의 담금성을 개선하고 내마모성을 향상하기 위해 크롬, 니켈, 몰리브덴, 텅스텐, 바나듐

등을 첨가한 강을 합금 공구강이라 부른다.

일반적으로 크롬은 담금성 향상, 니켈과 몰리브덴은 인성 향상, 텅스텐은 내마모성 향상, 바나듐은 결정립을 미세화하기 위해 첨가한다.

1) 절삭 공구용

텅스텐, 바나듐 및 크롬을 첨가하여 내마모성과 절삭력을 향상시킨 것으로, 탄소 공구강이 사용되는 용도와 저속인 절삭공구 및 냉간 드로잉 다이스 등에 쓰이고 있으나 난삭 재료 및 고속 절삭에는 맞지 않는다.

표 8-15에 종류가 정리되어 있다.

표 8-15 절삭 공구용 합금 공구강의 성분과 경도

종류	JIS	탄소량(%)	원소 성분				경도	
			Ni	Cr	W	V	구상화 풀림 < (HB)	QT > (HRC)
STS11	SKS11	1.2~1.3		0.2~0.5	3.0~4.0	0.1~0.3		62
STS2	SKS2	1.0~1.1		0.5~1.0	1.0~1.5		217	61
STS21	SKS21				0.5~1.0	0.1~0.25		61
STS5	SKS5	0.75~0.85	0.7~1.3	0.2~0.5			207	45
STS51	SKS51		1.3~2.0					45
STS7	SKS7	1.1~1.2			2.0~2.5			63
STS8	SKS8	1.3~1.5					217	63

STS5 및 STS51은 탄소량을 공석 조성(0.77%)으로 하고 니켈로 인성을 높여 목공용 띠톱 재료로 쓰이고 있다.

그림 8-4 사용 예

2) 내충격 공구용

절삭 공구용보다 인성 및 내마모성을 높인 것으로 중탄소형인 STS4 및 STS41은 크롬을 첨가하여 담금성을 개선해 도끼, 끌, 펀치 및 전단용 날에 쓰이며 고탄소형인 STS43 및 44는 바나듐을 첨가하여 표면은 강도를 높이고 내부는 인성이 있는 것으로 착암기용 피스톤 등에 쓰인다.

표 8-16에 종류를 정리하였다.

표 8-16 내충격 공구용 합금 공구강의 성분과 경도

종류	JIS	탄소량(%)	원소 성분				경도	
			Ni	Cr	W	V	구상화 풀림 < (HB)	QT> (HRC)
STS4	SKS4	0.45~0.55		0.5~1.0	0.5~1.0			56
STS41	SKS41	0.35~0.45		1.0~1.5	2.5~3.5		217	53
STS43	SKS43	1.0~1.1				0.1~0.25		63
STS44	SKS44	0.8~0.9	0.7~1.3					60

* 니켈<0.25%, 구리<0.25% 포함하며 STS43 및 44는 크롬<0.2%를 포함하고 있다.

3) 냉간 금형용

블랭킹 다이, 드로잉 다이 및 냉간 압연용 롤, 냉간 단조 금형, 나사 전조용 다이스, 냉간 인발 다이스, 트리밍 다이, 전단 칼날(shear blade), 회전 전단 슬리터 등에 쓰이는 재료로, 인성과 내마모성 향상 외에 크롬의 양을 늘려 담금성을 개선하거나 망간을 첨가하여 열 변형을 줄인 것이다.

STS3 및 93은 고탄소 저합금강으로 내구성에는 한계가 있어 판재 가공용 금형 및 게이지 등에 쓰이며, 고탄소 고크롬계인 STD1과 STD11은 양산용 블랭킹 다이 및 드로잉 다이 등에 쓰이고 STD 12는 압연 롤, 블랭킹 다이 및 드로잉 다이 등에 쓰이고 있다.

표 8-17에 종류를 정리하였다.

표 8-17 냉간 금형용 합금 공구강의 성분과 경도

종류	JIS	탄소량(%)	원소 성분				경도	
			Mn	Cr	W	V	구상화 풀림 < (HB)	QT >(HRC)
STS3	SKS3	0.9~1.0	0.9~1.2	0.5~1.0	0.5~1.0		217	60
STS31	SKS31							61
STS93	SKS93			0.5~1.0			217	63

(계속)

종류	JIS	탄소량(%)	원소 성분				경도	
			Mn	Cr	W	V	구상화 풀림 < (HB)	QT >(HRC)
STS94	SKS94							61
STS95	SKS95							59
STD1	SKD1	1.8~2.4	<0.6	12~15				62
STD2	SKD2							62
STD11	SKD11	1.4~1.6	<0.5	11~13	Mo: 0.8~1.2	0.2~0.5	217	58
STD12	SKD12	0.95~1.05	0.6~0.9	4.5~5.5				60

한편 뒤에 설명하는 고속도 공구강 중 SKH51과 SKH55는 내충격용 냉간 금형 재료로 사용되며 SKH40은 내마모성이 필요한 냉간 금형 재료로 사용되고 있다.

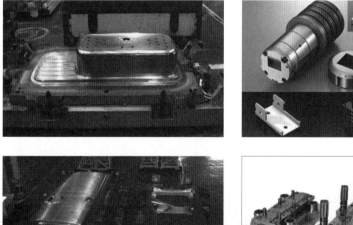

그림 8-5 사용 예

4) 열간 금형용

급속 가열과 급속 냉각의 반복에 의한 표면의 크랙 발생을 없애고 고온의 가공 온도에 있어서의 변형 감소 및 내마모성을 향상, 기계적 및 열적 충격에 대한 저항성을 향상시키기 위해 탄소량을 줄이고 텅스텐, 바나듐 및 몰리브덴 첨가량을 늘린 공구강이다. 열간 프레스 금형, 열간 단조 금형, 열간 압출 금형 및 다이캐스팅 금형 등에 쓰이고 있다.

STD 4와 5는 고텅스텐 고바나듐계로 열간 프레스 금형, 다이캐스팅 금형, 압출 금형에 쓰이며 STD 6, 61, 62는 5% 크롬 몰리브덴 바나듐계로 일반 열간 금형에 쓰이고 STF 3, 4, 7, 8은 열간 단조 금형에 쓰인다.

표 8-18에 종류가 소개되어 있다.

표 8-18 열간 금형용 합금 공구강의 성분과 경도

종류	JIS	탄소량(%)	원소 성분					경도	
			Mn	Cr	W	V	Mo	구상화 풀림 < (HB)	QT >(HRC)
STD4	SKD4	0.25~0.35	<0.6	2.0~3.0	5.0~6.0	0.3~0.5			42
STD5	SKD5		<0.6	2.0~3.0	9.0~10	0.3~0.5			48
STD6	SKD6	0.8~1.2	<0.5	4.5~5.5			1.0~1.5		48
STD61	SKD61		<0.5	4.5~5.5		0.8~1.2		229	50
STD62	SKD62		<0.5	4.5~5.5	1.0~1.5				48
STF3	SKT3	0.28~0.38	<0.6	0.9~1.2			0.3~0.5		42
STF4	SKT4	0.5~0.6	0.6~1.0	0.7~1.0			0.2~0.5	241	42
STF7	SKD7		0.6~1.0	2.5~3.5			2.5~3.0		
STF8	SKD8	0.35~0.45	<0.6	4.0~4.7	3.8~4.5		0.3~0.5		

그림 8-6 사용 예

표 8-19에 열간 금형 부품의 종류와 일반적인 사용 경도를 정리하였다.

표 8-19 열간 금형의 종류와 사용 경도

분류	부품명		사용 경도(HRC)
다이캐스팅	알루미늄/마그네슘 합금용		41~51
	아연 합금용		41~49
	동 합금용		41~49
	주물 빼기용 핀		40~50 / 52~58
	슬리브		>64, 질화 처리
	구즈 네크(Goose neck)		35~45
압출용	다이스		45~49
	컨테이너		44~50
	아우터 슬리브		60~65
	이너 슬리브	알루미늄용	60~69 HS
		순동용	46~60 HS
		황동용	46~51 HS
	다이 홀더		60~65
	스템	알루미늄용	60~65
		구리용	60~69
	맨드렐		60~65
단조용	프레스 금형	소물	55~65 HS
		중물	52~62 HS
		대물	46~56 HS
	해머용	소물	55~59 HS
		중물	53~57 HS
		대물	50~55 HS
	온간 단조용		50~59 HRC
전단 칼날			37~45

5) 플라스틱 금형용

플라스틱 금형용 강은 아직 체계화되어 있지 않으며 실용적으로 쓰이고 있는 강종은 표 8-20과 같다.

표 8-20 플라스틱 금형용 강의 종류

열처리	강종	사용 경도 (HRC)	용도
프리 하든강	STS420J2 STS420F	29~33	난연제 첨가 수지, 일반 투명용품(가전, 의료, 식품), 고무
	STS630	38~42	PVC, 발포 수지, 고무
	STD61	37~41	자동차, OA기기, 가전 등 양산용
담금 뜨임강	STS420J2	50~55	내식 경면 마무리용(의료기기, 식기, 광 디스크, 비구면 렌즈)
	STD11	56~62	내마모 정밀 엔지니어링 플라스틱(기어, 커넥터, IC 몰드)
	고인성 분말 하이스	56~62	커넥터, 핀 등 인성 향상용
	STD11	60~63	IC 몰드용
	고합금 분말 다이스강	60~65	엔지니어링 플라스틱용, IC 몰드용
시효 경화강	고경도 비자성 쾌삭강	35~45	플라스틱 마그넷
	초강력강	52~57	고인성용, 초경면용(박육용 코어 핀, 각종 광학 렌즈)

이상의 여러 가지 공구강 중 대상 제품의 성격에 따라 어떻게 선정할 것인지 탄소량과 합금 원소의 종류 관점에서 정리하면 표 8-21과 같다.

표 8-21 공구 재료 선정 기준

대상 제품 성격	탄소량	합금 원소 종류
큰 제품	관계 없음	크롬 및 몰리브덴 등 담금성을 향상시키는 원소가 많을수록 유리
내마모성 중요	많을수록 유리	텅스텐 및 몰리브덴 등 경질의 탄화물 생성 원소가 많을수록 유리
인성 중요	적을수록 유리	크롬 및 몰리브덴을 적당히 포함한 것이 유리 니켈은 많을수록 유리 탄화물이 구상이며 미세할수록 유리
고하중 부하	많을수록 유리	크롬 및 몰리브덴 등 담금성을 향상시키는 원소가 많을수록 유리 텅스텐 및 몰리브덴 등 경질의 탄화물 생성 원소가 많을수록 유리
고온 경도 중요	관계 없음	크롬, 몰리브덴, 텅스텐 등 뜨임 연화 저항을 높이는 원소가 많을수록 유리 코발트가 많을수록 유리
내열충격성 중요	적을수록 유리	크롬 및 몰리브덴이 많을수록 유리 탄화물이 구상이며 미세할수록 유리
내식성 중요	적을수록 유리	크롬 및 몰리브덴이 많을수록 유리

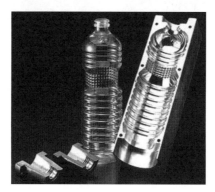

그림 8-7 사용 예

3. 고속도강(공구강)

고속으로 절삭 가공을 할 때 공구 날 끝의 온도가 상승하여 마치 뜨임에 의한 연화와 같은 현상이
일어난다. 이런 연화에 대한 저항을 크게 하기 위해 몰리브덴, 텅스텐, 바나듐 등을 많이 첨가하여
Mo_2C, WC, V_4C_4 등의 탄화물 생성에 의한 2차 경화를 이용하여 고온에서의 경도를 유지할 수 있
게 한 강을 고속도강(high speed steel, 하이스)이라 한다. 600℃까지 내열성이 있다.

고속도강은 텅스텐계와 몰리브덴계로 크게 분류하며 이 중에 바나듐 함량이 높은 것을 바나듐계
로 별도로 분류하는 경우도 있다. 텅스텐계에는 SKH2, 3, 4 등이 있으며 브로치 커터, 밀링 커터, 기
어 홉(hob) 등 주로 절삭 가공용 공구에 쓰인다. 몰리브덴계는 비교적 인성이 좋고 값이 저렴하여 드
릴, 리머, 쇠톱 등 일반 공구용, 냉간 단조용 다이 및 고경도 재료 절삭 공구용으로 쓰이고 있으며
SKH51, 52, 53 등이 있다. 바나듐계인 SKH10은 고난삭 재료 절삭 공구용으로 쓰이며 SKH54는 냉간
압출용 펀치, 양산용 블랭킹 다이 및 총형 공구 재료로 쓰이며, SKH55와 57은 냉간 단조용 다이, 드
로잉 다이 등에 쓰인다. 한편 분말성형법으로 만든 고속도강인 SKH40은 양산용 프레스 다이 및 압연
롤 등에 쓰이고 있다.

표 8-22에 고속도강의 종류를 정리하였다.

표 8-22 고속도강의 종류

종류	JIS	탄소량 (%)	원소 성분					경도	
			W	Cr	Mo	V	Co	구상화 풀림 < (HB)	QT >(HRC)
SKH2		0.73~0.83	17.0~19.0			0.8~1.2	–	248	63
SKH3							4.5~5.5		
SKH4							9.0~11.0	285	64
SKH51	KS와 동일	0.8~0.9				1.6~2.2	–	255	63
SKH52		1.0~1.1		3.8~4.5	4.5~5.5		–	269	63
SKH53		1.1~1.25	5.5~6.7			2.8~3.3	–	277	64
SKH55		0.85~0.95				1.7~2.2	4.5~5.5		
SKH10		1.45~1.6	11.5~13.5		–	4.2~5.2	4.2~5.2		64

그림 8-8 사용 예

4. 공구강의 열처리

공구강의 경우 공구강 재료 제조업체에서 출하된 조직은 풀림 조직이다. 풀림한 것은 재단조한 후나 가공 변형을 잡기 위한 응력 제거 풀림으로 된다. 풀림 상태의 재료는 경도가 낮아 피가공성, 소성 가공성이 뛰어나지만 강도 부족으로 공구로서의 사용에 견딜 수 없으므로 공구 형상으로 황삭 가공 후 지정 경도로 담금 뜨임하는 것이 일반적이다.

1) 담금

페라이트＋탄화물 조직을 A1 변태점 이상의 온도로 가열하여 오스테나이트＋탄화물 조직으로 변태 시킨 후 급랭하여 마르텐사이트 등의 담금 조직으로 변태시키는 처리이다. 담금 냉각 속도가 늦으면 베이나이트 조직이 생기거나 소바이트 조직이 생긴다.

　탄소공구강(STC)과 저합금 공구강(STS)계는 약 800℃로 담금 온도가 낮으며 냉간 열간 공구강 (STD)계는 1,000~1,050℃, 고속도 공구강(SKH)계는 1,200℃ 이상의 담금 온도가 주종인데 사용 용 도에 따라 담금 온도를 변화시킨다. 절삭 공구용 등 경도를 중시하는 경우는 범위 내에서 고온 역에 서 담금하고 금형용 등 인성을 중시하는 경우에는 범위 내의 저온 역에서 담금한다. 담금 온도가 너 무 낮으면 충분한 강도가 얻어지지 않으며 너무 높으면 결정립이 조대화하여 인성을 떨어뜨린다.

　공구강은 일반적으로 제조업체에서 추천하는 담금 냉각 방법이 있는데, 추천된 냉각 성능보다 떨 어지는 경우에는 경도가 나오지 않고 불완전 담금 조직으로 되어 큰 잔류 응력이 발생할 우려가 있다. 담금성이 좋은 강인 경우 담금 변형을 적게 하는 강제 공랭(blast air cooling)이나 유냉도 가능하다. 열간 공구강에서는 금형의 인성 향상을 위해 담금이 가능한 정도만 급랭하여 마르텐사이트에 가까 운 조직을 목표로 하는 경우가 있다.

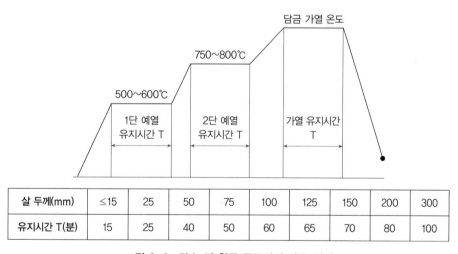

살 두께(mm)	≤15	25	50	75	100	125	150	200	300
유지시간 T(분)	15	25	40	50	60	65	70	80	100

그림 8-9 탄소 및 합금 공구강의 담금 처리

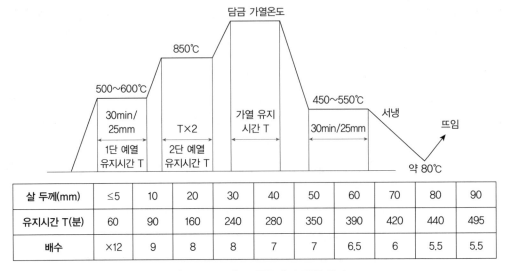

살 두께(mm)	≤5	10	20	30	40	50	60	70	80	90
유지시간 T(분)	60	90	160	240	280	350	390	420	440	495
배수	×12	9	8	8	7	7	6.5	6	5.5	5.5

그림 8-10 고속도 공구강의 담금 처리

2) 뜨임

뜨임 횟수는 저온 뜨임(350℃ 이하)인 경우는 1회 이상, 고온 뜨임(450℃)인 경우는 2회 이상, 코발트 함량이 많은 고속도 공구강인 경우는 3회 이상 실시한다.

고온에서 사용되는 공구는 고온 뜨임이 기본이며 냉간에서 사용되는 공구는 저온 또는 고온 뜨임의 어느 쪽도 선택 가능하다. 단, 방전 가공에 의해 금형을 만든 경우에는 가공에 의한 온도 상승의 영향이 적으므로 잔류 응력이 작은 500℃ 이상의 고온 뜨임이 바람직하다. 고속도 공구강인 경우는 일반적으로 600℃ 이상의 뜨임은 인성이 저하하므로 피해야 한다.

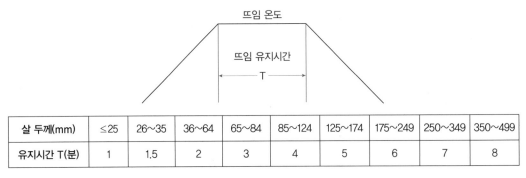

살 두께(mm)	≤25	26~35	36~64	65~84	85~124	125~174	175~249	250~349	350~499
유지시간 T(분)	1	1.5	2	3	4	5	6	7	8

그림 8-11 공구강의 뜨임 처리

3) 경년 변형

정밀 냉간 금형 등에서 잔류 오스테나이트가 시간 경과와 함께 마르텐사이트로 변태하여 금형이 팽창하는 현상이다. 저온 뜨임한 제품은 잔류 오스테나이트가 안정한 상태에 있으므로 경년 변형이 발생하기 어렵지만 고온 뜨임된 제품은 잔류 오스테나이트가 불안정하므로 경년 변형이 발생하기 쉽다. 또 STD11보다 8% 크롬계 냉간 다이스강 쪽이 경년 변형이 크다. 이의 대책으로는 서브제로 처리와 안정화 처리 등이 있다.

4) 서브제로 처리

담금 후에 0℃ 이하까지 냉각하여 오스테나이트의 분해를 촉진하는 처리이다. 일반적으로는 드라이아이스(-78℃)를 쓰지만 액체질소(-196℃) 등을 이용하는 초서브제로 처리를 하는 방법도 있다.

5) 안정화 처리

경년 변형 대책으로 실시되는 중간 온도 범위에서의 뜨임 처리이다. 냉간 다이스강의 고온 뜨임 온도인 500℃ 전후는 잔류 오스테나이트가 점차 분해되는 온도 범위이다. 이 온도 범위에서 뜨임된 금형재의 잔류 오스테나이트는 활성 상태에 있어 분해되기 쉽고 경년 변형이 일어나기 쉽다. 이에 대한 대책으로 뜨임 후 250~450℃의 중간 온도 뜨임을 추가로 실시하여 잔류 오스테나이트를 안정화시키는 처리이다.

6) 풀림

공구강 재료는 구상화 풀림이 실시되므로 풀림처리는 불필요하며 재단조하여 사용하는 경우는 단조 후 구상화 풀림을 실시하고 응력 제거 풀림 처리는 냉간 가공 또는 절삭 가공 시 응력을 제거하고 연화 혹은 나중의 열처리 변형 감소를 위해 실시한다.

7) 표면 경화 처리

공구의 내마모성을 개선하기 위해 공구 표면을 경화하거나 경질 피막으로 덮거나 하는 처리를 말하며 표면 담금법, 열 확산법, 피복법 등으로 분류한다. 표면 담금법에는 화염 경화, 고주파 경화, 레이저 경화 등이 있고, 열 확산법에는 질화, 침탄, 침황 질화 등이 있으며 피복법으로는 PVD, CVD, PCVD, 도금, 용사 등이 있다.

8) 방전 가공 변질층

EDM 및 WEDM은 형재 표면을 방전 스파크에 의해 용융 제거하는 가공법이며, 표면에는 용융층(응고 조직으로 담금된 상태이며 저인성), 재담금층(저인성), 재뜨임층(저강도)의 변질층이 발생한다. 특히 미세 크랙을 수반하는 용융층이 남아 있는 경우에는 크랙이 초기에 나타날 수도 있다. 부하가 걸리는 부분을 방전 가공하는 경우에는 방전 가공 후 용융층을 충분히 제거해야 한다.

참고로 공구강의 풀림 및 담금 뜨임 온도와 처리 후의 경도를 표 8-23에 정리하였다.

표 8-23 여러 가지 공구강의 열처리와 경도

재질		풀림			담금 뜨임				
		온도(℃)	냉	경도(HB)	담금 온도(℃)	냉	뜨임 온도(℃)	냉	경도(HRC)
절삭공구용	STS1	780~850	서	≤241	830~880	유	150~200	공	≥63
	STS11				760~810	수			62
	STS2	750~800		217	830~880	유			61
	STS21				770~820	수			61
	STS5			207	800~850	유	400~450		45
	STS51								
	STS7			217	830~880		150~200		62
	STS8				780~830	수	100~150		63
내충격공구	STS4	740~780		201	780~830	수	150~200		56
	STS41	760~820		217	850~900	유			53
	STS42	750~800		212					55
	STS43			217	770~820	수			63
	STS44	730~780		207	760~810				60
냉간금형	STS3	750~800		217	800~850	유			60
	STD1	830~880		269	930~980				61
	STD11			255	1000~1050				
	STD12			255	930~980				
	STD2			321	970~1020				
열간금형	STD4	800~850		235	1050~1100		600~650		≤50
	STD5								50
	STD6	820~870		229	1000~1050		550~600		53
	STD61								53
	STD62								53

(계속)

재질		풀림			담금 뜨임				
		온도(℃)	냉	경도(HB)	담금 온도(℃)	냉	뜨임 온도(℃)	냉	경도(HRC)
탄소공구강	STC140	750~780		217	760~820	수	150~200		≥63
	STC120			212					
	STC105								
	STC95	740~760		207					61
	STC85	730~760							59
	STC75			201					56
	STC65								54
고속도공구강	SKH2	820~880		≤248	1260~1300	유	550~580		≥62
	SKH3	840~900		262	1270~1310		560~590		63
	SKH4A	850~910		285	1280~1330				64
	SKH4B			311	1300~1350		580~610		
	SKH5			337			600~630		
	SKH10	820~900		285	1200~1260		540~580		
	SKH9	800~880		255	1200~1250		540~570		62
탄소강	SM30C	약 850		126~156	850~900	수	550~650		152~212 HB
	SM35C	840		126~163	840~890				167~235
	SM40C	830		131~163	830~880				179~255
	SM45C	820		137~170	820~870				201~269
	SM50C	810		143~187	810~860				212~277
	SM55C	800		149~192	800~850				229~285

❖ 8-4 베어링강

구름 베어링에 사용되는 강재를 베어링강이라 하며, 구름 베어링용 강에 요구되는 특성은 내하중성, 내피로성, 내마모성이 좋아야 하고 윤활제에 대한 내식성과 열전도율이 커야 하며 비교적 가격이 저렴해야 한다는 것으로, 탄소량 0.95~1.1%, 크롬량 0.9~1.6%인 고탄소 고크롬강이 대표적이다(슬라이딩 베어링용 재료는 제11장 참조).

제조 방법은 전기로에 의해 강을 녹인 후 진공 중에서 탈가스 처리한 킬드강을 사용하여 만든다.

용도는 구름 베어링의 전동체와 내·외륜, 오일리스 베어링, 부시 및 축과 LM 베어링 등에 쓰이고 있다. STB1은 소형 볼 베어링과 니들 롤러 베어링용이지만 담금성과 뜨임 연화 저항이 충분하지 않아 잘 쓰이지 않으며 STB2는 직경 35~40mm 이하인 볼과 롤러 및 살 두께 30~35mm 이하인 레이스에 쓰이고, STB3은 중간 크기, 몰리브덴이 많은 STB4, 5는 대형 베어링에 쓰이고 있다.

표 8-24에 종류를 정리하였다.

표 8-24 베어링강의 종류

종류	JIS	원소 성분				
		C	Si	Mn	Cr	Mo
STB1	SUJ1	0.95~1.10	0.15~0.35	0.5 이하	0.9~1.2	< 0.08
STB2	SUJ2		0.15~0.35	0.5 이하	1.3~1.6	< 0.08
STB3	SUJ3		0.4~0.7	0.9~1.15	0.9~1.2	< 0.08
STB4	SUJ4		0.15~0.35	0.5 이하	1.3~1.6	0.1~0.25
STB5	SUJ5		0.4~0.7	0.9~1.15	0.9~1.2	0.1~0.25

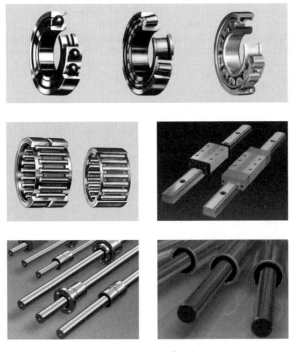

그림 8-12 사용 예

🔩 8-5   스프링강

스프링에 요구되는 특성은 탄성 한도가 높을 것, 탄성계수가 크고 오차가 작을 것, 피로한도가 높을 것, 치수 정밀도가 좋을 것, 경년 변화가 적고 내식성이 좋을 것 등이다.

스프링을 제조 방법에 따라 분류하면 열처리형 스프링과 가공형 스프링이 있다. 열처리형 스프링은 열간 성형 가공에 의해 스프링의 모양을 만든 다음 담금과 뜨임 등의 열처리에 의해 스프링 특성을 갖게 되는 스프링이다. 주로 겹판 스프링, 비틀림 막대 스프링(torsion bar), 대형 코일 스프링의 제조에 적용하고 있으며 여기에 사용되는 스프링강의 KS 재료기호는 SPS□이다.

표 8-25에 열처리형 스프링강의 종류를 정리하였다.

표 8-25 열처리형 스프링강의 종류

종류	JIS	원소 성분					용도
		C	Si	Mn	Cr	기타	
SPS3	SUP3	0.75~0.9	0.15~0.35	0.3~0.6			겹판 스프링
SPS6	SUP6	0.56~0.64	1.5~1.8	0.7~1.0			겹판 스프링 코일 스프링 토션 바
SPS7	SUP7		1.8~2.2				
SPS9	SUP9	0.52~0.60		0.65~0.95	0.65~0.95		
SPS9A	SUP9A	0.56~0.64	0.15~0.35	0.7~1.0	0.7~1.0		
SPS10	SUP10	0.47~0.55		0.65~0.95	0.8~1.1	V:0.2	코일 토션 바
SPS11A	SUP 11A	0.56~0.64		0.7~1.0	0.7~1.0	B:> 0.0005	대형 겹판 스프링
SPS12	SUP12	0.51~0.59	1.2~1.6	0.6~0.9	0.6~0.9	–	코일 스프링
SPS13	SUP13	0.56~0.64	0.15~0.35	0.7~1.0	0.7~0.9	Mo: 0.25 ~0.35	대형 겹판 스프링 코일 스프링

* 담금과 뜨임 처리 후의 기계적 성질은 SPS3은 인장강도 1,078MPa, 경도 371HB, SPS 6~13은 인장강도 1,230MPa, 0.2%내력 1,080MPa, 연신율 9~10%, 경도 363~429HBW 이상이다.

그림 8-13 사용 예

한편 가공형 스프링은 소재 상태에서 스프링 특성을 부여한 다음 냉간 소성가공에 의해 스프링 형태를 만드는 스프링이다. 주로 소형 스프링의 제조에 적용하고 있다.

가공형 스프링강을 만드는 방법에는 두 가지가 있는데 하나는 전 열처리를 하면서 신선(wire drawing) 가공을 한 후 변형 시효를 실시하여 만드는 방법으로 스프링용 냉간 압연강(SM□□C-CSP, STC□□-CSP, SPS10-CSP), 피아노 선(PW 1, 2, 3), 경강 선(SW-A, B, C) 및 스테인리스 스프링강(STS□□□-CSP) 등이 이에 속한다. 피아노 선은 0.6~0.95% 탄소량의 고탄소강을 파텐팅 처리한 것이며 경강 선은 0.24~0.86% 탄소량의 경강 선재를 파텐팅 처리한 것이다.

다른 하나는 미리 만든 선 및 띠를 담금과 뜨임 처리하여 만드는 방법으로 큰 코일 스프링용 탄소강 및 각종 합금강의 오일 템퍼 선과 담금 뜨임 띠강이 이에 속한다.

표 8-26부터 표 8-28에 가공형 스프링강의 종류를 정리하였다.

표 8-26 스프링용 냉간 압연강의 종류

종류	JIS	인장강도(MPa)	내력(MPa)	연신율(%)	경도(HV)
SM50C-CSP					180 이하
SM55C-CSP					
SM60C-CSP					190
STC85-CSP					
STC95-CSP					200

표 8-27 경강 선(SW)/피아노 선(PW)의 종류

| 표준 지름(mm) | 인장강도 (≥MPa) | | | | | |
	SW-A	SW-B	SW-C	PW 1	PW 2	PW 3
0.08	2,110	2,450	2,790	2,890	3,190	
0.09	2,060	2,400	2,750	2,840	3,140	
0.1	2,010	2,350	2,700	2,790		
0.12/0.14	1,960	2,260	2,600	2,700		
0.16/0.18/0.2	1,910	2,210	2,500	2,600		
0.23	1,860	2,160	2,450	2,550		
0.26	1,810	2,110	2,400	2,500		
0.29	1,770	2,060	2,350	2,450		

(계속)

표준 지름(mm)	인장강도 (≥MPa)					
	SW-A	SW-B	SW-C	PW 1	PW 2	PW 3
0.32/0.35	1,720	2,010	2,300			
0.4	1,670	1,960	2,260		2,600	
10.0	930	1,130	1,320	1,420		
11.0/12.0			1,270			
13.0			1,230			

PW 1, PW 2 : 동하중을 받는 스프링용
PW 3 : 밸브 스프링용

표 8-28 스프링용 스테인리스강의 종류

종류	조질 압연	고용화 처리			석출 경화	
		인장강도(MPa)	내력 (MPa)	연신율 (%)	인장강도(MPa)	내력 (MPa)
STS301-CSP	1/2H	930	510	10		
	3/4H	1,130	745	5		
	H	1,320	1,030			
	EH	1,570	1,275			
STS304-CSP	1/2H	780	470	6		
	3/4H	930	665	3		
	H	1,130	880			
STS631-CSP	O	1,030		20	1,140	880
	1/2H	1,080		5	1,230	960
	3/4H	1,180			1,420	1,080
	H	1,420			1,720	1,320

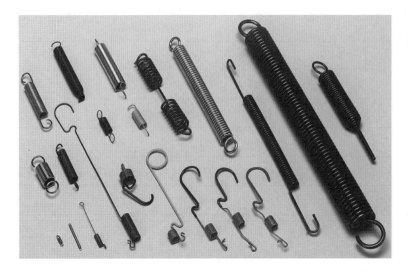

그림 8-14 사용 예

❖ 8-6   고장력 강판

고장력 강판(high tensile strength steel sheets)이란 일반적으로 340~790MPa 범위의 인장강도를 가진 압연 강판을 부르는 용어지만 얼마 이상인지는 규정되어 있지 않으며 또 국가별로 다르므로 단순하게 "자동차 1대에 고장력 강판이 몇 퍼센트 쓰였다"라고 말하는 것은 정확한 표현은 아니며 "인장강도가 얼마인 고장력 강판이 각각 몇 퍼센트씩 쓰였다"라는 표현이 보다 정확한 표현이다.

1. 고용 강화, 석출 강화형

열간 압연된 상태 또는 불림 처리된 상태로 사용되는 고장력강(high tensile steel, 하이텐 강)으로, 열처리 로의 크기 제한으로 조질 처리하기 어려운 대형 용접 구조물에 쓰이며 용접성, 가공성, 강도, 저온 인성 등을 향상시켜 만든 강이다. 일반적으로 인장강도가 588MPa 이하인 것이 생산되고 있다.

이 강은 탄소 함량을 가능한 한 낮추어 용접성과 가공성 등을 좋게 하고, 이에 따른 강도 향상이 어려운 점을 각종 합금 원소(규소, 망간)를 소량 첨가하여 고용 강화, 석출 강화 및 결정립 미세화 등의 강화 메커니즘을 활용하여 강도를 향상시킨 강이다.

최근에는 제어 압연에 의해 결정립을 미세화하거나 열가공제어(TMCP)에 의해 인성을 향상시킨 고장력강도 만들어지고 있다.

2. 조질형

프레스 성형 후 담금과 뜨임(조질) 처리에 의해 588MPa 이상의 인장강도를 얻는 것이 가능한 강으로 탄소 함량 0.18% 이하인 일반 압연강에 니켈, 크롬, 몰리브덴, 망간, 규소 등을 적당량 첨가하여 만들며, 표 8-29에 종류를 보인다.

표 8-29 조질형 고장력강의 종류

	원소 성분(%)						인장강도	항복점
	C	Ni	Cr	Mo	V	Mn	MPa	MPa
HT60				≤0.3	≤0.1	≤1.5	≥588	≥451
HT70	≤0.18	≤0.4	≤0.7	≤0.4	≤0.8	≤1.2	≥686	≥588
HT80		≤1.5	0.4~0.8	≤0.6	≤0.1	0.6~1.2	≥784	≥686
HT100			≤0.8				≥951	≥882

❖ 8-7   초강력강

인장강도가 1,372MPa, 항복 강도가 1,274MPa 이상인 강을 초강력강(초강도강, ultra high strength steel)이라 한다. 항공우주산업에 필요한 부품을 위해 개발된 것으로, 강의 강도만을 향상시킬 목적으로 뜨임 온도를 낮춰 처리한 것이다.

합금 원소의 양에 따라 아래 세 가지로 분류한다.

1. 저합금 초강력강

기계 구조용 합금강인 SNCM의 중탄소강을 개량한 것으로 200℃에서 저온 뜨임하여 마르텐사이트 조직(tempered martensite)으로 만든 것이다. 저합금 초강력강은 항공기의 이착륙 관련 부품(랜딩 기어, 고강도 볼트 등)에 쓰이고 있다.

표 8-30에 종류를 정리하였다.

표 8-30   저합금 초강력강의 종류

종류	인장강도(MPa)	항복 강도(MPa)	연신율(%)	비고
SAE 4130	1,510			
4340	1,764	1,470	18	SNCM 439
3006	1,960	1,666	10	
Hy-Tuf	1,617	1,323	14	미국 Latrobe Specialty Steel Co.
Super Hy-Tuf	1,980	1,656	10	

2. 중합금 초강력강

열간 금형용 합금 공구강인 STD6를 개량한 것으로 540℃에서 고온 뜨임하여 2차 경화한 강으로 인장강도가 1,960MPa 이상이다. 고강도 구조재로 쓰이며 표 8-31에 종류를 정리하였다.

표 8-31   중합금 초강력강의 종류

종류	인장강도(MPa)	항복 강도(MPa)	연신율(%)	비고
AISI H-11	1,960	1,519	10	STD 6
H-13	1,944	1,466	15	STD 61
H-50	1,960	1,382	10	
Potomac M	2,009	1,574	12	
Vasco MA	2,401		7	
Vasco Matrix Ⅱ	2,754			

3. 고합금 초강력강

탄소를 거의 함유하고 있지 않은 고니켈 고코발트강에 몰리브덴, 티타늄, 알루미늄, 니오븀 등을 첨가한 다음 820℃에서 용체화 처리 후 480℃로 가열하고 시효 처리하여 금속 간 화합물을 석출시켜 경화한 강으로 머레이징강(maraging steel)이라고도 한다. 저탄소 마르텐사이트 조직으로 고강도이면서 인성이 크며 용접성도 좋다. 또한 항복 강도가 인장강도와 거의 같아 미사일, 로켓 등의 항공 우주용 재료로 쓰이고 있으며 다이아프램, 도트 프린터용 스프링 및 골프 채 헤드에도 사용된다.

표 8-32에 종류를 정리하였다.

표 8-32 고합금 초강력강의 종류

종류	원소 성분					인장강도 (MPa)	연신율 (%)
	Ni	Co	Mo	Ti	Al		
200 ksi	18.0	8.0	5.0	0.25	0.1	1,372	13
250 ksi				0.5		1,715	12
300 ksi				0.75		2,058	12
350 ksi		12.0	4.5	1.5		2,352	10

ksi : kilo pound/in^2=6.895MPa

✧ 8-8 스테인리스강 : 마르텐사이트계, 석출 경화계

1. 마르텐사이트계 스테인리스강

경도와 강도 향상을 목적으로 고온의 오스테나이트 조직을 담금 처리에 의해 마르텐사이트 조직으로 바꾼 후 뜨임하여 사용하는 강으로, 탄소량은 1.1% 이하, 크롬은 11.5~18% 정도를 포함하는 스테인리스강이다. 대기 중에서는 녹이 나기 어렵지만 다른 스테인리스 계열에 비해 내식성은 떨어지고 자성이며 용접 시 열 영향부에서 부식이 일어나기 쉽다. 기계적 성질은 탄소 함량과 뜨임 조건에 따라 정해지며 STS440계가 경도가 가장 높고 STS440C는 경도가 최고 HRC58 이상에 달한다.

용도는 칼, 기계 부품, 오토바이 디스크 브레이크, 터빈 블레이드, 의료 기구, 게이지, 내식 베어링 등이 있다.

표 8-33과 표 8-34에 성분과 기계적 성질을 각각 보인다.

표 8-33 마르텐사이트계 스테인리스강의 종류와 성분

종류	JIS	원소 성분 (%)			
		C	Cr	Si	Mn
STS403	SUS403			1.0 이하	1.0 이하
STS410	SUS410	0.15 이하	11.5~13.5		
STS410S	SUS410S	0.08 이하	11.5~13.5		
STS420J1	SUS320J1	0.16~0.25	12.0~14.0		
STS420J2	SUS420J2	0.26~0.4	12.0~14.0		
STS440A	SUS440A	0.6~0.75	16.0~18.0		

표 8-34 마르텐사이트계 스테인리스강의 종류와 기계적 성질

종류	인장강도(MPa)	0.2% 내력(MPa)	연신율(%)	경도(HB)
STS403				
STS410	745	510	30	217
STS410S				
STS420J1	815	695	24	229
STS420J2	935	820	20	241
STS431	1,050	940	20	302

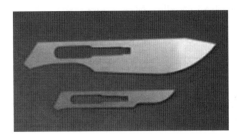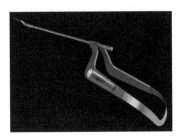

그림 8-15 사용 예

2. 석출 경화계 스테인리스강

오스테나이트계, 2상계 및 마르텐사이트계 스테인리스강에 석출 경화 원소인 동과 알루미늄을 첨가한 강으로 성형 가공이나 용접 후 고용화 처리 등의 열처리에 의해 금속 간 화합물을 석출하여 경화할 수 있다.

STS 630은 고용화 처리 후 급속 냉각하여 마르텐사이트 상을 만들고 이후 석출 처리에 의해 Cu-rich 상을 석출시켜 높은 강도와 경도를 얻는다. STS 631은 고용화 처리로 오스테나이트 상을 만들고 가공한 다음 중간 열처리에 의해 마르텐사이트 조직화하여 니켈, 알루미늄의 금속 간 화합물을 석출하여 경화한다. 강도 향상을 목적으로 하며 내식성은 마르텐사이트계보다는 좋다.

용도는 STS630은 축, 터빈 및 프린트 배선기판용 누름판 등이 있으며 STS631은 스프링 및 스틸 벨트 등이 있다.

표 8-35와 표 8-36에 성분과 기계적 성질을 정리하였다.

표 8-35 석출 경화계 스테인리스강의 성분

종류	JIS	원소 성분(%)						
		C	Cr	Ni	Cu	Al	Si	Mn
STS630 17-4 PH강	SUS	≤0.07	15.5~17.5	3.0~5.0	3.0~5.0	–	≤1.0	≤1.0
STS631 17-7 PH강	SUS	≤0.09	16.0~18.0	6.5~7.75	–	0.75~1.5		

표 8-36 석출 경화계 스테인리스강의 기계적 성질

종류		인장강도(MPa)	0.2% 내력(MPa)	연신율(%)	경도(HB)
STS 630	고용화 처리	1,100	1,000	15	330
	H900	1,372	1,274	14	420
	H1150	1,000	862	19	311
STS 631	고용화 처리	892	275	10	187
	RH950	1,372	1,205	10	430
	TH1050	1,205	1,068	12	402

제9장

특수 용도강

9-1 고내식강

약 100년 전에 발명된 녹이 나지 않는 스테인리스강은 부엌부터 우주선까지 여러 분야에서 사용되며 없어서는 안 될 재료로 100% 재활용 가능한 매우 유용한 강이다.

그러나 스테인리스강의 아킬레스 건이라 여겨지는 최대의 결점은 할로겐화 물질의 이온, 특히 염화물 이온을 내포한 환경 중에서 부식이 발생하기 쉬운 점이다. 스테인리스강의 내식성은 부동태 피막에 의해 유지되는데 이 부동태 피막이 국부적으로 파괴되면 공식, 틈새 부식, 입계 부식 및 응력 부식 크랙 등의 국부 부식을 일으킨다. 국부 부식이 촉진되는 환경은 해수를 필두로 하여 많이 존재한다. 이러한 환경에는 고가인 니켈기 합금을 선택할 수밖에 없었는데 스테인리스강의 정련법 발달에 따라 고순도 스테인리스강의 생산이 가능하게 되어 환경에 따라서는 니켈기 합금과 거의 같으며 값은 싼 스테인리스강인 슈퍼 스테인리스강이 개발되었다.

슈퍼 스테인리스강이란 탄소량을 대폭으로 줄이고(0.02% 이하) 크롬, 니켈 및 몰리브덴 함량을 늘리고 규소와 질소를 첨가하여 내해수용으로 개발된 고합금 스테인리스강을 말하며 오스테나이트계, 고순도 페라이트계 및 2상계가 있다.

아래와 같은 용도에 주로 사용되고 있다.

(1) 화학 식품 플랜트 : 펄프 제지 공업, 폴리카보네이트 등 고기능 플라스틱 제조 플랜트
(2) 해수 이용 플랜트 : 제염 공업, 해수 담수화 장치, 해수 열교환기 등
(3) 공해 방지 장치 : 화력발전소의 배연 탈황 장치
(4) 해안 지역 건물 : 지붕
(5) 해양 강 구조물 : 강관
(6) 선박 : 쇄빙선

1. 오스테나이트계 슈퍼 스테인리스강

크롬을 오스테나이트계 스테인리스강의 18%에서 25%로 올리고 니켈 첨가량도 대폭 올렸으며 필요에 따라 동도 첨가하여 내산성을 향상시켰다. 또한 몰리브덴을 많이 첨가하여 내공식성과 내입계 부식성을 향상시키며 규소와 질소를 첨가하여 내응력 부식 크랙성을 향상시켰다.

내해수성, 용접성, 성형성 및 기계적 성질이 뛰어나 발전소의 응축기(condenser), 담수화 장치, 공해 방지용 배연탈황 장치, 폐수처리 장치 등으로 사용된다.

표 9-1에 종류를 정리하였다.

표 9-1 오스테나이트계 슈퍼 스테인리스강의 종류

재료명	Cr	Ni	Mo	Cu	N
NAS 254N	23	25	5.5	–	0.2
1925hMo	20	25	6.5	1	0.2
254 SMO	20	18	6	0.7	0.2
AL-6XN	21	24.5	6.5	–	0.22
SR50A	23	21.5	6.4	–	0.26
2RK65	20	25	4.5	1.5	
Sanicro 28	27	31	3.5	1	

2. 고순도 페라이트계 슈퍼 스테인리스강

크롬을 페라이트 스테인리스강보다 대폭 올려 25% 정도로 하고 몰리브덴의 첨가량도 늘려 염소 환경에서의 내응력 부식 크랙성을 향상시킨 강이다. 제조성뿐 아니라 성형 가공 및 용접성에 문제가 많아 극히 제한된 분야에만 사용되고 있다.

3. 2상계 슈퍼 스테인리스강

고질소 스테인리스강으로, 가공성 문제로 용도가 제한되어 있다.

❖ 9-2   내열강

일반적으로 탄소강은 400℃ 정도까지, 저합금강은 550℃ 정도까지의 온도에서 사용되고 있으며, 이 이상의 온도에서 사용하려면 내열강을 사용해야 한다. 내열강에 요구되는 특성에는 고온에서의 산화와 부식에 강해야 하고 고온 강도, 고온 크리프 강도, 고온 피로 강도, 열 피로에 강해야 하며, 선팽창률이 작고 열 전도율이 크며 용해, 주조, 가공 및 용접 등이 쉬워야 한다는 것이 있다.

고온에서의 내산화성을 향상시키는 데는 크롬, 알루미늄, 규소 등을 첨가하여 표면에 산화 피막을 형성시키는 것이 효과적이다. 그러나 알루미늄 및 규소를 다량 첨가하면 인성이 떨어지고 가공성이 나빠지므로 내산화성 첨가 원소로는 주로 크롬이 사용되며 알루미늄과 규소는 보조적으로 사용된다.

한편 고온으로 되면 크리프에 의한 변형이 문제가 되며 크리프 강도와 크리프 파단 강도가 중요하게 된다. 페라이트 조직에 몰리브덴 및 크롬을 첨가하면 고용 강화에 의해 크리프 강도가 향상되는데 탄소를 포함한 강에 이것들을 첨가하면 강 중에 미세한 탄화물을 석출하여 고온 강도를 향상시킨다. 이러한 특성을 만족시키는 철계 재료에는 페라이트계 내열강, 오스테나이트계 내열강 및 마르텐사이트계 내열강이 있다.

용도에는 가열로의 구조재, 가스 분해 장치, 자동차 엔진 배기 밸브, 제트 엔진 배기 밸브 및 연소통, 터빈 날개 및 터빈 축 등이 있다.

1. 페라이트계 내열강

합금 원소량이 적어 값이 싸지만 600℃ 이상에서의 강도는 낮다.

표 9-2 페라이트계 내열강의 종류

종류	JIS	원소 성분				용도
		C	Ni	Cr	N	
STR446	SUH	<0.2	<0.6	23.0~27.0	<0.25	
STR21		0.08		17~21	Al 3.0	600℃ 이하
STR409		0.06		9.0~13.0	Ti	

2. 오스테나이트계 내열강

표 9-3 오스테나이트계 내열강의 종류

종류	원소 성분				용도
	C	Ni	Cr	W	
STR31	0.35~0.45	13.0~15.0	14.0~16.0	2.0~3.0	1,150℃ 이하
STR309	<0.2	12.0~15.0	22.0~24.0	–	980℃
STR310	<0.25	19.0~22.0	24.0~26.0		1,035℃
STR330	<0.15	33.0~37.0	14.0~17.0	–	
STR660	0.08~0.16	19.0~21.0	20.0~22.5	Mo : 1.0~1.5 V : 0.1~0.5 Ti : 1.9~2.35 B : 0.001~0.1	700℃

3. 마르텐사이트계 내열강

표 9-4 마르텐사이트계 내열강의 종류

종류	원소 성분				용도
	C	Ni	Cr		
STR1	0.4~0.5	<0.6	7.5~9.5		750℃ 이하
STR3	0.35~0.45	<0.6	10.0~12.0	Mo : 0.7~1.3	
STR4	0.75~0.85	1.15~1.65	19.0~20.5	–	
STR600	0.15~0.2	<0.6	10.0~13.0	Mo : 0.3~0.9 V : 0.1~0.4 N : 0.05~0.1 Nb : 0.2~0.6	
STR616	0.2~0.25	<0.5	0.5~1.0	Mo : 0.75~1.25 V : 0.2~0.3 W : 0.75~1.25	

❖ 9-3 저온용 강

저온용 강은 노치 인성이 뛰어나며 충격 천이 온도가 사용 온도보다 낮은 것이 요구된다. 탄소강을 저온에 노출하면 충격값이 급격히 저하하는 저온 취성이 생긴다. 그러나 탄소량을 감소시키거나 니켈을 증가시키면 천이 온도가 낮아져 저온에서도 인성을 보이게 된다.

액화 가스의 저장 용기와 운반 용기는 0℃ 이하의 저온에서 강도가 낮아져 충격에 의해 파괴되지 않아야 한다. 표 9-5에 여러 가지 가스의 액화 온도와 이에 적합한 재료를 정리하였다.

표 9-5 가스의 종류와 저온용 재료

가스 종류	액화 온도	사용 재료 (ASTM 기호)	최저 사용 온도	인장강도(MPa)
암모니아	239.6K(-33.4℃)	알루미늄 킬드강 (A201/A202)	-45℃	>382/ >451
프로판	228K(-45℃)			
황화 수소	212	2.5% 니켈강 (A203 A, B)	-60℃	>451
탄산가스	194.5	3.5% 니켈강 (A203 D, E)	-100℃	>451
아세틸렌	189			

(계속)

가스 종류	액화 온도	사용 재료 (ASTM 기호)	최저 사용 온도	인장강도(MPa)
에틸렌	169	9% 니켈강 (A353)	-196℃	>618
메탄	110			
산소	90			
아르곤	87			
불소	86			
질소	77.2(-196℃)			
네온	28	오스테나이트계 스테인리스강 (STS304)	-273℃	>539
중수소	23.4			
수소	20.8			
헬륨	4(-269℃)			
참고		99.9% 동	-273℃	216
		99.7% 알루미늄		88

9-4 주조용 강(주강)

대부분의 강은 압연에 의해 가공용 소재를 만든 다음 절삭 가공이나 소성 가공을 통하여 부품을 만들고 있다. 소재 상태의 강을 용해한 다음 어떤 틀에 부어, 형상을 가진 중간 소재로 만든(이 공정을 주조라 함) 강을 주조용 강, 즉 주강이라 한다.

주강은 다음과 같은 특징을 가지고 있다.

(1) 비교적 강도가 높고 인성이 풍부하므로 살 두께를 두껍게 하지 않아도 된다.
(2) 불순물이 적고 균질하므로 내력에 방향성이 없다.
(3) 피로한도와 내마모성은 단조품보다 뛰어나다.
(4) 성분 조정과 열처리에 뛰어난 특성이 얻어진다.
(5) 용접성이 있어 보수를 하는 것도 가능하다.

주강에는 탄소강 주강, 저합금강 주강 및 고합금강 주강이 있다. 주강의 주조품은 용접이 가능하지만 용탕의 유동성이 나쁘고 수축률이 커서 불량률이 높은 편이다.

표 9-6에 탄소강 주강품의 종류를 정리하였다.

표 9-6 주강의 종류

종류	C	인장강도(MPa)	항복 강도(MPa)	연신율(%)	수축률(%)
SC360	0.2 이하	360 이상	175 이상	23 이상	35 이상
SC410	0.3	410	205	21	35
SC450	0.35	450	225	19	30
SC480	0.4	480	245	17	25

탄소강 주강보다 강도와 인성이 높고 내마모성, 내열성, 내식성 및 내압성을 향상시키기 위해 크롬, 니켈, 몰리브덴, 알루미늄, 동, 바나듐 등을 첨가한 강을 합금 주강이라 한다. 첨가 원소의 합이 5% 이하인 것을 저합금 주강, 10% 이상인 것을 고합금 주강이라 한다. 합금강 주강의 종류에는 니켈강 주강, 니켈 크롬 주강, 망간 주강, 크롬 주강, 크롬 몰리브덴 주강, 스테인리스 주강 등이 있다.

❖ 9-5 단강품

1. 탄소강 단강품

표 9-7 탄소강 단강의 종류

강종	인장강도(MPa)	강종	인장강도(MPa)
SF340A	340~440	SF590A	590~690
SF390A	390~490	SF540B	540~690
SF440A	440~540	SF590B	590~740
SF490A	490~590	SF640B	640~780
SF540A	540~640		

A : 풀림, 불림 또는 불림 뜨임
B : 담금 뜨임

2. 크롬 몰리브덴강 단강품

SFCM590(590~740MPa)-SFCM980(980~1,130MPa)

3. 니켈 크롬 몰리브덴강 단강품

SFNCM690(690~830MPa)-SFNCM1080(1,080~1,230MPa)

❖ 9-6 순철

철 이외의 탄소가 0.02% 이하, 불순물인 망간 0.01%, 인 0.02%, 황 0.02%, 동 0.07%, 알루미늄 0.15% 이하인 순도 높은 연강으로 순철이라 불린다. 조직상으로는 상온에서 알파 철(페라이트 조직)이며 제조 방법에 따라 암코(Armco) 철, 해면(sponge) 철 및 카보닐(carbonyl) 철의 세 가지가 있다.

(1) 암코 철 : 공업용 순철의 일종으로 탄소 0.01%, 규소 0.005%, 망간 0.02% 외에 미량의 인과 황을 포함하고 있으며 1910년경부터 American Rolling Mill Co.에서 염기성 평로에서 제조되고 있다.

(2) 해면 철 : 고품위의 산화철 광석 Fe_2O_3를 저온 환원하여 얻어지며 산소를 제거한 곳이 비게 된 다공질의 괴 모양 철을 말한다.

(3) 카보닐 철 : 해면 철을 원료로 하여 100~200℃, 150~200기압의 고압하에서 일산화탄소와 장시간 반응시키면 철카보닐 $Fe(CO)_3$ 가스로 되므로 냉각하여 액화한다. 이것을 분해 용기 중에서 증기 코일로 가열하면 기화하며 상압에서 240℃로 유지하면 정점부에서 철과 일산화탄소로 분해한다.

순철은 탄소량과 불순물이 모두 낮으므로 드로잉성, 연자성 재료로서의 특성이 양호하며 주로 모터용 부품에 사용되는데 최근에는 자기 실드로서의 용도도 많아지고 있다. 순철은 자기 특성값에 따라 0종부터 3종까지 4종류가 있으며 0종의 자기 특성이 가장 좋다. 용도는 모터의 요크, 자기 차폐판, 전자 재료, 자기 자료 등에 쓰이고 있다.

그림 9-1 사용 예

❖ 9-7 강관

1. 일반 구조용 탄소강관

토목, 건축, 철탑, 발판 등 구조물에 사용되는 강관이며 외경 318.5mm 이상의 용접 강관에는 사용되지 않는다.

표 9-8 일반 구조용 탄소강관의 종류

강종	인장강도(MPa)	항복 강도(MPa)	연신율(%)
STK290	≥290		
STK400	400	235	
STK490	490	315	
STK500	500	355	
STK540	540	390	
STK590	590	440	

2. 기계 구조용 탄소강관

주로 기계의 구조물, 자전거, 가구, 기구 등 기계 부품의 재료로 사용되는 강관으로 종류는 아래 표와 같다.

표 9-9 기계 구조용 탄소강관의 종류

강종	인장강도(MPa)	항복 강도(MPa)	연신율(%)
STKM11A	≥290	–	–
STKM12A/B/C	340/390/470	≥175/ /355	≥35/ /20
STKM13A/B/C	370/440/510	215/ /380	30/ /15
STKM14A/B/C	410/500/550	245/ /410	25/ /15
STKM15A/C	470/580	275/430	22/12
STKM16A/C	510/620	325/460	20/12
STKM17A/C	550/650	345/480	20/10
STKM18A/B/C	440/490/510	275/380	25/15
STKM19A/C	490/550	315/410	23/15
STKM20A	540	390	23

A : 열간 가공한 대로 또는 불림 처리한 것
C : 냉간 가공한 대로 또는 응력제거 풀림 처리한 것
B : A, C 이외의 것

3. 일반 구조용 각 강관

토목, 건축 등의 구조물에 사용되는 사각형 강관으로 SPSR400, SPSR490, SPSR540, SPSR590의 네 가지가 있다.

4. 배관용 탄소강관

비교적 압력이 낮은 증기, 물, 기름, 가스, 공기 등의 배관에 사용된다. 아연 도금을 하지 않은 흑관과 아연 도금을 한 백관의 두 가지가 있다. 외경 기준으로 직경 10.5mm부터 609.6mm까지 있으며, 재료 기호는 SPP이고 인장강도는 294MPa 이상이다.

5. 압력 배관용 탄소강관

350℃ 이하에서 사용하는 압력 배관용 강관으로 SPPS380과 SPPS420 두 가지가 있다.

6. 고압 배관용 탄소강관

350℃ 이하에서 사용하는 사용 압력이 높은 배관용 강관으로 SPPH380, SPPH420, SPPH490 등 세 가지가 있다.

7. 저온 배관용 탄소강관

빙점 이하의 낮은 온도에서 배관에 사용되는 강관으로 SPLT390, SPLT460, SPLT700 등 세 가지가 있다.

8. 보일러 및 열교환기용 탄소강관

보일러의 수관, 연관, 과열 열관, 공기 예열관 및 화학공업, 석유공업의 열교환기관, 콘덴서관, 촉매관 등에 사용되는 강관으로, STBH340, STBH410, STBH510 등 세 가지가 있다.

❖ 9-8 강 선재

1. 연강 선재

연강 선재란 탄소량 0.08% 이하인 것부터 최대 0.25%까지의 연강을 선재로 만든 재료이며 8종류가 있다. 재료 기호는 SWRM이며 주로 못, 리벳, 분할 핀, 철선, 아연 도금 철선, 용접 철망, 가시 철망, 목재용 나사 및 작은 나사 등의 재료로 쓰이고 있으며 정밀용 및 강도가 필요한 것으로는 부적합하다.

연강 선재의 직경에는 5.5, 6, 6.4, 7, 8, 9, 9.5, 10, 11, 12, 13, 14, 15, 16, 17, 19mm 등이 있으며 인장강도에 대한 규정은 없다.

연강 선재의 성분을 표 9-10에 정리하였다.

표 9-10 연강 선재의 성분

종류	C	Mn	P	S
SWRM2	≤0.04	≤0.6	≤0.04	≤0.04
SWRM4	0.06			
SWRM6	0.08			
SWRM8	0.1			
SWRM10	0.08~0.13	0.3~0.6		
SWRM12	0.1~0.15	0.3~0.6		
SWRM15	0.13~0.18			

2. 냉간 압조용 탄소강 선재

재료기호는 SWRCH와 SWCH의 두 가지가 있는데 SWRCH에 대해서는 성분과 조성이 규정되어 있고 SWCH에 대해서는 기계적 성질이 규정되어 있다. 즉 SWCH는 SWRCH 선재를 그대로 냉간 가공하거나 뜨임 후에 냉간 가공하여 만들어진 강재이며 나사, 볼트, 너트, 리벳 등의 재료로 쓰이고 있다. 나사 및 볼트 재료로 쓰이는 경우에는 강도 구분 8.8까지만 적용된다.

재료기호 SWCH□□□ 중 SWCH는 Carbon Steel Wire for Cold Heading and Cold Forging의 두 문자이며 앞의 두 □□는 탄소함유량, 뒤의 □는 R : 림드강(rimmed), A : 알루미늄 킬드강, K : 킬드강을 의미한다.

표 9-11과 표 9-12에 성분과 기계적 성질을 각각 정리하였다.

표 9-11 냉간 압조용 탄소강 선재의 종류와 성분

강종	C	Si	Mn	P	S	Al
SWRCH6R	0.08		≤0.6	≤0.04	≤0.04	
SWRCH27K	0.22~0.29	0.1~0.35	1.2~1.5	0.03	0.035	
SWRCH50K	0.47~0.53	0.1~0.35	0.6~0.9	0.03	0.035	
SWRCH20A	0.18~0.23	0.1	0.3~0.6	0.03	0.035	≤0.02

표 9-12 기계적 성질

강종	가공 구분	직경	인장강도(MPa)	연신율(%)	경도(HRB)
SWCH6R	그대로 냉간 가공	≤3	≥540	–	–
		3<Φ≤4	440	≥45	–
		4<Φ≤5	390		–
		5<Φ	340		≤85
	풀림 후 냉간 가공		290	55	80
SWCH27K	풀림 후 냉간 가공		470	55	92
SWCH50K	풀림 후 냉간 가공		710	55	97
SWCH20A	그대로 냉간 가공	≤3	690	–	–
		3<Φ≤4	590	45	–
		4<Φ≤5	490		–
		5<Φ	410		92
	풀림 후 냉간 가공		370	55	85

제10장

주철

제철소의 제선 과정에서 만들어진 선철과 고철, 절삭 과정에서 나오는 절삭 칩 등을 큐폴라(cupola) 또는 전기로라는 용해로에서 녹인 다음 주형(casting mould)이라는 틀에 부어 만들어진 중간 소재를 주물이라 하며 이 주물의 재료를 주철(cast iron)이라 한다.

주철의 원소 성분은 탄소 2.14~4.0%, 규소 1.0~3.0%, 망간 0.4~0.9%, 인 0.03~0.8%, 황 0.01~0.13%이며 주요한 역할을 하는 원소는 탄소와 규소이다. 이들 원소의 작용을 정리한 것이 모러의 조직도(Maurer's structural diagram)이며 이것은 직경 75mm인 환봉을 1,250℃ 주철을 건조 사형에 주입하여 만들면서 탄소와 규소가 금속 조직에 미치는 영향을 정리한 것이다.

그림 10-1에서 알 수 있듯이 규소가 일정하면 탄소가 많을수록 회주철로 되기 쉽다. 주철은 강도는 낮지만 압축 강도가 크며 융점이 낮고 용탕의 유동성이 좋으며 내마모성이 좋고 진동에 대한 감쇠 성능이 좋은 편이다.

강에 대한 고려 시에는 철-시멘타이트계 상태도를 써서 금속 조직을 판단하지만 주철의 경우에는 실선의 철-시멘타이트계와 점선의 철-흑연계의 두 가지 계가 존재하는 그림 10-2와 같은 복합 평형 상태도를 써서 금속 조직을 판단한다. 흑연과 오스테나이트가 공정으로 되는 온도는 1,154℃이며 시멘타이트와 오스테나이트가 공정인 레데뷰라이트(ledeburite)로 되는 공정 온도는 1,148℃이다.

표 10-1에 강과 주철의 개략적인 비교표를 보인다.

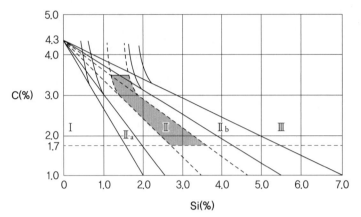

영역 Ⅰ : 백주철이며 시멘타이트와 펄라이트 조직으로 된다.

영역 Ⅱ : 펄라이트 바탕에 흑연이 분산되어 있다. 빗금 친 부분은 펄라이트 주철로 기계 구조용 주물로 많이 사용되며 강도도 높고 딱딱하므로 고급 주물로도 불린다.

영역 Ⅱₐ : Ⅰ과 Ⅱ의 중간이며 펄라이트 바탕에 시멘타이트가 있으며 흑연도 석출된다. 잡주철 또는 반(얼룩무늬)주철이라고 부른다.

영역 Ⅱᵦ : Ⅱ와 Ⅲ의 중간이며 펄라이트 바탕에 페라이트가 있고 흑연도 석출되며 페라이트, 펄라이트 주철이라고 한다.

영역 Ⅲ : 페라이트와 흑연의 조직으로 된 페라이트 주철이다.

영역 Ⅲ과 Ⅱᵦ를 합쳐서 회주철이라 한다.

그림 10-1 모러의 조직도

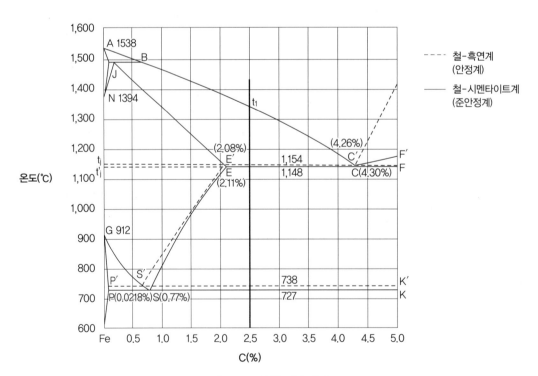

그림 10-2 복합 평형 상태도

표 10-1 강과 주철의 비교

특성	강	주철	특성	강	주철
내충격	○		인성	○	
열간 가공	○		내마모성		○
내열성	○		감쇠성, 제진성		○5~10배
내식성	○		주조성		○
용접성	○		수축률		○
인장강도	○		압축 강도		○3배
굽힘 강도	○		고온 강도		○
피절삭성		○	가격		○

❖ 10-1 백주철과 회주철

주철은 일반적으로 사형이나 금형 등의 틀에 용융 상태로 주입된 후 주입된 상태 그대로 냉각 과정을 거쳐 주물로 만들어지는데, 대부분의 냉각은 자연 냉각이므로 냉각 속도에 큰 영향을 주는 것이 살의 두께이다. 이 살 두께와 성분(탄소, 규소)의 관계를 나타내는 것이 그라이너 클링겐스타인 (Greiner Klingenstein)의 조직도이다.

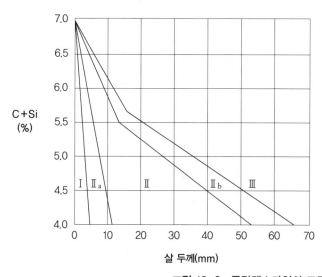

Ⅰ : 백주철(펄라이트＋시멘타이트)
Ⅱ$_a$: 잡주철(펄라이트＋시멘타이트＋흑연)
Ⅱ : 회주철(펄라이트＋흑연)
Ⅱ$_b$: 회주철(펄라이트＋흑연＋페라이트)
Ⅲ : 회주철(페라이트＋흑연)

그림 10-3 클링겐스타인의 조직도

철-시멘타이트계는 준안정계로, 탄소와 규소의 양이 적고 살 두께가 얇아 냉각 속도가 빠른 경우 나타나는 조직이며 현미경으로 보면 하얗게 보이는 펄라이트와 시멘타이트의 혼합 조직으로 된 백주철(white cast iron)이다. 한편 철-흑연계는 안정계로, 탄소와 규소의 양이 많고 살 두께가 두꺼워 냉각 속도가 느릴 때 나타나는 조직이며 현미경으로 보면 회색을 띠고 있어 회주철(gray cast iron)이라 하며 페라이트와 흑연의 혼합 조직이다. 즉 주철을 주형에 부어 냉각되어 응고하는 도중에 탄소가 시멘타이트를 형성하면 백주철이 되고 흑연을 형성하면 회주철이 되는 것이다. 이를 종합하여 정리하면 그림 10-4와 같다.

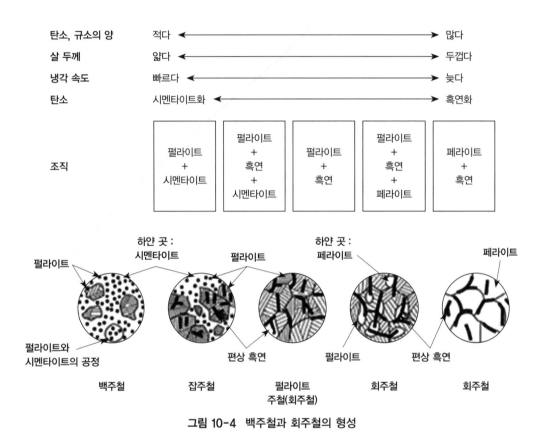

그림 10-4 백주철과 회주철의 형성

백주철은 너무 단단하여 절삭 가공이 어렵고 페라이트 회주철은 강도, 경도 및 내마모성에 문제가 있으므로 기계 부품의 재료로 적합한 것은 펄라이트 바탕의 회주철이다. 백주철과 페라이트 회주철 사이에는 탄소와 규소의 양, 살 두께 및 냉각 속도에 따라 펄라이트+시멘타이트+흑연 조직인 잡주철(반주철, mottled cast iron), 펄라이트+흑연 조직인 펄라이트 주철 및 펄라이트+페라이트+흑연 조직인 회주철이 만들어진다.

✛ 10-2   흑연의 형상과 분포

흑연은 강도가 매우 약하므로 주철에 외력이 가해지면 흑연에 응력이 집중되어 파괴되는데, 이것은 흑연의 형상과 분포에 따라 영향을 받게 된다. 따라서 주철의 기계적 성질은 흑연의 형상과 분포에 의해 크게 달라진다.

흑연은 응고 시에 용융 상태에서 직접 분리 석출되는 것과 응고된 시멘타이트로부터 냉각 중에 석출되는 것이 있는데, 일반적으로 전자는 판 조각 모양인 편상으로, 후자는 덩어리 모양의 괴상으로 석출되며 흑연의 형상, 크기, 양, 분포 상태는 주철의 원료, 용융 방법, 틀에 주입하는 방법 등에 따라 달라지게 된다.

흑연의 형상에는 그림 10-5와 같이 편상 흑연(flake graphite), 애벌레 모양(vermicular) 흑연, 덩어리(nodular) 흑연 및 구상(spheroidal) 흑연 등이 있다.

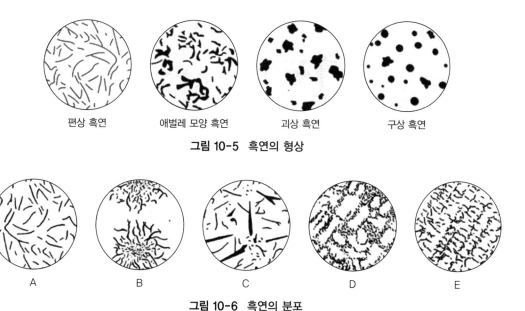

편상 흑연　애벌레 모양 흑연　괴상 흑연　구상 흑연

그림 10-5　흑연의 형상

A　B　C　D　E

그림 10-6　흑연의 분포

흑연의 분포는 그림 10-6과 같이 무질서 균일 분포(표준형), 장미 모양 분포, 괴상 분포, 공정형 분포 및 나뭇가지 모양 분포 등이 있다.

A : 무질서 균일 분포. 일반적인 회주철의 대표적인 분포 형태이다.

B : 장미 모양 분포. 분포가 고르지 않으며 가스 등 불순물이 많을 때 나타난다. A형에 비해 기계적 성질은 떨어진다.

C : 괴상 분포. 프랑스 요리의 일종인 키슈(Quiche) 모양 분포라고도 한다. 탄소, 규소가 많은 과공정 주물에 나타나는 초정 흑연이며 크고 작은 편상 흑연이 혼재하며 기계적 성질은 떨어진다.

D : 공정형 분포. 규소가 많고 비교적 냉각 속도가 빠른 경우에 나타난다. 기계적 성질은 떨어지지만 펄라이트 바탕이 많게 되면 내충격성은 향상된다.

E : 나뭇가지 모양 분포. 흑연이 나뭇가지 모양으로 분포하며 가는 편상 흑연이 보기 좋게 굽었으며 크기도 중간 정도로 균일하게 분포하고 있다. 바탕은 펄라이트이며 구조용 주철로서 뛰어나다.

⚛ 10-3　주철의 종류

1. 회주철

흑연의 형상이 편상이며 일반 회주철과 고급 회주철로 분류하는데, 일반 회주철은 주물용 선철 10%, 절삭 칩 40%, 회수 주철 30% 및 고철 등을 큐폴라에 넣고 용해하여 만든다. 탄소량 3.2~3.8%, 규소 1.4~2.5%, 망간 0.4~1.0%, 황 0.06~1.3%의 성분 비율이며 대체로 강도, 경도는 낮은 편이다. 용도는 공작 기계의 베드, 베이스, 디젤 엔진의 실린더 라이너, 기어 박스, 저압 펌프의 케이스 등이다.

고급 회주철은 인장강도가 294MPa 이상인 회주철을 말하며 강인 주철이라고도 하는데, 고철을 다량 첨가하여 탄소량을 줄이고 전기로에서 용해하며 바탕이 페라이트이고 두께에 따라 탄소와 규소의 양을 조절하고 흑연을 균일하고 작은 편상으로 만들기 위해 접종(inoculation) 처리한다. 접종이란 주조하기 직전에 페로실리콘(Fe-Si)과 칼슘실리콘(Ca-Si) 등을 첨가하여 흑연 형상을 조절하는 것을 말한다. 고급 회주철의 용도는 내연기관의 실린더, 실린더 헤드, 피스톤 링 등이다.

표 10-2에 회주철의 종류를 정리하였다.

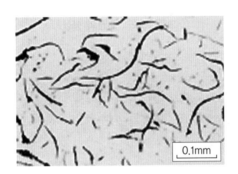

0.1mm

그림 10-7　회주철의 조직

표 10-2　회주철의 종류

종류		JIS	인장강도(MPa)	경도(HB)
일반 회주철	GC100	FC100	100 이상	201 이상
	GC150	FC150	150	212
	GC200	FC200	200	223
	GC250	FC250	250	241
고급 회주철	GC300	FC300	300	262
	GC350	FC350	350	277

그림 10-8 사용 예

2. 구상 흑연 주철

용탕에 세슘, 마그네슘, 칼슘 등을 첨가하여 편상 흑연을 구상 흑연으로 바꾼 주철로 인장강도가 높고 연성과 인성이 좋으며 내마모성이 뛰어나고 내열성은 일반 회주철의 3배 정도지만 진동 감쇠성은 떨어진다. 덕타일(ductile) 주철 또는 노듈라(nodular) 주철이라고도 한다.

구상 흑연 주철은 바탕 조직에 따라 페라이트형, 펄라이트형 및 시멘타이트형으로 분류된다. 페라이트형은 열처리에 의한 방법 외에 탄소 및 규소 함량이 많은 경우에도 주조할 수 있다. 펄라이트형은 주조로 만들기 쉬우며 GCD600이 이에 해당한다. 이것은 불림이나 담금, 뜨임 등의 열처리를 실시하면 GCD700, GCD800으로 된다. 또 이것은 풀림 처리를 실시하면 페라이트형(GCD370, GCD400) 혹은 불스 아이(bull's eye) 조직(GCD450, GCD500)으로 된다. 시멘타이트형은 백주철에 가까운 조직 혹은 잡주철에 가까운 조직에 구상 흑연이 나타난 것이며 일반적으로 딱딱하여 부서지기 쉬워 특수한 용도 이외에는 사용되지 않고 있다.

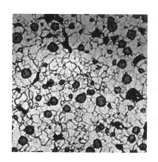
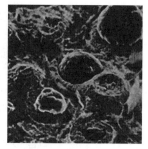

그림 10-9 구상 흑연 주철의 금속 조직

인성과 연성이 보다 필요한 경우에는 20시간 정도의 흑연화 열처리를 실시하여 바탕을 페라이트 조직으로 하고, 보다 높은 강도가 필요한 경우에는 불림이나 담금과 뜨임(QT) 처리를 실시하여 바탕을 펄라이트 조직으로 만든다. 용도는 자동차용 캠 축, 크랭크 축, 브레이크 드럼, 밸브 부품, 주철 관 등이다.

구상 흑연 주철을 오스템퍼 처리하면 인장강도 1,000MPa, 연신율 10%인 합금 주철에 버금가는 기계적 성질을 얻을 수 있다. 오스템퍼 처리한 구상 흑연 주철에는 GCAD900, GCAD1000, GCAD1200, GCAD1400 등이 있다.

표 10-3에 구상 흑연 주철의 종류를 정리하였다.

표 10-3 구상 흑연 주철의 종류

종류	JIS	인장강도(MPa)	0.2% 내력(MPa)	연신율(%)	경도(HB)
GCD370	FCD370	370 이상	230 이상	17	150 이하
GCD400	FCD400	400	250	12	130~180
GCD450	FCD450	450	280	10	140~210
GCD500	FCD500	500	320	7	150~230
GCD600	FCD600	600	370	3	170~270
GCD700	FCD700	700	420	2	180~300
GCD800	FCD800	800	480	2	200~330

그림 10-10 사용 예

3. 가단 주철

가단 주철에는 흑심 가단 주철과 백심 가단 주철, 펄라이트 가단 주철이 있다. 백주철을 1단계 흑연화 처리로서 850~950℃로 20~30시간 가열하고 2단계 흑연화 처리로 720~770℃에서 20~40시간 장시간 유지시킨 후 냉각하여 시멘타이트를 흑연화시켜 바탕을 페라이트로 만든 주철을 흑심 가단 (malleable) 주철이라 하며, 백주철을 산화철과 함께 950℃로 60~120시간 가열하여 탈탄시켜 바탕을 페라이트로 만든 주철을 백심 가단 주철이라 한다.

한편 흑심 가단 주철이지만 바탕이 펄라이트인 것을 펄라이트 가단 주철이라 한다. 일반적으로 회주철보다 인성이 우수하고 인장강도도 저탄소강에 비해 약간 떨어질 정도로 좋으며 피절삭성도 좋다. 그러나 100여 시간이 넘게 걸리는 흑연화 처리 때문에 제조비용이 상승하여 현재는 거의 구상화 흑연 주철로 대체되고 있다.

참고로 가단 주철의 종류를 표 10-4에 정리하였다.

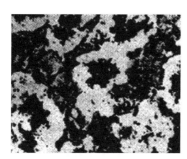 

흑심 가단 주철　　　　　　　　백심 가단 주철

그림 10-11　가단 주철 조직

표 10-4　가단 주철의 종류

종류	인장강도(MPa)	0.2% 내력(MPa)	연신율(%)	용도
흑심 가단 주철 (GCMB)	275~360		5~14	관 이음, 자동차 부품, 방직기 부품
백심 가단 주철 (GCMW)	315-~540		3~14	자동차 부품
펄라이트 가단 주철 (GCMP)	440~685		2~6	기어, 스프로켓(sprocket), 암(arm)

4. C/V 주철

구상 흑연 주철의 제조 과정 중 편상 흑연이 완전한 구상 흑연으로 바뀌지 않고 가늘고 긴 애벌레 모양(구상화율 30~70% 정도)의 흑연으로 바뀐 주철을 C/V(compacted vermicular) 주철이라 한다.

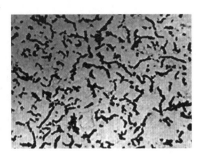

그림 10-12 C/V 주철의 금속 조직

C/V 주철은 인장강도가 350~400MPa, 연신율이 4~6%로 구상 흑연 주철보다는 못하지만 기계적 성질도 양호하고 주조성, 열 전도성 및 감쇠성도 좋으며 흑연화 처리 시간도 짧아 비용이 저렴하여 대량 생산에 유리하여 자동차 부품에 많이 쓰이고 있다.

5. 합금 주철

합금 주철은 크롬, 니켈, 몰리브덴, 규소 등의 합금 원소를 주철에 첨가하여 기계적 성질, 내식성, 내열성, 내마모성 등을 향상시킨 것이다. 첨가 합금 원소의 역할은 다음과 같다.

- 니켈 : 페라이트 중에 고용되어 펄라이트를 가늘게 하며 흑연화를 촉진하고 편상 흑연을 미세하고 균일하게 분포시킨다. 내열성, 내식성, 내마모성을 향상시킨다.
- 크롬 : 주철 중의 크롬은 탄소와 화합하여 딱딱한 탄화물을 형성하며 흑연의 양을 감소시켜 미세하게 하므로 주물 전체를 딱딱하게 한다. 내열성을 향상시킨다.
- 몰리브덴 : 탄화물을 안정하게 하여 펄라이트를 미세하게 한다. 내마모성을 향상시킨다.
- 구리 : 흑연화를 약간 촉진시킨다. 인장강도, 내산성 및 내열성을 향상시킨다.
- 바나듐 : 탄화물을 안정화시키며 흑연화를 방해한다. 결정립을 미세하게 한다.

1) 크롬 주철

크롬은 주철 중의 탄화물에 고용되어 흑연화를 방지한다. 담금성이 향상되므로 마르텐사이트가 생기기 쉬워 내마모성이 향상된다. 크롬을 20% 이상 첨가한 것은 내열성, 내마모성, 내식성이 양호하며 황산 공업 및 시멘트 공업에서 사용된다.

2) 니켈-크롬 주철

니켈과 크롬을 첨가한 주철이며 내식성, 내열성, 내마모성이 좋으므로 황산용 밸브, 펌프, 해수처리 장치, 내연기관의 실린더 등에 쓰이고 있다.

3) 고규소 주철

규소를 12~17% 정도 첨가한 고규소 주철은 산에 강해 화학공업 등에 쓰여지는 밸브, 코크 및 용기 등에 사용된다. 그러나 딱딱하고 부서지기 쉬워 피삭성은 나쁘다.

4) 기타 주철

    니켈 주철 : 0.25~5% 니켈

    니켈 크롬 주철 : 니켈 3%, 크롬 1%

    내열 내산 주철 : 고규소 주철(규소 11~17%), 고크롬 주철(크롬 15~30%)

    오스테나이트 주철(니켈 20~25%)

6. 칠드 주물

일반 주철보다 탄소, 규소를 적게 하고 주조 시 주조 표면을 냉각 금속(chill/chiller) 등으로 급랭하여 표면만 백주철화하여 얻어진 것을 칠드 주물이라 한다. 표면은 딱딱하여 내마모성, 내압축성이 좋고 내부는 인성이 좋은 회주철로 만들어 압연 롤, 분쇄기 롤, 차륜 등에 쓰인다.

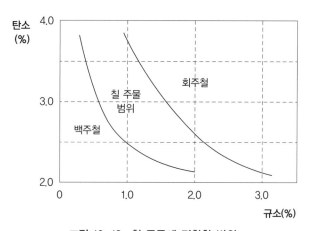

그림 10-13 칠 주물에 적합한 범위

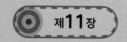

제11장

비철계 금속

✧ 11-1 알루미늄 합금

알루미늄(aluminium, aluminum)은 비철계 금속 중 사용량이 가장 많은 금속인데 최근에는 연비 증가를 위해 점점 더 사용량이 늘어나고 있다. 많이 사용되고 있는 금속 중에서는 비중이 2.7g/cm³으로 마그네슘과 베릴륨 다음으로 가벼운 것이 큰 특징이며 가벼운 무게가 요구되는 부품의 금속재료로 우선적으로 검토되는 금속이다.

가벼운 것 외에 알루미늄의 특징을 정리하면 아래와 같다.

(1) 열을 잘 전달하며 전기 전도율도 좋은 편이다─은, 동, 금 다음으로 좋다.

(2) 용점이 낮아 주조하기 쉽다.

(3) 소성 가공성이 좋다.

(4) 용접은 가능하지만 용접성이 좋은 편은 아니다.

(5) 내식성이 좋다.

(6) 충격에 의한 불꽃이 튀지 않는다.

(7) 저온 특성이 좋아 온도가 낮아져도 인성이 양호하다.

(8) 비자성이다─철, 코발트, 니켈 등은 강자성체로 자석에 붙지만 알루미늄은 자석에 붙지 않고 자기를 띠지 않는다.

알루미늄의 원료는 보크사이트(bauxite)이며 4톤의 보크사이트로부터 복잡한 제조 과정을 거쳐 1톤의 알루미늄이 만들어진다.

표 11-1에 알루미늄의 물리적 성질을 정리하였다.

표 11-1 알루미늄의 물리적 성질

항목	값	항목	값
비중(g/cm³)	2.7	열 전도율(W/m K)	247
융점(℃)	660.4	전기 전도율(%IACS)	65~66
융해 잠열(kJ/kg)	397	비열(J/kg K)	916
열팽창계수(μm/m K) 20℃	24.6	전기 저항(nΩm)	26.2
영률(Young's Modulas)	70.5 GPa	결정 격자 구조	면심 입방
강성률(횡탄성계수)	27 GPa		

알루미늄 합금의 피로 강도와 인장강도의 관계를 그림 11-1에 보인다. 알루미늄 합금은 S-N 곡선에서 명확한 피로 한도를 보이지 않으므로 반복 횟수 10^7회에 대한 강도로 나타내고 있다. 2000계와 7000계 등 열처리형 합금에서는 피로 강도와 인장강도의 비율은 약 1/3 정도이며 용접이 가능한 5000계와 1000계에서는 그 비율이 1/2 정도이다.

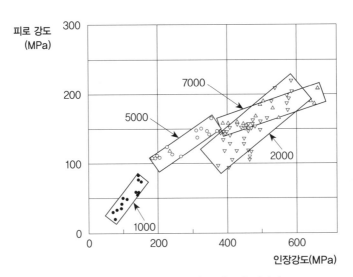

그림 11-1 알루미늄 합금의 피로 강도와 인장강도

1. 알루미늄 합금의 분류

알루미늄 합금은 가공 방법에 따라 전신재와 주물재로 분류하며 각각은 다시 열처리 유무에 따라 비열처리형과 열처리형으로 분류된다.

1) 전신재

알루미늄 전신재는 AA(Aluminum Association of America)의 규격 기호에 의해 아래와 같이 표기한다.

A□□□□ □-□

A : aluminum의 두문자

첫째 □ : 기본 합금계를 표기(1에서 8까지의 숫자)

둘째 □ : 규격 제정 순서

        0 : 기본 합금

        1~9 : 개량 합금

셋째-넷째 □□ : AA가 관리하는 국제등록번호

        A1□□ 인 경우는 알루미늄 순도의 99.□□을 표기

        A2□□-A8□□ 인 경우는 Alcoa사 기호를 표기

        (Alcoa : Aluminum Company of America)

다섯째 □ : 재료의 압연 형상 표기

        P : 판재

        B : 봉재

        W : 선재

        T : 관재

여섯째 □ : 제조 후처리 상태 표기이며 뒤에 1~3자리 숫자가 이어진다.

        F : 압연 상태 그대로

        O : 풀림 처리

        H : 가공 경화처리

        T : 열처리

2) 주물재

AC□□

AC : Aluminum Casting

      첫째 □ : 1~8

      둘째 □ : A~D

2. 알루미늄 합금의 열처리

알루미늄은 강과 같은 상 변태가 일어나지 않으므로 알루미늄 합금의 강도를 향상시키는 데는 가공에 의한 가공 경화와 시효 경화(age hardening)에 의한 석출 경화가 쓰인다. 알루미늄 합금의 상태도는 그림 11-2와 같다.

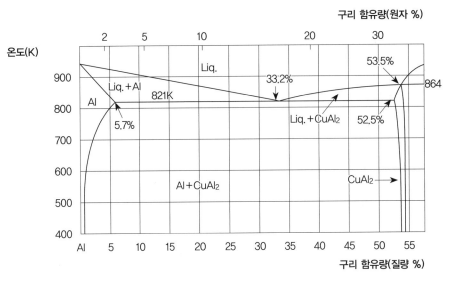

그림 11-2 알루미늄-구리 합금의 상태도

알루미늄의 석출 경화는 알루미늄-구리 합금에 처음 보여진 현상이다. 알루미늄-구리 4% 합금을 가열하면 구리가 α상에 고용된 단상 조직으로 된다. 이것을 서서히 냉각하면 400℃ 근처에서 동을 1.5%, 200℃ 근처에서는 0.5% 고용하게 되며 나머지 동은 $CuAl_2$로 된다. 그러나 이것을 급랭하면 동을 4% 고용한 상태가 실온까지 유지되는 과포화 고용체가 된다. 그러나 이러한 과포화 상태는 불안정하므로 이것을 실온에서 오랫동안 방치하거나 또는 100~150℃ 정도로 가열하면 경질의 제2상이 석출되어 시간이 흐름과 함께 강도가 상승하는 시효 현상이 나타난다. 전자를 자연 시효(natural aging), 후자를 인공 시효(artificial aging)이라 한다. 강도는 고용화 상태에 비해 50% 정도 상승한다. 마그네슘과 규소를 첨가한 합금도 같은 현상을 보인다.

표 11-2에 알루미늄의 열처리 관련 기호를 정리하였다.

표 11-2 알루미늄의 열처리

기호	정의	의미(내용)
F	제조 상태 그대로	가공 경화 또는 열처리 등 특별한 처리를 하지 않고 압연, 압출, 주조, 단조된 그대로인 것
O	풀림 처리한 것	전신재 : 가장 유연한 상태가 되도록 풀림한 것 주물재 : 연신율 증가 또는 치수 안정화를 위해 불림 처리
H	가공 경화한 것	열간 압연 판재를 냉간 압연하여 가공 경화한 것
T	열처리에 의해 F, O, H 이외의 안정한 재질로 만든 것	안정한 재료로 만들기 위해 열처리한 것

(계속)

세분 기호	의미
H1X	가공 경화만 한 것 : 소정의 기계적 성질을 얻기 위해 추가 열처리를 하지 않고 가공 경화한 것 H112, H12 : 1/4 경질 H14 : 1/2 경질 H16 : 3/4 경질 H18 : 경질
H2X	가공 경화한 다음 적당히 풀림 처리한 것 : 소정의 값 이상으로 가공 경화한 다음 적당한 풀림 처리로 소정의 강도까지 떨어뜨린 것. 상온에서 시효 연화한 합금에 대해서는 이 재질은 H3와 비슷한 강도를 가진다. 이외의 합금에 대해서는 H1과 비슷한 강도를 갖지만 연신율은 약간 높다.
H3X	가공 경화 후 안정화 처리한 것 : 가공 경화한 것은 저온 가열에 의해 안정화 처리한 것. 강도는 약간 저하하지만 연신율은 증가한다. 이 안정화 처리는 상온에서 서서히 시효 연화하는 마그네슘을 포함한 합금에만 적용된다.
T1	열간 가공에서 냉각 후 충분히 안정한 상태로 만들기 위해 자연 시효 경화한 것. 6063에 적용되고 있다. 압출재와 같이 고온의 제조 공정에서 냉각 후 적극적으로 냉간 가공을 하지 않고 충분히 안정한 상태까지 자연 시효시킨 것. 그러므로 교정해도 냉간 가공 효과가 작다.
T2	열간 가공에서 냉각 후 냉간 가공한 다음 자연 시효시킨 것 : 압출재와 같이 고온의 제조 공정에서 냉각 후 강도를 증가시키기 위해 냉간 가공을 실시한 다음 충분히 안정한 상태까지 자연 시효시킨 것
T3	용체화 처리 후 냉간 가공을 실시한 다음 자연 시효시킨 것 : 용체화 처리 후 강도를 증가시키기 위해 냉간 가공을 실시한 다음 충분히 안정한 상태까지 자연 시효시킨 것 T351, T3511 : 잔류 영구 변형을 주는 인장 가공에 의해 응력을 제거한 다음 자연 시효한 것 T361 : T3의 단면 감소율을 6%로 한 것
T4	용체화 처리 후 자연 시효시킨 것 : 용체화 처리 후 냉간 가공을 실시하지 않고 충분히 안정한 상태까지 자연 시효시킨 것. 교정해도 냉간 가공의 효과가 작다. T42 : T4의 처리를 사용자가 실시한 것 T451, T4511 : 잔류 영구 변형을 주는 인장 가공에 의해 응력을 제거한 다음 자연 시효한 것
T5	고온 가공에서 냉각 후 인공 시효 경화처리한 것 : 주물 또는 압출재와 같이 고온의 제조 공정에서 냉각 후 적극적으로 냉간 가공을 실시하지 않고 인공 시효 경화처리한 것. 그러므로 교정해도 냉간 가공의 효과가 작다.
T6	용체화 처리 후 인공 시효 경화처리시킨 것 : 용체화 처리 후 적극적으로 냉간 가공을 실시하지 않고 인공 시효 경화처리시킨 것. 교정해도 냉간 가공의 효과가 작다. T62 : T6의 처리를 사용자가 한 것 T651, T6511 : 잔류 영구 변형을 주는 인장 가공에 의해 응력을 제거한 다음 인공 시효한 것
T7	용체화 처리 후 안정화 처리한 것 : 용체화 처리 후 특별한 성질로 조정하기 위해 최대 강도를 얻는 온도 이상 또는 인공시효 경화처리 조건을 넘어 과잉 시효시킨 것 T73, T74, T76
T8	용체화 처리 후 강도를 증가시키기 위해 냉간 가공을 실시한 다음 인공 시효 경화 처리한 것 T83, T851, T861
T9	용체화 처리 후 인공 시효 경화처리를 한 다음 강도를 증가시키기 위해 냉간 가공을 실시한 것

주1. H1X, H2X, H3X의 X는 숫자가 클수록 가공도가 큰 것을 의미한다. 예를 들면 H14는 가공도 50%(1/2 경질), H18은 가공도 100%(경질)를 나타낸다.
주2. 안정화 처리는 경년 변형을 막기 위해 사용 온도보다 30~55℃ 정도 높은 온도로 가열하는 것이다.

3. 알루미늄 합금의 종류와 특성

1) 비열처리형 전신재

A1000, A3000, A5000계 알루미늄 합금으로 내식성, 소성 가공성, 용접성이 열처리형보다 뛰어나다. 열간 압연 상태로 쓰이고 있으며 냉간 압연, 압출, 인발 등에 의해 일정한 강도를 얻을 수 있고 풀림 또는 안정화 처리를 통하여 보다 높은 강도를 얻을 수 있다.

(1) A1000계

알루미늄 함량이 99% 이상인 거의 순알루미늄으로, 알루미늄 중에 불가피하게 존재하는 철, 규소의 양에 따라 세분화되며 내식성, 소성 가공성, 용접성이 우수하지만 강도가 낮기 때문에 구조용 재료로 사용은 불가능하다. 불순물이 적을수록 내식성이 좋으며 양극 산화처리 시 광택이 좋게 된다.

가정용 일용품, 전기 기구, 식품 탱크, 송배전용 부품, 방열판 등에 많이 사용되고 있다.

A1100 : Al 99.00%이며 양극 산화처리 시 광택을 내기 위해 동을 첨가

A1060 : Al 99.60%로 방열판, 송배전용 부품에 사용

A1080 : Al 99.80%로 전기 기구 및 송배전용 전선에 사용

(2) A3000계(Al-Mn)

알루미늄에 망간을 첨가한 합금이며 내식성 및 소성 가공성은 A1000계와 비슷하지만 강도는 10% 정도 높다.

A3003 : 알루미늄 용기, 건축 재료, 트럭 패널 등에 사용

A3004 : 마그네슘 1%를 추가로 첨가한 합금으로 강도가 더욱 증가하며 알루미늄 캔, 도어 패널, 지붕용 판재 등에 사용

조질 압연 중 경질(full hard, H19)을 써도 극한까지 박육화가 가능하며 작업 안정성도 뛰어나다.

(3) A4000계(Al-Si)

규소를 첨가한 알루미늄 합금으로, 열팽창률이 작고 내마모성이 좋으며 구리, 니켈, 망간을 약 1% 정도 첨가하여 내열성을 개선하여 단조 피스톤, 실린더 헤드 재료로 사용하고 있다.

A4032 : 규소가 비교적 많이 첨가되어 내열 내마모성이 뛰어나며 열팽창계수가 작아 피스톤 및 슬라이딩 부품에 사용되고 있다. 프레스 성형성이 나빠 판재 성형용으로는 사용 곤란하지만, 양극산화처리를 하면 백회색 표면이 흑회색으로 변하여 건물 외장 벽 재료로 사용한다. 열처리형이다.

A4043 : 비열처리형

(4) A5000계(Al-Mg)

알루미늄에 마그네슘을 첨가한 합금으로 마그네슘 함량에 따라 강도에 차이가 있으며 내식성과 용접성이 양호하여 1000계 재료 다음으로 가장 많이 사용되고 있다. 마그네슘 함량이 증가하면 강도가 증가하고 성형성이 개선되지만 톱니 모양의 변형이 발생하기 쉽다.

A5005 : 마그네슘 0.5~1.1% 첨가한 것으로 내식성이 뛰어나 건축 자재, 차량용 내장재, 장식용
　　　　재료 등으로 사용

A5052 : 마그네슘 2.2~2.8% 첨가한 것으로 중간 정도의 강도를 가지며 범용성이 높은 재료로 판
　　　　재 가공용, 캔의 엔드재, 차량, 선박 등에 쓰임

A5083 : 마그네슘 4.0~4.9% 첨가한 것으로 비열처리형 합금 중에서 강도가 가장 높으며 소성 가
　　　　공성 및 용접성도 양호하고 내식성, 내해수성, 저온 특성 등이 우수하여 선박, 차량(철도
　　　　및 버스), 화학 플랜트 등의 용접 구조재로 많이 사용되고 있지만 냉간 가공된 그대로는
　　　　응력 부식 크랙을 일으키므로 일반적으로 풀림 처리 상태로 쓰이고 있다. 강도는 A1100
　　　　의 2배 이상이며 인장강도는 300MPa, 연신율 30%를 보증한다는 의미에서 30-30재라
　　　　불린다. 최근에는 35-35재가 일반화되었다.

A5N01 : 양극산화처리 후 뛰어난 광택을 유지하므로 카메라 부품, 명판, 화장 판 등에 사용되는
　　　　광휘 합금

A5652 : 과산화수소에 대한 내식성이 우수하여 과산화수소용 탱크에 사용한다. 참고로 알루미늄
　　　　캔은 몸통은 A3004 또는 A3014, 뚜껑은 A5182, 캔 따개는 A5042로 만들어진다.

그림 11-3　사용 예

2) 열처리형 전신재

A2000, A4000, A6000, A7000, A8000계 알루미늄 합금으로, 강도가 중요한 특성이며 고용화 처리
및 시효 경화처리에 의해 일정 강도를 얻을 수 있으며, 냉간 가공에 의해 보다 높은 강도를 얻는 것
이 가능하다.

(1) A2000계(Al-Cu)

동(구리)을 첨가한 알루미늄 합금으로, 절삭성도 좋고 강도는 강재에 버금가지만 내식성과 용접성은
떨어진다. 내식성이 필요한 경우에는 별도의 방식 처리를 실시해야 한다.

　A2011 : 주석, 납, 비스무트 등을 첨가한 쾌삭 알루미늄. 정밀기계부품에 쓰임

　A2014 : 규소 첨가한 것으로 고강도 단조재로 사용되며 프레스에 의한 성형은 곤란하여 하이드로
　　　　　포밍(hydroforming)에 의한 성형을 실시

A2017 : 두랄루민(duralumin)

A2117 : A2017보다 Cu, Mg 양을 줄인 것으로 연성이 좋아져 리벳재로 사용

A2018 : 니켈을 첨가하여 내열성을 높인 것으로 축, 항공기 피스톤, 내열용 부품에 쓰이지만 사용
　　　　온도는 200~250℃ 정도

A2024 : 초두랄루민, 소성 가공 재료로 자동차 차체 및 항공기 부품에 사용. 초소성 재료로도 쓰임

A2036, A2037-T4 : 유럽에서 자동차 차체에 사용

A2218, A2618 : 내열 합금

A2219 : 용융 용접성이 양호하며 내열성도 뛰어남

(2) A6000계(Al-Mg-Si)

마그네슘과 규소를 첨가한 합금으로, 강도는 물론 내식성과 절삭성도 좋아 구조용 재료로 쓰이고 있
다. 용접 이음은 효율이 낮으므로 볼트, 리벳, 비스 접합을 이용한 구조 조립이 많다.

A6061-T6 : 소량의 구리를 첨가하여 강도를 높인 것으로 0.2% 내력이 SS400과 비슷하며 단조성
　　　　　이 뛰어나 리벳, 자동차 소형 부품에 사용된다.

A6063 : 강도는 낮지만 압축성이 좋아 압출재로 적합하며 A6061만큼의 강도가 필요하지 않은 구
　　　　조용 재료로 사용. 주택용 섀시, 가드레일, 철도 차량, 오토바이, 컨테이너 등에 사용

A6N01 : 프레스 성형성을 개선한 것으로 대형 차량에 사용

A6262 : 저용점 금속을 첨가하여 절삭성을 개선한 것으로 카메라, 가스 기기, 브레이크 부품 등에
　　　　사용

A6101 : 55% 이상의 전기 전도율을 가지며 버스바(busbar), 전선 등에 사용

(3) A7000계[Al-Zn-Mg(-Cu)]

아연과 마그네슘을 첨가한 합금으로 강도가 가장 높다.

A7075 : 구리를 첨가하여 강도를 더욱 높인 것으로 초초 두랄루민이라고 하며 항공기 구조재, 스
　　　　포츠 용품 등에 사용. 용접은 곤란하며 내식성 및 내응력 부식 크랙성도 떨어짐

A7175, 7475 : A7075의 불순물을 더욱 규제하여 인성 개선

A7050, 7079 : A7075의 열 경화성 개선

A7N01 : 용접이 가능한 개량종으로 용접 후 열영향 부위도 자연 시효 현상에 의해 원래에 가까운
　　　　강도로 회복된다. 철도 차량 등의 용접 구조용 재료로 사용한다. 그러나 열처리가 적절
　　　　하지 않으면 응력 부식 크랙을 일으키는 일이 있다. 일본에서 개발된 재료이다.

A7003 : A7N01보다 강도는 낮지만 압출 가공성이 좋아 살 두께가 얇은 형상의 대형 부품에 사용
　　　　한다. 차량 및 오토바이 림 등에 사용한다.

(4) A8000계(Al-Li)

비중 0.53으로 금속 중 가장 가벼운 리튬을 첨가한 합금으로, 강도는 400~500MPa 정도로 두랄루민
과 비슷하여 비강도 및 비강성이 우수하다.

A8079 : 얇은 박 압연성이 양호하며 고강성, 고력 합금으로서 항공기 부재의 일부에 사용

A8090, A8091 : 항공기 재료로 개발

표 11-3에 주요 알루미늄 합금 전신재의 화학성분을 보인다.

표 11-3 주요 알루미늄 합금의 성분 조성

종류	Si	Fe	Cu	Mn	Mg	Cr	Zn	Ti	기타
A2011	≤0.4	≤0.7	5.0~6.0	–	–	–	≤0.3	–	Pb 0.2~0.6
A2014	0.5~1.2		3.9~5.0	0.4~1.2	0.2~0.8	≤0.1	≤0.25	–	Zr+Ti≤0.2
A2017	0.2~0.8		3.5~4.5	0.4~1.0	0.4~0.8			–	
A2024	≤0.5	≤0.5	3.8~4.9	0.3~0.9	1.2~1.8				
A3003	≤0.6	≤0.7	0.05~2.0	1.0~1.5	–	–	≤0.1	–	–
A3004	≤0.3		≤0.25		0.8~1.3	–	≤0.25		
A4032	11.0~13.5	≤1.0	0.5~1.3	–		≤0.1		–	Ni 0.5~1.3
A5005	≤0.3	≤0.7	≤0.2	≤0.2	0.5~1.1			–	–
A5052	≤0.25	≤0.4	≤0.1	≤0.1	2.2~2.8	0.15~0.35	≤0.1	–	–
A5083	≤0.4			0.4~1.0	4.0~4.9	0.05~0.25	≤0.25	≤0.15	
A6061	0.4~0.8	≤0.7	0.15~0.4	≤0.15	0.8~1.2	0.04~0.35			–
A6063	0.2~0.6	≤0.35	≤0.1	≤0.1	0.45~0.9	≤0.1	≤0.1	≤0.1	–
A7075	≤0.4	≤0.5	1.2~2.0	≤0.3	2.1~2.9	0.18~0.28	5.1~6.1	≤0.2	Zr+Ti≤0.25

방열판

압출 프레임

승용차 휠

그림 11-4 사용 예

3) 주물재

(1) 알루미늄-규소계

알루미늄과 규소는 공정형 상태도를 형성하며 α상 중에 용해되는 규소는 적으므로 열처리 효과는 없다. 공정 부근(규소 10~13%)의 합금을 실루민(silumin, AC3C)이라 한다.

알루미늄-규소의 공정점은 11.7%지만 일반적으로는 소량의 나트륨 및 불화 나트륨(NaF)을 첨가하여 냉각한 경우 공정 온도가 저하하여 공정 조성은 13.5% 부근까지 변화하며 공정 조직은 미세화하여 기계적 성질은 개선된다(개량 처리).

AC3A : 비열처리형이며 대표적인 주물용 합금으로 주형에 주입 시 용탕의 흐름이 좋고 응고 시 수축도 적으며 응고 후 주물의 표면 상태가 좋다. 0.2% 내력, 고온 강도, 피로 강도 및 가 공성은 떨어지므로 케이스, 커버 등 살 두께가 얇거나 복잡한 형상의 주물에 사용한다. 실루민(silumin)이라고 불린다.

AC4A : 열처리형. 마그네슘(규소 8~10%, 마그네슘 0.3~0.6%)을 첨가하여 AC3A의 단점을 개선하여 시효경화성(석출 강화)을 부여한다. γ-실루민이라 한다.

AC4C : 열처리형이며, 규소 6.5~7.5%, 마그네슘 0.25~0.45% 첨가. 주조성, 용접성, 내진성 등이 양호하며 500℃에서 고용화처리 후 160℃에서 시효처리하여 245MPa의 인장강도를 얻을 수 있어 내연 기관 부품, 기어 박스, 유압 부품, 브레이크 드럼 등에 사용되고 있다. γ-실루민이라 한다.

AC4B : 열처리형. 규소를 줄이고 구리를 첨가하여(규소 7~10%, 구리 2~4%) 고용 강화와 시효경화성을 가짐. 크랭크 케이스, 매니폴드 등에 사용하며 동 실루민이라 한다.

AC4D : 열처리형. 구리와 마그네슘을 첨가하여 경도와 강도가 높고 용접이 가능하여 엔진 부품이나 실린더 헤드 등에 사용한다.

AC8A, AC8B : 열처리형. AC4D에 니켈을 첨가하여 열팽창계수가 작고 고온 강도가 높으며 내마모성이 좋아 자동차 및 선박용 피스톤, 풀리, 베어링 등에 사용한다. 로 엑스(low ex)라고 한다.

AC9A, AC9B : 열처리형. Al-Si-Cu-Ni-Mg계. 내열성이 뛰어나며 열팽창계수가 작고 내마모성은 좋지만 주조성 및 피절삭성은 좋지 않다. 공랭 2사이클용 피스톤에 사용한다.

(2) 알루미늄-마그네슘계

내식성과 절삭성은 우수하지만 용해 시 표면에 산화 피막이 생겨 주조성이 나빠지므로 내압력용 주물에는 부적당하다. 내해수성은 알루미늄 주물재 중 최고이며 선박용, 화학공업용 부품에 사용된다. 하이드로날륨(hydronalium)이라 불린다.

AC7A : 비열처리형. Mg 3.5-5.5%-Si 0.2%-Fe 0.3%-Mn 0.6%-Ti 0.2%
AC7B : 열처리형. Mg 9.5-11%-Si 0.2%-Fe 0.3%-Mn 0.1%-Ti 0.2%

(3) 알루미늄-구리계

전부 열처리형으로 시효처리에 의해 기계적 성질을 향상시키며 주조성, 절삭성은 양호하지만 열간 가공성은 나쁘다.

   AC1A, AC1B : 4~5% 구리를 첨가하여 주조 상태에서는 인장강도 157MPa, 연신율 5%지만 시효 처리하면 인장강도 274MPa, 연신율 3%로 된다.

      알루미늄-구리 중 구리의 일부를 아연으로 대체하여 내력을 증대시킨 것을 독일 합금이라 한다.

   AC2A, AC2B : 규소를 첨가하여 주조성, 기밀성, 용접성을 향상시킴. 자동차용 매니폴드, 실린더 헤드, 휠 부품 등에 사용. 라우탈(lautal)이라 불림

   AC5A : 니켈 2%, 마그네슘 1.5%를 첨가하여 고온 강도, 열전도성이 좋고 열팽창계수가 작아 내연기관의 피스톤, 공랭 실린더 헤드에 사용. Y 합금(Y alloy)이라 불림

4) 다이캐스팅용 주물재

알루미늄 다이캐스팅에 있어서 중요한 요소는 용탕의 유동성, 융점 및 강도 등이며 합금 원소의 역할은 규소는 탕의 흐름 개선 및 열간 크랙 방지이며 철과 구리는 금형과의 점착 억제 및 금형의 부식 방지에 기여한다. 이에 적합한 주물재는 실루민(AC3A), 하이드로날륨(AC7A, AC7B), 라우탈(AC2A, AC2B) 등이다.

4. 알루미늄 합금의 열처리 전후의 기계적 성질

1) 전신용 알루미늄 합금

표 11-4 전신용 알루미늄 합금의 열처리와 기계적 성질

종류	열처리 상태	인장강도(MPa)	0.2% 내력(MPa)	피로 강도(MPa)	연신율(%)	경도(HB)
A1080	O	≥55	≥15		≥30	
	H18	120	–		4	
A2014	T6	485	415	125	13	135
A2017	O	180	70	90	22	45
A2024	O	215	95		12	
	T4	470	325	140	15	120
A3003	O	110	40	50	25	28
	H18	185	165		4	
A4032	T6	380	315	110	5	120
A5052	O	175	65		18	
	H38	290	255	140	4	77

(계속)

종류	열처리 상태	인장강도(MPa)	0.2% 내력(MPa)	피로 강도(MPa)	연신율(%)	경도(HB)
A5083	O	275	125		16	
	H116	315	230	160	30	
A6061	H32	305	215		12	
	T6	310	275	95	10	95
A6063	T6	240	215	70	12	73
A7075	T6	570	505	160	8	150
A7N01	T6	345	295	125	10	100

2) 주조용 알루미늄 합금

표 11-5 주조용 알루미늄 합금의 열처리와 기계적 성질

종류	열처리 상태	인장강도(MPa)	0.2% 내력(MPa)	피로 강도(MPa)	연신율(%)	경도(HB)
AC1A	F	≥160			≥5	55
	T4	235			5	70
AC1B	F	180			2	60
	T6	305			3	95
AC2A	F	185			2	75
	T6	275			1	90
AC3A	F	180			5	50
AC4A	F	180			3	60
	T6	245			2	90
AC4B	F	180			–	80
	T6	245			–	100
AC4C	F	160			3	35
	T6	225			3	85
AC4D	F	180			2	70
	T6	275			1	90
AC5A	O	185			–	65
	T6	295			–	100

(계속)

종류	열처리 상태	인장강도(MPa)	0.2% 내력(MPa)	피로 강도(MPa)	연신율(%)	경도(HB)
AC7A	F	215			12	60
AC7B	T4	295			10	75
AC8A	F	180			–	85
	T6	275			–	110
AC8B	F	180			–	85
	T6	275			–	110
AC9A	T5	150			–	90
	T6	190			–	125
	T7	170			–	95
AC9B	T5	170			–	85
	T6	270			–	120
	T7	200			–	90

* 주 : 인장강도는 금형 주물 기준이며 사형 주물인 경우에는 20~40MPa 정도 낮게 된다.

5. 알루미늄 합금의 가공성

1) 피삭성

알루미늄 합금의 선삭 가공에 대한 특성은 다음과 같다.

(1) 비중이 철강 및 동 합금에 비해 약 1/3로 고속 회전에 있어 관성력이 작다.
(2) 내력이 작으므로 가공 시에 조임과 풀림에 의한 뒤틀림이 일어나기 쉬워 가공 정밀도가 어긋나는 원인이 된다.
(3) 경도가 낮으므로 절삭 칩 등에 의해 가공면에 흠집이 나기 쉽다.
(4) 전단 강도가 낮으므로 절삭 시에 날 끝에 의해 소성 유동을 일으키기 쉽다.
(5) 철강에 비해 구성 인선(build up edge)의 생성 탈락이 일어나기 쉬우며 절삭 메커니즘이 복잡하여 양호한 가공면을 얻기 어렵다.
   * 구성 인선 : 알루미늄이나 연강 등을 비교적 저속으로 절삭하면 절삭 부분에서 피삭재의 물리 화학적 변화에 의해 피삭재의 일부가 공구 날 끝에 붙어 새로운 날 끝이 생긴 것
(6) 열팽창률이 크므로 가공열에 의한 온도 상승이 가공 정밀도에 크게 영향을 준다.

2) 표면처리

알루미늄 합금의 표면에는 3~10nm의 매우 얇은 산화 알루미늄 피막(부동태 피막이라 한다)이 생성

되며 10~30일에 약 100nm로 성장한다. 이 산화 피막을 인공적으로 두껍게, 안정적으로 생성시키는 방법이 양극산화처리(아노다이징, 알루마이트)이다.

양극산화처리는 알루미늄 표면을 기계적 또는 화학적으로 연마한 다음 황산, 크롬산 혹은 질산 전해액을 넣은 전해조에 제품을 넣고 알루미늄 부품을 양극으로 하여 약한 직류, 교류 또는 직교류의 전류를 흘리면 전기 분해에 의해 생긴 산소가 알루미늄 표면에 흡착하여 치밀한 산화 알루미늄 피막이 생성된다.

이 산화 피막의 표면에는 직경 0.01~0.05μm의 작은 구멍이 2μm마다 60~800개 있는데 이 구멍으로 수분이 침입하면 부식의 원인이 되므로 압력 용기에 넣고 수증기를 불어 넣어 가압하든가 또는 끓는 물에 넣어 표면에 수산화 알루미늄을 생성시켜 구멍을 막는 처리를 한다.

양극 산화피막은 내마모성과 내식성이 뛰어나다. 또 전해액의 종류, 온도, 전류 밀도, 시간, 알루미늄 합금의 성분을 조정하여 발색이나 착색시킬 수 있다. 이와 같은 착색 피막은 색의 열화가 작아 건물의 외벽, 창틀, 패널 등에 쓰이고 있다.

3) 소성 가공성

알루미늄 합금의 성형성은 강에 비해 떨어지는데 이것은 강도를 향상시키기 위해 연성을 희생시키기 때문이다. 영률이 강의 1/3, r값이 1 이하이므로 드로잉성, 굽힘성, 스트레치 플랜지 성형성에 문제가 있다. n값은 강보다 크므로 부풀림성은 크게 떨어지지 않는다. 그러므로 성형성이 떨어지는 부분은 성형 기술로 보완할 필요가 있다. 강도와 연성이 균형을 이루고 있는 것은 5000계로 폭넓게 이용되고 있다.

4) 용접성

알루미늄 합금은 대부분의 용접 방법으로 용접 가능하지만 일반적으로 티그(TIG) 또는 미그(MIG) 용접이 쓰인다.

알루미늄은 표면에 고융점의 산화 피막이 생기기 쉬우며 열 전도율이 커 국부 가열이 어려우며 열 팽창계수가 크므로 용접 변형 및 용접 크랙이 일어나기 쉬우며 수소를 흡수하여 기포가 생기기 쉬운 점 때문에 용접성이 떨어진다. 이를 보완하는 방법은 용접 전에 산화 피막을 제거하거나 티타늄, 저 커늄, 보론 등을 미량 첨가하거나 공기를 차단하고 오염물, 수분의 제거, 예열 등이 있다.

❖ 11-2 마그네슘 합금

마그네슘은 은백색 금속으로 지각의 약 2.5%로 8번째로 많으며 해수 중에도 0.13%가 용해되어 있다. 비중이 1.74로 상용 금속 중 가장 가벼우며 항복 강도가 높은 편이어서 알루미늄처럼 경량화에 꼭 필요한 재료이다.

알루미늄과 비교하면 내식성은 떨어지고 인장강도는 높으며(220~330MPa), 결정 구조가 조밀 육방 구조이므로 소성 가공성은 좋지 않다. 그러나 300℃ 이상으로 되면 연성이 매우 좋아져 열간 압연, 단조, 압출 및 다이캐스팅 등이 가능해진다.

마그네슘은 치수 안정성이 좋고 충돌 시 움푹 들어가는 현상(hollow depression)에 대한 저항성이 알루미늄 및 연강에 비해 좋으며, 진동을 흡수하는 제진성이 좋고 절삭성도 좋아 휴대용 기기의 운반용 케이스, 휴대전화의 프레임, 자동차 엔진 커버 등에 쓰이고 있다.

표 11-6에 마그네슘의 장점별 용도를 정리하였다.

표 11-6 마그네슘의 특징

장점	특징	용도
경량	알루미늄의 2/3, 철의 1/4	자동차 부품, 포터블 기기
강도, 강성, 박육화	수지보다 비강도, 비강성이 커서 박육화 가능함	휴대전화, 노트북 케이스, 커버류
열 전도성, 방열성	수지보다 뛰어남. 열에 약한 IC 등을 지킴	하우징, 케이스
전자파 실드성	수지 도금품보다 실드성이 양호함	휴대전화, 노트북 케이스
진동 흡수성	진동 에너지를 흡수함	스티어링 코어, 픽업(pick-up), 팬
재활용성	재활용 에너지가 작음	자동화 기기, OA, AV 기기

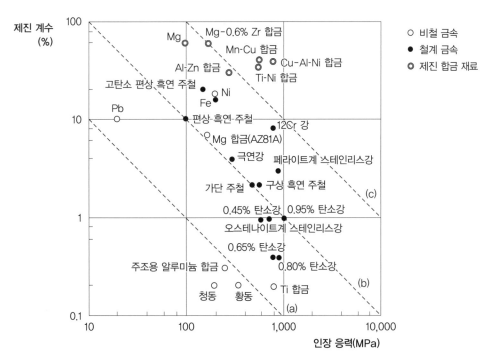

그림 11-5 각종 금속재료의 제진 계수와 인장강도

　고순도 마그네슘의 내식성은 알루미늄 합금 및 철강보다 뛰어나다. 마그네슘은 공기 중에 방치하면 서서히 산화하여 염기성 탄산 마그네슘과 합금 원소의 산화물로 구성되는 피막을 생성한다. 이 피막은 알칼리성이며 건조한 상태에서는 투명하지만 습한 상태로 되면 두껍게 성장하여 흑색으로 되고, 알루미늄 산화 피막보다는 못하지만 부식으로부터 보호하는 작용이 있다.

　마그네슘에 철, 니켈, 구리 등의 불순물이 혼입되거나 가공에 의해 중금속류의 분말이 표면에 남아 있거나 이종 금속과 전기적으로 접촉하면 심하게 부식한다. 순마그네슘에 대한 니켈의 허용 한계량은 0.005%, 철은 0.016%, 구리는 0.1%이다.

　전자파를 차단하는 특성도 있으며 전기 저항은 금, 은, 동, 알루미늄 다음으로 낮다. 그러나 마그네슘은 산소와 반응하기 쉬운 활성 금속으로 대기 중에서는 용해가 불가능하며 절삭 가공 시 불이 붙는 경우도 있다.

　표 11-7에 마그네슘의 물리적 성질을 보인다.

표 11-7 마그네슘의 물리적 성질

항목	값	항목	값
비중(g/cm³)	1.74	열팽창계수(μm/m K)	25.2
융점(℃)	650	열 전도율(W/m K)	418
비점(℃)	1,107	전기 전도율(%IACS)	38.6
비열(kJ/kg K)	1,025	전기 저항(nΩm)	44.5
영률(GPa)	44.1		

1. 마그네슘 합금의 종류

마그네슘 합금에 사용되는 첨가 원소에는 알루미늄, 망간, 아연, 저커늄 등 여러 가지가 있는데 ASTM에서는 이들 첨가원소를 아래 표와 같이 알파벳 대문자로 표시하여 마그네슘 합금의 종류를 나타내고 있다.

표 11-8 마그네슘 합금의 첨가 원소 종류

기호	첨가 원소	첨가 목적
A	알루미늄(aluminum)	기계적 성질 개선
K	저커늄(zirconium)	결정립 미세화
Q	은(silver)	내열성 개선
E	희토류	기계적 성질 개선

(계속)

기호	첨가 원소	첨가 목적
L	리튬(lithium)	
T	주석(tin)	
H	토륨(thorium)	저커늄과 함께 결정립 미세화, 기계적 성질 개선
M	망간(manganese)	내식성 개선
Z	아연(zinc)	내식성 및 강도 개선
W	이트륨(yttrium)	저커늄과 함께 결정립 미세화, 기계적 성질 개선
C	구리(copper)	기계적 성질 개선
S	규소(silicon)	크리프 강도 개선

마그네슘 합금의 표기는 다음과 같이 한다.

□□□□□

첫째, 둘째 □ : 표 11-4의 알파벳 대문자로 주요 합금원소 두 가지를 나타낸다.

셋째, 넷째 □ : 숫자로 쓰이며 각 합금원소의 성분 비율을 나타낸다.

다섯째 □ : A, B, C로 개정 순서를 나타낸다.

표 11-9에 많이 쓰이는 마그네슘 합금의 종류를 보인다.

표 11-9 마그네슘 합금의 종류

	ASTM 기호	KS 기호	JIS 기호	열처리	인장강도 (MPa)	항복 강도 (MPa)	연신율 (%)
열간 가공재	AZ31	MB1	MB1	H112	≥230	≥140	≥6
	AZ61A	MB2	MB2	H112	260	150	6
	AZ80A	MB3	MB3	H112	280	190	5
	ZK60A	MB6	MB6	H112	300	210	5
				T5	310	230	5
	ZC71A	MB10	MB10	T6	325	300	
	WE54A	MB11		T5	250	170	
	WE43A	MB12		T6	220	130	

(계속)

ASTM 기호	KS 기호	JIS 기호	열처리	인장강도 (MPa)	항복 강도 (MPa)	연신율 (%)
AZ63A	MgC1	MC1	F	180	70	4
			T4	240	70	7
AZ91C	MgC2	MC2	F	160	70	–
			T6	240	110	3
AZ92A	MgC3	MC3	F	160	70	–
			T4	240	70	6
AM100A	MgC5	MC5	F	140	70	–
			T4	240	70	6
ZK 51A	MgC6	MC6	T5	240	140	5
ZK61A	MgC7		T6	270	180	5
EZ33A	MgC8	MC8	T5	140	100	2
AZ91A	MgDC1A	MDC1A	F	230	150	3
AZ91B	MgDC1B	MDC1B	F	230	150	3

※ 주물재 (표의 왼쪽 병합 셀)

1) 열간 가공재

열간 가공 마그네슘 합금은 마그네슘-알루미늄-아연계(AZ계)와 마그네슘-아연-저커늄계(ZK계)가 주이며 열간 가공의 적정한 공정 관리로 기계적 성질을 보증할 수 있다.

인장강도는 230~310MPa, 내력은 인장강도의 약 60% 정도이며 연신율은 5% 이상이다.

표 11-10 전신용 마그네슘 합금의 화학 성분

KS	ASTM	화학 성분							
		Al	Zn	Zr	Mn	Si	Cu	Fe	Ni
MB1	AZ31	8.3~9.7	0.5~1.5	–	≥0.15	≤0.1	≤0.1	≤0.01	≤0.05
MB2	AZ61A	5.5~7.2	0.5~1.5	–	0.15~0.4	0.1	0.1	0.01	0.05
MB3	AZ80A	7.5~9.2	0.2~1.0	–	0.1~0.4	0.1	0.05	0.01	0.05
MB4	–	–	0.5~1.5	0.4~0.8	–	–	0.03	–	0.05
MB5	–	–	2.5~4.0	0.4~0.8	–	–	0.03	–	0.05
MB6	ZK60A	–	4.8~6.2	0.45~0.8	–	–	0.03	–	0.05
MB7	–	1.5~2.4	0.5~1.5	–	–	0.1	0.03	0.01	0.05

리플로우 팰릿(reflow pallet)

명함 케이스

그림 11-6 사용 예

2) 주물재

비강도가 높고 절삭성이 좋아 제품의 경량화에 유효하며 사형 주조 및 금형 주조 모두 실시되고 있다. 융점이 낮고 응고 잠열이 작으며 알루미늄처럼 주형, 탕도 등 강재를 소모시키지 않으므로 다이캐스팅에도 알맞다.

표 11-11 주물용 마그네슘 합금의 화학 성분

KS	ASTM	화학 성분							
		Al	Zn	Zr	Mn	Si	Cu	RE	Ni
MgC1	AZ63	5.3~6.7	2.5~3.5	–	0.15~0.35	≤0.3	≤0.1		≤0.1
MgC2	AZ91	8.1~9.3	0.4~1.0	–	0.13~0.35	0.3	0.1		0.01
MgC3	AZ92	8.3~9.7	1.6~2.4	–	0.1~0.35	0.2	0.15		0.001
MgC5	AM100	9.3~10.7	≤0.3	–	0.1~0.35	0.3	0.1		0.1
MgC6	ZK51	–	3.6~5.5	0.5~1.0	–	0.3	0.1		0.01
MgC7	ZK61	–	5.5~6.5	0.6~1.0	–	–	0.1		0.01
MgC8	EZ33	–	2.0~3.1	0.5~1.0	–	–	0.1	2.5~4.0	0.01

(1) 마그네슘-알루미늄계

가볍고 주조성은 좋지만 내식성은 떨어진다.

(2) 마그네슘-아연계

강도와 연신율은 실루민에 떨어지지 않으며 가공성도 좋지만 해수에 약하다. 자동차의 피스톤, 크랭크 케이스 등에 쓰이고 있다. 저커늄을 첨가하여 조직의 미세화와 강도의 향상을 꾀한 것으로 마그네슘-아연-저커늄계(MC6, MC7)가 있으며 희토류 원소인 톨륨(Th)을 첨가해 크리프 강도를 향상시킨 것으로는 마그네슘-아연-RE-저커늄계(MC8)가 있다.

(3) 마그네슘-RE계, 마그네슘-톨륨계

최근 개발된 내열 마그네슘 합금으로, 희토류 원소(rare earths, RE)인 세슘(Ce) 및 톨륨을 첨가해 내열성을 높였다.

표 11-12에 주요 마그네슘 합금 주물의 특성과 용도를 정리하였다.

표 11-12 주물용 마그네슘 합금의 특성 및 용도

KS 기호	주형	합금명	특성	용도 예
MgC1	사형 금형	AZ63A	강도와 인성은 있지만 주조성은 약간 떨어진다. 비교적 단순 형상의 주물에 알맞다. 내식성은 양호하다.	일반 주물 TV, 카메라 부품, 쌍안경 본체, 직기용 부품
MgC2		AZ91A	인성이 있고 주조성이 좋아 내압 주물에 알맞다. 주조성은 MC3보다 좋으며 내식성은 MC1보다 떨어진다.	일반용 주물 클러치 페달, 크랭크 케이스, 트랜스미션, 기어 박스 등의 자동차 부품 OA 기기용, 레이더용 부품, 공구용 지그 등
MgC3		AZ92A	강도는 있으나 인성이 떨어진다. 주조성은 좋아 내압 주물에 알맞다.	일반 주물 엔진용 부품, 인쇄용 새들 등
MgC5	금형	AM100A	강도와 인성이 있으며 내압 주물에 적합하다.	일반용 주물 엔진용 부품
MgC6	사형	ZK51A	강도와 인성이 요구되는 경우에 사용한다. T5 처리로 인성이 좋다.	고력 주물 산소 봄베 브래킷, 레저용 차바퀴
MgC7		ZK61A	강도와 인성이 요구되는 경우에 사용한다. T5 및 T6 처리로 인성이 증가한다.	고력 주물 인렛 하우징(inlet housing)
MgC8		EZ33A	주조성, 용접성, 내압성이 있다. 상온 강도는 낮지만 고온에서의 강도 저하가 작고 크리프 강도는 크다.	내열용 주물 엔진용 부품, 기어 케이스, 컴프레서 케이스 등

표 11-13 다이캐스팅용 마그네슘 합금의 기계적 성질

	ASTM	인장강도	0.2% 내력	연신율
MgAC1A	AZ91D	240 MPa	160	3
MgAC2A	AM60B	225	130	8
MgAC3A	AS41B	215	140	6
	AM50A	210	125	10
	AS21	175	110	9

표 11-14 다이캐스팅용 마그네슘 합금의 특성 및 용도

KS 기호	합금명	특성	용도
MgAC1A MgAC1B MgAC1D	AZ91	주조성과 기계적 성질이 좋아 많이 사용된다.	공구 케이스, VTR, 음향기기, 광학기기, 스포츠 용품, 자동차 부품, OA 기기 부품
MgAC2A MgAC2B	AM60	주조성은 AZ91계보다 떨어지지만 연신율과 인성이 좋다.	자동차 부품(휠), 스포츠 용품
MgAC3A	AS41	주조성은 떨어지지만 고온 강도가 좋다.	자동차 엔진 부품
	AM20A AM50A	연신율, 내충격성을 개선하였다.	자동차 부품(좌석 프레임)

2. 마그네슘 합금의 가공성

1) 절삭성

절삭 저항이 탄소강의 1/6, 연강의 1/5, 알루미늄의 1/2 정도로 절삭성이 좋으며 공구 수명도 길다. 그러나 건조한 분말 및 절삭 칩은 고온에서 발화하기 쉬우므로 다량의 광물성 냉각제를 사용하면서 절삭 속도를 느리게 하고 칩의 두께를 두껍게 하는 것이 바람직하다. 또한 비열이 다른 재료에 비해 작아 국부 가열을 일으키기 쉬우며, 열팽창이 철의 약 2배에 달해 절삭 시 온도가 상승하므로 치수 정밀도가 떨어질 수 있어 주의를 필요로 한다.

2) 용접성

TIG나 MIG 용접으로 쉽게 용접 가능하며 전자빔, 레이저빔 용접 및 마찰 압접 등도 가능하다. 스폿 용접도 적정한 조건하에서 가능하다.

3) 주조성

마그네슘 합금은 주조하기 쉬운 편이며 다이캐스팅에 의해 살 두께 1~2mm인 주물도 만들 수 있다. 최근에는 칩 형상의 합금 원료를 사출 성형기의 실린더 내에서 용융하여 바로 성형하는 방법에 의해 살 두께 0.7~1mm인 부품도 제작하여 휴대전화의 프레임에 사용하고 있다.

4) 소성 가공성

마그네슘은 조밀 입방 격자이므로 일반적으로 소성 가공은 어렵지만 각각의 가공 방법에 맞는 화학 성분인 재료를 선정하고 적절한 가공 조건을 사용하면 양호한 가공도 가능하다.

(1) 압출

마그네슘의 소성 가공에는 압출 가공이 가장 적합하다.

(2) 단조

마그네슘 합금은 쉽게 단조가 가능하며 단조품의 성능도 좋다.

(3) 프레스 성형

딥 드로잉 및 굽힘 가공 등은 적당한 온도로 가열하면서 하면 어느 정도의 가공은 가능하다.

❖ 11-3　티타늄 합금

티타늄 합금은 알루미늄보다는 무겁지만 강보다는 가벼운 금속으로, 내식성이 스테인리스강보다 우수하여 주로 화학공업용 및 해양 플랜트용으로 쓰이고 있다. 티타늄은 강한 부동태 피막의 형성에 의해 질산 등과 같은 산화성 산에 대해 굉장히 강하다. 염소 이온에 대해서도 스테인리스강 이상으로 부동태 피막이 파괴되기 어려우며 공식, 틈새 부식, 응력 부식 크랙이 생기기 어렵다.

고온, 고농도의 염산 및 황산에는 부식되지만 소량의 산화제를 첨가하여 부동태화함으로써 부식 속도를 떨어뜨릴 수 있다. 또 미량의 수분만 있으면 염소 가스에도 견딘다. 아황산 가스, 황화 수소 등 대부분의 유기산에 대해서는 뛰어난 내식성을 보인다. 그러나 알칼리에 대해서는 약해 고온, 고농도의 가성 소다(NaOH) 및 가성 칼리(KOH), 불화수소 산이나 건조한 염소 가스에는 약하다.

600℃를 넘는 공기 중에 장시간 방치하면 산화가 급격히 증가하므로 터빈 블레이드와 같이 공기 중에서 오랜 시간 가열되는 경우에는 550℃가 한계 온도로 된다.

또한 유동 해수 중에서도 침식을 일으키기 어렵다.

티타늄은 알루미늄과 달리 열 전도율과 전기 전도율은 낮으며 885℃에서 동소 변태를 일으키는데 저온에서의 결정 구조인 조밀 육방 격자(α상)가 885℃에서 체심 입방 격자(β상)로 변한다. 일반적으로 조밀 육방 격자는 소성 가공성이 떨어진다.

강도는 강에 버금가지만 영률은 강의 절반 정도이므로 같은 응력에 대해 강보다 2배 휘거나 비틀린다. 상자성체이다.

티타늄은 수소를 많이 흡수하면 수분이 없는 산화성 환경에서 급격한 발화 반응이 생길 수 있다.

티타늄의 물리적 성질을 표 11-15에 정리하였다.

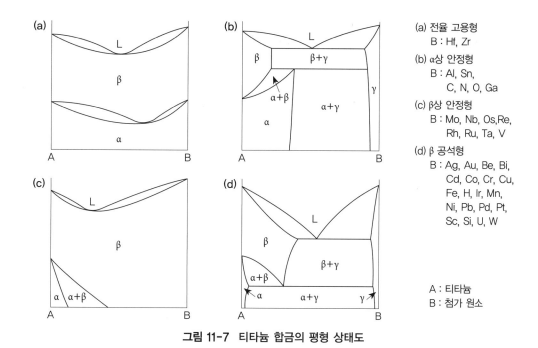

그림 11-7 티타늄 합금의 평형 상태도

표 11-15 티타늄의 물리적 성질

항목	값	항목	값
비중(g/cm³)	4.54	열팽창계수(μm/m K)	10.2
융점(℃)	1,670	열 전도율(W/m K)	11.4
전기 저항(nΩm)	420	전기 전도율(%IACS)	28.3
영률(GPa)	104.3		

1. 티타늄 합금의 종류

1) 공업용 순티타늄

공업용 순티타늄(CP titanium, commercial pure titanium)은 강도와 연신율이 철강 재료와 비슷하여 구조용 재료로 사용되며, 400~500℃까지 산화하지 않으며 실온 근처에서는 불산을 제외한 어떤 산 및 염에도 침투되지 않는 매우 뛰어난 내식성을 갖고 있어 화학 장치와 해수 중에서 사용되는 열교환기 등의 구조 재료로 쓰이고 있다.

순티타늄에는 철과 산소의 함유량에 따라 1종에서 4종까지 네 가지 종류가 있으며 각각의 기계적 성질을 표 11-16에 보인다. 1종은 가장 유연하여 소성 가공성이 티타늄 중에서 가장 좋으며 2종은 범용성이 높은 대표적인 순티타늄이다.

표 11-16 공업용 순티타늄의 종류

종류	JIS	인장강도(MPa)	0.2% 내력(MPa)	연신율(%)	용도
1종(TB 270)	KS와 동일	270~410	≥165	≥27	위스키 보틀, 액세서리
2종(TB 340)		340~510	215	23	열교환기, 화학 플랜트
3종(TB 480)		480~620	345	18	석유 화학, 자전거
4종(TB 550)		550~750			도금 용기, 스포츠 레저 용품

CP 티타늄의 기계적 성질을 계산하는 방식은 다음과 같다.

(1) 인장강도(MPa)=$0.115 \times O_2$ 함량(ppm)+$0.052 \times$Fe 함량+27.744

(2) 0.2% 내력(MPa)=$0.114 \times O_2$ 함량(ppm)+$0.047 \times$Fe 함량+18.850

(3) 연신율(%)=$-0.016 \times O_2$ 함량(ppm)$-0.033 \times$Fe 함량+46.253

(4) 경도(HB)=$0.0381 \times O_2$ 함량(ppm)+$0.0171 \times$Fe 함량+89.746

2) 내식 티타늄

순티타늄에 팔라듐을 첨가하여 황산, 염산 등 환원성 산에 대한 내식성, 특히 내틈새부식성을 향상시킨 티타늄 합금이다. 주로 화학 장치, 석유 정제 장치 및 펄프제지 공업 장치 등에 쓰이고 있다.

표 11-17에 종류를 정리하였다.

표 11-17 내식 티타늄 합금의 종류

종류		인장강도(MPa)	0.2% 내력(MPa)	연신율(%)
11종	TB270Pd	270~410	216	
12종	TB340Pd		441	
13종	TB480Pd			
14종	TB345NPRC	≥345		
15종	TB450NPRC	450		
16종	TB343Ta	343~481	216	23
17종	TB240Pd	240~380		
18종	TB345Pd	345~515		
19종	TB345PCo	345~515		
20종	TB450PCo	450~590		
21종	TB275RN	275~450		
22종	TB410RNH	410~530		
23종	TB410RNC	483~830		

한편 티타늄 합금은 2원계 상태도에 있어서 첨가 원소의 종류에 따른 용융점, α ↔ β 변태 온도의 거동에 따라 다음의 α 티타늄 합금, (α+β) 티타늄 합금, β 티타늄 합금으로 나뉜다.

티타늄 합금은 내식성 한 가지 특성만 이용하는 CP 티타늄이나 내식 티타늄과 달리 강도를 비중으로 나눈 비강도를 중요한 특성값으로 한다.

3) α 티타늄 합금

α 티타늄 합금은 티타늄-알루미늄 합금으로, 알루미늄 첨가에 의해 α상 영역이 확대하고 강도도 상승한다. 그러나 알루미늄이 7% 이상으로 되면 Ti₃Al(α2상)이 나타나며 인성이 열화한다. 이것을 피하기 위해 제3의 원소를 첨가하여 Ti₃Al을 석출시키지 않고 알루미늄을 많이 고용할 수 있도록 했다.

고온 강도, 고온 크리프 특성이 우수하며 ELI(Extra Low Interstitial)급은 극저온 인성도 뛰어나다. 용접이 쉬우며 조밀 육방 격자이므로 열간 가공 및 냉간 가공성이 나쁘며 상 변태가 없어 열처리 효과는 없다.

준α 티타늄 합금(near α Ti alloy)은 α 합금에 β상 안정화 원소를 첨가하여 β상을 약간 포함하여 고강도와 고온 특성을 겸비한 합금이다.

표 11-18에 이들 종류를 정리하였다.

표 11-18 α 티타늄 합금의 종류

종류			인장강도 (MPa)	0.2% 내력 (MPa)	연신율 (%)	열처리
α 합금	50종 TAB1500	Ti-1.5Al	≥345			
		Ti-5Al-3.5Sn-3Zr-1Nb-0.3Mo-0.3Si	1,020	892	16	용체화+시효
		Ti-5Al-2.5Sn	862	804	16	풀림
준α 합금		Ti-6Al-2Sn-4Zr-2Mo	980	892	15	풀림
		Ti-8Al-1Mo-1V	1,000	951	15	2단 풀림

4) α+β 티타늄 합금

α 안정화 원소와 β 안정화 원소를 모두 첨가하여 고온에서 존재하는 β상을 급랭하여 실온에서 잔류시켜 (α+β)의 2상으로 된 범용성이 높은 대표적인 티타늄 합금으로, 내열성은 우수하지만 용접성이 나쁘고 소성 가공은 곤란하다. 강도, 연성, 인성을 적당히 조합시킨 합금을 만들 수 있으며 열처리 (고용화 후 시효)성이 우수하여 중간 강도에서 높은 강도까지 비교적 쉽게 얻을 수 있다.

Ti-6Al-4V 합금은 열처리성, 가공성, 용접성 등이 균형을 갖춰 가장 널리 쓰이고 있다. 두꺼운 재료에는 열처리성을 개선한 Ti-6Al-6V-2Sn 합금이 쓰이며 V 및 Mo을 감소시키고 Al과 Sn을 증가시킨 Ti-8Al-1V-1Mo 합금은 Ti-6Al-4V 합금보다 탄성계수가 10% 정도 크게 되며 내크리프 강도도 크다. 용도는 항공우주산업, 의료 기기, 스포츠 레저 용품 등에 쓰인다.

표 11-19에 종류를 보인다.

표 11-19 α+β 티타늄 합금의 종류

종류		열처리	인장강도(MPa)	0.2% 내력(MPa)	연신율(%)
61종 TAB3250	Ti-3Al-2.5V	A	686	588	20
60종 TAB6400	Ti-6Al-4V	A	980	921	14
		STA	1,170	1,100	10
	Ti-6Al-6V-2Sn	A	1,060	990	14
		STA	1,270	1,170	10

5) β 티타늄 합금

티타늄에 Mo 및 Fe 등 β상 안정화 원소를 첨가한 합금으로, β영역에서 급랭하면 β상이 실온에서 잔류한다. 일반적으로 내식성이 필요한 경우에는 순티타늄이나 내식 티타늄이 쓰이지만 이들은 황산 및 염산과 같은 환원성(reducibility) 산에 대해서는 내식성이 충분치 않으므로 이와 같은 환경에는 β 합금의 내식성이 우수하다. 고용화 열처리에 의해 가장 높은 강도를 얻을 수 있지만 고온에서 강도 유지는 어려우며 Ti-Mo계 합금은 비산화성(non-oxidizability) 환경에서의 내식성은 순티타늄보다 우수하다. 체심 입방 격자이다.

표 11-20에 종류를 정리하였다.

표 11-20 β 티타늄 합금의 종류

종류			인장강도(MPa)	0.2% 내력(MPa)	연신율(%)	열처리
준β 합금		Ti-6Al-2Sn-4Zr-6Mo	1,270	1,180	10	용체화 +시효
		Ti-10V-2Fe-3Al	1,270	1,200	10	
		Ti-13V-11Cr-3Al	1,220	1,170	8	
β 합금		Ti-3Al-6Cr-4Mo-4Zr	1,440	1,370	7	
		Ti-11.5Mo-6Zr-4.5Sn	1,380	1,310	11	
		Ti-15Mo-5Zr-3Al	1,470	1,450	13	
		Ti-15V-3Cr-3Al-3Sn	1,230	1,110	10	
	80종 TAB4220	Ti-4Al-22V				

표 11-21 티타늄 전신재의 용도

산업	사용 분야	구체적 사용 부품
항공 우주	제트 엔진 기체 로켓, 인공위성, 미사일	컴프레서, 팬용 블레이드, 디스크, 케이스, 축, 랜딩 기어 빔, 스포일러, 엔진실(engine nacelle), 연료 탱크
화학 · 석유화학	요소, 질산, 아세톤, 아세트알데히드, 멜라민, 초산, 텔레프탈산, 아크릴로니트릴, 카프로락탐, 아크릴산에스테르, 글루탐산, 제지, 펄프, 소다, 염소, 표면처리 관련 공해물질(폐가스, 폐액, 먼지)	열교환기, 반응 조, 반응탑, 압력밸브, 증류탑, 콘덴서, 원심분리기, 믹서, 송풍기, 밸브, 펌프, 배관, 계측기기, 전해조, 도금용 치구, 전극, 동박용 드럼, 분뇨처리장치
발전	원자력, 화력, 지열, 해수담수화 플랜트	터빈 콘덴서용 응축관, 터빈 블레이드, 전열관
해양 에너지	석유, 가스 굴착, 석유 정제, LNG, 심해정, 구난정, 해양온도차 발전, 수산물 양식	라이저 관(riser pipe), 검층기기, 열교환기, 인버터 용기, 구조재
핵연료	폐기물 처리, 재처리, 농축	열 회수 증발통, 원심분리기 자석 커버
건축 토목	지붕, 빌딩의 외장, 항만 설비, 교량, 해저 터널	지붕, 외벽, 장식, 외장, 배관, 방식, 피복
수송 기기	자동차 부품 선박용 부품, 철도	커넥팅 로드, 바이브레이터, 리테이너, 스프링, 서스펜션, 볼트, 너트
민생 부품	통신 광학기기 음향기기 의료 자전거 부품 장식품, 스포츠, 레저	카메라 몸체, 노광장치, 현상장치, 전지 스피커, 진동판 인공관절, 치과재료, 심장 박동기 프레임, 림, 페달, 스포크(spoke)

* 전신재(wrought products) : 압연, 압출, 인발, 단조 등의 열간 또는 냉간 소성 가공에 의해 만들어진 판재, 봉재, 관재, 형재, 선재 등을 말한다.

2. 티타늄 합금의 가공성

1) 소성 가공성

티타늄 합금은 실온에서의 연신율이 작아 성형 한계가 있으며 항복비(내력/인장강도)가 커서 적정한 성형 가공 응력을 선정하기 어렵다.

또 내력/영률값이 커서 성형가공 후 스프링 백(spring back) 현상에 의해 정밀 성형이 어려우며 딥 드로잉에서는 r값, 한계 드로잉비, 코니컬 컵(conical cup)값도 크다. 부풀림성에서는 n값이 작으며 에릭슨(Ericson)값은 티타늄 2종은 다른 재료보다 작지만 티타늄 1종은 킬드강 및 스테인리스강에 가깝다.

에릭슨값의 개선에는 결정립을 크게 하는 것이 유효하지만 너무 크면 성형 후 표면이 거칠어진다. 또 부풀림성 부족을 개선하는 데는 금형의 R을 수정하거나 인장 범위를 작게 하도록 소재 형상을 바꾸는 방법이 있다.

2) 용접성

TIG, MIG 용접이 많이 사용되고 있으며 전자빔 용접 및 저항 용접도 사용된다. 그러나 용접부의 기포 및 취화가 문제가 된다. 기포의 원인은 용접부에 흡수된 수소, 큰 냉각 속도, 실드 가스 중의 불순물, 모재 및 용접 재료의 오염 등이다. 용접부의 취화는 대기 중의 산소, 질소, 수소 등이 용접부에 침입 확산하여 인성을 떨어뜨려 일어난다. 전자 빔 용접은 분위기가 진공이므로 불순물 문제가 작고 열영향부도 작게 할 수 있으나 용접부의 경화라는 문제가 있다.

3) 절삭성

티타늄은 열 전도율이 작고 비열도 작아 절삭 시 공구와의 마찰열이 확산되기 어려우므로 열이 공구 날 끝에 집중되기 때문에 절삭 가공이 어렵다. 또 영률이 철강의 1/2로 선반 가공 시 구부러지기 쉽고 절삭 시의 온도 상승에 따라 치수 정밀도를 떨어뜨리므로 절삭 속도는 작게 하고 이송은 크게 하는 것이 좋다.

절삭 속도는 10~100m/min.(강의 1/5 정도), 이송은 크게 해도 온도 상승에의 영향이 작으므로 기계의 강성과 출력에 맞춰 0.2~0.5mm/rev. 정도로 하고 절삭 공구는 WC-Co계 초경 공구가 좋다. 연삭 가공은 잔류 응력 및 표면에 미세 크랙을 만들기 때문에 피로 강도를 떨어뜨리므로 하지 않는 것이 좋다.

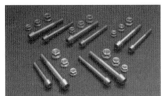

볼트

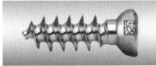

뼈 나사

브레인 클램프

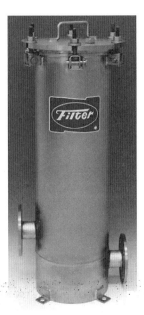

필터 하우징

그림 11-8 사용 예

표 11-22 주요 경금속(비중 5 이하인 금속)의 성질 비교표

항목		알루미늄 합금	마그네슘 (AZ91)	티타늄 (Ti-6Al-4V)	철	합성수지	
						ABS	PC
융점	℃	660	650	1,668	1,539	90	160
비중	g/cm³	2.7	1.74	4.54	7.87	1.03	1.23
전기 비저항	μΩcm, 20℃	2.7		47~55	9.7		
전기 전도율	Cu=100	64		3.1	18		
열 전도율	W/mK	100	72	7.5		0.2	0.2
선 팽창률	×10⁻⁶/℃	23	27	8.4	12.0		
비열	J/g ℃	0.9	1.03	0.12cal/g℃	0.11		
자화율	×10⁶	+0.65		+1.25	강자성		
인장강도	MPa	315	280	1,000		35	104
영율	×10³ MPa	69.1	44.1	104.3	192.2	2.1	6.7
포아송 비		0.33		0.34	0.31		
비강도		117	154	226		34	85
비강성		26.3	24.7	25.6		2.0	5.4
신율	%	3	8	15		40	3

* 강자성(ferromagnetic) : 스스로 자기화되어 자석이 될 수 있는 성질을 말한다.
* 상자성(paramagnetic) : 자석을 가까이 하면 먼 쪽에 같은 극을 만들고 가까운 쪽에 다른 극을 만들어 인장되는 성질을 말한다. 비자성(non magnetic)과 같은 의미이다(예 : 알루미늄, 칼륨, 나트륨, 백금, 티타늄 등).
* 반자성(diamagnetic) : 자계를 작용시킬 때 생기는 자력이 자계와 반대 방향으로 되는 것(예 : 동, 비스무트, 안티몬 등)

✿ 11-4 동 합금

동(구리)은 인간이 아주 오래전부터 사용한 금속으로 청동은 기원전 5000년경부터, 황동은 아연의 제조가 가능하게 된 1520년 이후 사용해 오고 있다. 참고로 알루미늄은 1820년경부터 사용하고 있다. 동은 상용 금속 중 무거운 편이며 면심 입방 격자로 냉간 소성가공이 쉽다. 또한 은 다음으로 전기 전도율이 높아 전기 재료로서 매우 중요하다. 동의 전기 전도율은 품위, 온도, 가공도에 따라 다르다. 은과 카드뮴은 전기 전도율을 그다지 낮추지 않으며 은은 소량으로도 재결정 온도를 상승시키고 카드뮴은 강도를 높이므로 전선 등에 첨가된다.

　동은 철강에 비해 내식성이 좋으며 건조하거나 습한 대기 중에서는 거의 부식되지 않지만 이산화탄소가 존재하면 녹색의 녹청(green stain, green verditer)이 발생한다. 물에 담그면 물에는 이산화탄소가 있으므로 산화하고 녹청이 발생하며, 가열하면 130℃ 정도에서도 표면 산화한다.

산소를 포함하고 있는 동은 석탄 가스 및 수성 가스와 같이 수소를 포함한 환원성 가스 중에서 가열하면 수소가 동 속으로 확산하여 $Cu2O + H_2 \rightarrow 2Cu + H_2O$의 반응을 일으킨다. 여기서 발생한 H_2O는 표면까지 확산하지 않고 기포로 되어 동을 취화하게 만든다. 이를 수소 취화(hydrogen embrittlement)라 한다.

표 11-23에 동의 물리적 성질을 정리하였다.

표 11-23 동의 물리적 성질

항목	값	항목	값
비중(g/cm³)	8.96	열팽창계수(μm/m K)	16.5
융점(℃)	1,083	열 전도율(W/m K)	393
전기 저항(nΩm)	16.73	전기 전도율(%IACS)	103.06
종탄성계수(GPa)	110.24	포아송 비	0.348
횡탄성계수(GPa)	44.82		

1. 동의 종류

1) 순동

동은 광석을 분쇄, 선광, 융점 이하로 가열하여 아세나이드(As), 안티몬(Sb) 등을 제거한 다음 제련, 정련을 거쳐 조동(blister copper)을 만들며 이 조동을 전기 분해하여 순도 99.90% 이상인 전기동(electrolytic copper)를 얻는다. 이 전기동은 그대로 사용할 수 없으며 다시 용해하여 사용하는데, 이를 순동(pure copper)이라 하며 재용해 방법에 따라 다음과 같은 세 가지 종류가 있다.

(1) 터프 피치 동

전기동을 반사로에서 용해 후 연속 주조 직전에 생목으로 폴링(poling)하여 산소량을 조정하는데 산소량이 0.02~0.04%가 될 때까지 환원하여 주조한 것을 터프 피치동(tough pitch copper, TCu)이라 한다. 주로 연속 주조하여 전선용으로 쓰이며 기호는 C1100이다.

(2) 인탈산동

전기동을 용해한 다음 인(P) 및 규소 등 산소와 친화력이 큰 원소를 첨가하여 산소를 제거한 것을 탈산동(deoxidized copper)이라 하며 인을 사용한 것을 인탈산동이라 한다. 재료 중에 인이 잔류하므로 터프 피치동에 비해 전기 전도도가 낮아 급수용 동관 등에 쓰이며 환원성 가스를 써서 브레이징이나 용접이 가능하다. 동 용접용 용접봉에도 사용된다. 또한 충격 시 불꽃이 튀지 않아 광산의 갱도, 정유 시설, 주유소 등의 공구에 사용되며 가스용 개스킷의 재료로 쓰이고 있다. 기호는 C1201, C1220, C1221이다.

(3) 무산소동

탈산제를 사용하지 않고 전기동을 1.33~0.33Pa의 진공 중 또는 일산화탄소 등 환원성 분위기 중에서 용해 주조하여 산소를 0.001% 이하로 제거한 동을 무산소동(oxygen free high conductivity copper, OFHC)이라 한다. 터프 피치동보다 전연성 및 내피로성이 우수하며 유연성이 요구되는 전선의 도체 및 헤더(header), 광학 부품 및 개스킷 등에 쓰인다. 기호는 C1020이다.

표 11-24에 순동의 기계적 성질을 보인다.

표 11-24 순동의 기계적 성질

종류		열처리	인장강도(MPa)	연신율(%)
무산소동	C1020	O	≥195	≥35
		H	275	–
터프 피치동	C1100	O	195	35
		H	275	–
인탈산동	C1220	O	195	35
		H	275	–

전극

열 교환기

그림 11-9 사용 예

2) 황동

동과 아연(Cu_4Zn)의 합금을 황동(brass, 유기, 놋쇠)이라 하며 일부 다른 원소를 첨가하기도 한다. 황동은 아연이 38% 이하인 경우에는 α고용체로서 결정 구조는 면심 입방 격자이므로 소성 가공성이 좋은 편이지만 38%를 초과하면 β상이 나타나고 결정 격자가 체심 입방 격자로 되어 실온에서는 소성 가공하기 어려워진다. (다만 고온에서는 소성 가공이 가능하다.)

β상은 인장강도는 α상보다 크지만 딱딱하고 부서지기 쉽다. 인장강도는 아연 42%에서 최대가 되며 그 이상이 되면 γ상이 나타나 취화하게 되고 인장강도는 감소한다. 연신율은 아연 30%에서 최대를 나타낸다. 또한 아연 가격이 저렴하므로 아연의 비율이 높으면 가격이 낮아진다.

황동은 아연이 15% 이하인 경우에는 순동의 내식성과 비슷하지만 아연이 증가하면 감소하며 산

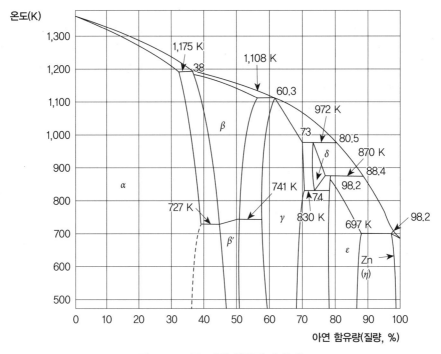

그림 11-10 동-아연계(황동)의 상태도

이나 염분과 접촉하면 표면에서 아연이 용출되어 구리만 남게 되는 탈아연(dezincification) 부식이 발생한다. 그러나 주석을 소량 첨가하면 방지 가능하다. 또 황동에는 적청(red stain)이 표면에 생기는 일이 있다.

냉간 가공에 의해 제작된 황동 관이나 봉은 사용 중 또는 보관 중에 자연 균열(season cracking) 또는 지연 크랙(delayed crack)이 발생하는데 이것은 대기 중의 암모니아 및 염류 성분에 의해 결정립 경계의 부식에 의한 균열이다. 이것을 방지하려면 내부 응력을 제거하기 위해 7:3 황동은 200~230℃, 6:4 황동은 180~220℃에서 20~30분 정도 풀림 처리하면 된다.

황동의 종류는 다음과 같다.

(1) 단동(tombac)

- 동 95-아연 5(gilding metal) : 순동처럼 연하여 코이닝하기 쉬우므로 동전이나 메달 등에 사용된다. C2100
- 동 90-아연 10(commercial bronze) : 딥 드로잉용, 메달, 배지 등에 사용되며 색깔이 청동과 비슷하고 청동 대용으로 사용된다. C2200
- 동 85-아연 15(red brass) : 연하고 내식성이 좋으므로 건축용 금속 잡자재, 소켓, 체결 부품 등에 사용된다. C2300
- 동 80-아연 20(low brass) : 전연성이 좋고 색깔이 아름다워 장식용 금속 잡자재, 악기 등에 사용된다. C2400

그림 11-11 사용 예

(2) 일반 황동

- 동70-아연 30(7:3 황동, cartridge brass) : 연신율이 좋고 강도도 어느 정도 있어서 딥 드로잉용으로 적당하며 자동차 라디에이터, 배선 기구, 명판, 탄피, 시계 부품 등에 쓰인다. 면심 입방 격자로 냉간 가공용으로 사용된다. C2600, C2680, Bs1

- 동 65-아연 35(65:35 황동, yellow brass) : 일반 드로잉용으로 자동차 라디에이터, 램프 케이스 등에 쓰인다. C2700

- 동 63-아연 37(63:37 황동) : 시계 부품, 금속 잡화 등의 엠보싱 판재 부품, 일반 브레이징용 부품에 사용된다. C2720, Bs2

- 동 60-아연 40(6:4 황동, muntz brass) : 강도가 높고 가격도 저렴하여 판재 가공품 및 기계 부품에 널리 사용되고 있으며 열간 가공용에 쓰인다. 건축용 및 일용품, 배선기구 부품, 명판, 계기판, 일반 가공품 등에 사용된다. 체심 입방 격자이다. C2800, C2801, Bs3

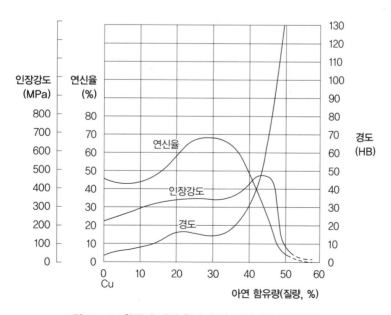

그림 11-12 황동의 아연 함량에 따른 기계적 성질 변화

그림 11-13 사용 예

(3) 특수 황동

일반 황동에 주석, 망간, 납 등의 원소를 소량 첨가하여 각종 성질을 향상시킨 황동을 말한다.

- 쾌삭 황동(free cutting brass, hard brass) : 황동에 납을 1.5~3.7% 정도 첨가하여 절삭성을 개선한 것으로 무인 자동 가공용 재료로 사용된다. 납은 황동 중에 거의 고용되지 않고 결정립 경계에서 석출하여 황동을 취화하게 만들므로 절삭성이 향상된다. 볼트, 너트, 나사, 기어, 밸브, 카메라 부품 등에 쓰인다.
  C3601~3604, C3560, C3561, C3710, C3713, BsBM
- 주석 황동 : 황동에 주석을 0.5~1.5% 첨가한 황동으로, 6:4 황동에 주석을 첨가한 것을 해군 황동(naval brass, C4621, C4640), 7:3 황동에 주석을 1% 첨가한 것을 어드미럴티 황동(admiralty brass, C4430)이라 한다. 탈아연 현상을 방지하고 내해수성이 뛰어나 열 교환기, 선박용 부품 등에 쓰인다.
- 고장력 황동(high strength brass, manganese bronze) : 6:4 황동에 0.3~3% 정도의 망간과 알루미늄, 철, 니켈, 주석 등을 첨가하여 강도, 내식성, 내마모성 등을 향상시킨 것이다. 선박용 프로펠러, 펌프 축, 클러치 판, 기어 등에 쓰인다. C6782, C6783
- 알루미늄 황동(albrac) : 7:3 황동에 알루미늄과 아세나이드(As)를 첨가하여 탈아연 부식 방지, 해수 및 담수에 대한 내식성 향상, 고온에서의 사용 개선 등을 꾀한 것이다. 응축기(condenser), 급수 가열기, 열교환기, 증류기 등에 쓰인다.
  C6870, C6871, C6872

표 11-25에 주요 황동의 기계적 성질을 정리하였다.

표 11-25 황동의 기계적 성질

종류	기호	동 함량(%)	열처리	인장강도(MPa)	연신율(%)
단동	C2300	85	O	≥245	≥40
			1/2 H	305	23
황동	C2600	70	O	275	50
			1/2 H	350	28

(계속)

종류	기호	동 함량(%)	열처리	인장강도(MPa)	연신율(%)
황동	C2720	63	O	275	50
			1/2 H	325	35
고력 황동	C6783	57	F	540	12
쾌삭 황동	C3560	62.5	1/4 H	345	18
			1/2 H	375	10
주석 황동	C4250	88.5	O	300	35
			3/4 H	420	5
어드미럴티 황동	C4430	71.5	O	315	35
해군 황동	C4621	62.5	F	315	20

3) 청동

동과 주석(Cu-Sn)의 합금을 청동(bronze)이라 하며 성질 개선을 위해 다른 원소를 첨가하기도 한다. 동은 주석을 16%까지 고용할 수 있으며 동-주석계 상태도에는 α상 등 고용체와 화합물이 있는데 α상 이외에는 연성이 부족하며 공업용 청동은 α상과 (α+δ)상 사이에 있다.

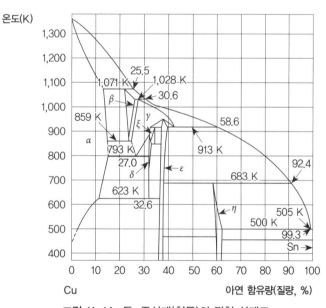

그림 11-14 동-주석계(청동)의 평형 상태도

청동은 주조하기 쉽고 내식성이 뛰어나 베어링, 장신구 외에 동상, 종 등에 많이 쓰이고 있다. 그러나 전기와 열 전도율은 동의 1/10 정도로 작다. 청동의 기계적 성질은 300~500℃에 상 변태가 있으므로 열처리 온도 및 냉각 속도에 따라 달라진다.

(1) 주석 청동

예로부터 황동 이외의 동합금을 모두 청동이라 부르고 있어 동에 주석을 첨가하지 않은 합금도 청동이라 부르므로 동-주석 합금을 주석 청동이라 부르는 것이 오해가 없다. 주석 청동의 성질은 주석 함량에 따라 달라진다. 주석 10% 이하를 기계용 청동이라 하며 주석 1~2% 청동은 송전선, 주석 3~8%+아연 1%인 청동은 동전, 메달, 실내 장식품 등, 주석 10%+아연 2%인 청동은 포금(gun metal)이라 하며 주조성 및 강도와 내식성, 특히 내해수성이 좋아 기계 부품 등에 쓰이고 있다.

고가인 주석 대신에 규소 1.5~4%를 첨가한 것이 실루민(silumin) 청동이며 포금에 버금가는 내해수성이 있다. 또한 동에 납을 5~30% 첨가한 납 청동 또는 베어링용 청동은 윤활성이 좋아 일반 기계의 베어링용으로 쓰이고 있다. 특히 동에 납이 30~40% 첨가된 것은 켈메트(kelmet)라 불리며 항공기와 자동차용 고속·고하중용 베어링에 쓰이고 있다.

(2) 인청동

8% 주석 청동에 인(P)을 소량(0.03~0.35%) 첨가한 동 합금을 인청동(phosphor bronze)이라 하며 조질 압연에 의해 인장강도가 상승하고 내마모성이 개선되어 웜휠(worm wheel), 캠, 베어링 등에 쓰인다. 또한 냉간 가공에 의해 탄력성이 좋아져 스프링 재료로도 쓰인다. C5111(인장강도 : 295MPa), C5102(인장강도 : 305MPa), C5191(인장강도 : 315MPa), C5212(인장강도 : 345MPa), C5050, C5071, C5341 & C5441(쾌삭 인청동), C5210(스프링용 인청동), PB

(3) 알루미늄 청동

알루미늄을 12% 정도 첨가한 동 합금을 알루미늄 청동이라 하지만 주석은 첨가되지 않는다. 알루미늄 청동은 가공성이 우수하며 색깔이 아름다운 황금색이어서 모조 금(imitation gold)으로 이용되고 있다. 인장강도와 경도가 인청동보다 커서 기계 부품에도 사용된다. 실용적으로는 니켈, 망간, 철 등을 소량 첨가하여 쓰고 있으며 하이알 브론즈(highal bronze), 다이나모 브론즈(dynamo bronze), 암즈 브론즈(arms bronze), 호이슬러 브론즈(heusler bronze : Cu-Al-Mn) 등이 있다.

C6140, C6161, C6191, C6241, C6280, C6301, ABB2

4) 석출 경화형 동 합금

800℃로 가열 후 급랭하여 용체화 처리한 다음 인공 시효경화 처리에 의해 인장강도를 대폭 향상시키는 것이 가능한 동 합금으로 고강도, 내마모성, 내피로성, 내식성 및 전기 전도성이 뛰어나다.

(1) 베릴륨동

베릴륨(Be) 1~2.5%를 첨가한 것으로 시효 처리에 의해 인장강도를 최대 1,373MPa까지 얻을 수 있으며 전기 전도율도 뛰어나 고급 스프링 및 정밀기계부품에 사용된다. 또 충격 시 불꽃이 튀지 않아 정유, 광산 등의 안전 공구에 이용되고 있다. 실용되고 있는 베릴륨동 합금은 소량의 코발트를 포함하여 고용화 처리 시 고온 가열에 의한 결정립 조대화를 방지하고 시효 처리 시 과시효를 막는다.
 C1700, C1720, C1751, BeCu25, Z3234, BeCu50

그림 11-15 사용 예(작업 공구)

(2) 티타늄동

최대 인장강도가 1,324MPa이며 스프링성, 내마모성, 내열성이 베릴륨동만큼 우수하다. 전기 전도율은 낮다. C1990

(3) 크롬동

크롬의 용해도가 매우 작으며 석출 경화 상태에서 전기 전도율은 80% IACS 이상을 보인다. 연화 온도가 773K 이상으로 고온에서의 내마모성이 크므로 용접용 전극 재료로 쓰인다. C3234, CrCu

(4) 니켈-규소동

콜손 합금(Colson alloy) 또는 C 합금이라 불리며 전기 전도성이 높아 강력한 도전성 재료이다.

(5) 저커늄동

0.2% 저커늄을 첨가한 것으로 내열성 및 전기 전도율이 우수하다. C1510

5) 동 니켈 합금

(1) 양은

동-니켈(10~25%)-아연 합금을 양은(nickel silver)이라 하며, 양백 또는 독일 실버(german silver)라고도 한다. 기계적 성질, 내열성, 내피로성 및 내식성이 우수하여 스프링, 전기 접촉 부품, 바이메탈 등에 쓰이며 광택이 아름답고 전연성이 좋아 장식품, 관악기, 식기 등에 쓰이고 있다. 모조 은(imitation silver)으로 이용되고 있다.
 C7351(인장강도 : 325MPa), C7451(인장강도 : 325MPa), C7521(인장강도 : 375MPa), C7541(인장강도 : 355MPa), C7701(스프링용 양은), C7941(쾌삭 양은)

(2) 백동

니켈 20%인 동 합금을 백동(cupronickel)이라 하며 내식성이 우수하고 탈아연 부식 및 자연 분열(season crack)도 없고 콘덴서 튜브 및 동전 등에 사용된다.

   C7060, C7150

(3) 콘스탄탄

니켈 45%인 동 합금을 콘스탄탄(constantan)이라 하며, 전기 저항이 클 뿐만 아니라 넓은 온도 범위에서 저항이 안정되므로 정밀 저항선의 재료로 쓰이며 저항선 변위계, 서모커플(thermocouple) 등에 이용된다. 콘스탄탄 A와 B가 있다.

   콘스탄탄은 전기 저항 $52\mu\Omega$cm, 경도 100~300HB, 탄성계수 162GPa, 인장강도 400~590 MPa, 대기 중 최고 사용 온도 500℃, 열팽창계수 $(14.9)\times10^{-6}$/K, 열전도율 19.5 W/mK이다.

6) 주물용 동 합금

동 합금 주물은 유압, 공압, 수압 등이 걸리는 기기 및 부품에 많이 쓰이고 있어 내식성, 내마모성과 함께 내압성이 필요하다. 동 합금 주물의 주조 방법에는 사형 주조, 금형 주조, 연속 주조, 원심 주조, 다이캐스트 등이 있으며 이 중 사형 주조가 가장 많이 쓰이고 있다. 다이캐스트도 많이 쓰이지만 융점이 높아 알루미늄만큼은 사용되지 않는다. 알루미늄에 비해 동 합금은 빠르게 식기 때문에 용탕이 충분히 금형으로 흘러 들어가지 않는 불량이 생기는 일이 있다. 그러나 알루미늄 청동, 황동 주물은 용탕 흐름이 좋은 편이다.

(1) 순동 주물

전기 전도율을 활용하기 위해, 또는 높은 열 전도율을 얻기 위해 선택되며 동의 순도가 높을수록 이러한 경향이 강하다. 전기기기의 부품 및 전극 홀더 등에 쓰인다.

(2) 황동 주물

- 1종 : 동 함량이 83~88% 정도이며 브레이징이 쉽고 전기 부품 등에 사용된다. 인장강도 150MPa 이상. CAC 201(YBsC1)
- 2종 : 동 함량이 67~70% 정도이며 전기 부품, 일반 기계부품 등에 사용된다. 인장강도 200MPa 이상. CAC202(YBsC2)
- 3종 : 동 함량이 58~64% 정도이며 전기, 건축, 기계용으로 사용된다. 인장강도 250MPa 이상. CAC203(YBsC3)

(3) 고력 황동 주물

황동계 재료에 첨가제를 더해 내식성 및 내마모성을 올린 것으로, 선박 및 함정 등의 추진기, 부품 등에 쓰이고 있다.

(4) 청동 주물

주조성이 좋고 내압성, 내식성도 뛰어나며 표면도 깨끗한 특징이 있다. 그러나 전기 및 열 전도율에서는 황동계보다 낮으며 인장강도 및 내력 등 기계적 강도 면에서는 알루미늄 청동 및 고력 황동계보다 약하다.

(5) 인청동 주물

청동계에 인을 더한 것으로 강도, 경도, 내마모성의 향상을 꾀하고 있다. 용탕의 흐름도 좋으므로 주조성도 뛰어나다.

(6) 연(납)청동 주물

납을 많이 첨가한 것으로 내충격성, 내하중성 및 마찰 마모 저항에 뛰어나 슬라이딩 부품에 잘 사용된다. 특히 미끄럼 베어링용으로는 미끄럼 마찰 시 상대와 들러붙기 어려우며 친밀성도 좋고, 윤활유에 대한 내식성, 작은 마찰 계수, 작은 열팽창계수 등의 요건을 만족하는 재료이다.

(7) 알루미늄 청동 주물

기계적 강도가 가장 뛰어나며 내식성도 좋은 편이다. 강인하지만 복잡한 형상을 만들기 어려운 결점이 있다. 선박 등의 대형 추진기 및 해수담수화 장치 등의 대형 부품에 쓰이고 있다.

(8) 실리콘 청동 주물

주석 청동의 대체품으로 개발된 것으로, 강도 및 내식성이 뛰어나고 용탕의 흐름도 좋아 주물의 이점을 살릴 수 있으며 용접 및 브레이징 등이 가능하다.

(9) 비스무트 청동 주물, 비스무트 세렌 청동 주물

인체 및 환경에 대한 납의 유해성 때문에 이를 대체하여 수돗물 공급 시스템에 가장 많이 쓰이는 청동 주물이다.

주물용 동합금의 종류를 표 11-26에 정리하였다.

2. 동 합금의 가공성

1) 소성 가공성

순동은 열간, 냉간 가공성이 모두 양호하며 황동은 아연 15% 이하인 합금은 열간 가공이 가능하고 아연 15~37%인 합금은 열간 취성을 보여 냉간 가공만 가능하며 아연 37% 이상인 합금은 냉간, 열간 가공이 모두 가능하다. 인청동과 양은은 냉간 가공이 적합하다.

2) 용접성

TIG, MIG, 가스 용접이 가능하며, 두꺼운 판은 서브머지드(submerged) 용접이나 일렉트로 슬래그(electroslag) 용접을 사용한다. 동 합금은 열 전도율이 크므로 용접부에서 열이 빠져나가기 쉬워 용접

시 예열이 필요하며, 용접하면 강도와 연성이 저하하고 열팽창계수가 커 용접 후 수축이 크며 용접 크랙 및 고온 크랙이 생기기 쉽다. 그러나 이와 같은 크랙은 적절한 용접봉의 선택, 피닝(peening)에 의한 용접부 조직의 미세화, 입열량 억제 등에 의해 방지 가능하다. 용접부에는 기포가 발생하기 쉬우므로 주의를 요하며 망간, 규소, 티타늄 등의 탈산 원소를 포함한 용접봉의 사용이 바람직하다.

표 11-26 주물용 동합금의 종류

종류	기호	JIS	인장강도	종류	기호	JIS	인장강도
동	CAC101	KS와 동일	≥175	납청동	CAC602		≥195
동	CAC102	KS와 동일	155	납청동	CAC603		175
동	CAC103	KS와 동일	135	납청동	CAC604		165
황동	CAC201		145	납청동	CAC605		145
황동	CAC202		195	납청동	CAC606		165
황동	CAC203		245	납청동	CAC607		207
황동	CAC204		241	납청동	CAC608		193
고력 황동	CAC301		430	알루미늄 청동	CAC701		440
고력 황동	CAC302		490	알루미늄 청동	CAC702		490
고력 황동	CAC303		635	알루미늄 청동	CAC703		590
고력 황동	CAC304		755	알루미늄 청동	CAC704		590
청동	CAC401		165	알루미늄 청동	CAC705		620
청동	CAC402		245	알루미늄 청동	CAC706		450
청동	CAC403		245	규소 청동	CAC801		345
청동	CAC404		195	규소 청동	CAC802		440
청동	CAC406		215	규소 청동	CAC803		390
청동	CAC407		215	규소 청동	CAC804		310
청동	CAC408		207	규소 청동	CAC805		300
청동	CAC409		248	니켈 주석 청동	CAC901		310
인청동	CAC502A		195	니켈 주석 청동	CAC902		276
인청동	CAC502B		295	니켈 주석 청동	CAC903		311
인청동	CAC503A		195	니켈 주석 청동	CAC904		518
인청동	CAC503B		295	니켈 주석 청동	CAC905		552
				베릴륨 청동	CAC906		1,139

3) 절삭성

순동은 연하고 끈끈하여 절삭 가공이 어려우므로 소성 가공으로 형상을 만드는 것이 좋으며, 황동은 절삭하기 쉽고 청동은 쾌삭 황동의 1/2 정도이다. 해군 황동 및 어드미럴티 황동도 피삭성은 좋다. 주석 청동, 망간 청동, 알루미늄 청동 등은 쾌삭 황동의 약 1/2 정도의 피삭성을 보인다.

4) 전기 전도성

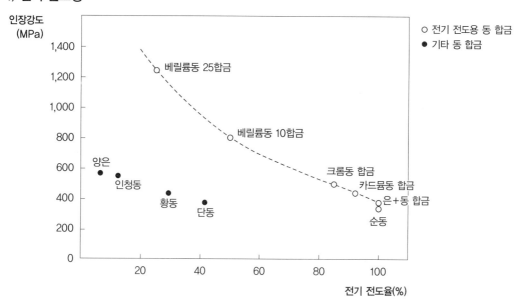

그림 11-16 동 합금의 인장강도와 전기 전도성

💠 11-5 아연 합금

아연(zinc)은 은백색 금속으로 습한 공기 중에서는 녹이 나기 쉬우며 회백색인 염기성 탄산 아연으로 덮이게 된다. 비중은 7.133으로 철에 버금가며 상온에서는 취성이 있지만 110~150℃에서는 전연성이 풍부하다. 아연은 알루미늄과 동 다음으로 생산량이 많고 값이 싼 편이며 조밀 육방 격자지만 소성 가공성이 좋으며 융점이 낮고 주조성이 좋아 다이캐스팅에 적합하다.

표 11-27에 아연의 물리적 성질을 정리하였다.

표 11-27 아연의 물리적 성질

항목	값	항목	값
비중(g/cm³)	7.133	열팽창계수(μm/m K)	15.0
융점(℃)	420	열 전도율(W/m K)	113
전기 저항(nΩm)	58.9	전기 전도율(%IACS)	28.27

아연 합금에는 아연+4% 알루미늄+0.04% 마그네슘(ZDC 1)과 아연+4% 알루미늄+3% 동+0.04% 마그네슘(ZDC 2)의 다이캐스팅용 합금이 있으며 자막(Zamak)이라고 불린다. 이 합금은 기계적 성질이 우수하고 내식성도 양호하며 주조성, 치수 안정성이 좋아 치수 정밀도가 높은 부품을 얻을 수 있으며 주물 표면도 깨끗한 편이다. 인장강도는 290~430MPa(ZDC1≥325, ZDC2≥290) 정도이며 연신율은 4~16%, 경도는 HV 100~188 정도이다.

주요 용도는 자동차 시트 벨트 부품 및 오토바이 부품, 자동 판매기, 로커 및 집의 자물쇠, 장식물, 미니카 등 완구 등을 들 수 있다.

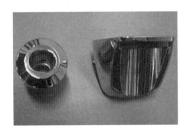

그림 11-17 사용 예

✤ 11-6 니켈 합금

니켈이 주성분인 합금을 니켈 합금(nickel alloy)이라 한다. 니켈은 비중이 8.9로 비교적 무거운 금속이며 융점은 1,453℃, 결정 구조는 면심 입방 격자이며, 내식성이 매우 뛰어나고 공기 중에서는 물론 물 및 해수 중에서도 안정하며 자연 균열(season cracking)이 생기지 않는다. 무기산 중에는 산화성이 강한 질산(HNO₃), 아질산 등에 대해서는 약간 떨어지지만 황산(H₂SO₄) 및 염산(HCl) 등에 대해서는 안정하다.

유기산에 있어서는 NaOH에 매우 안정하며 NH₄OH 1% 이하에는 안정하다. 또 염류에 대해서도 산화성이 강한 염류를 제외하면 제법 안정한 편이다.

니켈에 첨가되는 합금 원소에는 구리, 알루미늄, 철, 크롬, 몰리브덴, 바나듐, 규소, 망간, 티타늄, 아연, 주석, 코발트 등이 있으며 무엇을 어느 정도 첨가하느냐에 따라 성질이 바뀐다.

표 11-28에 니켈의 물리적 성질을 정리하였다. 현재 생산되고 있는 니켈 합금의 이름은 대부분이 개발 업체의 상표명이며, 니켈 합금의 종류와 특징은 다음과 같다.

표 11-28 니켈의 물리적 성질

항목	값	항목	값
비중(g/cm³)	8.85	열팽창계수(μm/m K)	13.3
융점(℃)	1,453	열 전도율(W/m K)	94
전기 저항(nΩm)	6.84	비열(J/g K)	0.444

1. 순니켈

니켈 200/201

2. 니켈 구리 합금

니켈 50~75%, 동 26~30%, 철, 망간, 황 등의 합금으로 모넬(monel) 메탈로 잘 알려져 있으며, 냉간 가공성, 내식성, 내열성이 뛰어나며 비철금속 중에서는 강인한 편이고 마찰 저항도 크다. 황산, 염산, 유기산 등에 높은 내식성을 갖고 있다. 용도는 응축기관, 터빈 날개, 펌프 부품, 화학기계, 광산기계, 열기관용 부품 등이 있으며 종류에는 아래와 같은 것들이 있다.

모넬 400 : 65% 니켈+33% 구리+철 3% 첨가한 것. 전기 저항 48~51μΩcm, 경도 125~190HB, 탄성계수 185GPa, 인장강도 550~950MPa, 대기 중 최고 사용 온도 450℃, 열팽창계수 (13.9-14.1)×10⁻⁶/K, 열 전도율 21.7 W/mK

모넬 500 : 모넬 400보다 내식성을 강화한 것. 강도 및 경도도 400보다 높다.
나사 및 스프링, 선박의 프로펠러 축 등에 쓰이며 알루미늄과 티타늄을 첨가한 석출경화형 금속이다.

R 모넬 : 황(S) 소량 첨가로 절삭성을 개선한 것. 쾌삭용

K 모넬 : 66% 니켈+29% 구리+3% 알루미늄. 알루미늄을 3% 첨가한 것으로 석출 경화에 의해 경도 향상이 가능하다.

KR 모넬 : K 모넬에 탄소 0.28%를 첨가한 것

H 모넬 : 63% 니켈+30% 구리+규소 3% 첨가

S 모넬 : 63% 니켈+30% 구리+규소 4% 첨가

하스텔로이(Hastelloy) D : 내식용, 주물 전용으로 고규소 주철 대체를 목적으로 개발
니켈+구리+규소 합금

한편 45~55% 니켈 합금인 콘스탄탄은 고유 저항값이 약 50μΩcm이고 온도계수도 작으므로 전기저항 재료에 알맞으며 열 기전력도 커서 저온용 서모커플에 쓰인다.

3. 니켈 알루미늄 합금

니켈 94%, 알루미늄 2%인 알루멜(alumel)은 서모커플용으로 쓰이며 전기 저항 29~33μΩcm, 인장강도 550~780MPa, 대기 중 최고 사용 온도 1,100℃, 열팽창계수 (16.8)×10⁻⁶/K, 열전도율(23℃) 30~32 W/mK이다.

니켈 94% 알루미늄 4.5%인 듀라니켈(duranickel)은 내식 재료이며 시효 경화에 의해 1,225~1,470MPa의 인장강도를 얻을 수 있다.

4. 니켈 철 합금

- 코바(KOVAR) : 철 54%, 니켈 29%, 코발트 17%로 구성되어 있는 합금이다. 주로 유리와 금속을 봉착하는 데 쓰이므로 유리 봉착 합금, 유리 실링 합금으로도 불린다. 전기 저항 48.9μΩcm, 탄성계수 140GPa, 열팽창계수 $(4.81) \times 10^{-6}$/K이다.

- 인바(INVAR) : 철 64%, 니켈 36% 합금으로 20℃에서 선팽창계수가 1.2×10^{-6}으로 매우 작아 일반 탄소강의 1/10 정도에 불과하며 내식성도 우수하여 측량 기기, 표준 기기, 바이메탈(상대인 고팽창 재료로는 황동, 양은, 동 등이 있다) 재료로 쓰이고 있으며 금속과 유리의 봉지, 봉착 용도 및 레이저 시스템의 구조재로도 이용되고 있다. 전기 저항 75~85μΩcm, 경도 160HB, 탄성계수 140~150GPa, 인장강도 450~590MPa, 열팽창계수 $(1.7-2.0) \times 10^{-6}$/K, 열 전도율 13W/mK이다.

- 슈퍼인바(Superinvar) : 니켈 30.5~32.5%, 코발트 4~6% 합금으로 선팽창계수가 0.1×10^{-6} 정도로 인바보다 우수하다.

- 엘린바(Elinvar) : 인바에 크롬 12%를 첨가한 것으로 온도 변화에 따른 탄성률 변화가 거의 없으며 선팽창 계수가 8×10^{-6} 정도로 지진계, 정밀기기, 회중 시계 및 고급 시계 부품에 쓰이고 있다.

- 코린바(Coelinbar) : 크롬 10~11%, 코발트 26~58%, 니켈 0~16.5% 합금으로 온도 변화에 따른 탄성률 변화가 거의 없으며 내부식성이 좋아 스프링, 태엽, 기상 관측용 기구 등의 부품에 쓰이고 있다.

- 얼로이(Alloy 48) : 니켈 45%인 자성 재료

- 퍼말로이(Permalloy) : 자기 차폐, 자기 실드용 및 저노이즈, 저주파수 변압기, 테이프레코더 헤드 등의 라미네이트 가공, 자기 헤드 등에 쓰이고 있다.

C는 니켈 77%, 철 14%, 구리 5%, 몰리브덴 4%인 자성 재료이며 포화 보자력(Hc) 1.0A/m, 큐리 온도 380℃, 초기투자율 60,000, 최대 투자율 240,000이며 전기 저항 55~62μΩcm, 경도 105~290HB, 탄성계수 190~221GPa, 인장강도 530~900MPa, 열팽창계수 $(13.0) \times 10^{-6}$/K, 열전도율 30~35W/mK이다. 슈퍼멀로이(Supermalloy)는 가장 높은 투자율을 가지고 있으며 니켈 79%, 몰리브덴 5%이며 내마모성을 높인 하드퍼멀로이(hardpermalloy)도 있다.

5. 니켈 크롬 합금

- 니크롬(Nichrome) : 니켈 55~85% 크롬 10~26%인 합금으로 내열성과 내식성이 우수하며 전기 저항이 매우 크므로 전기 히터 등의 전열선에 쓰이고 있다. 성분 조성에 따라 최고 사용 온도가 달라지는데, 니켈 80~85%, 크롬 15~20%인 것은 1,150℃이며 니켈 60~66%, 크롬 12~22%, 철 10~26% 정도인 것은 1,000℃이다. 내열 · 내식성을 더 올리기 위해 몰리브덴, 텅스텐, 코발트 등을 첨가한 것도 있다. 전기 저항 108μΩcm, 인장강도 650~1100MPa, 열팽창계수 (14)×

10^{-6}/K, 열 전도율 13.4 W/mK이다.

- 크로멜(chromel) : 니켈 89%, 크롬 9.8%, 철 1%인 합금으로 알루멜이나 콘스탄탄과 조합하여 서모커플에 쓰인다. 전기 저항 70.6μΩcm, 탄성계수 186GPa, 인장강도 620~780MPa, 대기 중 최고 사용 온도 1,100~1,250℃, 열팽창계수 $(17.2)\times10^{-6}$/K, 열 전도율 19W/mK이다.

- 인코넬(inconel) : 니켈＋크롬＋철계 합금으로 가공재료 및 주물재료로 쓰이는 내열·내식 합금 이다. 하스텔로이와 비슷한 성분이지만 인코넬은 크롬을 12~15% 정도 함유한다. 내산성과 내 크리프성도 좋아 터빈 블레이드 등에 쓰인다.

  - 인코넬 600 : 공온 환경에서의 내산화성이 높고 염화물 이온 및 순수 등에 의한 응력 부식 크 랙에 강해 식품 가공업, 화학품, 원자력 분야 및 로 구성재 등에 쓰이고 있다. 니켈 72%, 크 롬 14~17%, 철 6~10%이며 전기 저항 103μΩcm, 경도 120~290HB, 탄성계수 157GPa, 인 장강도 600~1,200MPa, 열팽창계수 $(11.5-13.3)\times10^{-6}$/K, 열 전도율 14.8W/mK이다.

  - 인코넬 625 : 니켈 61%, 크롬 22%, 철 5%, 몰리브덴 9%이며 전기 저항 129μΩcm, 인장강도 950MPa, 열팽창계수 $(12.8)\times10^{-6}$/K, 열 전도율 9.8W/mK이다.

  - 인코넬 X750 : 내산화성 및 고온하에서의 강도, 가공성이 뛰어나다. 응력 부식 크랙에도 강 해 석유화학 용도에 쓰이고 있다. 니켈 74%, 크롬 15%, 철 7%, 티타늄 2.25~2.75%, 알루미 늄 0.4~1%, 니오븀＋탈륨 0.7~1.2%이며 전기 저항 122~124μΩcm, 경도 150~280HB, 인 장강도 700~1,250MPa, 열팽창계수 $(12.6)\times10^{-6}$/K, 열 전도율 12W/mK이다.

6. 니켈 몰리브덴 합금

시효성 내식 합금으로 고온하에서도 내식성을 잃지 않는 특징을 가지고 있으며 강도도 우수하고 산 화성이 강하지 않은 산 및 해수, 염류에도 양호한 내식성을 보인다.

- 하스텔로이(Hastelloy) A → B → B-2 : 내염산용, 니켈 60%＋몰리브덴 20%＋철 20%

  A는 70℃까지 짙은 염산에 침식되지 않으며 몰리브덴이 30% 가까이 되면 비등 염산 및 비 산화성 산 및 염류에도 부식되지 않는다. 이것이 B다. B는 A의 개량으로 철 함량이 낮다. 니 켈 62%, 몰리브덴 28%, 철 5% 등이며 전기 저항 137 μΩcm, 경도 100~230HB, 탄성계수 180~220GPa, 인장강도 600~980MPa, 대기 중 최고 사용 온도 790℃, 열팽창계수 $(10.3)\times10^{-6}$/K, 열 전도율 11.1 W/mK이다.

  B-2는 농도, 온도에 관계없이 염산에 대한 강한 내부식성을 갖고 있다. 그 외에 염화수소, 황산, 불화수소, 초산, 인산에도 내성을 갖고 있지만 철 및 제2동 염이 있는 환경하에서는 사용 하지 않는 것이 좋다. 니켈 68%, 몰리브덴 28%, 철 2%, 크롬 1%, 코발트 1%이며 인장강도는 900~1,100MPa 정도이다.

- 하스텔로이(Hastelloy) C → C-276 → C-22 : 내식용, 니켈 54%＋몰리브덴 17%＋크롬 15% 염산, 황산, 질산 등 각종 산에 대해 내식성이 좋다.

  C276은 고온에서도 부식하기 어려운 내식성을 가지며 몰리브덴 함유량을 늘린 것으로, 공

식 및 틈새 부식에 대한 내식성을 향상시켜 제지산업 및 화학품 정제, 폐기물 처리 등의 산업에 쓰이고 있다. 니켈 57%, 몰리브덴 17%, 크롬 16%, 철 4~7%, 텅스텐 3~4.5%이며 전기 저항 125~130 μΩcm, 경도 80~200HB, 탄성계수 170~220GPa, 인장강도 550~900MPa, 대기 중 최고 사용 온도 1,090℃, 열팽창계수 $(10.8-11.3)\times10^{-6}$/K, 열 전도율 (10.1-12.5)W/mK이다.

C22는 내식성이 가장 높아 다용도로 쓰이며 복수의 화학약품에 노출된 경우에도 높은 내식성을 보이며 국부 부식에 대한 내성이 특히 뛰어나다. 염소 등을 쓰는 소독 설비 및 산 세척, 핵연료 재처리 설비 등에 쓰인다. 니켈 56%, 크롬 22%, 몰리브덴 13%, 코발트 2.5%, 텅스텐 3%, 철 3%, 망간 0.5% 등이다.

- 하스텔로이(Hastelloy) N : 내식용, 니켈 70%+몰리브덴 17%+크롬 7%, B와 C 사이의 합금
- 하스텔로이(Hastelloy) W : 내식용, 니켈 62%+몰리브덴 24.5%+크롬 5%
- 하스텔로이(Hastelloy) E → F → G → G-2 → G-3 → G-30 → H → H9M : 내식용, 니켈 47%+몰리브덴 7%+크롬 22%+철 17%
- 하스텔로이(Hastelloy) X → XR : 내열용, 니켈 47%+몰리브덴 9%+크롬 22%+철 18%+코발트 1.5%이고 고온 환경에서의 강도 향상 및 내산화성, 가공성을 향상시킨 합금이며 응력 부식 크랙에 강해 가스 터빈 엔진 및 공업용 로, 화학용 정제 플랜트, 석유화학산업에서 쓰인다. 탄성계수 205GPa, 인장강도 775MPa, 대기 중 최고 사용 온도 1,090℃, 열팽창계수 $(13.9)\times10^{-6}$/K이다.

표 11-29는 니켈 합금에 있어서 첨가 원소의 역할을 나타낸 것이다.

표 11-29 니켈 합금 첨가 원소의 종류와 역할

역할 항목	Co	Fe	Cr	Mo, W, V	Nb, Ta, Ti	Al	Si	C, B, Zr
고용 강화	○	○	○	○	○	○	○	
금속 간 화합물 형성					○	○	○	
결정립 경계 강화								○
탄화물 형성			○	○	○			○
내산화 보호 피막 형성			○			○	○	

그림 11-18 인코넬 사용 예

✿ 11-7   저용점 합금

일반적으로 주석의 융점인 230℃보다 낮은 융점을 가진 합금을 저용점 합금이라 한다. 크리프가 일어나기 쉬워 강도가 필요한 곳에는 사용할 수 없으며 베어링, 땜납, 활자, 퓨즈 등에 쓰이고 있다.

1. 납 - 안티몬 - 주석 합금

납(연, Pb, lead)은 실용 금속 중에 가장 무거우며 융점이 낮고 강도도 낮으며 면심 입방 격자로 전연성이 매우 좋다. 내식성이 뛰어나며 방사선 차폐 성능이 우수하다. 하지만 납은 인체에 유해하므로 취급에 충분한 주의가 필요하며 식기나 완구에는 사용을 억제할 필요가 있다. 또한 재결정 온도가 실온 이하이므로 소성 가공해도 경화하지 않는다.

표 11-30에 납의 물리적 성질을 정리하였다.

표 11-30 납의 물리적 성질

항목	값	항목	값
비중(g/cm³)	11.34	열팽창계수(μm/m K)	29.3
융점(℃)	327.4	열 전도율(W/m K)	36
비열(J/g K)	0.126		

납 합금에는 납에 강도를 높이기 위해 13~20% 정도의 안티몬과 용탕의 흐름을 좋게 하기 위해 1~10% 정도의 주석을 첨가한 납-안티몬-주석(Pb-Sb-Sn) 합금이 있으며, 안티몬이 적은 것은 판재 및 관재에 쓰이며 안티몬이 많은 것은 주물용으로서 쓰이고, 방사선 차폐력이 뛰어나고 내식성이 좋아 내산성 용기, 화학 설비, 축전지 극판, 수도관 등에 많이 쓰인다.

2. 주석 - 안티몬 - 구리 합금

주석(tin, Sn)은 저용점 금속으로 13.2℃에서 동소 변태하는데, 이 변태점보다 위를 β-Sn(백주석), 아래를 α-Sn(회주석)이라 한다.

순주석은 인장강도가 17~34MPa, 신율 35~40%로 전연성이 풍부하며 재결정 온도가 상온 이하이므로 상온에서 얇은 박까지 가공 가능하다. 주석은 공기 중에서 내식성이 좋으며 광택을 잃지 않는다. 강한 무기산에는 침식되기 쉽지만 알칼리 및 유기산에는 강하다. 주석은 인체에 무해하여 통조림 캔 재료로 많이 쓰인다.

표 11-31에 주석의 물리적 성질을 정리하였다.

표 11-31 주석의 물리적 성질

항목	값	항목	값
비중(g/cm³)	회주석 : 5.76 백주석 : 7.28	결정 구조	입방 격자 정방 격자
융점(℃)	232	열 전도율(W/m K)	68
비열(J/g K)	0.224	열팽창계수(μm/m K)	23.0

1) 베어링 합금

슬라이딩 베어링 합금은 하중에 견디는 강도와 경도를 갖고 충격과 진동에 견디기 위해 충분한 인성을 가져야 하고, 마찰계수가 작으며 열 전도성이 좋고 내식성이 좋으며 제조하기 쉬워 값이 싸야 한다. 또한 금속 조직은 부드러운 모재에 딱딱한 결정이 분포되어 있는 것이 적당하다.

이와 같은 주석 합금에는 4% 구리와 2~15% 안티몬이 첨가된 합금이 있는데 내압 강도가 크고 내식성과 내마모성이 뛰어나며 이것을 배빗(Babbitt) 메탈이라 부른다.

표 11-32에 각종 슬라이딩 베어링용 재료의 성능을 비교하여 나타냈다.

표 11-32 슬라이딩 베어링용 재료

재료명	경도(HB)	들러붙음	친밀성	내식성	내피로성	최대 허용 응력 (kg/cm²)	축의 최저 표면경도 (HB)
배빗 메탈	20~30	1	1	1	5	60~100	<150
납계 화이트	15~20	1	1	3	5	60~80	<150
켈멧	20~30	2	2	5	3	100~180	300
주철	160~180	4	5	1	1	30~60	200~250
청동(포금)	50~100	3	5	1	1	70~200	200
인청동	100~200	5	5	1	1	150~600	300
납청동	40~80	3	4	4	2	200~300	300
알루미늄 합금	30~50	5	3	1	2	280	300

* 좋음 : 1/5 : 나쁨

2) 활자 합금

활자 합금(type metal)에는 저융점으로 주조성이 좋고 수축률이 작으며 어느 정도 경도가 있고 내마모성과 내식성이 요구되는데, 주석-안티몬-납 합금이 이에 해당한다.

3) 솔더링용 합금

브레이징(brazing) 또는 솔더링(soldering)이란 모재를 녹이지 않고 융점이 모재보다 낮은 재료를 녹여 접합하는 방법이며, 이런 용도에 쓰이는 합금은 상대 금속과 고용체를 만들고 융점이 낮은 것이 좋다. 솔더링용 합금인 연납(soft solder paste)은 주석과 납이 주성분이며 주석은 95~20% 정도이다.

4) 가용 합금

200℃ 이하에서 용융하는 합금을 가용합금(fusible alloy)이라 하며 비스무트, 납, 주석, 카드뮴, 인 등을 합금화하여 공정 온도를 낮춘 것이다. 용도로는 고압 가스용기의 안전 밸브, 전 퓨즈, 정밀 주조용 왁스형(wax pattern, wax model), 치과용 금형 등이 있다.

3. 화이트 메탈

화이트 메탈(white metal)은 슬라이딩 베어링용 합금으로 쓰이며 주석계와 납계가 있다. 주석계는 주석에 5~13% 안티몬, 3~8.5% 구리, 0~15% 납이 첨가되며 주로 고하중용 베어링에 쓰이며 주석-안티몬-구리 합금은 배빗 메탈이라 한다. 납계는 납에 5-46% 주석, 9-18% 안티몬, 0-3% 구리를 첨가한 것으로 주로 저하중용 베어링에 쓰인다.

슬라이딩 베어링용 합금은 축과의 친밀감이 좋고 충격에 잘 견디며 열에 의한 들러붙음이 일어나기 어려우며 축을 마모시키지 않는 조직을 가져야 한다.

표 11-33에 화이트 메탈의 종류를 정리하였다.

표 11-33 화이트 메탈의 종류

종류		용도
WM1, 2, 2B		고속 고하중용
WM3		고속 중하중용
WM4, 5		중속 중하중용
WM6		고속 중하중용
WM7, 8		중속 중하중용
WM9, 10		중속 저하중용
WM11		항공기 엔진용
WM12	SnSb8Cu4	자동차 엔진용(고속 중하중)
WM13	SnSb12Cu6Pb	자동차 엔진용(고속 중하중)
WM14	PbSb15Sn10	자동차 엔진용(중속 중하중)

4. 융점이 매우 낮은 합금

열적 장치의 안전 장치로 주로 사용되는 합금으로 다음과 같은 것들이 있다.

- 로즈(rose) 합금 : 주석−비스무트(Bi)−납 합금으로 융점이 100℃ 정도이다.
- 갈린스탄(Galinstan) : 갈륨(Ga)−인듐(In)−스탄늄(stannum)의 공정 합금으로 융점은 −19℃ 정도이며 독성이 낮아 수은을 대체하고 있다.
- 우드 합금(wood's metal alloy) : 융점 60.5~70℃ 정도로 비스무트−납−주석−카드뮴 합금이다.

5. 땜납용 합금

- 연납(solder paste) : 주석−납 합금
- 경납(brazing paste) : 황동 납(구리−아연 합금), 은 납(은−구리−아연 합금) 등이 있으며 알루미늄 합금용 경납은 주석을 주체로 아연과 알루미늄을 첨가한 것과 아연을 주체로 주석, 알루미늄, 카드뮴을 첨가한 것이 있다.

❖ 11-8 고융점 금속

저커늄(Zr), 크롬(Cr), 몰리브덴(Mo), 텅스텐(W), 탈륨(Ta), 니오븀(Nb), 바나듐(V) 등은 철보다 융점이 높은 금속으로, 용해하여 쓰는 것이 쉽지는 않다. 이들 금속은 기계적 성질이 좋고 내식성 및 내열성이 좋으므로 항공 우주, 화학 공업, 원자로 부품에 주로 쓰이고 있다. 표 11-34에 이들의 특성을 정리하였다.

표 11-34 고융점 금속의 종류

성질	저커늄	크롬	몰리브덴	탈륨	텅스텐
융점(℃)	1,842	1,875	2,622	2,996	3,410
밀도(g/cm^3)	6.49	7.19	10.22	16.6	19.3
비열(J/kg K)	269	462	277	143	139
열 전도율(W/m K)	16.7	67	143	55	167
열팽창계수(×10^{-6})	5.85	6.2	4.9	6.5	4.6
고유 저항(×10^{-8}Ωm)	40	12.9	5.2	12.45	5.65
종탄성계수(GPa)	96	250	420	190	350
결정 구조	hcp bcc(>865)	bcc	hcp	bcc	bcc

- 저커늄 : 내식성이 티타늄보다 뛰어나 진한 황산, 염산, 강알칼리에도 잘 견디며 열 중성자 흡수 단면적이 적고 고온수나 용융 금속에도 부식되지 않으므로 원자로 구조 재료로 유용하다. 저커늄 합금인 지르칼로이(zircaloy)는 Zr-Sn 1.5-Fe 0.1-Ni 0.05-Cr 0.1%로 구성되며 인장강도는 470MPa 정도이다.
- 크롬 : C, N 등 고용원소가 존재하면 취성을 나타내며 뛰어난 내산화성을 갖고 있다.
- 몰리브덴 : 융점이 높고 재결정 온도도 높으며 크랙 안정성도 좋아 초고온용 내열 재료로 유망하지만 고온에서 심하게 산화하는 단점이 있다.
- 탄탈 : 내산성이 백금 다음으로 높아 고온의 진한 황산, 진한 염산 등에도 잘 견디며 고온 강도도 높다.
- 텅스텐 : 가장 융점이 높은 금속으로 오래전부터 사용되어 온 내열 재료이다. 전구의 필라멘트가 대표적인 사용 예이다.

비철계 금속의 원료

- 알루미늄 : 보크사이트(bauxite, 빙정석), 알루미나, 불화 알루미늄
- 동 : 황동 광
- 티타늄 : 일루메나이트(illumenite, $FeTiO_3$), 루틸(rutile, TiO_2)
- 마그네슘 : 마그네사이트(magnesite), 카나라이트(carnallite), 돌로마이트(dolomite) 해수, 간수 등에서 얻어진 염화 마그네슘, 산화 마그네슘
- 아연 : 섬아연광(zinc blende : ZnS)
- 납 : 방연광(galena : PbS)
- 주석 : 주석석(cassiterite : SnO_2)

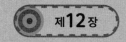

제12장

비금속 재료

🔗 12-1 합성수지

다수의 원자가 공유 결합하여 이루어진 유기 고분자를 합성수지(synthetic resin)라 하며 합성수지의 일반적인 장단점은 아래와 같다.

장점
- 물 및 약품에 강하며 부식되기 어렵다. 그러나 역설적으로 폐기물의 처리에 어려움이 많아 환경 문제를 일으키는 단점이 있다. 따라서 재활용 기술의 개발 및 미생물에 의해 분해되는 합성수지의 개발이 활발해지고 있다.
- 복잡한 형상도 쉽게 만들 수 있다.
- 소재 자체에 착색이 가능하다.

단점
- 화기에 약하며 타기 쉽고 연소 시 유독가스 발생이 많다. 따라서 난연성 합성수지의 개발이 필요하다.
- 자외선에 약해 햇빛이 닿으면 변색 및 변질이 일어난다.
- 탄성률이 작다.
- 전기가 통하지 않는다. 도전성 합성수지의 개발이 필요하다.

합성수지의 종류는 두 가지로 분류하는데 열가소성 수지(thermoplastic resin)와 열경화성 수지(thermoset resin)가 그것이다.

1. 열가소성 수지

열가소성 수지는 크로스 링크가 없는 선상 구조(linear structure)로 되어 상온에서는 고체 상태지만 글래스 전이 온도 또는 융점까지 가열하면 유연하게 되어 원하는 형상으로 성형할 수 있다. 글래스 전이 온도란 유리와 같은 비결정질 고체를 가열해 가면 어떤 좁은 온도 범위에서 급속히 강성과 점도가 떨어져 젤리처럼 유동성이 좋아지게 되는데 이때의 온도를 말한다. 일반적으로 열가소성 수지는 절삭 가공이 어려우며 열을 가해 연화시킨 다음 금형에 넣어 형상을 만든 후 냉각하여 응고시켜 제품을 만드는 사출 성형을 이용하여 제품을 만든다.

열가소성 수지는 인장강도와 융점에 따라 범용 플라스틱, 엔지니어링 플라스틱, 슈퍼 엔지니어링 플라스틱으로 구분하여 불린다.

1) 범용 플라스틱

가정용품 및 전기 제품의 케이스, 물받이 홈통, 새시 등의 건축 자재, 필름 등 포장재 등에 널리 쓰이고 있다.

(1) 저밀도 폴리에틸렌(LDPE)

폴리에틸렌(polyethylene)은 결정화(crystallinity) 정도에 따라 64%인 저밀도 폴리에틸렌(LDPE), 85% 또는 93%인 고밀도 폴리에틸렌(HDPE)로 분류되며 기계적 성질은 결정화 정도에 따라 다르다. 저밀도 폴리에틸렌은 투명도가 높고 광택이 있으며 찢어지기 어렵고 방습성과 내수성이 좋아 쓰레기 봉투 및 식품 포장용 필름, 에어캡, 수액 봉지 등에 많이 쓰인다. 그러나 내약품성이 떨어지고 용융 온도가 낮아 내열성이 높지 않다.

(2) 고밀도 폴리에틸렌(HDPE)

저밀도에 비해 내열성이 높고 유기 용제에도 녹기 어려워 슈퍼마켓용 봉투, 테이프류, 네트류, 용기, 탱크 등에 쓰인다.

(3) 폴리프로필렌(PP)

폴리프로필렌(polypropylene)은 밀도가 0.9g/cm³으로 고분자 재료 중 가장 가벼우며 기계적 성질은

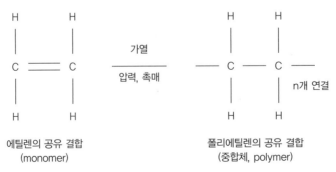

에틸렌의 공유 결합 (monomer)　　폴리에틸렌의 공유 결합 (중합체, polymer)

그림 12-1 에틸렌의 중합 반응

폴리에틸렌보다 우수하다. 또한 열 전도율이 낮고 절연성이 뛰어나며 내약품성 및 내열성이 뛰어나 절연 부품, 패킹 및 비의류용 섬유로 널리 쓰이고 있다. 폴리프로필렌은 구조를 바꿈에 의해 고강성, 투명성, 내충격성 등의 특성을 부여하는 것이 가능하다.

범퍼, 공구 박스, 발포 천정, 부직포 등에 쓰인다.

(4) 폴리스티렌(PS)

폴리스티렌(polystyrene)은 절연성, 내수성, 내약품성이 뛰어나며 투명하고 쉽게 착색할 수 있어 보기 좋은 제품을 만들 수 있어 식품 용기, 발포 완충재, 보온재, 콘덴서 등에 쓰이고 있다. 열에 약하고 내충격성이 낮으므로 떨어뜨리면 갈라지기 쉽다.

(5) 아크릴로니트릴부타디엔스티렌

ABS(acrylonitrile-butadiene-styrene) 수지로 불리며 가장 많이 사용되는 합성수지다. 강도가 있고 가공성이 좋으며 표면이 좋다. 가전제품의 내부 케이스, 자동차 내장재, OA 사무기기 등에 쓰이며 도금이 가능하다.

(6) 내후 ABS

AAS로 불리며 ABS에 아크릴 고무를 섞어 내후성을 높인 것으로 자동차 휠캡 및 라디에이터 그릴, 도로 표지판, 창틀 등에 쓰인다.

(7) 염화비닐

염화 비닐(polyvinyl chloride, PVC)은 내약품성, 난연성, 내후성이 있으며 가격이 저렴하다. 경질 염화비닐은 파이프 등에 쓰이며 가소제를 첨가한 연질 염화비닐은 탁상용 시트, 전선 피복 및 호스 등에 쓰인다.

(8) 폴리메틸메타크릴레이트

폴리메틸메타크릴레이트(polymethylmetacylate, PMMA)는 아크릴 수지로 불리며 강도가 있고 투명해 유리 대용, 대형 수조, 항공기 창, 조명 커버, 렌즈 등에 쓰인다. 투명도와 강도를 유지한 채 전용 용제를 써서 아크릴 수지끼리 녹여 접합할 수 있으며 염색액을 써서 쉽게 착색할 수 있다.

표 12-1에 종류와 특성이 소개되어 있다.

표 12-1 범용 플라스틱의 종류

종류	약어	인장강도(MPa)	사용 온도(℃)	충격 강도(kJ/m^2)	특성
폴리에틸렌	PE	20~37	80~120	21~747	
폴리프로필렌	PP	33~38	107~150	6.9	내약품성, 절연, 저흡수, 경량

(계속)

종류	약어	인장강도(MPa)	사용 온도(℃)	충격 강도(kJ/m²)	특성
폴리스티렌	PS				
ABS 수지		41	71~93	9.8	
폴리비닐클로라이드(염화비닐)	PVC	52~56	110	5.9	내피로, 내약, 난연, 기계적 성질 우수
아크릴	PMMA	76	54~110	2	
아크릴로니트릴 스티렌	AS	69~83	60~104	21-27	
테프론(폴리테트라플로러에틸렌)	PTFE	7~28	288	4	내약, 내열, 윤활, 절연

그림 12-2 사용 예

2) 엔지니어링 플라스틱

가전 제품에 쓰이는 베어링, CD 같은 기록 매체 등 어느 정도의 강도가 필요한 부분에 사용된다.

(1) 폴리아미드

폴리아미드(polyamide, PA)는 나일론으로 알려져 있으며 내마모성, 윤활성이 뛰어나고 첨가제 배합에 의해 윤활성, 내열성, 도전성, 항균성을 강화할 수 있다.

MC(mono cast) 나일론은 나일론 모노머를 대기압하에서 중합하고 성형한 것으로 나일론의 특성을 향상시켜 압출 및 사출 성형으로는 얻을 수 없는 뛰어난 특징을 갖게 한 것이다.

(2) 폴리카보네이트

폴리카보네이트(polycarbonate, PC)는 내열 및 내한성이 뛰어나며(-100℃에서 135℃) 내충격성도 뛰어나 떨어뜨리거나 해머로 두드려도 갈라지지 않는다. 강도는 25mm 이상의 두께이면 권총 탄환도 멈추게 할 수 있어 방탄 유리, 사격장의 창, 기동대 모자 창, 장갑차 창 등에 쓰이며 충격 강도는 ABS의

5배, PVC의 10배, PS 및 아크릴의 50배에 이른다.

내후성도 뛰어나고 투명도도 유리에 버금가므로 방범용 유리, 기계의 투명창 등에 쓰인다.

(3) 폴리에틸렌테레프탈레이트

폴리에틸렌테레프탈레이트(polyethyleneterephthalate, PET)는 페트병(PET bottle)으로 널리 알려진 재료로 탄소, 수소, 산소의 3원소로 이루어져 있어 식품류의 용기로서 안전하며 태워도 이산화탄소와 물로 되므로 환경에도 좋다.

페트병, 인공 혈관, 필름, 슈퍼 섬유 등에 쓰인다.

(4) 초고분자 폴리에틸렌

중량 평균 분자량이 100만 이상인 고밀도 폴리에틸렌을 말하며 UPE(ultrahigh molecular weight polyethylene)라 약칭한다. 열가소성 중 내충격성이 가장 뛰어나며 내마모성도 좋다. 용도는 운반 장치의 가이드 레일, 체인 가이드, 체인 컨베이어의 롤러 등에 쓰인다.

(5) 폴리아세탈(POM)

폴리아세탈(polyoxymethylene)은 균형 잡힌 기계적 성질과 내피로성이 뛰어나며 자기 윤활성이 있어 AV, OA 기기 등의 부품에 많이 쓰인다.

표 12-2에 종류와 특징을 정리하였다.

표 12-2 엔지니어링 플라스틱의 종류

종류		인장강도 (MPa)	사용 온도 (℃)	충격 강도 (kJ/m²)	특성
폴리아미드	PA		120		항균, 내열성, 내마모성, 내약품성
폴리아세탈	POM	69	90	75	내피로성, 저흡수, 기계적 성질 우수
폴리카보네이트	PC	62	120		내충격성, 내후성, 절연, 치안용 부품
변성 폴리페닐렌에테르	m-PPE				
폴리에틸렌테레프탈레이트	PET	72	80~100	43	내마모성, 내약, 내전압, 기계
폴리부티렌테레프탈레이트	PBT	55~57	120	64~70	내약, 절연, 섭동성
환상 폴리올레핀	COP				
초고분자 폴리에틸렌	UHPE		80		

3) 슈퍼 엔지니어링 플라스틱

엔지니어링 플라스틱보다 더 높은 열 변형 온도를 보이며 장기간 사용 가능하므로 특수 목적에 사용된다.

(1) 4불화 폴리에틸렌(polytetrafluoroethylene)

4불화 폴리에틸렌은 테프론(듀퐁의 상표명)으로 잘 알려져 있으며, 연속 사용 온도가 260℃에 이를 정도로 내열성이 좋으며 추위에도 강해 액체 질소에도 괜찮다. 테프론은 약품에 강하고 비접착성으로 미끄러운 특성이 있어 프라이팬의 표면에도 쓰이며 자기 윤활성도 좋아 베어링에도 쓰인다. 가공성은 좋지만 접착 가공은 일반적으로 곤란하다.

　　용도는 반도체 제조 설비용 벨로우즈, 개스킷, 튜브와 기계용 베어링, 패킹과 전기절연용 테이프, 필름, 전선 피복 등에 쓰인다.

　　PFA, ETFE, PVDF, PCTFE, FEP 등도 PTFE의 일종이다.

(2) 폴리에테르에테르케톤(polyetheretherketone, PEEK)

뛰어난 내열성을 가지며 내약품성, 내충격성이 좋으며 방사선 안전성이 좋다. 스팀용 밸브, 펌프, 배관 부품과 도금용 설비 부품 등에 쓰인다.

(3) 폴리에테르이미드(polyetherimide)

절연 파괴 강도, 내열성이 뛰어나며 저발연성이며 고온 수 및 증기에서 연속적으로 사용해도 안정하다. 끓는 물에 10,000시간 정도 담가도 인장강도를 유지하며 방사선 안정성도 좋다. 미국 GE의 상표명 울템(ULTEM)으로도 불린다.

(4) 폴리아미드이미드(polyamideimide)

뛰어난 압축 충격 강도와 낮은 열팽창계수를 보이며 표면 경도가 높고 마찰계수가 작은 자기 윤활성 수지이다.

　　와이퍼용 기어, 라디에이터 팬, 코일 보빈 등에 쓰인다.

(5) 폴리이미드(polyimide)

내열성 수지로 단시간 사용 시 480℃에서도 사용 가능하며 내마모성, 내크리프성 등이 뛰어나다. 단열 및 절연 부품에 사용된다.

(6) 폴리페닐렌설파이드(polyphenylenesulfide)

낮은 흡수율과 높은 강도, 내약품성, 수치 안정성이 양호하다.

　　표 12-3에 종류와 특성을 정리하였다.

표 12-3 슈퍼 엔지니어링 플라스틱의 종류

종류	약어	인장강도 (MPa)	사용 온도(℃)	충격 강도 (kJ/m²)	특성
폴리페닐렌 설파이드	PPS	69	260	16	내약, 내열, 기계적 성질 우수, 치안용 부품
테프론	PTFE	28	288		
폴리설폰	PSF	70	150	64	
폴리에테르설폰	PES		180		내열, 기계, 저흡수
폴리아릴레이트	PAR				
액정 폴리머	LCP	206	180		
폴리에테르에테르케톤	PEEK		250		내약, 내열, 기계, 내방사선
폴리이미드	PI		260		내마, 내크리프성, 내열, 내방사선
폴리아미드이미드	PAI		250		기계, 내열, 내마, 내약
폴리에테르이미드	PEI		170		

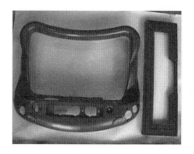
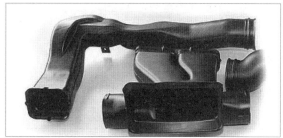

그림 12-3 사용 예

2. 열경화성 수지

열경화성 수지란 실온에서는 유동 상태이며 틀에 넣고 가교제(폴리머 등을 연결하여 물리적·화학적 성질을 변화시키는 반응을 일으키는 물질)를 혼합하여 가열하면 중합을 일으켜 고분자의 그물망 구조를 형성하고 경화하여 틀의 형상과 같은 제품을 만들 수 있는 수지로, 만들어진 제품을 재가열해도 원래의 유동 상태대로 돌아가지 않는다. 딱딱하고 열 및 용제에 강해 전기 부품, 테이블 등 가구의 표면처리, 재떨이, 굽기 도장용 도료 등에 쓰인다. 경화하기 전의 점도가 낮아 섬유 강화 복합재료의 모재(matrix)로도 많이 쓰인다.

1) 페놀

페놀(phenol formaldehyde resin)은 전기 절연성, 내열성, 성형 가공성이 뛰어나 전기 산업용 부품에 많이 쓰이며 투명한 적갈색 수지이다. 비교적 고온에서도 치수 안정성이 양호하며 광범위한 온도, 습도에서 기계적·전기적 성질의 변화가 적다. 전기 절연부품, 접착제, 냄비 손잡이 등에 쓰이고 있다.

페놀은 베이크라이트(Bakelite)라고도 알려져 있다.

2) 에폭시

에폭시(epoxy) 수지는 열경화성 수지 중 접착성, 치수 안정성, 내습, 내약품성 등이 우수하여 사용 범위가 넓지만 경화제나 촉매를 첨가하지 않으면 경화하지 않는다. 접착제로 많이 사용된다.

3) 불포화 폴리에스터

불포화 폴리에스터(unsaturated polyester)는 경화 속도가 빠르고 가격이 저렴하여 유리섬유 복합재료의 모재로 많이 사용된다.

4) 폴리우레탄

폴리우레탄(polyurethane)은 인장 변형률 및 충격 강도가 매우 우수하여 발포 성형재료로 많이 쓰이며 도료와 접착제에도 사용된다.

표 12-4에 종류와 특성을 정리하였다.

표 12-4 열경화성 수지의 종류

종류	약어	인장강도(MPa)	사용 온도(°C)	충격강도(kJ/m^2)	특성
페놀	PF				
에폭시	EP	59	185		
멜라닌	MF				
요소	UF				

(계속)

종류	약어	인장강도(MPa)	사용 온도(℃)	충격강도(kJ/m²)	특성
알키드					
폴리이미드	PI				
불포화 폴리에스터	UP	66	151		
폴리우레탄	PUR	43	143		

- 중합 : 탄소가 2개인 에틸렌을 기본 물질(모노머, monomer)로 하고 이것을 여러 개 연결한 것을 중합체(폴리머, polymer)라고 하며 연결되어 가는 과정을 중합 반응(polymerization), 연결된 모노머 개수를 중합도라 한다. 에틸렌 500개가 연결된 폴리에틸렌의 중합도는 500이다. 중합도가 클수록 딱딱하고 강한 수지가 된다.
- 공중합 : 공중합(copolymerization)이란 2종류 이상의 모노머가 화학적으로 결합하여 합성수지를 만드는 것을 말하며 ABS 수지(아크릴로니트릴＋스티렌＋부타디엔)가 이에 해당한다.

그림 12-4 사용 예

3. 절삭 가공용 엔지니어링 플라스틱

선반, 밀링 등 절삭 가공기계를 사용하여 어느 정도 강도, 강성을 가진 플라스틱 가공 부품을 만들기 위한 소재로 쓰이는 것을 말하며 일반적으로 다음과 같은 것들이 있다.

1) MC 나일론(mono cast nylon)

MC(mono cast) 나일론은 나일론 모노머를 대기압하에서 중합하고 성형하여 만들므로, 사출 또는 압출에 의한 6 나일론이라 불리는 폴리아미드 6에 비해 기계적 · 열적 · 화학적 성질이 좋다. 내충격성이 뛰어나고 표면 경도가 높으며 가공성, 저온 특성, 내약품성이 좋고 기름에 강하다.

종류와 각각의 용도는 다음과 같다.

(1) 기본 cast nylon : natural, blue, black

기어, 롤러, 부싱, 스크루, 컨베이어 롤러

(2) +MoS$_2$(이황화 몰리브덴) : dark grey

표면 강도가 높고 내마모성 향상됨. 기어, 베어링, 톱니바퀴 등

(3) +oil : green, yellow

내마모성 향상(기본의 5~10배), 고하중 저속 회전 부품

(4) +wax : light grey

내마모와 마찰 특성 향상, 저하중, 고속 회전 부품에 적합

(5) +lube : red

자체 윤활성이 뛰어나고 마찰계수가 극히 낮음. 윤활제를 사용할 수 없는 부품에 적합

(6) +GF : black

유리 섬유를 첨가하여 인장강도, 경도, 내크리프성, 치수 안정성 우수. 사용 온도가 높음

(7) AST : black, white

대전 방지 기능 부여. 클린 룸, 반도체 제조 공정용 부품에 적합

소재 크기 : 봉재 ø30~600mm, l=220~1,000mm

판재 500×1,000~1,200×2,400mm, 두께 5~200mm

2) POM(poly oxymethylene, 폴리아세탈)

- 특성 : 기계적 성질, 내마모성, 내피로성, 내크리프성, 치수 안정성 우수, 절삭성, 전기 절연성
  우수, 강산에 약하고 접착이 어려움, 100℃까지 사용
- 용도 : 베어링, 기어, 펌프 부품, 전기 절연 부품
- 소재 크기 : 봉재 ø6~300mm, l=1,000mm/2,000mm

  판재 600×2,000/1,000×2,000mm, 두께 5~100mm

3) HDPE(high density poly ethylene)

- 특성 : 내산, 내알칼리, 절연성 우수, 용접성 좋음, 수분 흡수율 낮음, 식품 안전성 우수. 경도와
  인장강도가 낮으며 내후성 취약. -50~90℃ 사용
- 용도 : 오·폐수 처리산업 부품, 펌프 밸브 부품, 식품산업 부품 등
- 소재 크기 : 봉재 ø10~330mm, l=1,000/2,000mm

  판재 1,000×2,000/1,200×2,400mm, 두께 5~200mm

4) UHMW PE(ultra high molecular weight poly ethylene)

- 특성 : 내마모, 내마찰성 특히 우수함. 내약품성, 전기절연성 우수함. 무독성, 경도 낮음.
  -100~80℃까지 사용

- 용도 : 병, 캔 포장 공업용. 제지, 섬유 기계 부품. 광산 및 시멘트 공업. 화학 공업 및 전기 도금 공업

5) UHMW+boron PE

- 특성 : 방사능 차폐성 우수
- 용도 : 원자력 분야 설비 부품

6) PP(poly propylene)

- 특성 : 높은 인장강도, 용접 가능, 내화학성 및 전기 특성 좋음, 저온 특성이 좋지 않으며 충격 강도 낮고 내후성 취약, 5~100℃ 사용
- 용도 : 화학공업, 식품공업
- 소재 크기 : 봉재 ø10~300mm, l=1,000/2,000mm
  판재 1,000×2,000/1,200×2,400mm, 두께 1~200mm

7) ABS(acrylonitrile butadiene styrene)

- 특성 : 표면 마찰에 의한 흠집 및 손상에 강함. 습도 변화에 강해 치수 안정성이 우수. 기계적 강도 우수. 표면 강도, 충격 강도 높음. -50~70℃ 사용
- 용도 : 식품, 냉장산업, 모형 제작
- 소재 크기 : 봉재 ø20~100mm, l=1,000mm
  판재 600×1,000/1,000×2,000mm, 두께 1~120mm

8) PC

- 특성 : 높은 경도와 충격 강도. 치수 안정성 양호. 내열성, 절연성 양호. 방사선에 강함.
  -60~120℃에서 사용
- 용도 : 절연 부품, 방호 유리, 시험용 튜브
- 소재 크기 : 봉재 ø6~200mm, l=1,000/2,000mm
  판재 610×1,000/2,000mm, 두께 20~100mm

9) 유리 단섬유 강화 PET

- 특성 : 압출 성형 후 가열 압축에 의해 생산. 내열성, 2차 가공성 우수. 흡수율 낮음. 절연성 우수. 방향성이 있으므로 절단 시 표시 방향에 유의
- 용도 : 전기 절연재, 반도체 제조, 식품 기계, 작업대 등
- 소재 크기 : 판재 1,000×1,000, 두께 0.5~55mm

10) PTFE(테프론)

- 특성 : 가장 수요가 많은 대표적인 불소 수지로 내약품성이 우수. 마찰계수가 극히 작으며 전기

적인 특성이 우수. −180~260℃에서 사용

- 용도 : 절연재, 실(seal), 라이닝, 베어링 패드, 밸브 시트
- 소재 크기 : 봉재 ø5~300mm, l=300/1,000/2,000mm
  판재 300×300/1,200×2,200mm, 두께 4~100mm

11) PVC

- 특성 : 내약품성 매우 우수. 절삭성 우수. 기계적 강도 높음. 접착이나 용접 가능. 충격 및 내후성 약함. −15~60℃ 사용
- 용도 : 화학 탱크, 램프 하우징, 치의학 부품, 배관
- 소재 크기 : 봉재 ø3~500mm, l=500~2,000mm
  관재 ø15×5~ø230×150, l=1,000/2,000mm

12) PPE

- 특성 : 폴리스티렌 변성 플라스틱. 내충격성 우수. 흡습성이 낮아 치수 안정성이 좋음. 고(저)주파에 변함이 없어 전기 부품에 많이 사용. 식품 안정성. −50~105℃에서 사용
- 용도 : 식기 세척기, 세탁기, 건조기 부품, 식품 기계 부품
- 소재 크기 : 봉재 ø10~200mm, l=1,000mm
  판재 500×1,000mm, 두께 10~100mm

13) PA

- 특징 : 압출 성형으로 생산된 폴리아미드. 경도, 강도, 충격 강도, 열 안정성, 내화학성, 식품 안전성, 내마모성 우수. 수분에 영향 받음. −60~100℃ 사용
- 용도 : 베어링, 기어, 펌프 부품, 슬라이딩 레일, 바퀴, 링크
- 소재 크기 : 봉재 ø6~300mm, l=1,000/3,000mm
  판재 610/1,000×1,000~3,000mm, 두께 8~100mm

14) PET

- 특성 : 인장강도, 경도가 높으며 내마모성 및 치수 안정성이 좋음. 표면 광택 가능(연마 가공). 전기 특성 우수. 내충격 약함, −40~110℃에서 사용
- 용도 : 베어링, 펌프 하우징, 탱크 덮개, 톱니바퀴, 절연재 등
- 소재 크기 : 봉재 ø10~200mm, l=1,000/3,000mm
  판재 610×1,000/2,000mm, 두께 10~100mm

15) PVDF(polyvinylidene fluoride)

- 특성 : 같은 불소 수지인 PTFE보다 인장강도와 치수 안정성이 좋으나 마찰, 절연 특성은 낮음.

UV에 강함. 태울 때 유해 가스 발생. -30~150℃에서 사용

- 용도 : 펌프, 회전 디스크, 밸브
- 소재 크기 : 봉재 ø10~250mm, l=1,000/2,000mm
  판재 620×1,000mm, 두께 10~80mm

16) PSU(poly sulphone)

- 특성 : 내열성 우수(-100~160℃). 전기 특성 매우 우수, 기계적 강도와 방사선에 대한 내구력 우수
- 용도 : 극초단파 오븐, 건조기, 식품 기계
- 소재 크기 : 봉재 ø20~100mm, l=1,000mm
  판재 폭 620mm, 두께 10~80mm

17) PPSU(polyphenylene sulphone)

- 특성 : 충격 강도, 내약품성 향상. -100~180℃에서 사용
- 용도 : 극초단파 오븐, 건조기, 식품 기계, 의료 기기
- 소재 크기 : 봉재 ø20~100mm, l=1,000mm
  판재 폭 620mm, 두께 10~80mm

18) PEI(polyetherimide)

- 특성 : 내약품성, 내열성 우수. 치수 안정성 좋으며 방사선에 내성. 난연성. -100~170℃에서 사용
- 용도 : 전기 공업, 항공기, 식품 기계, 의료 기기
- 소재 크기 : 봉재 ø20~100mm, l=1,000mm
  판재 폭 620mm, 두께 10~80mm

19) PEEK(polyetherether ketone)

- 특성 : 260℃까지 사용 가능하며 짧은 시간인 경우 300℃까지 가능. 강도, 경도, 굽힘 강도 뛰어남. 열 안정성, 치수 안정성 우수. 아세톤에 약함
- 용도 : 베어링, 피스톤 링, 밸브 시트, 실, 기어 등
- 소재 크기 : 봉재 ø5~200mm, l=1,000/3,000mm
  판재 500×1,000mm, 두께 8~50mm

표 12-5 절삭가공용 플라스틱의 성질

| 재료 | 비중 | 사용 온도 | | 인장강도 (MPa) | 선팽창계수 (10^{-4}/k) | 열 전도도 (W/mK) | 마찰계수 |
		최고	최저				
MC Nylon	1.16	110	-40	85		0.25	0.4
POM	1.39	110	-50	63	1.1	0.31	0.35
HDPE	0.95	90	-50	22	1.55	0.43	0.3
PP	0.91	100	5	33	1.5	0.22	0.3
ABS	1.04	70	-50	41	1	0.25	0.5
PC	1.2	120	-150	65	0.65	0.21	0.55
PVC	1.36	60	-15	55	0.8	0.14	0.6
PA6	1.13	70	-40	90/45	0.85	0.28	0.38~0.45
PET	1.39	110	-20	90	0.8	0.29	0.25
PSU	1.24	160	-100	70	0.56	0.26	0.4
PPSU	1.29	180	-50	76	0.55	0.35	
PEI	1.27	170	-	105	0.56	0.24	
PEEK	1.32	260	-40	97	0.47	0.25	0.34

12-2 탄성 고분자 재료

탄성 고분자(elastomer) 재료란 일반적으로 고무라 불리는 탄성이 매우 큰 폴리머이다. 고무는 네덜란드어 gom에서 유래된 일본 외래어로 영어는 rubber, gum이다. 탄성 중합체로 열 경화성과 열 가소성 중합체가 있으며 그 종류에는 다음과 같은 것들이 있다.

- 천연 고무 : 탄성, 내마모성 및 기계적 성질은 좋은 편이나 내열, 내유 및 내오존성은 떨어진다.
- 이소프렌 고무 : 천연 고무와 비슷하지만 탄성률은 낮다.
- 스티렌부타디엔 고무 : 내마모, 내노화 및 내유성이 우수하고 저온성은 떨어지며 가장 많이 사용되고 있는 고무이다.
- 부타디엔 고무 : 내마모성과 반발력은 양호하나 기계적 강도는 떨어진다.
- 니트릴 고무 : 아크릴로니트릴부타디엔 고무의 약칭으로, 내마모 및 내유성은 우수하나 내후, 내오존 및 내수성은 떨어진다.
- 네오프렌 고무 : 클로로프렌 고무이며 내유, 내열, 내후성은 비교적 양호하지만 내수성과 전기 절연성은 낮다.

- 에틸렌프로필렌 고무 : 내후, 내오존, 내수, 내열성 및 전기 절연성이 우수하지만 내유성이 떨어진다.
- 실리콘 고무 : 폴리실록산으로 내열, 내한, 식품 위생, 전기 특성이 우수하며 315℃까지 사용 가능하다.
- 부틸 고무 : 내가스투과성이 우수하며 극성 용제에 대한 저항성이 우수하지만 내유성과 반발 탄성은 낮다.
- 불소 고무 : 최고의 내열, 내약품, 내용제 및 내후성이 우수하나 기계적 강도 및 내한성은 떨어진다.
- 우레탄 고무 : 내마모성이 매우 우수하고 강도, 강성 및 경도도 우수하지만 내열 및 내수성은 떨어진다.

표 12-6에 각종 고무의 특성을 정리하였다.

> **참고**
>
> 폴리머 얼로이(polymer alloy) : 내열충격성, 내열성 및 내약품성 등을 향상시키기 위해 다른 종류의 폴리머를 혼합(polymer blending)하여 만든 것이며 내충격 폴리스티렌 : 폴리스티렌+고무, 변성 PPE : PPE+PS, PC+ABS, PVC+ABS, PBT+ABS, PBT+PET, PA+ABS, PC+PS, PC+PE 등이 있다.

표 12-6 고무의 종류

종류	약어	인장강도 (MPa)	연신율 (%)	내열 한계 (℃)	내열 안전 (℃)	내한 한계 (℃)
천연고무	NR	17~24	750~850	80	65	-50
이소프렌	IR					
스티렌부타디엔	SBR	1.4~24	400~600			
부타디엔	BR					
니트릴	NBR	0.5~0.9	450~700	120	80	-50
네오프렌	CR	20.7~27.6	800~900	110	70	-40
에틸렌프로필렌	EPDM			140	120	-40
실리콘	VMQ	4.1~9.0	100~500	315		-115
부틸	IIR			140	110	-40
불소	FKM			230	200	-15
우레탄	UR			100	70	-30

그림 12-5 사용 예

✧ 12-3　세라믹스

세라믹스(ceramics)란 금속 원소와 비금속 원소의 화합물로 기본 성분이 금속의 산화물, 탄화물, 질화물 등이며 고온에서 열처리하여 구워 응고시킨 소결체이다.

　세라믹스의 특성은 다음과 같다.

- 상온에서 고체이며 경도는 높지만 깨지기 쉽다.
- 내열성이 뛰어나지만 열 충격 파괴가 일어나기 쉽다.
- 금속보다 가볍고 플라스틱보다는 무겁다.

종류에는 다음과 같은 것들이 있다.

- 산화물계 : 알루미나(Al_2O_3), 저커니아(ZrO_2), 실리카($SiO2$), 베릴리아(BeO), 마그네시아(MgO), 티타니아(TiO_2), 토리아(ThO_2), 우라니아(UO_2)
- 탄화물계 : 탄화 규소(SiC), 텅스텐 카바이드(WC), 티타늄 카바이드(TiC)
- 질화물계 : 질화 규소(Si_3N4), 큐빅 보론 질화물(cBN), 티타늄 질화물(TiN), 질화 알루미늄($SiAlOn$)
- 붕화물계 : TiB_2, ZrB_2
- 불화물계 : CaF_2, BaF_2

- 황화물계 : ZnS, TiS₂

세라믹스의 종류 중 중요한 세라믹스의 특징은 아래와 같다.

1. 알루미나

알루미나(alumina, Al₂O₃)는 강도, 경도 및 내마모성이 우수하며 1,000℃ 정도까지 균형 있는 성질을 유지하는 내열성이 뛰어나고 고온·고압에서의 절연 저항이 우수하다. 내약품성도 좋으며 생체와의 적합성도 좋다.

용도에는 내마모 라이너, 진공 볼, 반도체 공정용 치구, 기계 실 등의 구조재와 IC 회로기판, 절연 애자, 플러그용 절연체, 인공 치근, 인공 관절 등이 있다.

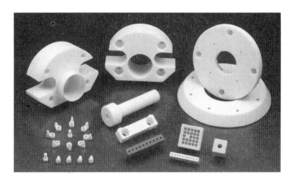

그림 12-6 사용 예(사진 출처 : 주 씨이케이)

2. 저커니아

저커니아(zirconia, ZrO₂)는 기계적 강도와 파괴 인성 강도가 높으며 내마모성이 우수하고 내약품성과 내부식성도 우수하다. 열 전도율이 낮고 열 팽창률이 금속과 비슷하여 금속과의 접합에 적당하다.

용도에는 압출용 디스크, 분쇄 혼합용 미디어, 각종 가이드 롤러 등이 있다.

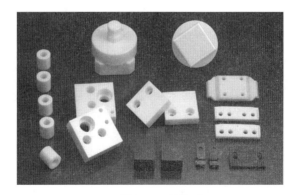

그림 12-7 사용 예

3. 마그네시아

마그네시아(magnesia)는 기계적 성질이 떨어지고 열충격에 약하지만 값이 싸고 내열성과 전기 절연성이 뛰어나 내화물이나 절연 재료로 널리 쓰이고 있다.

4. 탄화 규소

탄화규소(silicon carbide, SiC)는 강한 공유 결합이므로 알루미나, 질화 규소보다 강도, 경도와 내마모성이 뛰어나며 고온 강도도 유지된다. 내부식성, 내산화성, 크립 저항성 등이 우수하며 열 전도율이 높다.

　　용도에는 분쇄기의 내마모 라이너, 베어링, 열교환기, 화학 펌프 부품, 각종 노즐, 내화판, 연마재 등이 있다.

그림 12-8 사용 예

5. 티타늄 카바이드(TiC), 텅스텐 카바이드(WC)

주로 절삭 공구에 사용된다.

6. 질화 규소

질화 규소(silicon nitride, Si_3N_4)는 공유 결합성이 강해 기계적 강도, 고온 강도와 내열충격성이 우수하며 열팽창계수가 작고 화학적으로 안정되어 내마모, 내부식성도 우수하다.

　　용도에는 열교환기, 버너 노즐, 진공 볼, 베어링, 항공기 부품, 자동차 엔진 부품, 절삭 공구 등이 있다.

그림 12-9 사용 예

7. 질화 알루미늄

질화 알루미늄(aluminum nitride, AlN)은 내열성, 전기 전도성 및 용융금속에 대한 내식성이 뛰어나

IC기판 재료, 금속용해제, 방열절연재 등으로 많이 쓰인다.

8. 질화 붕소

질화 붕소(boron nitride, BN)는 고온에서의 내마모성, 비산화성이 우수하며 Fe와 반응하지 않으므로 고온에서의 내마모성이 필요한 부품에 사용된다.

9. 이트리아

이트리아(yttria, Y_2O_3)는 이트륨의 산화물로, 연회색이며 플라스마용 부품 등 가스 및 스파크가 있는 곳의 부품에 사용된다.

표 12-7에 주요 세라믹스의 특성을 정리하였다.

표 12-7 주요 세라믹스의 특성

항목	알루미나	지르코니아	실리카	탄화규소	질화규소	질화 알루미늄	질화 붕소
밀도(g/cm³)	3.9	5.5~6.0	2.2	3.02	3.25	3.3	1.91
경도(HV)	17.4	13	8.6	22	14	11.2	
굽힘 강도(MPa)	360	910	70	250	880	310	20
압축 강도(MPa)	2,400	5,400	1,100	2,700	3,820	3,000	22
영률(GPa)	370	210	72	270	300	315	
포아송 비	0.23	0.3	0.17	0.24	0.28	0.24	
열 전도도(W/mK)	30	3.0	1.5	175	30	165	130
열팽창계수 10(-6)/℃	7.8	9~11	0.5	4.3	2.7	4.2	0.3~1
내열충격△T	350	350	1,000	400	750	400	
비열(10(3)J/kg K)	0.78	0.48		0.68	0.66	0.72	0.35
사용 온도(℃)	1,400~1,800	1,400	1,200	1,200	1,200	산화 900 비산화 1,900	산화 800 비산화 1,800
색깔	상아색	백색		흑색	흑색	연회색	

표 12-8에 기능 및 용도별 세라믹스의 종류를 정리하였다.

표 12-8 세라믹스의 용도별 구분

기능		용도	종류
전자기적 기능	절연성	집적 회로기판	Al_2O_3
		방열성 집적 회로기판	BeO
	반도체성	PTC(positive temperature coefficient) 히터	$BaTiO_3$
		저항 발열체	$SiC, MoSi_2, LaCrO_3$
		가변 저항, 비선형 소자	$ZnO-B12O_3$
		가스 센서	SnO_2
	이온 전도성	고체 전지, 산소 센서	$C-ZrO_2$
		Na-S 전지	$\beta-Al_2O_3$
	유전성	콘덴서	$BaTiO_3$
	압전성	착화 소자, 세라믹 필터,	PbO_3
		수정 발진자, 표면파 필터	$SiO_2, LiTiO_3, LiNbO_3$
	초전성	적외선 검출 소자	PbO_3
	전자 방사성	전자총용 열 음극	LaB_6
	연자성	트랜스코어, 기억소자	$Zn_xMn_{1-x}, Fe2O_4$
		자기 테이프	$\gamma-Fe2O_3$
	경자성	영구 자석	$BaFe_{12}O_{19}$
		가동성 자석	$SrFe_{12}O_{19}$
열적 기능	내열성	내열 재료	ZrO_2, ThO_2, C
	단열성	스페이스 셔틀 단열재	SiO_2
		불연성 벽 재료	$CaO\ nSiO_2$
	전열성	집적 회로기판	BeO, SiC, C
	내열충격성	고온 열교환기	$2MgO\ 2Al_2O_3\ 5SiO_2$
광학적 기능	투광성	내열 내식 재료(나트륨 램프 관)	$Al2O_3$
		투명 전극	SnO_2
		레이저용 광학 부품	$ZnSe$
	도광성	광통신 파이버	SiO_2
	반사성	태양열 집광기	TiN
		적외선 반사막, 선택 흡수막	SnO_2

(계속)

기능		용도	종류
광학적 기능	형광성	전자 여기 형광체(컬러 TV용)	$Y_2O_2S : Eu$
		X선 여기 형광체	$CaWO_4$
		레이저용 로드(rod)	$Y_3Al5O_{12} : Nd$
		발광 다이오드	$GaAs$
		전장 발광	$ZnS : Cu$
		신틸레이터(scintillator)	$NaI : Ti$
	편광성	전기 광학 편광 소자	PLZT
기계적 기능	고온 고강성	가스 터빈, 세라믹 엔진	Si_3N_4, SiC
	강성	선반 베드	Al_2O_3, SiC, Si_3N_4
	내마모성	베어링, 다이스	$Al_2O_3, SiC, Si_3N_4, WC\text{-}Co$
	고경도성	절삭공구	$TiN, Al_2O_3, WC\text{-}Co, TiC, C$
		연마석, 연마재	Al_2O_3, SiC, cBN, C
기타	촉매 능력	촉매, 내열 촉매	$K_2OnAl_2O_3$, ferrite
	생체 적합성	인공 치아, 인공 뼈	Al_2O_3, apatite, 결정화 유리
	내식성	화학 반응 용기	$Al_2O_3, SiO_2, hBN, Si_3N_4, SiC$
	내방사능	원자로 재료, 핵융합로 재료	$UO2, UC, SiC, C, BeO, B4C$

* 유전성(dielectric) : 절연체에 전압을 걸면 물질 양끝에 전하가 나타나는 성질
  압전성(piezoelectric) : 압력을 가하면 물질 양끝에 전하가 나타나는 성질
  초전성(pyroelectric) : 온도 변화에 따라 유전체의 분극이 변화하는 현상

표 12-9에 세라믹스와 금속 재료의 특성 차이를 정리하였다.

표 12-9 세라믹스와 금속의 특성 차이

특성	금속	세라믹스	특성	금속	세라믹스
결합	금속 결합	이온/공유 결합	소성 변형	가능	거의 불가
전기 전도성	크다	작다	충격하중	강하다	약하다
열 전도성	크다	작다	열충격 저항	높다	낮다
투명도	불투명	얇으면 투명	비중	무겁다	가볍다
인장강도	높다	낮다	경도	적당함	매우 낮다
전단 강도	낮다	높다	기공	무공질	다공질
연성	크다	낮다			

그림 12-10 사용 예

❖ 12-4 유리, 목재 및 석재

1. 유리

최근 기계는 물론 기구 및 기기에 유리의 사용이 급격히 늘고 있으며 그 종류도 요구되는 기능 및 성능에 따라 다양해지고 있다. 유리는 그 성분, 구조와 성질 및 기능에 따라 아래와 같은 종류가 있다.

1) 성분에 따른 분류

유리의 성질은 알루미늄, 나트륨, 칼슘, 바륨, 보론, 마그네슘, 리튬, 납, 칼륨 등의 산화물을 첨가함에 의해 크게 개선되어 화학물질, 산, 알칼리 및 습기 등에 의한 부식에 강해진다.

- 소다-석회 유리(soda-lime glass) : 규사, 탄산 나트륨, 탄산 칼슘 등이 성분이며 주로 유리창이나 유리병에 쓰이고 있다.
- 칼리 유리 : 투명도가 높고 딱딱하다. 조각하기에 적합하다.
- 납-알칼리 유리(lead glass) : 규사, 칼륨, 소다회 등에 산화 납을 첨가한 것으로 식기나 유리 공예품에 쓰이고 있다.
- 석영 유리(quartz glass) : 순도가 높은 규사를 사용하고 열을 가하면 투명해지며 내식성과 내열성이 뛰어나다. 열 전도율이 매우 낮지만 열 팽창률도 매우 작으므로 급격한 온도 변화에 의한 열 충격의 영향을 거의 받지 않는다. 레이저 빔으로 절단이 가능한 유리이다.

  비커, 플라스크 등 실험 기재와 광섬유의 재료 및 반도체 웨이퍼 운반구 등에 쓰이고 있다.
- 보로 실리케이트 유리(borosilicate)
- 알루미노 실리케이트
- 96% 실리카 유리
- 융해 실리카(fused silica)

2) 구조 및 성질에 따른 분류

이미 만들어진 유리에 후처리를 하거나 기능성 수지 필름을 붙이고 유리 사이에 건조 공기나 가스를 넣거나 하여 만든 것으로 다음과 같은 것들이 있다.

- 강화 유리(tempered glass)

    판 유리를 700℃까지 가열한 후 유리 표면에 공기를 불어 균일하게 급속 냉각하여 표면을 압축함에 의해 만들어지는 유리로 내충격성이 3~5배 정도 강해진다. 표면에는 압축응력이, 내부에는 인장응력이 발생하여 충격에 대한 저항을 증가시킨다. 또 내부와 외부의 응력 균형이 잡혀 있으므로 균형이 깨져 파손되어도 파편이 가루로 되므로 안전하다. 강화된 후에는 다른 가공이 불가능하다. 내열 온도는 200℃ 정도이며, 두께는 5~19mm, 크기는 4,500×2,440mm이다.

    안전 유리라고도 불리며 자동차 유리(전면 유리 제외), 유리 문, 식탁용 유리 등으로 쓰이고 있다.

- 중첩 유리(laminated glass)

    복수의 판유리 사이에 수지 등으로 된 특수 기능 필름으로 중간 막을 끼운 후 가열 압착한 유리이며 중간 막의 특성에 따라 자외선, 적외선의 흡수 차단, 방음, 착색 및 방탄, 전자파 실드(shield), 방화, 안전, 가열 유리 등이 있다. 중간 막의 효과 때문에 유리가 깨져도 파편이 튀는 일이 거의 없어 안전성이 매우 높다.

    자동차 전면 유리, 건축물 유리 등에 쓰이고 있다.

- 내열 유리

    열 팽창률을 낮춰 급격한 온도 변화가 있어도 갈라지지 않는 유리이며, 석영유리의 가열에 의해 변형 및 연화를 일으키기 시작하는 온도를 낮추고 팽창을 비교적 작게 유지하기 위해 산화붕소를 더한 붕규산 유리의 일종으로 내부식성도 뛰어나다. 파이렉스 유리(Pyrex glass, 코닝사 제품명)가 대표적이며 조리용 레인지 유리, 탄산 가스 레이저의 방전관 유리, 비커 등 이화학 실험 기기, 빵 굽는 오븐의 유리창 등에 쓰이고 있다.

    - 템팩스(Tempax) : 독일 Shot사의 붕규산유리로 최고 사용 온도는 500℃, 일반 사용 온도는 450℃로 할로겐 램프 등 고열의 조명기기의 표면 유리로 사용된다.

    - 바이코(Vycor) : 최고 사용 온도는 1,200℃, 일반 사용 온도는 900℃이다.

    - 파이렉스(Pyrex) : 최고 사용 온도는 490℃이며, 강도 및 열충격성을 2배로 한 강화 Pyrex는 최고 사용 온도 290℃, 일반 사용 온도 260℃이다.

- 복층 유리(pair glass)

    두 장의 유리 사이를 띄우고 그 사이를 진공, 건조 공기 또는 아르곤 가스를 넣고 밀폐하여 중간 층을 둔 유리이며 중간 층이 12mm를 넘으면 대류가 발생하여 단열성이 떨어진다.

    단열, 결로 방지 및 소음 차단 효과가 크며 건축물 외측 유리, 냉동, 냉장 쇼 케이스 등에 쓰이고 있다.

- 기능성 유리

    최근 IT 제품에 쓰이고 있는 특수 유리로 두께가 0.5−1.1mm이며 아래와 같은 것들이 있다.

    - 태양전지 커버 유리(photovoltaic cover glass) : 고투과형 판유리로 표면에 요철을 주어 배 껍질처럼 만든 유리이다.

    - 태양전지 TCO 기판 유리(transparent conductive oxide) : 박막형 유리 기판으로 입사광을 산

란시켜 실리콘 층 내에 광을 닫아 넣고 있다. 고투과율을 가지며 투명 도전 막을 코팅한 판유리이다.

- 모니터용 커버 유리(anti glare glass) : 표면에 실리카 코팅한 고내흠집성, 고해상도의 태블릿 PC, 터치 패널, 액정 및 PDP 패널의 커버 유리용이다.
- TFT용 유리 기판 : 플로트(float) 법으로 개발된 알칼리 성분을 포함하지 않는 알루미노 규산염 유리로 투명성과 내열성을 가진 표면이 평활하고 평탄한 유리이다.
- PDP용 유리 기판 : 소다-석회 유리로 열에 의한 치수 변화가 적으며 전기 저항도 높다.

2. 목재

- 재목(timber) : 원목에서 켠 목재
- 합판(plywood) : 목재를 얇게 발라낸 단판을 섬유 방향이 서로 엇갈리게 하여 여러 장을 겹쳐 접착제로 붙여 한 장의 판으로 가공한 것. 베니어판이라고도 함.
- 파티클 보드(particle board) : 목재 조각에 접착제를 섞어 가열 압축 성형한 보드. 단열성, 차음성은 우수하나 내수성은 모자라 주로 가구, 내장재로 사용
- OSB(oriented strand board) : 접착 전에 나무 조각의 방향을 일치시켜 일정 방향으로의 강도를 높인 것. 저급 활엽수를 사용
- 파이버 보드(fiber board) : 목재 섬유를 모아 그대로 건조하거나 가열 압축한 보드. 비중에 따라 하드 보드(hard board), MDF(medium density fiber board), IFB(insulation fiber board) 등으로 나누며 용도는 파티클 보드와 비슷함
- 코어 합판(Lumber core plywood) : 재목의 작은 봉재를 나란히 놓은 것을 중심재로 하고 표면에 얇은 판을 붙여 한 장의 판으로 가공한 것
- 집성목 : 작은 목재판을 옆으로 이어 붙여 큰 판으로 만든 것

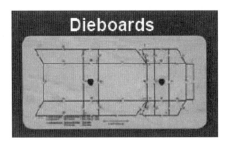

그림 12-11 사용 예

3. 석재

최근 반도체 및 디스플레이 제품 등의 제조 장치 및 검사 장치에 요구되는 정밀도가 점점 높아지면서 이들 장치의 베이스로 진동이나 온도 및 습도의 변화에 강하고 XY 스테이지가 부착되는 평면의

평면도를 좋게 가공할 수 있는 석재의 사용이 보편화되고 있다. 석재의 특징은 경년 변화가 없고 경도가 주철의 2~2.5배로 마모가 적으며 제진 및 방진 효과가 좋고 내식성이 있다. 장치에 쓰이는 석재 베이스의 크기는 8,000×3,500mm까지 가능하며 구멍, 탭 구멍 및 홈 가공이 가능하다.

주로 쓰이는 암석은 화강암(granite)으로, 주성분은 석영과 장석이며 10% 정도의 유색 광물(흑운모 등)을 포함하고 있다. 전체적으로 흰 빛을 띠며 흑 화강암도 있다. 화강암은 광택, 내압력 및 내풍화성이 뛰어나며 평균 밀도는 2.75g/cm³ 부근이지만 산지 및 품종에 따라 1.74~2.8g/cm³ 범위이다.

화강암의 종류에는 흑운모 화강암(biotite granite), 양운모 화강암(two mica granite), 섬운모 화강암(homblende biotite granite) 등이 있으며 주요 산지는 인도, 중국, 일본 등이다.

화성암에는 화강암, 반려암, 섬록암이 있다.

표 12-10에 석재의 성질을 정리하였다.

표 12-10 석재의 성질

항목	값	항목	값
압축 강도	120 MPa	열팽창계수	1.31×10^{-6} mm/mm ℃
굴곡 강도	25.4 MPa	열 전도율	0.147 kcal/mh℃
인장강도	17 MPa	비열	0.262 cal/g ℃
신축계수	37.56 kMPa	포아송 비	0.26

* 표면 경도 : 화강암 Hs 70~80, 반려암 Hs 73~93, 주철 Hs 32~40

그림 12-12 사용 예(XY 테이블)

제13장

복합재료

복합재료(composite materials)란 두 가지 이상의 재료를 혼합하여 원래 재료보다 우수한 성능을 가져야 하며 복합화된 재료에서 원래 재료가 구별 가능한 혼합 재료를 말한다. 밀가루에 계란과 소금 등을 섞어 반죽한 것은 복합재료가 아니지만 밀가루에 건포도, 참깨 등을 섞어 반죽한 것은 복합재료라 할 수 있다.

진흙 속에 볏짚을 넣거나 콘크리트 속에 철근을 넣어 만든 건축 재료는 일상에서 볼 수 있는 복합재료이다. 여기서 진흙이나 콘크리트를 모재(matrix), 볏짚과 철근을 강화재(reinforced materials)라 부르는데, 이와 같이 복합재료는 모재와 강화재로 구성되어 있다. 복합재료는 이방성이 크며 이 이방성의 장단점을 잘 활용할 수 있도록 적층 기술 및 가공 기술을 이용해서 기계적 성질을 향상시키는 것이 가능하다.

복합재료의 모재로 사용되는 재료에는 고분자 재료, 금속 및 세라믹스가 있다. 고분자 재료로는 폴리에스터, 에폭시, 페놀, 폴리이미드 등의 열경화성 수지와 폴리아미드, 폴리카보네이트, 폴리에테르설폰, 폴리에테르에테르케톤, 폴리페닐렌설파이드 등의 열가소성 수지 및 고무 등이 사용되며 금속으로는 알루미늄, 동, 마그네슘, 티타늄 및 스테인리스강이 사용되고 세라믹스로는 실리카, 알루미나 및 시멘트가 사용된다.

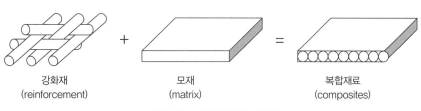

강화재
(reinforcement)

모재
(matrix)

복합재료
(composites)

그림 13-1 복합재료의 구성

복합재료의 강화재로 사용되는 재료의 종류와 특성은 표 13-1에 있으며 강화재의 형태는 섬유 모양(fiber reinforced composite materials), 구, 판, 타원형의 입자 모양(particle dispersed composite materials) 또는 혼합형이 있다.

표 13-1 강화재의 종류와 특성

모재의 종류	강화 섬유의 종류	인장강도(MPa)	종탄성계수(GPa)
세라믹스계 (CMC)	E 유리 섬유	3,450	73
	S 유리 섬유	4,500	86
	고강성 탄소 섬유	2,940	260
	알루미나 섬유	2,060	172
	탄화 규소 섬유	2,050	430
	보론 섬유	2,750	378
	석면	1,100	157
금속계 (MMC)	알루미늄	610	69
	텅스텐	4,020	410
고분자계 (PMC)	아라미드 섬유(케블라 49)	3,630	132
	탄소 섬유	6,370	294
	고밀도 폴리에틸렌	1,300	60

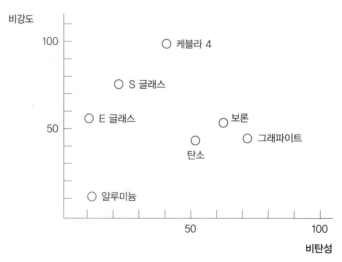

그림 13-2 복합 재료의 비강도-비탄성 비교

🔩 13-1 강화 섬유

1. 유리 섬유

유리 섬유(glass fiber)는 몇백 m까지도 거의 흠 없이 균질한 것을 만들 수 있는 연속 섬유와 단 섬유로 만들어진다. 단 섬유는 길이가 수십 cm에서 수 m 정도이며 일반적으로 매트 모양으로 사용된다.

유리 섬유의 종류에는 아래와 같은 것들이 있다.

(1) E(electrical) : 연신율, 강도, 강성 및 전기적 성질이 우수

(2) S(strong) : 강도, 강성, 내열온도가 E보다 우수

(3) C(chemical) : E보다 강도는 낮지만 내식성 우수

(4) L(lead)

(5) A(alkali)

유리 섬유는 지름이 작을수록 인장강도가 크며 변형률은 2~3% 정도로 작은 편이다. 또한 취성이 매우 커서 비틀면 쉽게 끊어지며 두드리면 가루가 된다.

2. 탄소 섬유

탄소 결정의 일종인 다이아몬드는 가장 높은 탄성률을 가진 물질이며 탄소 재료의 대표인 흑연도 특정 방향으로는 다이아몬드에 필적하는 탄성률을 갖고 있다. 또 탄소는 금속 재료에 비해 밀도가 작으므로 이 같은 탄소의 특징을 경량 구조재로서 이용하기 위해 개발된 것이 탄소 섬유(carbon fiber)이다. 탄소 섬유의 강도는 원자 구조의 시트(sheet)가 섬유의 축 방향과 일치하기 때문이다.

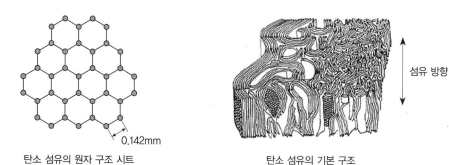

0.142mm

탄소 섬유의 원자 구조 시트　　　　　탄소 섬유의 기본 구조

섬유 방향

그림 13-3 탄소 섬유의 구조

탄소 섬유는 비탄성률, 내열성, 내식성, 전기 및 열 전도성, 슬라이딩 특성, 진동 감쇠성 및 내마모성, 생체 친화성 등이 우수한 재료이며 섬유의 직경은 7μm 정도로 유연하지만 가공이 어렵고 제조 비용이 높으며 재활용이 안 된다는 단점이 있다.

탄소 섬유의 강도는 섬유 방향으로 하중이 걸릴 때와 섬유와 직각 방향으로 걸릴 때의 강도가 전혀 다르게 된다.

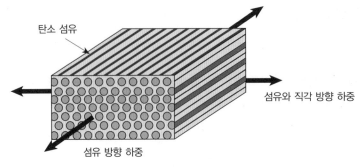

탄소 섬유

섬유와 직각 방향 하중

섬유 방향 하중

그림 13-4 탄소 섬유의 하중 방향

탄소 섬유의 다발(tow) 또는 꼰 것(yarn)을 길이 1~100mm로 절단한 절단 섬유(chopped fiber)는 절단 길이에 따라 다양한 용도에 사용된다.

탄소 섬유의 종류에는 원료와 제조 방법에 따라 다음과 같은 것들이 있다.

1) PAN계 탄소섬유

폴리아크릴로니트릴(polyacrylonitrile, PAN)로부터 방사한 PAN섬유를 공기 중에서 200~300℃로 수 시간 내염화 처리한 다음 불활성 분위기 중에서 1,000~1,500℃로 가열, 탄화시켜 탄소질 섬유로 만든 후(탄소화 공정) 불활성 분위기 중에서 2,500~2,800℃로 가열, 흑연화하여 흑연질 섬유로 만든 것(흑연화 공정)을 말한다.

PAN계 탄소 섬유의 굵기는 5~7μm이며, 몇 개의 섬유 묶음을 필라멘트(filament)라고 한다. 필라멘트를 1,000개에서 수만 개 묶은 것을 토우(tow)라 하는데 24,000개 이하인 작은 토우는 저밀도, 고비강도 및 고비탄성률을 보여 항공기, 인공위성, 골프채, 낚싯대 등에 쓰이며, 40,000개 이상인 큰 토우는 저가이므로 풍차나 자동차용 재료에 쓰인다.

탄소 섬유는 인장 탄성률에 따라 다음과 같이 세 종류로 나뉜다.

(1) 범용형(A형 또는 I형) : 190~230GPa
(2) 중탄성률형(HT : high tenacity형) : 240~300GPa
(3) 고탄성률형(HM : high modulas형) : >310GPa

일반 산업용, 스포츠용품용, 항공기의 2차 구조재에는 범용형이 사용되며 고성능 산업용 및 항공기의 1차 구조재에는 240~500GPa형이, 우주용에는 500GPa 이상인 것이 사용된다.

PAN계 탄소 섬유의 특성은 표 13-2와 같다.

표 13-2 PAN계 탄소 섬유의 특성

항목	탄소질 섬유	흑연질 섬유
탄성률(GPa)	200~300	500~600
압축 강도(GPa)	3	1
강성률(GPa)	15	10
전기 전도도(S/m)	50,000	100,000
열 전도도(W/mK)	10	50

2) 피치계 탄소 섬유

석유나 석탄의 부생성물인 피치(pitch)를 원료로 용융 방사(melt spinning)하여 섬유를 만들고 200~300℃에서 안정화 처리한 후 탄화 및 흑연화 처리를 거쳐 만든 것을 피치계 탄소 섬유라 한다.

피치계 탄소 섬유는 범용 섬유와 고성능 섬유로 나뉘는데 범용 섬유는 제조비용이 낮고 대량생산에 적합하지만 고성능 섬유는 900GPa의 고탄성률을 보이며, PAN계보다 열(1,000W/mK) 및 전기 전도율(10^6S/m)이 높지만 PAN계보다 고가이며, 열팽창이 거의 없어 실리콘 용해로, 연료 전지 및 자동차용 카본 브레이크 등에 쓰이고 있다.

3) 레이온계

레이온으로부터 고탄성이고 고강도인 탄소 섬유를 제조할 수 있지만 비용이 많이 들어 상업적 생산은 아직 없다.

4) 카본 나노 튜브

속이 비어 있는 튜브 모양의 미세분자로 강도가 매우 높고 전기 전도도는 구리와 비슷하며, 특히 튜브 지름에 따라 도체 또는 반도체의 성질을 갖는다.

3. 붕소 섬유

붕소 섬유(boron fiber)는 텅스텐 선 또는 탄소 섬유를 중심재로 하여 붕소를 화학 증착법으로 증착시켜 만들며 표면이 거칠어 모재와의 접착성이 좋고 압축 강도가 인장강도의 2배에 달한다.

4. 유기 섬유

화학 섬유[chemical fiber, 인조 섬유(artificial fiber)라고도 함]에는 무기 화합물로부터 만드는 유리 섬유 및 탄소 섬유와 같은 무기 섬유와 유기 고분자 화합물로부터 만드는 유기 섬유(합성 섬유라고도 함)의 두 종류가 있다. 유기 섬유에는 폴리에스터계의 고밀도 폴리에틸렌 섬유와 폴리아미드계의 아라미드 섬유(aramid fiber)가 있다. 고밀도 폴리에틸렌 섬유는 충격 에너지 흡수력이 뛰어나고 비강도, 비탄성률이 우수하다.

5. 세라믹스 섬유

세라믹스 섬유에는 알루미나 섬유, 탄화 규소 섬유, 질화 규소 섬유 등이 있다. 알루미나 섬유는 강도는 탄소 섬유보다 낮지만 내열성, 모재와의 접착성 등이 좋은 편이다. 탄화 규소 섬유는 탄소 섬유보다 내열성, 내산화성이 우수하다.

6. 금속 섬유

텅스텐 섬유, 몰리브덴 섬유, 알루미늄 섬유, 스테인리스강 섬유 등이 있다. 금속 섬유는 강도가 안정적이다.

❖ 13-2   복합재료의 종류와 특성

1. 섬유 강화 플라스틱

섬유 강화 플라스틱(fiber reinforced plastics, FRP)은 모재로 열경화성 플라스틱이나 열가소성 플라스틱을 쓰고, 강화재로 무기 또는 유기 섬유를 사용하여 만든 복합 재료이다. 열가소성 플라스틱을 모재로 한 것은 FRTP(fiber reinforced thermoplastics)로 구분하기도 한다.

FRP는 금속재료보다 비강도가 좋아 경량화가 가능하며 부식되기 어렵고 보온성이 좋지만 내충격성이 금속보다 떨어져 강한 충격을 받으면 강화 섬유가 모재로부터 박리된다. 또한 초기의 미세 크랙을 판별하기 어려우며 원소재의 분리가 어려워 재활용 및 폐기 처분 시 어려움이 있고 부분적인 수리가 곤란하여 문제 발생 시 부품 전체를 교환해야 한다.

섬유 강화 플라스틱의 특성
 – 알루미늄보다 가볍고 스테인리스강보다 강하며 철처럼 녹이 나지 않는다.
 – 이미지를 입체화하기 쉬우며 틀값이 저렴하다.
 – 전기는 통하지 않으며 전파는 통한다.
 – 열 전도성이 낮아 단열성이 뛰어나다.
 – 내후성, 내식성이 뛰어나며 내약품용 제품도 가능하다.
 – 성능 저하 없이 자유로이 착색 가능하다.

섬유 강화 플라스틱의 강도 설계
FRP의 강도와 섬유의 강도는 일치하지 않는다. 먼저 수지에 대한 섬유의 체적 비율을 고려해야 한다. 섬유의 강도에 대해 수지의 강도는 매우 낮아 무시할 수 있으므로 섬유의 강도를 Ff라 하고 섬유의 체적 비율을 Vf라 하면 FRP의 강도는 Ff×Vf로 된다.

다음으로, 섬유의 길이 방향과 직각 방향으로 인장될 때는 FRP의 강도는 플라스틱의 강도와 같은 정도밖에 안 된다. 더욱이 섬유 주변의 플라스틱에는 응력이 집중되므로 실제 FRP의 강도는 플라스틱 자체보다도 약하게 된다. 이러한 점을 고려하여 설계하지 않으면 복합재료를 효과적으로 이용할 수 없게 된다. 이 때문에 복합재료를 설계 가능한 재료(tailored material)라고 말한다.

주변에서 쉽게 볼 수 있는 베니어 판을 생각해보자. 목재는 일반적으로 나뭇결 방향으로는 강하지만 나뭇결과 직각인 방향에는 약하다. 베니어판은 이런 단점을 보완하기 위해 나뭇결이 다른 얇은 목재판을 여러 장 겹쳐 만든 것이다.

이와 같이 FRP도 여러 방향의 섬유 층을 겹치고 더 나아가 순서를 조정함에 의해 필요한 특성을 갖게 할 수 있다. FRP의 종류에는 다음과 같은 것들이 있다.

1) 유리 섬유 강화 플라스틱

GFRP이며 값이 싸고 전파 투과성, 내부식성이 우수하며 소형 선박 및 저장 탱크 등에 쓰인다. 유리 장섬유를 쓴 경우 GMT라 하며 강도가 우수하여 자동차 부품 등에 사용된다. 장섬유란 길이/직경의 비율이 200~500 정도인 섬유를 말한다. 단섬유는 이 비율이 20~60 정도이다.

2) 탄소 섬유 강화 플라스틱

CFRP이며 강도, 내열성, 내식성, 진동 감쇠성이 뛰어나며 알루미늄 합금을 대체할 수 있고 스포츠 용품(테니스 라켓, 골프채, 하키 스틱, 자전거), 항공 우주용 부품, 기계 프레임 등에 사용된다. 여객기의 CFRP 사용량은 대략 B777-30톤, B787-35톤, A320-2톤, A380-35톤 정도이다.

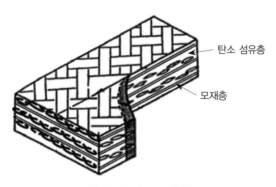

탄소 섬유층
모재층

그림 13-5 CFRP의 구조

3) 붕소 섬유 강화 플라스틱

BFRP이며 비강도가 높고 내충격성이 좋아 항공 우주용 부품 및 군사용 부품에 쓰인다.

4) 아라미드 섬유 강화 플라스틱

AFRP이며 충격 에너지 흡수성 및 강도가 우수하여 방탄용 장비에 사용되고 KFRP(Kevlar, 듀퐁의 상표명)로도 알려져 있다.

5) 폴리에틸렌 섬유 강화 플라스틱

고강도이며 열전도성이 우수하고 DFRP(Dyneema, 덴마크 DSM사 상표)가 있다.

6) 자일론 섬유 강화 플라스틱

자일론(Zylon)이란 폴리페닐렌벤조바이속사졸(polyphenylene benzo bisoxazole)이며 최고 수준의 인장강도 및 탄성률을 가진 섬유로 난연성이 있고 방탄 재킷, 탁구 라켓, 콘크리트 보강재로 사용된다.

그림 13-6　사용 예

2. 섬유강화 금속

섬유강화 금속(fiber reinforced metal, FRM)은 금속 모재 복합재료(metal matrix composite)라고도 하며, 모재로 알루미늄 합금(A6061, A5052), 마그네슘 합금, 티타늄 합금(Ti-6Al-4V) 등이 쓰이고, 강화재로 탄소 섬유, 알루미나 섬유, 탄화 규소 섬유, 질화 규소 섬유 등을 쓰고 있다.

　경량이면서 초내열성, 고강도, 고탄성 및 내마모성이 있어 자동차의 피스톤이나 실린더, 항공 우주 부품 및 군사용으로 사용된다.

3. 탄소 섬유 강화 탄소복합재료

탄소 섬유 강화 탄소복합재료(carbon fiber reinforced carbon composite materials, C/C 복합재료)는 탄소 섬유 강화 플라스틱을 열처리하여 모재인 플라스틱을 탄화시켜 만든다. 열처리에 의해 탄소 섬유는 흑연(graphite)화하며 모재도 부분적으로 흑연화한다.

표 13-3에 C/C 복합재료의 성질을 정리하였다.

표 13-3 C/C 복합재료의 성질

항목	단위	값	항목	단위	값
밀도	g/cm³	1.72~1.75	인장 신율	%	0.46~0.5
기공률	%	9.7~11.2	압축 강도	MPa	34.3~49.0
인장강도	MPa	39.2~68.6	압축 탄성률	GPa	13.7~17.6
인장 탄성률	GPa	14.7~18.6	층간 전단 강도	MPa	8.0~11.5
전기 저항률	μΩm	11~30			

* 밀도(bulk density) : 분체를 용기 내에 채우고 용기 내의 틈새도 체적으로 보고 측정한 밀도를 말한다.

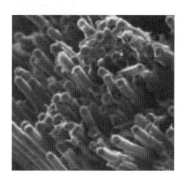

그림 13-7 C/C의 현미경 사진(1,000배율)

1) C/C 복합재료의 특성

C/C 복합재료의 특성은 아래와 같다.

⑴ 비강도, 비강성이 크다.

⑵ 1,000℃의 고온에서도 높은 강도를 갖는다. 즉 내열성과 내충격성이 뛰어나다.

⑶ 열팽창계수가 작고 열응력이 작다.

⑷ 다차원적으로 제조 가능하다. 따라서 목적에 맞는 기계적 특성을 갖게 할 수 있다.

⑸ 불활성 기체 중에서는 화학 안정성과 열 안정성이 높다.

⑹ 활성 기체 중에서는 500℃ 이상의 고온으로 되면 산화되기 쉬우며 사용하려면 코팅해야 한다.

⑺ 열 전도율이 높다.

⑻ 등방성 흑연 재료보다 강도가 높고 휘기 어려우며 파괴가 급격히 진행되지 않으므로 안전성이 높다.

2) C/C 복합재료의 용도

우주 로켓 노즐 및 스페이스 셔틀의 내열 타일, 제트 엔진과 가스 터빈의 내열재료, F-1 레이싱 카 및 항공기 브레이크, 생체재료 및 일반공업용 로의 재료로 쓰인다.

(1) 브레이크 재료

세계에서 생산되는 C/C 복합재료의 60% 이상은 항공기용 브레이크에 쓰이고 있다. 제동 성능, 내열충격성, 높은 열 전도율, 작은 열팽창계수, 경량 및 내구성이 좋은 점 등이 이유이다.

그림 13-8 사용 예

(2) 로켓 노즐

경량, 고강도, 내마모성 및 내열충격성을 활용한 것으로 기체가 고속이며 2,000℃ 가까이 되므로 탄소 밀도가 높은 것을 사용하며 실리콘 카바이드를 코팅하여 쓴다.

(3) 스페이스 셔틀

표면 온도가 실리카 타일의 내열 온도(1,250℃)보다 높게 되는 기체 선단부 및 날개 앞쪽 부분에 실리콘 카바이드 코팅된 C/C 복합재료를 사용한다.

(4) 제트 엔진, 가스 터빈의 내열재료

연소 온도에 의해 가스 터빈의 열효율이 정해지고 사용 재료의 내열 온도에 의해 연소 온도가 정해지는데, 현재는 초내열합금이 쓰이고 있지만 이것의 내열 온도는 1,100℃가 한계이므로, 그 한계를 대폭 끌어올릴 신소재로 C/C 복합재료가 크게 기대되고 있다.

(5) 생체 재료

C/C는 뼈와 같은 기계적 특성을 갖도록 만들 수 있다.

(6) 공업용 로 재료

핫 프레스 몰드(hot press mold) 재료, 반도체 제조 치구, 공업용 로의 트레이 등에 쓰이고 있다.

도가니

이너 실드(inner shield)

그림 13-9 사용 예(사진 출처 : Toyo Tanso)

3) C/C의 제조 공정

C/C의 제조 공정은 다음과 같은 순서에 따른다.

Rayon계 탄소 섬유 직물 → Phenol prepreg → Rosetta 적층 성형 → CFRP 성형 → 초기 탄화 → 초기 흑연화 → pitch 함침 → 탄화 → 흑연화 → 기계 가공 → C-CVD(carbon 증착)

4. 세라믹스 모재 복합재료

세라믹스는 압축 강도가 높고 융점도 높지만 취성이 강해 복합재료를 만들어 인성을 강화할 필요가 있다. 세라믹스 모재 복합재료(ceramic matrix composite, CMC)의 제조 방법에는 고상법, 액상법, 기상법이 있으며 자동차 엔진 부품, 베어링 등에 쓰이고 있다.

❖ 13-3   복합재료 제조방법

1. 고분자기(基) 복합재료

1) 열경화성 수지 모재

(1) 열경화성 수지 컴파운드

- SMC(Sheet Molding Compound)
  유리 섬유에 불포화 폴리에스터 수지, 충전재(탄산칼슘 등), 증점제(增粘劑, thickener) 등을 잘 펴서 발라 침투시킨 재료이며 용도는 다음과 같다.

- 대형 성형품 : 욕조, 정화조, 자동차 및 철도 차량 부품
- 중형 성형품 : 야채 재배 용기 및 트레이(tray)
- 소형 성형품 : 전기 부품

제조 방법은 2장의 폴리에틸렌 이형(離型) 필름에 수지, 충전재를 조합한 페이스트(paste)를 바르고 그 위에 유리 섬유의 로빙(roving)을 일정 길이로 재단하여 골고루 뿌린다. 다음 2장의 필름을 전달 롤(convection roll)에 끼워 넣어 유리 섬유에 페이스트를 침투시킨다. 이후 롤에 감아 적절한 온도로 보존하여 숙성시킨다.

SMC는 일반적으로 두께가 2~4mm 정도이며 압축성형에 의해 제품 형상을 성형한다.

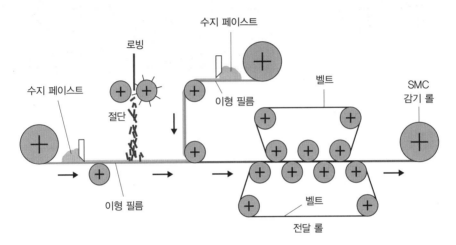

그림 13-10 SMC 제조 공정

- TMC(Thick Molding Compound)

  SMC의 일종이며 두께가 50mm까지로 두꺼우며 대형 제품 제조에 알맞다.

- XMC(X Molding Compound)

  SMC의 일종으로, 유리 연속 섬유를 교차각 5~7°인 X자 형으로 배열시켜 제작한다.

- BMC(Bulk Molding Compound)

  SMC와는 제조 방법이 다르며 유리 섬유, 불포화 폴리에스터 수지, 충전재 등을 혼합기(kneader)로 혼합시켜 batch식으로 제조한다. 사출성형 등에 의해 복잡한 형상의 성형품을 제조하는 데 알맞다.

(2) 열경화성 수지 프리프레그

- 용액식

  강화섬유 직물을 용제로 희석시켜 저점도화한 액상수지 조(bath)에 담그고, 건조기를 통하여 용제를 증발시킨 후, 롤(roll)로 감아 제조한다.

  보통 유리 섬유 직물의 프리프레그(prepreg)에 응용되고 있다.

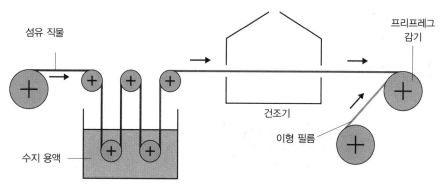

그림 13-11 용액식 프리프레그 제조공정

- 핫 멜트(hot melt)식

  미리 수지 필름을 붙인 분리형 필름 2장 사이에 섬유 토우를 끼워 넣어 롤로 가열 · 가압하여 수지를 섬유에 골고루 침투시키는 제조 방법이다.

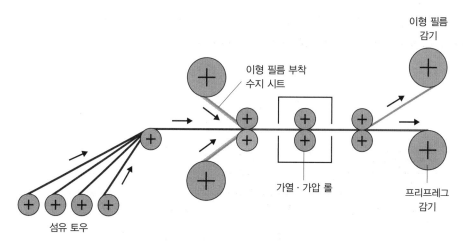

그림 13-12 핫 멜트식 프리프레그 제조공정

2) 열가소성 수지 모재

(1) 섬유 충전 펠릿

단섬유와 수지를 혼합기에서 혼합하고 이 혼합물을 스크루 압출기로 용해 혼합하여 스파게티 모양으로 압출한 다음, 공랭 혹은 수냉하여 고화시킨 후 재단기로 절단한 것으로 직경 3~6mm의 원통형 또는 입자형 펠릿(pellet)이 제작된다. 제작된 펠릿은 압출 성형기로의 공급 재료로 쓰인다.

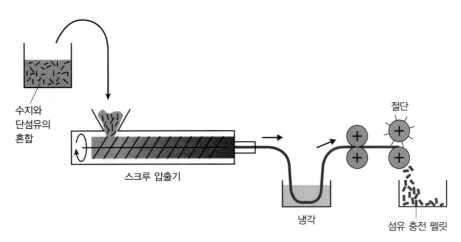

그림 13-13 섬유 충전 펠릿 제조공정

(2) 압축가능판(stampable sheet)

- 용융 함침식

수지를 가열 용융하여, 섬유 매트(mat), 로빙 매트(roving mat), 직물 등에 직접 함침(含浸, impregnation)시켜 판재 모양으로 제작한다. 이 판재는 고속 압축 성형에 의해 성형된다.

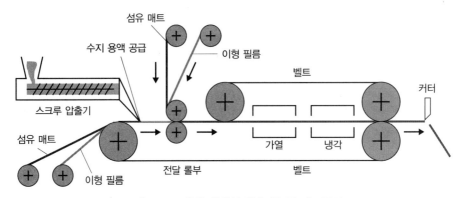

그림 13-14 용융 함침식 압축가능판 제조공정

- 슬러리식

단섬유와 수지분말, 분산제, 물 등을 섞어 슬러리(slurry) 모양으로 한 것을 컨베이어 위에 올려 놓는다. 이것을 건조기를 통과시켜 탈수한 후 가열하여 용융시키면서 압축하여 치밀화함에 의해 판 모양으로 만든다. 압축력을 제어하면 건축 자재로 이용가능한, 내부에 공극이 많은 경량 판재를 만들 수 있다.

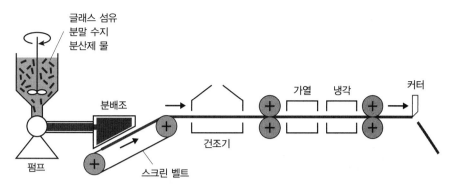

그림 13-15 슬러리식 압축가능판 제조공정

(3) 열가소성 수지 프리프레그

열가소성 수지는 분자량이 크며 용융 점도가 높으므로 강화섬유 매트 등의 섬유 사이에 침투시키는 것이 곤란하다. 또 용융식이나 용액식으로 만든 열가소성 수지의 프리프레그 판은 일반적으로 딱딱하므로 이후의 성형 작업에 지장을 주는 일이 종종 있다. 그래서 일반적으로 열가소성 수지의 경우에는 분말 모양 또는 섬유 모양으로 가공하며, 이것들을 강화 섬유로 분산시킨 프리프레그가 만들어진다.

2. 금속기 복합재료

1) 용침법

일반적으로 세라믹스계 강화 섬유와 모재인 금속은 친화력이 낮으므로 이것을 해결하기 위해 양쪽 모두를 고온 상태에서 복합화한다. 그러나 고온 상태가 되면 경계면에서 화학 반응이 일어나기 쉬우며 이 경계면에서 모재인 금속보다 취성인 금속 간 화합물이 형성되어 파괴의 원인이 된다. 이것을 개선하기 위해 강화 섬유에 미리 피복 처리하여 중간층을 두는 방법이 쓰인다. 이 피복 처리된 섬유를 와이어 프리폼(wire preform)이라 한다.

예를 들어 탄소 섬유＋알루미늄 복합재료에 있어서 먼저 탄소 섬유에 티타늄＋붕소(Ti＋B)를 피복시킨 후에 이것을 알루미늄 용탕에 담가 릴(reel)에 감아서 와이어 프리폼을 만든다. 이 방법을 용침(溶浸, infiltration)법이라 한다.

2) 슬러리법

섬유 실을 금속 분말을 포함한 슬러리(slurry)에 담가 섬유 사이에 금속 분말을 분산시켜 프리폼(preform)을 만드는 방법이다.

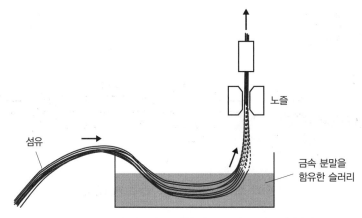

노즐

섬유

금속 분말을
함유한 슬러리

그림 13-16   슬러리법에 의한 섬유 모양 프리폼의 형성

3) 전해법

표면 전해 처리법이라고도 하며 탄소 섬유 등 전도성이 있는 섬유에 대해 모재와의 접착성을 좋게
하기 위해 섬유에 실시하는 표면 처리이다.

4) 이온 플레이팅(ion plating)법

장섬유를 정렬시킨 것. 판, 매트 혹은 펠트(felt) 모양을 한 부직포에 금속을 증착시켜 판 모양의 프리
폼 체(体)를 만드는 방법이다.

3. 세라믹기 복합재료

1) 모재를 분말로 쓰는 경우

- 강화재가 휘스커(whisker), 불연속 섬유, 입자, 플레이크(flake)인 경우
  강화재를 세라믹스 모재의 분말과 휘저어 혼합시킨 후, 금형 내에서 예비 프레스(press) 혹은 슬
  러리 모양으로 하여 건조하는 것으로 프리폼이 형성된다.
- 강화재가 연속섬유인 경우
  알코올 등의 용매에 세라믹스 분말을 분산시킨 슬러리에 얇게 가공한 강화 섬유를 함침시킨 후
  에 건조시켜 드럼(drum)에 감는다.

2) 모재로 액체를 쓰는 경우

액상(sol)인 세라믹스 모재 중에 강화재인 휘스커 및 입자를 혼합하여 겔(gel)화하는 졸-겔(sol-gel)법
이 쓰인다.

❖ 13-4 복합재료를 쓴 제품 성형 방법

1. 고분자기 복합재료

1) 모재가 열경화성 수지인 경우

- 오토 클레이브(auto clave) 성형
- 압축 성형
- 풀트루전(pulltrusion) 성형
- 필라멘트 와인딩(filament winding) : 습식(wet winding), 프리프레그(prepreg winding), 헬리컬 (helical winding), 폴라(polar winding)
- 수지 이송 성형(Resin Tranform Molding, RTM)

2) 모재가 열가소성 수지인 경우

- 사출성형
- 압축성형

2. 금속기 복합재료

1) 고상법

모재 금속을 고상(固相) 상태에서 혼합하는 방법

(1) 분말 야금법(PM법 : Powder Metallurgy)

- 습식법
  용매 : 알코올, 물 혼합 → 건조 → 가압 소결
- 건식법
  용매를 쓰지 않고 혼합 → 탈기(脫氣) → 가압 소결

(2) 기계적 합금법

혼합에 고에너지 볼밀(ball mill)을 사용

(3) 확산 접합법(diffusion bonding)

접합면 사이의 원자 확산에 의한 접합

2) 액상(液相)법

모재 금속을 액상 상태에서 혼합하는 방법

- 가압 함침법(압입성형법)
- 무가압 함침법(Lanxide법)
- 용융 교반법(vortex addition technique)

- 콤포캐스팅법(compocasting process)

3) 기상(氣相)법

(1) CVD법

기상으로서 흐르고 있는 금속 가스가 고온 상태인 강화재의 표면에서 반응을 일으키고, 고체인 반응 생성물이 강화재에 체적하는 것을 이용하는 방법. 강화재 가열 방법으로는 (1) 강화재 전체를 외열로(外熱爐)에 넣는 방법과 (2) 고주파 가열에 의해 용기 내의 강화재만 가열하는 방법이 있다.

(2) PVD법

- 2극 스패터(spatter)법
  압력 1~10Pa인 아르곤, 산소, 질소 등의 플라스마하에서 코팅 물질을 방출하는 목표 재료에 수천 볼트의 전압을 인가하여 놓고, 플라스마 중의 양이온에 목표로부터 원자를 분출시키고 이것을 강화재 위에 퇴적시키는 방법
- 이온 빔 스패터(beam spatter)법
  압력 0.1~1Pa인 이온실을 별도로 두고 여기에서 분출하는 이온 빔을 고진공 중에 놓인 목표 재료(코팅 물질을 방출시키는 재료)에 조사하여, 스패터 입자를 강화재 위에 퇴적시키는 방법

4) in-situ 제조법

- 내부산화법
- 일방향 응고법

3. 세라믹스기 복합재료

1) 고온 · 고압을 이용하는 방법

(1) 상압 소성(常壓 燒成)

휘스커(whisker), 플레이크(flake) 혹은 단섬유 모양 강화재와 모재인 세라믹 분말을 금형, 고무 프레스(rubber press) 혹은 냉간 등방압(等方壓) 프레스(CIP＝Cold Isostatic Press) 등에 의해 목적으로 하는 형상으로 한 후 소성하는 방법

(2) 가압 소결(加壓 燒結)

- 핫 프레스(hot press)
  강화재와 세라믹스 분말의 프리폼을 흑연 등의 몰드 내에 넣어 프리폼에 고온하에서 고압을 가해 복합재료를 제조하는 방법
  - 실험실 레벨에서 잘 쓰이는 방법
  - 판 형태 이외의 형상인 것을 만드는 것이 어려우며, 가압 방향이 한 방향이므로 복합재료의 특성에 강한 이방성(異方性)이 생기기 쉬운 결점이 있다.

- HIP(Hot Isostatic Press, 열간 등방압 프레스)
  - 프리폼 체를 유리 및 스테인리스강 등의 밀폐 용기 내에 대입하고 고온·고압 조건에서 복합재료를 제조하는 방법
  - 가압력이 크고 모든 방향에서 가압할 수 있으므로 고밀도화가 가능

2) 기체로부터의 화학반응을 이용하는 방법

- CVD법
- CVI법(Chemical Vapor Infiltration/Impegnation)

3) 액상 상태를 쓰는 방법

- 일방향 응고법(directional solidification)
- 유리 압입법
- 지향성 산화법(指向性 酸化法, directed oxidation of melt)
- 반응 함침법(reactive infiltration)

4) 세라믹-금속 사이의 반응을 이용하는 방법

- SHS법(Self-propagating High temperature Synthesis)

제14장

소결 합금 재료

융점의 차이가 크거나 비중의 차이가 커서 두 가지 이상의 금속이나 비금속의 조합재료는 주조에 의해 균일한 조직을 얻기 어려우며 융점이 너무 높은 재료 또한 주조하기 쉽지 않다. 이런 경우 재료를 분말로 만들고 이 분말과 접착제를 섞은 다음 만들고자 하는 부품용 틀에 채워 넣고 융점의 1/2 정도 온도로 가열하면, 밀가루 반죽으로 과자를 만들듯이 분말이 응집하여 단단하고 강한 부품을 만들 수 있다.

이런 과정을 소결(sintering)이라 하며 틀(금형)을 사용하므로 대량 생산이 가능하다. 또한 재료의 조정 또는 조질이 쉬우며 경량화가 가능하고 내부에 기공이 많은 다공질 부품을 만들 수 있다. 소결에 쓰이는 재료는 소결 합금 재료라 한다.

소결된 부품은 사이징(sizing) 또는 코이닝(coining) 공정을 통하여 치수나 형상을 수정할 수 있으며 500~600℃에서 30~60분 정도 스팀처리를 하여 부품 표면에 산화막을 형성하여 부품의 마모 및 부식을 방지할 수 있다. 이후 담금 뜨임 처리로 내부조직을 제어하여 기계적 강도를 조정한 다음 필요한 경우 절삭 가공이나 코팅 등의 표면처리를 하여 사용된다.

금속 분말을 만드는 방법에는 표 14-1과 같은 방법들이 있다.

표 14-1 금속 분말 제조 방법

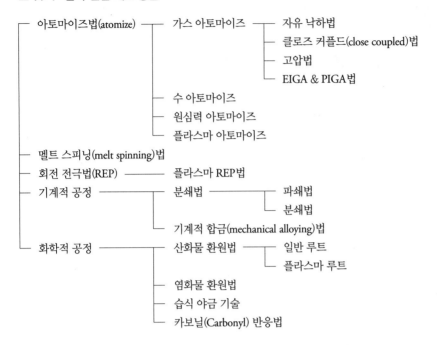

주요 분말 제조 방법에 대해 간략히 설명한다.

가스 아토마이즈 법

유도로 및 가스로에서 용해한 다음 턴디시(turndish) 바닥에 있는 노즐로부터 유출되는 용탕에 공기,
물, 불활성 가스의 제트류를 불어 용탕을 분쇄하여 액적으로 응고시켜 분말을 만든다. 자유 낙하법
으로는 50μm 이상의 중정도 크기의 분말을 얻을 수 있으며 클로즈 커플드법은 가스 제트를 용탕류
에 근접시키는 방법으로 보다 미세하며 크기 분포가 작고 급랭 응고가 가능하여 보다 고품질 분말을
얻을 수 있다.

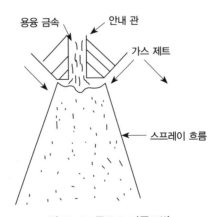

그림 14-1 클로즈 커플드법

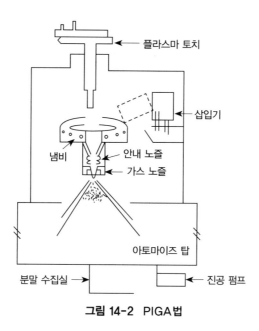

그림 14-2 PIGA법

EIGA(electrode inert gas atomization)법은 소재를 전극선으로 하고 유도 코일로 용해하여 직접 아토마이즈한다. PIGA(plasma inert gas atomization)법은 수냉 구리 냄비(melting pot) 속에서 소재를 플라스마 토치로 용해한다. 이들 방법은 용탕이 내화물에 접촉하지 않으므로 오염이 없으며 불활성 가스를 쓰므로 산화 피막도 생기지 않아 고품질 분말을 얻을 수 있다.

원심력 아토마이즈법

용탕 금속을 고속으로 회전하는 디스크 위에 낙하시켜 미세 분말을 만든다. 일반적으로 100μm 이상의 입자가 만들어지는데 입자의 크기는 회전 속도와 관계가 있다. 특수 장치로 회전 속도를 5~6배 올려 7~8μm의 입자를 만들기도 한다.

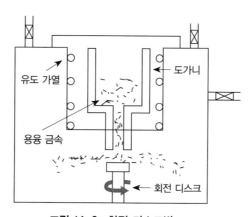

그림 14-3 회전 디스크법

플라스마 아토마이즈법

파이로–제네시스(Pyro-Genesis)와 하이드로–퀘벡(Hydro-Quebec)사의 특허이며, 고순도인 공 모양 티타늄 분말의 제조를 위해 개발된 것으로 3개의 플라스마 토치가 수직 방향에 20~40°의 경사각으로 집중하는 정점에서 티타늄 선이 큰 열 및 운동 에너지에 의해 공 모양의 입자로 된다.

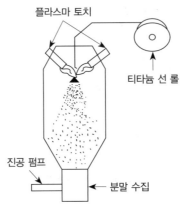

그림 14-4 플라스마 아토마이즈법

회전 전극법(Rotating Electrode Process, REP)

회전하는 전극이 고온 플라스마에 의해 용해되며 액 방울로서 전극 표면으로부터 원심력에 의해 흩날리며 더욱이 전극의 주변에 배치되어 있는 가스 노즐에서 분출하는 가스 제트의 공기역학적 인장력에 의해 제2차 분쇄되어 미분화된다.

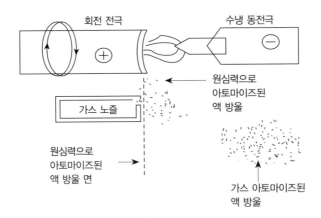

그림 14-5 REP법

기계적 프로세스

큰 입자의 분쇄에 의해 미세입자가 만들어지는 프로세스로 크러싱, 그라인딩, 밀링 공정이 포함된다. 최근 기계적 합금법이 주목되고 있는데, 고에너지 볼밀(ball mill)에 의해 구성 금속 분말의 혼합물에 기계적 에너지를 주어 냉간 압착과 분쇄의 반복에 의해 고체인 상태로 합금화가 이루어진다. 주괴 야금법으로 합금화를 할 수 없는 합금도 합금화할 수 있다. 티타늄을 첨가한 고온 합금 등의 제조에 이용된다.

화학적 프로세스

금속 산화물 또는 염화물의 환원, 습식 야금법에 의한 용액으로부터의 석출, 전해 석출, 카보닐 반응 등에 의해 화학적으로 분말이 만들어지고 있다.

각종 분말 제조법에 의한 분말의 크기 및 재료의 종류를 표 14-2에 정리하였다.

표 14-2 분말 제조법의 종류

제조 방법	직경 μm	분말의 종류
가스 아토마이즈법	60~125	인코넬 100, 티타늄, 저커늄, 티타늄-알루미늄, 아연, 납
수 아토마이즈법	12~16	철, 구리
원심력	7~8	Al-2OSi
플라스마	40~90	티타늄, 몰리브덴, 구리, 인코넬 718
플라스마 회전 전극법	75~200	1018동
스탬프밀, 볼밀	25~500	알루미늄, 구리
산화물 환원법	1~10	철, 코발트, 구리, 몰리브덴, 알루미늄, 마그네슘
카보닐 반응법	10	철, 니켈
습식 야금 기술	1~10	니켈

소결 합금재료는 용도에 따라 소결 기계재료, 소결 공구재료, 소결 내열재료로 분류한다.

💠 14-1　소결 기계재료

소결 기계재료란 기어나 캠 등 강도가 필요한 기계 요소, 윤활성이 필요한 베어링, 여과나 투과성이 필요한 필터 등에 쓰이는 소결 합금재료를 말한다. Fe 분말, Fe-C 분말, Cu-Sn10% 분말, Al-Cu(2~5)% 분말 등이 있으며 일반적으로 6~15% 정도의 기공률을 갖고 있어 가압력, 소결 온도 및 가공 공정에 따라 밀도가 달라진다. 밀도가 크면 인장강도는 높지만 연신율과 내충격성은 떨어진다.

다공질 재료인 경우에는 소음을 흡수하거나 10~30% 정도의 기름을 흡수할 수 있어 베어링으로 사용할 수 있다. 이것을 소결 함유 베어링이라 한다. Cu계는 저하중 고속도용으로 쓰이며 Fe계는 고하중 저속도용으로 쓰인다. 한편 Cu-Sn 분말에 흑연 분말을 섞어 가압 소결하여 베어링에 쓴 것을 오일리스 베어링(oilless bearing)이라 한다.

고속 철도나 항공기 등의 브레이크에 사용되는 소결 마찰 재료는 납-청동 분말에 흑연 분말을 섞고 산화 규소, 알루미나 등을 첨가한 것이다.

❖ 14-2 소결 공구재료

소결 공구재료란 고속 절삭에 견딜 수 있는 공구를 만드는 데 쓰이는 소결 합금재료를 말한다.

텅스텐 카바이드(WC) 분말에 결합제로서 코발트(Co)를 첨가해 만든 소결 공구재료를 초경 합금(sintered hard alloy, cemented carbide)이라 부른다. 초경합금에는 WC-Co계(K종, 주철 및 비철 금속 절삭용 공구재료), WC-TiC-Co계(P종, 강 절삭용 공구재료), WC-TiC-TaC-Co계(M종, 강 및 주철 절삭용 공구재료)의 세 가지가 있으며 WC-Co계는 압출, 인발용 다이스, 게이지, 광산용 공구, 파쇄기 볼 등에도 사용되고 있다.

초경 공구는 선반, 밀링, 머시닝센터 등의 공작 기계용 팁(tip) 및 드릴 등으로 쓰인다. 속도 향상과 더불어 가공 형상의 복잡화 및 단단한 소재의 가공 등 난이도도 높아져 이에 대응하기 위한 대책으로 공구에 코팅을 실시하여 경도와 인성을 양립시키고 있다. 물리적 증착법(PVD, physical vapor deposition)에 의해 경질 피막의 코팅이 가능하게 되었는데 단층 코팅인 TiC(고온에 약함), TiN, 복상 코팅인 TiC-Al$_2$O$_3$, 다중층 코팅인 TiN-TiC-TiCN-Al$_2$O$_3$-TiN 및 다층 후막 코팅인 TiCN-Al$_2$O$_3$-TiN 등이 있다.

한편 다이아몬드 소결공구는 합성 다이아몬드를 코발트 등의 바인더(binder)를 써서 초고온 고압(천 몇 백℃, 약 50,000기압)하에서 소결하여 만든 공구로 비철 금속 및 비금속 재료의 절삭에 뛰어난 내마모성을 보이며 알루미늄-규소 합금, 초경 합금 및 강화 플라스틱 등 난가공재의 가공에 쓰이고 있다. 그러나 바인더로서 코발트를 쓰고 있으므로 내열 온도가 약 700℃로 용도에 제한이 있다.

다이아몬드 다음으로 경도와 열 전도율을 가진 입방정 붕소질화물(cubic boron nitride, cBN)은 철과의 반응성이 작고 열적·화학적 안정성이 다이아몬드보다 뛰어나므로 다이아몬드 공구로는 불가능했던 철계 금속의 가공이 가능하다. cBN은 인공합성되어 생성된 분말을 고온·고압하에서 바인더를 사용하여 소결한 것으로 바인더의 종류와 첨가량에 따라서 특성이 달라진다. cBN이 직접 결합하여 바인더가 분산된 다결정형은 주철 및 내열 합금 가공에 뛰어나며, cBN 입자가 바인더 중에 분산되어 있는 복합형(composite type)은 담금된 강의 가공에 뛰어나다.

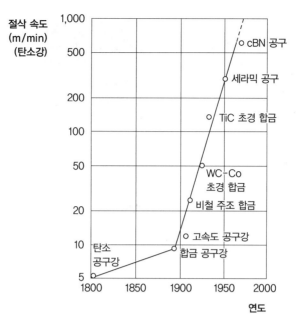

그림 14-6 절삭용 공구강의 발전과 절삭 속도

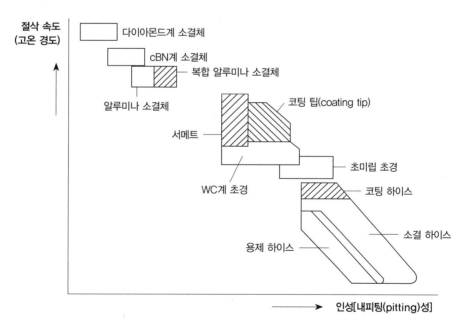

그림 14-7 소결 공구재료의 인성과 고온 특성

그림 14-8 사용 예

🔩 14-3 소결 내열재료

소결 내열재료에는 서멧(cermet)과 분산강화형 내열합금(dispersion strengthened alloy)이 있는데 서멧은 세라믹스와 금속을 조합한 것이고 분산 강화형 내열합금은 금속을 모재로 하여 미세 세라믹 입자를 균일하게 분산시킨 것이다.

1. 서멧

서멧은 내열성이 좋고 내마모성이 우수하다. 서멧에 쓰이는 금속에는 코발트, 니켈, 크롬, 몰리브덴 등이 있으며, 코발트를 섞은 서멧(WC-Co계)은 14-2항의 초경 합금이다. 서멧의 종류에는 WC계, CrC계, BC계, ZrC계 등이 있다.

1) WC-Co

Co 12%와 17%의 두 가지가 있으며 내열 온도는 500℃이고, 고인성, 고경도이며 내마모성이 우수하여 고압 플런저, 팬 블레이드, 가이드 롤, 스크루 등에 쓰인다.

2) WC-Ni

니켈 10%와 12%의 두 가지가 있고 내열 온도는 550℃이며 WC-Co의 내식성을 개선한 것이다. 시멘트용 스크루, 펌프 로터 등에 쓰인다.

3) WC-20%, CrC-7% Ni

내열 온도 650℃로 내마모성과 내식성이 우수하여 석유화학 플랜트, 제지용 롤, 필름 롤, 베어링 등에 쓰인다.

4) WC-10%, Co-4% Cr

내열 온도 450℃이며 건식 내마모성, 모재에의 밀착 강도, 피막의 인성, 내충격성 및 치밀성이 우수하여 펌프 부품, 터빈 블레이드, 제지용 부품, 롤, 축 등에 쓰인다.

5) CrC-NiCr

550~850℃에서 사용 가능하며 내슬라이딩성이 우수하여 보일러 튜브, 고온 밸브시트, 로 내 롤, 원자력 부품, 제트 엔진 부품 등에 쓰인다.

6) CrC-Inconel

CrC-NiCr보다 내식성과 내마모성을 향상시킨 것으로 제트 엔진과 가스 터빈 등에 쓰인다.

2. 분산 강화형 내열합금

고온에서의 기계적 성질이 좋으며 크리프에 대한 저항이 크다. 서멧에 비해 열 충격에 강하다.

소결 알루미늄 분말(sintered aluminum powder, SAP)은 알루미늄 모재에 알루미나 입자를 분산시킨 것으로 500℃까지 강도 유지가 가능하다. TD니켈은 니켈 모재에 토리아(ThO_2)를 분산시킨 것으로 1,000℃ 이상까지 사용 가능하다. 산화물 분산 강화형 합금(oxide dispersion strengthening alloy, ODS alloy)은 초합금에 Y_2O_3를 분산시킨 것으로 고온 강도가 우수하여 제트 엔진이나 발전용 터빈에 활용되고 있다.

❖ 14-4 초미립자 합금

위의 분말합금에 사용되는 분말 입자의 크기는 직경 50~100μm 정도인데, 최근 직경이 0.01~0.1μm 정도 되는 초미립 분말(ultra fine powder)이 제조 가능하게 되었다. Fe나 Co의 초미립 분말을 소결하면 자기적 성질이 향상되어 메탈 테이프, 자기 디스크, 고성능 자석 등에 사용할 수 있다.

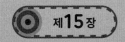

제15장

기능성 재료

2종류 이상의 원소가 일정 비율로 규칙적으로 배열되어 있는 화합물(compound)은 기존 금속이나 합금, 비금속 재료에서는 볼 수 없는 특이한 기능이나 기계적 성질을 보이는 경우가 많다. 이러한 재료를 기능성 재료라 하는데, 금속계 기능성 재료, 전자 재료, 세라믹스계 기능성 재료, 고분자계 기능성 재료로 구분한다.

15-1 금속계 기능성 재료

1. 형상기억 합금

항복 강도 이상으로 힘을 가해 소성변형을 시킨 후 다시 가열하면 소성변형 전의 형상으로 돌아가는 현상을 형상기억 효과(shape memory effect)라 하고(그림 15-1), 이러한 효과를 볼 수 있는 합금을 형상기억 합금(shape memory alloy)이라 하며 니켈-티타늄(Ni-Ti) 합금, 구리-아연-알루미늄(Cu-Zn-Al) 합금, 철-망간-규소(Fe-Mn-Si) 합금, 니켈-알루미늄(Ni-Al), 철-니켈-코발트-티타늄(Fe-Ni-Co-Ti) 합금 등이 있다.

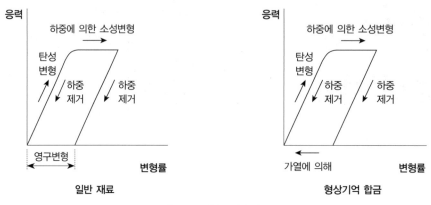

그림 15-1 형상기억 효과

형상기억 합금을 고온에서 성형한 다음 냉각하면 열탄성 마르텐사이트 변태(thermoelastic martensite transformation)를 일으키며, 변태 종료 후 상온에서 다른 형상으로 성형하면 이 성형은 겉보기 소성변형으로 원자의 미끄러짐에 의한 변형이 아니므로 재가열하면 반대의 변태가 일어나 고온 상태의 형상으로 되돌아오는 것이다.

열탄성형 마르텐사이트 변태는 일반 마르텐사이트와 달리 변태 시 모상과 마르텐사이트 상이 규칙적인 구조를 가지며 정합성이 좋아 마르텐사이트가 모상으로 돌아올 때 모상의 규칙 구조를 파괴하려는 과정에서 모상의 자유 에너지를 높이기 때문에 원래의 경로로 원래대로 돌아오려는 것으로, 원래 형상을 쉽게 회복하게 된다.

일반 금속재료는 외부로부터 큰 힘을 가해 변형시키면 금속 원자가 옆의 원자와의 결합을 자르고 떨어져 다음 원자와 결합하면서 변형되어 간다. 이 때문에 원래 형상으로 돌아가고 싶어도 결합의 끈이 끊어져 버려 돌아갈 수 없는 것이다. 반면에 형상기억 합금은 금속 원자끼리의 결합을 끊지 않고 위치를 조금 어긋나게 하면서 변형하므로 가열하면 원래의 형상으로 돌아갈 수 있게 된다.

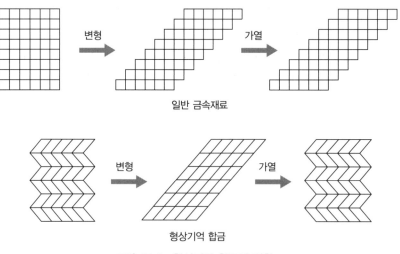

그림 15-2 형상기억 합금의 변형

형상기억 합금은 기억 효과를 살리는 용도에는 아래와 같은 것들이 있다.

- 방사성 폐기물 수동 파이프의 이음부품
- 뼈 내에 삽입하여 고정하는 이뿌리
- 접점 불량 시 온도를 높여 이용하는 전기 커넥터
- 창문의 자동 개폐 장치
- 기온 저하 시 수도꼭지를 여는 동결 방지 밸브
- 저온 시 작동을 중지하는 팬 클러치
- 바이메탈 대체용 온도 경보기
- 혈관을 눌러 넓히는 임플란트

한편 호환성 효과를 살리는 용도로는 안경 프레임, 치열교정 아치 와이어, 브래지어, 코르셋 등이 있다.

2. 초탄성 합금

기본적으로 금속 재료는 탄성한도를 넘는 하중을 가하면 변형 후 하중을 제거해도 원래대로 돌아오지 않는다. 그러나 변태점이 상온 이하인 합금은 변형 후 하중을 제거하면 원래대로 돌아가는데 이러한 현상을 초탄성이라 한다(그림 15-3). 초탄성 합금에는 니켈-티타늄 합금, 니켈-알루미늄 합금, 은-카드뮴 합금 및 구리-아연 합금, 철-니켈-코발트-티타늄 합금이 있다.

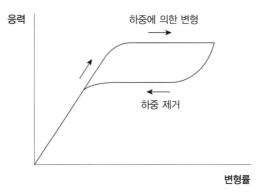

그림 15-3　초탄성 효과

3. 초소성 합금

금속재료의 결정립 크기가 수 μm 이하에서 고온 변형 중에 결정립 성장을 저지하기 위해 2상 조직이나 미세 분산 입자가 있으면 적당한 온도에서 일정한 변형 속도로 수백 % 이상으로 늘어나는 현상이 일어나는데, 이와 같이 작은 힘에 의해 엿이나 떡처럼 늘어나는 현상을 초소성(superplasticity)이라 하며, 초소성에는 결정립 초소성, 변태 초소성, 변태 유기 초소성이 있으며 초소성을 잘 활용하면 작은 힘으로 복잡한 형상을 만들 수 있는 이점이 있다.

표 15-1에 실용 초소성 합금의 분류와 성질을 정리하였다.

표 15-1 초소성 합금의 종류

초소성 발현 메커니즘	합금명	성형 온도	유동응력	변형 속도	M값
미세분산 입자에 의한 결정립 성장 저지, ITMT 처리에 의한 미세 결정립 조직의 형성	A5083, Al3Zr 미세 분산 입자	450~530℃	0.1~0.3 Kg/mm^2	1~5×10^{-3}/s	0.55
	A7475, Al10Mg3Cr2 미세 분산 입자	515±15	0.1~0.3	2~5	0.73
미재결정 조직을 고온에서 가공 중 초소성 발현	Supral(AA2004) Al3Zr 미세분산 입자	420~450		5	
α상 : β상을 1:1로 한다 (Ti 합금)	Ti-6Al-4V	890~920	0.7~1.5	$(2$~$8) \times 10^{-4}$	0.7
	Ti6242	900~930			
	SP-700	750~800		2	

초소성 재료의 성형에는 일반적으로 가스 블로 성형이 쓰인다. 가열한 재료 판에 CO_2와 같은 가스 압을 시간에 따라 제어하고 정수압을 가해 암형 및 수형에 눌러 붙여 그 형상으로 성형한다. 한편 고속 초소성(변형 속도 $>10^{-2}$) 합금(HSRS)의 경우에는 이 방법을 쓰면 캐비티에 닫혀 들어간 가스의 배출을 단시간에 하지 않으면 안 되며 초소성 부여 프로세스와 성형 프로세스 사이의 명확한 구별이 없게 되어 새로운 방법이 필요하다.

4. 비결정질 합금

금속과 같은 결정질 재료는 원자 구조가 규칙적이고 반복적인 배열을 나타내며 결정립 경계를 갖고 있는 데 반해 규칙적인 원자 배열을 갖지 않은 재료를 비결정질(amorphous) 또는 비정질 재료라 한다. 비결정질 재료는 원자의 불규칙한 배열에 따라 자유 체적의 존재이며 이들 보이드(void)의 연결과 합체에 따른 변형 메커니즘을 갖고 있다. 또한 비결정질 재료는 유리전이 온도(glass transition temperature)와 결정화 온도(crystallization temperature)를 갖는다.

비정질 재료는 이방성(물리적 성질이 방향에 따라 달라지는 성질)이 없고 전기 저항이 크며 투자율이 높고 항자력이 낮으므로 자기적 특성이 좋을 뿐 아니라 고주파에서 자력 손실이 적어 자성 재료로 사용되고 있다.

Pd-Cu-Ni-P계 합금(다이용 재료), Zr-Ti-Cu-Ni-Be계 및 Zr-Ti-Ni-Cu계 합금(스포츠 용품), Pd-Cu-Si-P계 합금(전극 재료) 등이 비결정질 합금이며 용융 상태에서 100℃/초 이상의 냉각 속도로 급랭하여 원자가 결정 구조를 갖지 못하도록 하여 만든다.

변압기 철심, 자기 헤드, 초내식성 합금, 각종 촉매 및 전극 등에 쓰이고 있다.

5. 수소 저장 합금

어떤 금속은 수소와 반응하여 금속수소 화합물을 형성하며, 이 화합물은 가열하거나 압력을 내리면 분해되어 수소를 방출한다. 이러한 성질을 이용하여 수소를 흡수 저장하는 합금(실제는 금속 간 화합물임)을 수소 저장 합금(hydrogen storage materials)이라 한다.

Mg_2Ni 합금, $LaNi_5$ 합금, FeTi 합금 등이 있다.

⚛ 15-2   전자 재료

1. 초전도 재료

상온에서 금속 재료에 전기를 흘리면 재료의 전기 저항 때문에 전력의 소모가 일어난다. 그런데 온도를 낮춰 가면 어떤 온도에서 급격히 전기 저항이 작아지는데, 어떤 합금이나 금속 간 화합물은 어느 온도에 이르면 전기 저항이 0이 되는 상태가 된다. 이 온도를 임계온도라 하며, 이 상태를 초전도 상태(superconducting state)라 하고 이런 재료를 초전도체(superconductor)라 한다.

초전도는 헬륨의 액화에 성공한 네덜란드의 오네스(Onnes)에 의해 수은을 액체 헬륨(4K)으로 냉각하는 과정에서 1911년 발견되었다. 그 후 단체 금속으로는 니오븀이 9K에서 초전도로 되는 것이 발견되었고 합금으로는 현재 실용화되어 있는 니오븀-티타늄 및 Nb_3Sn이 1950~1960년대에 발견되고 1970년대에는 Nb_3Ge가 23K에서 초전도로 되는 것이 발견되었다. 1980년대에는 고온 초전도체라 불리는 산화물계로 액체 질소온도(77K)에서도 초전도 상태를 보이는 물질이 발견되었다.

초전도 상태가 되는 온도는 재료에 따라 다르며 외부로부터 강한 자기장이 작용하거나 재료 내부를 흐르는 전류에 의한 자기장이 정해진 한계를 넘으면 바뀌게 된다. 전기 저항이 0이라 해서 흐르는 전류의 양이 무한은 아니며 재료에 따라 흐를 수 있는 전류량이 정해져 있다. 이것을 임계 전류라 한다. 임계 전류는 온도에 따라서도 변화하며 외부의 자장의 강도에 의해서도 변화한다.

즉 초전도체는 온도, 자계(applied magnet field) 및 전류 밀도(current density)의 세 가지 중 하나가 어떤 값을 넘으면 초전도성을 잃게 되므로 이들 값이 높을 뿐 아니라 선재 또는 박판 형태로 가공이 가능한 재료여야 한다. 표 15-2에 초전도 재료의 임계 온도와 자속 밀도를 정리하였다.

초전도 재료가 실용화된 것은 초전도 재료를 선재화하고 이 선재를 코일로 감아 만드는 초전도 자석이다. 구리선을 감아 만든 자석에 비해 훨씬 경량이며 자장이 안정하다.

금속 원소와 합금 및 화합물계 초전도 재료는 현재 전자석과 자기공명장치(MRI)에 쓰이고 있지만 산화물계는 전력 케이블, 자기 부상열차, 자기 분리장치, 입자 가속장치, 에너지 저장 장치 등에 사용을 위해 연구 중이다.

표 15-2 초전도 재료의 임계 온도와 자속 밀도

재료		임계 온도(K)	임계 자속 밀도(T)
금속	텅스텐	0.02	0.0001
	티타늄	0.40	0.0056
	알루미늄	1.18	0.0105
	주석	3.72	0.0305
	납	7.19	0.0803
합금 화합물	니오븀-티타늄	10.2	12
	니오븀-저커늄	10.8	11
	V_3Ga	16.5	22
	Nb_3Al	18.9	30
산화물	$YBa_2Cu_3O_7$	92	–
	$Bi_2Sr_2Ca_2Cu_3O_{10}$	110	–
	$HgBa_2Ca_2Cu_2O_8$	153	–

2. 자성 재료

자성 재료는 경자성(hard magnetic) 재료와 연자성(soft magnetic) 재료로 구분되며 경자성 재료는 영구 자석(permanent magnet)이라 불린다. 영구 자석은 잔류 자속 밀도와 항자력(coercieve force)이 크며 온도 변화, 진동 등의 변화에 의한 자기 강도의 변동이 작고 가공이 쉬워야 한다. 페라이트 자석, 알니코 자석 및 희토류 자석(사마리움-코발트계, 네오디움-철-보론-철계, 사마리움-철-질소계)으로 크게 나뉜다. 희토류 자석이 가장 강력한 자석이며 네오디움-보론계 자석이 최대 에너지 적을 보인다.

1) 페라이트 자석

페라이트 자석(ferrite magnet)은 분말 야금에 의해 만들어지는 산화물 자석으로 항자력이 높고 비중이 작아 경량화가 가능하며 가격이 가장 싸다.

DC 모터, 스피커 흡착용 자석에 쓰이고 있다.

2) 사마리움-코발트 자석

희토류인 사마리움(samarium, Sm)-코발트(Co) 자석은 고온에서 사용할 수 있다. 소형 모터, 센서, 픽업(pick-up) 장치 등에 쓰인다.

3) 네오디움-철-보론 자석

희토류인 네오디움(neodium, Nd)-보론(B) 자석은 자석 중에 자력이 가장 세며 고성능으로 양산 가능하여 구입이 쉽다.

HDD, 광 디스크, 휴대전화, 컴퓨터 및 전자기기용 모터, 자동차 모터, 의료기(MRI) 등에 쓰인다.

4) 알니코 자석

알니코(AlNiCo) 자석은 고자속 밀도이고 온도 특성이 좋으며 고온과 저온에서 모두 사용 가능하며 주조 가능한 자석이다.

계측기기, 센서 등에 쓰인다.

표 15-3 각종 자석의 성질

	B_r T	Coercivity H_{eB} kA/m	H_{CJ} kA/m	$(BH)_{max}$ kJ/m³
$SmCo_5$ Anisotropic Injection	0.52~0.68	310~440	480~800	44~84
Sm_2Co_{17} Anisotropic Compression	0.68~0.89	400~640	440~960	80~144
Nd-Fe-B Isotropic Compression	0.62~0.77	380~510	520~1,350	56~99
Nd-Fe-B Isotropic Injection	0.41~0.72	250~460	570~1,350	28~76
Nd-Fe-B Anisotropic Compression	0.82~1.10	520~700	870~1,700	110~200
Sm-Fe-N Anisotropic Injection	0.60~0.81	430~530	660~820	68~115
Sm-Fe-N Isotropic Compression	0.56~0.80	390~520	720~852	57~110

5) 연자성 재료

자심 재료라고도 하며 보자력 및 잔류 자기가 작고 전기 저항 및 포화 자속 밀도가 크고 투자율이 큰 자성재료를 말하며 전원용 초크 코일과 전동기 및 변압기 등의 자심, RFID 시스템의 자기 차폐(shield), 자기 요크(yoke) 등에 쓰이고 있다.

규소강, 퍼멀로이(permalloy), 센더스트(sendust, 철-규소-알루미늄계), 아모퍼스 자성합금, 소프트 페라이트(순철), 나노 크리스탈 합금, 퍼먼듀(permendur : 철과 코발트를 1:1로 섞은 합금) 등이 있다.

❖ 15-3 기타 기능성 재료

1. 액정

액정이란 어떤 상태인가? 그림 15-4에 세로축을 계의 질서도(degree of order), 가로축을 계의 유동

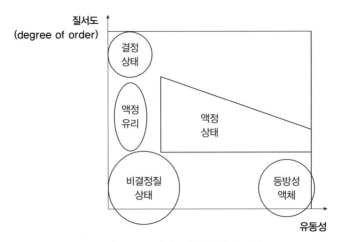

그림 15-4 질서도와 유동성의 관계

성(fluidity)으로 잡아 결정(crystalline) 상태, 아모퍼스(amorphous) 상태, 등방성 액체(isotropic liquid) 상태, 액정(liquid crystalline) 상태를 그려 보았다.

등방성 액체(isotropic liquid)는 유동성이 높은 무질서한 상태이고 아모퍼스는 유동성을 갖지 않으며 무질서한 상태, 결정은 유동성은 전혀 없으며 장거리적인 질서를 가진 상태이다.

액정(liquid crystal)이란 액상 중에 고상인 결정이 혼합된 상태의 액체 결정으로, 액체와 같이 유동성이 있으면서도 고체와 같이 편광성(전장 또는 자장이 특정 방향으로만 진동하게 하는 특성)을 가진다. 액정은 리오트로픽(lyotropic) 액정과 서모트로픽(thermotropic) 액정으로 분류된다. 리오트로픽 액정은 다른 물질과 섞이면 액정의 성질이 나타나며 생체공학 분야에 이용된다. 서모트로픽 액정은 2개의 온도 사이에서 액정의 성질을 보이며 네마틱(nematic) 액정, 스메틱(smetic) 액정, 콜레스터릭(cholesteric) 액정이 있다.

일반적으로 액정은 고분자화함에 따라 탄성 및 점성이 증가하는데 저분자 액정은 주로 디스플레이용 재료로 사용되며 고분자 액정(액정 폴리머)은 폴리이미드 다음으로 뛰어난 내열성, 높은 탄성계수 및 강도를 가지며 충전성이 좋고 성형 수축이 적어 고정밀 성형이 가능하므로 구조재로 쓰이고 있다.

2. 반도체

전기 저항값을 표시하는 비저항이 $10^{-4} \Omega$ m 이하인 재료를 도체, 비저항이 $10^{-4} \Omega$ m 이상인 재료를 절연체라 하며 이 사이에 있는 재료를 반도체(semiconductor)라 한다. 반도체의 종류에는 원소 반도체와 화합물 반도체가 있다.

1) 원소 반도체

(1) 게르마늄

게르마늄(germanium, Ge)은 비중 5.46, 융점 959℃인 원소이며 70℃ 이상에서는 반도체 특성이 떨어진다. 순도가 나인나인(99.9999999%) 또는 텐나인(99.99999999%) 이상인 단결정 게르마늄도 제조 가능하며 트랜지스터, 다이오드 정류기, 광전 변압기 및 분광기 등에 쓰이고 있다.

(2) 규소(실리콘)

실리콘은 비중 2.33, 융점 1,420℃, 전기 저항 $23 \times 10^{-4} \Omega$ cm인 원소로 트랜지스터, 다이오드, 정류기, 태양전지, 마이크로웨이브, 검파기 등에 쓰인다.

2) 화합물 반도체
화합물 반도체 재료는 대형 단결정 화합물을 만들 수 있으며 종류에는 표 15-4와 같은 것들이 있다.

표 15-4 화합물 반도체의 종류

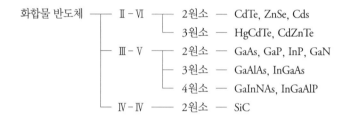

주요 용도는 전자 디바이스용과 광 디바이스용으로 나뉜다. 전자 디바이스용으로서는 휴대전화용 MMIC, HEMT 등의 고주파 디바이스 및 인버터(inverter), 쇼트키 배리어 다이오드(Schottky-Barrier diode) 등 고효율·고출력 디바이스가 있다. 광 디바이스용으로는 가시광 LED, 적외 LED, 자외선 LED(light emitting diode) 등 발광 다이오드가 있으며 각종 표시 디바이스, 액정 백라이트(back light), 백색 조명 등에 사용되고 있다. 또 레이저 다이오드(LD)는 광 통신용 디바이스, CD, DVD 등에 사용된다.

그림 15-5 각종 화합물 반도체

3. 탄소 동소체

탄소는 비금속 원소지만 금속과 유사한 성질을 갖고 있는 천위 원소이며 다이아몬드, 흑연 및 무정형 탄소 등 세 가지 동소체가 있다.

1) 다이아몬드

다이아몬드는 탄소 원자들이 모두 공유 결합으로 이어진 결정 구조를 갖고 있다. 즉 하나의 정사면체 중심에 탄소 원자가 위치하며 정사면체의 각 정점에 있는 탄소 원자와 공유결합으로 강하게 결합하고 있다.

　다이아몬드는 경도가 7,000~8,000HK 정도이며, 천연 다이아몬드와 인조 다이아몬드가 있다. 인조 다이아몬드는 1,500℃, 60,000기압하에서 생산되며 구리 또는 철과 혼합한 다음, 분말 소결하여 공업용 연삭 재료로 많이 사용되고 있다.

2) 흑연

흑연(graphite)은 탄소 원자가 평면 형태로 결합된 시트(이것을 그래핀이라 한다)가 적층하여 이루어져 있는 탄소 결정체로, 융점은 환원성 분위기에서는 3,550℃이며 산화성 분위기에서는 550℃ 정도이다. 흑연의 주요 특성은 다음과 같다.

　1) 열팽창이 적고 내열충격성이 뛰어나다.

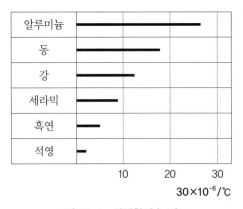

그림 15-6　열팽창계수 비교

2) 열 전도율과 전기 전도율이 좋다.

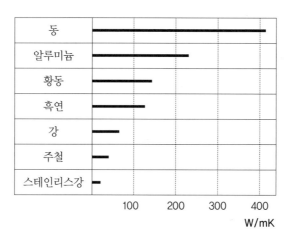

그림 15-7 열 전도도 비교

3) 자기 윤활성을 갖고 있다.

4) 2,500℃까지 온도 상승과 함께 강도가 올라간다.

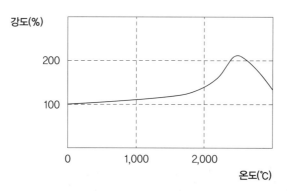

그림 15-8 흑연의 기계적 강도와 온도

5) 절삭 가공이 가능하다.

6) 상온에서는 화학적으로 안정하여 대부분의 산 및 알칼리에 강하다.

7) 불활성 분위기에서는 2,000℃ 이상의 고온에서도 안정하게 사용할 수 있다.

흑연의 종류에는 천연 흑연과 인조 흑연이 있다. 흑연은 중성자를 감속시키는 것이 가능하고 중성자의 흡수도 적어 세계 최초의 원자로에 감속재로서 사용되었다. 또 점토와 혼합하여 연필 심으로 이용된다. 윤활유, 특히 비교적 고하중 부위에 쓰는 오일 및 그리스 등의 고체 윤활제로 흑연 분말이 첨가되는 경우도 많다. 메커니컬 실(mechanical seal), 고온용 고정구(fixture), 가열로 벽 등에도 많이 사용되고 있다.

표 15-5에 흑연의 주요 특성을 정리하였다.

표 15-5 흑연의 주요 특성

항목	값	항목	값
밀도(g/cm³)	1.77~1.9	경도(HSD)	45~95
전기 저항률(μΩm)	9~18	인장강도(MPa)	20~74
열 전도율(W/m K)	70~140	굽힘강도(MPa)	36~100
선 팽창률(×10⁻⁶/K)	4.2~7.1	압축강도(MPa)	78~210

인조 흑연은 코크스 또는 콜타르 피치를 분쇄, 혼합하여 섞은 다음 분리 조작(sieve analysis)을 거쳐 만들고자 하는 형상의 틀에 넣어 성형하고 소결하여 흑연화하여 만들어진다. 인조 흑연은 품질을 조정할 수 있어 공업용 부품에 주로 쓰이는데, 리튬 이온 전지의 음극 재료로는 전기 저항이 작을수록 좋은데 천연 흑연은 불순물이 많아 전기 저항이 커서 적합하지 않고 인조 흑연이 적합하다.

한편 막대한 설비 비용과 에너지가 필요하여 천연 흑연보다 매우 비싸며 미묘한 환경 변화에도 품질이 크게 변하므로 균일한 품질로 대량 생산하는 것이 어렵다.

인조 흑연의 용도로는 다음과 같은 것들이 있다.

(1) 환경 에너지 분야

태양전지용 셀, 웨이퍼 제조용, 원자력용 고온 가스로

태양전지 제조용 사이드 히터　　　　　고온 가스로의 심재

그림 15-9 사용 예

(2) 전자 분야

- 실리콘 반도체 제조용 : 폴리실리콘 제조 장치 부품, 실리콘 단결정 풀러(puller) 부품, 에피텍시얼 그로스(epitaxial growth)용 서셉터(suscepter), 플라스마 CVD 전극, 유리 접합 치구

- 화합물 반도체 제조용 : 화합물 단결정 풀러 부품, MOCVD용 서셉터
- 액정 패널용 : 히터 패널, 에칭 전극
- 하드 디스크 제조용 스패터링 타깃

(3) 야금 분야

연속 주조용 다이스와 맨드렐, 핫 프레스용 다이스, 슬리브 및 스페이서, 공업로의 히터, 트레이 등 부품, 진공 증착용 도가니, 광 화이버 제조용 히터

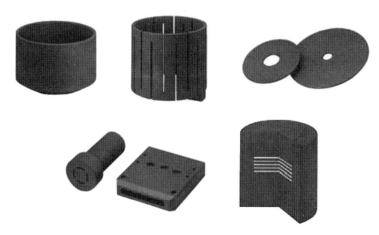

그림 15-10 사용 예(출처 : Toyo Tanso)

(4) 기계 분야

전극 봉, 방전 가공용 공구, 모터 브러시, 자동차 브레이크재

그림 15-11 방전 가공용 공구(출처 : Toyo Tanso)

3) 풀러렌

풀러렌(fullerene)은 탄소 원자로 구성된 클러스터(cluster)의 총칭이며 1985년 C_{60} 분자로 이루어진 축구공 모양의 분자가 최초로 발견되었다.

4) 나노 튜브

한쪽 끝이 막힌 관 모양 구조의 분자

4. 바이오 세라믹스

바이오 세라믹스(bio ceramics)란 생체 기능을 대신하는 비금속 무기재료로, 생체 적합 재료의 일종이다. 인공 생체 재료로 쓰이는 바이오 세라믹스는 생물학적 안정성, 무독성, 생체와의 적합성, 내부식성 및 내피로성 등이 요구되는데, 종류에는 생체 내 불활성형, 생체 내 활성형 등이 있다.

생체 내 불활성 세라믹스에는 알루미나(Al_2O_3), 지르코니아(ZrO_2), 티아니아(TiO_2) 등이 있으며 강도, 경도가 높고 화학적으로 안정하므로 인공 관절이나 인공뼈로 이용되는데 생체 조직이나 뼈와 불활성이어서 나사에 의해 기계적으로 고정해야 한다.

생체 내 활성 재료로는 인산 칼슘(하이드록시 아파타이트)이 있으며 인공뼈, 인공 치근에 사용되는데 생체 조직에 대한 용해도가 크고 생체 내에 흡수가 잘 되는 편이다.

✿ 15-4 신규 개념 재료[*]

1980년대에서 1990년대에 걸쳐 일본에서 제창된 여러 가지 재료 개념에 따른 새로운 재료에는 여덟 가지 종류가 있는데 이것들은 재료 내부의 구조에 유래하는 재료 개념과 재료의 부가가치 또는 대체 가치에 유래하는 재료 개념이라는 두 가지로 구분된다.

1. 재료 내부 구조에 유래하는 재료 개념

1) 헤테로 구조 재료

이종재료의 접합 경계면 및 재료 내부의 불균일성을 이용하는 것에 의해 새로운 기능이 얻어지는 재료를 헤테로(hetero) 구조 재료라 한다.

2) 나노 재료

결정립의 크기가 10^{-9}m(나노미터) 이하인 재료를 나노 재료(nano materials)라 한다. 입자의 미세화에 의해 새로운 기능이 나타난다고 생각되어 20세기 말부터 연구 개발이 활발히 이루어지고 있다.

물질의 여러 가지 특성(전기적, 광학적, 자기적 성질)의 많은 부분은 물질 중의 전자 움직임을 반영하고 있다. 전자는 '양자(입자성과 파동성을 동시에 갖고 있음)'의 일종이며 원자, 분자 크기의 좁은 공간(nm 크기)에 놓여진 경우 파동성을 현저히 보인다고 알려져 있다. 이 때문에 나노 재료는 같은 성분의 매크로한 물질과는 다른 특성을 보일 가능성이 있다. 이것을 양자 효과라 한다.

나노 재료는 화장품, 전기전자 부품, 도료, 잉크 등 다양한 분야에 이용되고 있으며 대표적인 나노

---

[*] 참고 자료 : 주) 대동 특수강 Technical review

재료에는 카본 블랙, 카본 나노튜브 등의 탄소계와 이산화티타늄, 산화 아연 등의 금속계가 있다.

3) 하이브리드 재료

성질이 다른 물질을 원자, 분자의 크기(nm 정도) 레벨에서 혼합하거나 접합하거나 하는 것에 의해 새로운 기능이 얻어지는 재료를 하이브리드(hybrid) 재료라 한다.

조합한다는 점에서는 헤테로 구조 재료와, 나노 레벨이라는 점에서는 나노 재료와 유사하지만 금속/세라믹스 및 무기 반도체/유기 재료와 같은 조합도 대상으로 하고 있어 보다 넓은 재료 개념이라 보여진다.

4) 바이오미메틱 재료

'생체 모방의'라는 이 재료 개념은 생체 구조를 모방한 물질을 인공적으로 합성하여 새로운 특성의 발현 및 환경 적합성의 향상을 꾀한 재료이다.

2. 재료의 부가가치 또는 대체가치에 유래하는 재료 개념

1) 경사 기능 재료

서로 다른 특성을 가진 재료를 접촉시켜 그 경계면의 특성이 서서히 연속적으로 변하게 만들어 서로의 장점을 갖게 한 재료를 경사 기능 재료(functionally gradient materials)라 한다.

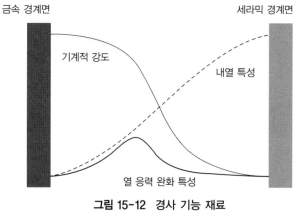

그림 15-12　경사 기능 재료

현재 쓰이고 있는 재료는 어느 부분을 취해도 같은 성질, 기능을 갖는다. 만일 재료의 성질이 부분적으로 다르다면 어떤 이점이 있을까. 예를 들면 어떤 부분은 기계적 강도가 강하고 다른 부분은 내열 특성이 있다든가 한쪽의 성질은 전기 전도성이 있고 다른 쪽은 절연성을 보인다면 새로운 응용 분야가 열릴 것이다.

우주 왕복선의 첨단부는 공기와의 마찰에 의해 표면 온도가 1,800℃까지 올라가는데, 기존의 재료(내열성이 있는 금속 동체의 표면에 C/C 세라믹스제 내열 타일을 붙인 것)에서는 열팽창계수의 차이에 의해 내열 타일의 경계면 분리가 일어날 수 있다. 이러한 문제를 최소화할 수 있는 재료가 금속/세라믹을 접촉시켜 내열성은 세라믹이 담당하고 냉각 특성과 강도는 금속이 담당하도록 경계 부위를 경사 조정시키는 열응력 완화 기능 경사 재료이다.

이와 같은 경사 기능을 가진 다른 분야에서의 연구를 들면 다음과 같은 것들이 있다.

- 광학 분야 : 굴절률이 연속적으로 변화하는 graded index형 광섬유
- 바이오 재료 : 경계면 바이오 액티브 인공뼈
- 전자 분야 : 경사 포텐셜 디바이스
- 에너지 분야 : 우주용 동력원 및 원자 로켓, 고신뢰성 원자로용 에너지 변환형 경사 기능 재료

제조 방법에는 CVD, PVD, SHS, 분말 야금, 플라스마 용사, 복합 도금법 등이 있다.

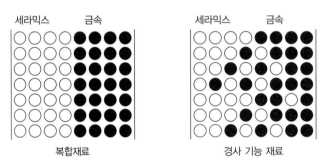

그림 15-13 복합재료와 경사 기능 재료의 차이

2) 인텔리전트 재료

'똑똑한'이라는 의미의 이 재료 개념은 기존 재료의 성질이 시간과 함께 변화하는 것에 대응하여 변화 자체를 막거나 자발적으로 신호를 주는 기능을 부가한 재료이다.

3) 에코 재료

'Environmentally Conscious(환경 문제 의식을 갖다)'의 약어인 이 재료 개념은 유해 물질을 포함하지 않도록 개발되거나 리사이클링이 쉽도록 처리하는 등 기존 재료에 저환경 부하성을 부가한 재료이다.

휘발성 유기 화합물(volatile organic compound, VOC)을 포함하지 않는 재료 및 할론 가스의 대체 물질 등도 포함된다.

4) 소프트 재료

작은 분자가 끈 모양으로 연결된 고분자, 겔, 고무, 콜로이드, 액정, 생체 고분자(DNA), 점토 등 금속 및 세라믹스 등의 딱딱한 재료와는 크게 다른 성질을 가진 재료를 소프트 재료(soft materials)라 한다.

제16장

재료의 부식[*]

대부분의 재료는 시간이 지남에 따라 변질되는데, 변질의 하나인 부식(corrosion)은 금속이나 합금에서 일어난다. 대기 중에서 강은 시간이 지나면 우선 표면이 변색되고 이어서 부식에 의한 생성물(녹, rust)이 발생하게 된다.

부식은 주로 습한 대기 중, 수용액 중 및 습한 토양 중에서 발생하며 건조한 공기인 경우 고온에서 발생한다. 한편 철강재료를 산성 용액에 담그면 녹은 생성되지 않지만 용해되어 표면이 부식된다. 따라서 부식이란 녹이 발생하는 경우와 용해(dissolution)되는 경우 모두를 포함한다.

기계재료의 부식은 외관을 매우 심하게 손상시키고 두께를 감소시켜 강도를 저하시키므로 기계의 사용 환경에서 부식이 일어나지 않는 재료를 선택하거나 부식 방지 처리를 하는 것은 매우 중요한 일이다.

부식의 종류는 표 16-1과 같이 분류한다.

표 16-1 부식의 종류

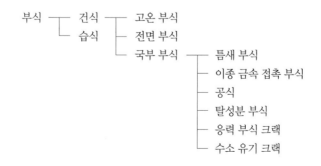

---

[*] 참고 자료 : 일본 부식방식협회 부식센터 "스테인리스강의 특성과 사용상의 요점"

건식은 물이 관계되지 않는 부식으로 주로 고온 상태에서 일어나며 열이 부식 발생의 에너지이고 산화, 황화 등 화학 변화에 의해 부식이 진행된다. 습식은 물이 관계되는 부식을 말하며 주변의 부식은 대부분이 이것이다. 이 부식은 전기 화학 반응에 의해 건식에 비해 낮은 온도에서 일어난다.

✤ 16-1 부식의 원리

부식이란 재료 표면의 원자가 결정 격자로부터 이탈하여 사용 환경 중에 있는 성분과 화학 반응을 일으키는 것이다. 그런데 원자가 이탈하려면 결합력인 전자를 이탈시켜야 하는데, 전자를 이탈시키기 위해서는 전장이 필요하고 전장이 형성되려면 전위차가 있어야 한다. 전위차가 생겨 전자가 이동하면 전류가 흐르게 된다. 이 전류를 부식 전류(corrosion current)라 하며 이러한 계를 부식 전지(corrosion cell)라 한다.

그림 16-1과 같이 다른 2종의 금속 전극을 전해질 수용액 중에 담가 회로로 연결하면 하나의 전지가 형성되는 데, 이 전지를 일차 전지 또는 갈바닉 전지(galvanic cell)라 한다.

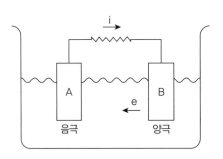

그림 16-1 갈바닉 전지

그림 16-1에서 볼 수 있듯이 도선을 통해 전류가 A에서 B로 흐르면 전자는 수용액을 통하여 B에서 A로 이동한다. 이때 전자가 나오는 전극을 양극(anode), 전자를 받아들이는 전극을 음극(cathode)이라 정의한다. 즉 양극에서는 금속 원자가 전자를 잃고 이온화하여 금속 표면으로부터 떨어져 나가 수용액 중에 녹아 들어가며 다음과 같은 반응이 나타난다.

$$B \rightarrow B^{n+} + ne^-$$

위와 같은 반응을 산화 반응이라 한다. 이것이 부식의 메커니즘이다.

한편 음극에서는 양극에서 방출된 전자가 용액 중의 금속 이온과 합해져 다음과 같은 반응이 나타나 금속으로 석출되어 붙게 된다.

$$B^{n+} + ne^- \rightarrow B$$

위와 같은 반응을 환원 반응이라 한다. 이것이 전기 도금의 메커니즘이다.

1. 매크로 셀(macro cell) 부식 : 전기화학 반응

그림 16-2와 같이 건전지를 전선으로 연결하고 스위치를 넣으면 전류는 회로에 있어서 플러스 극 (전위가 높다)에서 마이너스 극(전위가 낮다)으로 흘러 꼬마 전구가 켜진다. 이때 건전지 내부에서는 전류가 전해질(전류가 흐르기 쉬운 물질을 말한다)을 통하여 마이너스 극에서 플러스 극으로 흐르게 된다. 그러므로 건전지 내부의 극은 마이너스 극이 양극으로, 플러스 극이 음극으로 된다. 이 건전지 내부의 극이 부식과 방식의 원리이다. 이 원리에 의해 전해질을 토양, 건전지 내부의 음극부를 콘크 리트 속의 철근, 건전지 내부의 양극부를 매설된 관, 전선을 노출된 관, 스위치를 절연 이음으로 생 각하면(그림 16-3), 건전지 내부의 전해질(토양)에서 전류가 유출된 양극 부분, 즉 매설관에서 부식 이 일어나며, 전류가 유입된 음극 부분, 즉 콘크리트 내 철근은 방식된다. 그러나 실제로는 콘크리트 내의 철근의 양은 매설관에 비해 매우 크므로 철근은 방식되지 않으며 매설관의 부식은 진행된다.

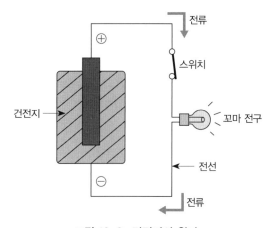

그림 16-2 건전지의 원리

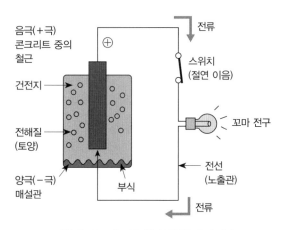

그림 16-3 매크로 셀 부식의 메커니즘

이와 같은 원리로부터 그림 16-4와 같이 매설관으로부터 토양 속으로 전류가 흐르지 않도록 적절한 위치에 절연 이음과 피복 강관을 조합시키거나 부식이 일어나지 않는 PE관, 주석 도금관을 사용한 공사를 할 필요가 있다.

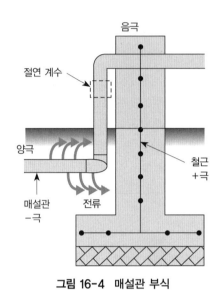

그림 16-4　매설관 부식

2. 마이크로 셀(micro cell) 부식

토양과 접촉하고 있는 강관은 표면의 상태, 성분, 환경 등 약간의 차이에 의해 미시적인 전위 차이가 많이 생겨 비교적 조용하게 균일한 부식을 일으킨다.

❖ 16-2　부식의 요인

1. 이종 금속 간 접촉

용액 중에서 한 금속에 다른 금속을 접촉시키면 부식 전지가 형성되며 활성이 높은 금속, 즉 산소와의 결합이 좋은 금속이 양극으로 되어 부식된다. 동 배관에 접속된 철 배관, 철강제 선체에 접촉된 다른 금속, 냉간 가공된 금속과 풀림처리된 동일한 금속 사이에서 나타난다. 기계 부품의 같은 표면이라도 금속 조직의 다른 상, 잔류 응력 차이, 성분의 편차, 요철형상, 이물질 부착 등에 의해서도 부식이 일어난다.

2. 농도 차에 의한 부식

같은 금속으로 된 2전극을 농도가 다른 같은 종류의 수용액 중에 담갔을 때 부식 전지가 형성된다. 소금기의 농도 차에 의한 염분 농도 전지와 산소의 농도 차이에 의한 산소 농도 전지(oxygen concentration cell)의 두 가지가 있다.

　염분 농도 전지에서는 농도가 짙은 쪽의 전극이 음극, 농도가 엷은 쪽이 양극이며, 산소 농도 전지에서는 산소 공급이 잘되는 쪽이 음극, 산소 공급이 잘 안 되는 쪽이 양극이 된다. 산소 농도 전지는 금속 배관의 접합부나 나사 체결 나사 등과 같이 금속 사이에 틈새가 생기면 그 내부가 외부보다 산소 농도가 낮으므로 공기에 대한 노출 차이에 의해 형성된다. 녹이 나 있는 부분의 아래쪽(그림 16-5)과 물에 반쯤 잠긴 금속(그림 16-6)에서도 이런 전지에 의해 부식된다.

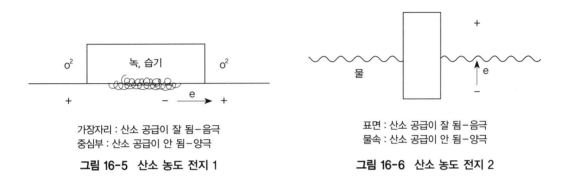

가장자리 : 산소 공급이 잘 됨-음극
중심부 : 산소 공급이 안 됨-양극

그림 16-5　산소 농도 전지 1

표면 : 산소 공급이 잘 됨-음극
물속 : 산소 공급이 안 됨-양극

그림 16-6　산소 농도 전지 2

3. 온도 차이에 의한 부식

같은 재료인 2금속을 온도가 다른 같은 용액 중에 담갔을 때 형성되는 부식 전지를 온도차 전지(differential temperature cell)라 한다. 열교환기와 보일러 등의 부식 요인이다. 온도가 낮은 쪽이 음극, 온도가 높은 쪽이 양극이 된다.

✿ 16-3　부식의 형태

금속이 부식되는 형태에는 표면 전체가 거의 일정하게 부식되는 전면 부식(general corrosion, uniform corrosion)과 일정 부분만 집중적으로 부식되는 국부 부식(local corrosion)의 두 가지가 있다.

1. 전면 부식

전면 부식은 금속 표면이 일정하게 녹이 나며 시간이 지남에 따라 표면이 거의 균일하게 없어진다. 금속의 조직이나 성분이 거의 균일하거나 응력 및 환경이 같을 때 발생하며, 일반적으로 대기 중의 부식과 고온에서의 부식이 이에 해당한다.

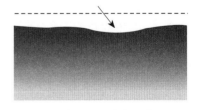

그림 16-7　전면 부식

　전면 부식의 속도는 초기에는 빠르며 시간이 지남에 따라 늦어진다. 이것을 막기 위해서는 도장 및 도금 등의 처리를 통하여 재료 전체를 씌워 부식 환경과 재료가 직접 접촉하지 않도록 해야 한다.

2. 국부 부식

국부 부식은 불균일하게 부식이 발생하는 것으로 부식의 진행을 예상하기 어려워 중대한 사고를 일으킬 우려가 있다. 국부 부식은 금속의 조직, 성분 및 잔류 응력의 차이, 농도, 유속 및 산소 등 환경의 차이에 의해 발생하며 부식 원인이나 부식 형태에 따라 여러 가지로 분류된다.

1) 틈새 부식

틈새 부식(crevice corrosion)은 작은 틈새 등에서 부식이 일어나는 것을 말한다. 이것은 틈새 부분과 바깥과의 환경 차이, 즉 용존 산소 농도, pH, 이온의 농축 등으로부터 전기 화학 반응이 일어나 틈새 내에서 부식이 일어난다. 이것을 막기 위해서는 틈새를 없애거나 액체가 머무르지 않도록 구조를 고쳐야 한다.

2) 이종 금속 접촉 부식

이종 금속 접촉 부식은 동과 아연 등 부식 전위의 차이가 큰 것을 접촉시킨 곳에서 전기 화학 반응이 발생하며 아연과 같이 전위가 낮은 금속의 부식이 급격히 진행된다. 이를 막기 위해서는 두 금속 사이를 고무 등으로 절연시키는 등 접촉을 막거나 전위가 높은 금속의 면적을 낮은 금속보다 충분히 작게 할 필요가 있다.

3) 공식

공식(pitting corrosion)은 스테인리스강이나 티타늄과 같이 내식성이 좋은 재료에서 일어나는 부식이다. 스테인리스강의 표면에는 크롬의 얇고 강고한 부동태 피막이 생겨 더 이상의 부식 진행을 막고 있다. 그러나 이 피막은 만능은 아니며 염소 이온에는 약하다. 염소 이온에 의해 이 피막이 파괴된 경우 파괴된 곳에서 집중적으로 부식이 진행된다. 이것을 공식이라 한다.

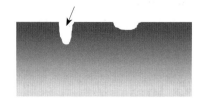

그림 16-8 공식

4) 탈성분 부식

탈성분 부식은 합금 중 어떤 성분이 선택적으로 부식되는 것으로 황동에 있어 탈아연 부식이 대표적이다. 황동은 동과 아연의 합금인데 동이 많은 부분과 아연이 많은 부분으로 상 분리되어 있으며 이 중에서 아연이 많은 부분이 선택적으로 부식된다.

5) 응력 부식 크랙

응력 부식 크랙(stress corrosion cracking)은 스테인리스강 및 황동 등에서 일어난다. 응력이 걸려 있는 곳은 변형에 의해 구열이 발생할 가능성이 높다. 또한 동시에 응력에 의해 부식의 진전이 쉽다. 구열과 부식 진전의 상승 효과에 의해 구열을 발생시킬 수 없는 응력에서도 구열이 발생해 파괴에 이르거나 한다.

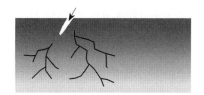

그림 16-9 응력 부식 크랙

6) 수소 유기 크랙

수소 유기 크랙은 부식에 의해서 발생한 수소 원자가 결정립계 등의 내부 결함에 축적되어 가스화 내부 응력을 발생시켜 파괴에 이르게 된다. 이 수소 취성은 부식뿐 아니라 도금 및 산 세척 처리를 실시한 것에서도 발생한다. 이 파괴는 고강도 강(하이텐강, 석출경화 스테인리스강)에서 일어나기 쉬우며 강하면 강할수록 발생하기 쉽다.

❖ 16-4 내식성과 부동태 피막

금과 백금 등 귀금속을 제외한 모든 금속은 일반적인 환경(물, 공기 중)에 방치해 두면 표면에 산화물이 생성된다. 그런데 어떤 금속의 경우 이 산화막이 막 아래 금속의 산화 진행을 방해하는 일종의 보호 피막이 되어 막이 생긴 후 녹이 진행되지 않고 안정한 상태를 유지하게 된다. 이와 같은 피막을 부동태 피막(passive film)이라 한다. 강의 경우 유효한 부동태 피막을 만드는 첨가 원소는 크롬뿐이며 비철 금속의 경우에는 알루미늄, 동, 티타늄, 아연 등이 부동태 피막을 갖는다.

그림 16-10은 스테인리스강의 표면 부근 단면에 있어서의 피막 구조를 보인 것이다. 부동태 피막은 금속층 쪽은 크롬의 산화물, 환경 쪽은 수산화물로 이루어진 2층 구조로 되어 있으며 두께는 조건에 따라 다르다. 스테인리스강은 크롬과 대기 중의 산소, 물 등이 반응하여 1~3nm 두께의 매우 얇은 크롬 부동태 피막을 만든다. 1nm란 물질 원자 3~4개만큼의 크기이다.

부동태 피막은 결정 구조를 갖지 않는 비정질이며 매우 치밀하며 안정적이다. 아울러 부동태 피막의 최대 특징은 자기 복구 기능을 갖고 있다는 점이다. 사용 중에 오력에 의해 부동태 피막이 파괴되

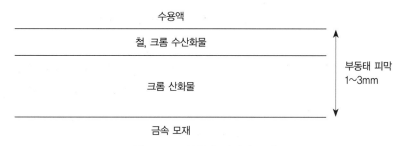

그림 16-10 부동태 피막의 모식도

어도 대기 중의 산소나 물과 반응하여 순식간에 같은 피막을 재생할 수 있다. 이러한 기능은 거의 영구적이며 무한대이다.

✧ 16-5 스테인리스강의 부식

스테인리스강은 앞에서 얘기했듯이 크롬에 의해 부동태 피막이 생성되어 내식성이 뛰어난 금속이며 더욱이 몰리브덴을 첨가하면 이 기능이 강화된다. 몰리브덴은 부동태 피막에 흠이 생겼을 때 그곳의 크롬량을 높여 재생력을 강하게 하는 작용을 한다. 다른 강의 경우 전면 부식이 발생하지만 스테인리스강은 국부적으로 녹이 발생하고 진행하는 데 이러한 부식에 대해 몰리브덴은 크롬의 약 3배의 효과가 있다. 그러나 몰리브덴 자체는 부동태 피막을 만들지 않는다.

　한편 니켈은 녹 발생 자체를 억제하는 기능은 없지만 녹의 진행을 억제하는 역할을 한다. 그러면 스테인리스강은 절대로 녹이 나지 않는가? 아니다. 특히 바닷물에 포함되어 있는 염(소금)은 부식에 큰 적이다. 염화물 이온인 염소가 부동태 피막을 파고들어 피막이 파괴되고 자기 복구 기능이 때맞추어 작동되지 않아 국부적으로 피막 아래 금속이 침식되어 녹으로 바뀌게 된다. 이를 공식이라 한다. 가정용 싱크대에 염소계 표백제를 쓰면 안 되는 이유가 여기에 있다. 염소에도 강한 스테인리스강을 슈퍼 스테인리스강이라 부른다.

　스테인리스강의 부식 형태와 전위 조건은 그림 16-11과 같다.

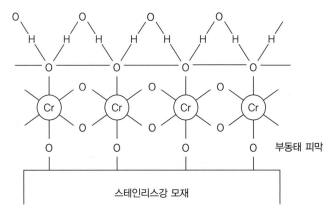

그림 16-11 스테인리스강의 부식 형태와 전위 조건

　전면 부식은 특히 활성태에서 문제가 되며 입계 부식은 특히 활성태와 부동태 경계 영역 및 과부동태 영역에서, 공식 및 틈새 부식은 부동태 영역에서, 응력 부식 크랙은 부동태 영역에서 문제가 된다. 부식 피로는 활성태부터 과부동태 영역에 걸쳐 일어나지만 활성태에서 공식, 응력 부식 크랙 등의 국부 부식을 기점으로 하여 일어나기 쉽다. 활성태에서 부식을 억제하는 합금 원소는 니켈, 크롬, 구리 등이며 고니켈에 몰리브덴과 구리를 첨가한 스테인리스강은 황산, 질산 및 비산화성 산에 강하다.

아래에서 스테인리스강 사용 시 가장 문제가 되는 국부 부식 중 공식 및 틈새 부식과 응력 부식 크랙에 대해 서술한다.

1. 공식 / 틈새 부식

1) 재료 측 인자의 영향

특히 염화물을 포함하는 수용액 중에서 문제가 되는 공식 및 틈새 부식은 부동태 피막의 일부가 파괴되어 일어나는 부식 현상이며 해수 등에서 스테인리스강 사용 시 결점이다. 이에 대한 첨가 합금 원소로는 크롬, 몰리브덴, 질소의 효과가 주목되고 있다.

스테인리스강의 내공식성은 아래의 내공식 지수(pitting resistance equivalent, PRE)가 클수록 좋다.

$$PRE = 크롬 + 3.3몰리브덴 + 1.65텅스텐 + 16질소 - 망간$$

PRE값이 크게 되면 염화물 환경에서 내공식성 및 내틈새 부식성이 향상되며 PRE값이 40 이상인 강을 슈퍼 스테인리스강이라 부른다.

2상계 중 질소 첨가 강에서는 내공식성에 기여하는 질소가 거의 오스테나이트상에 고용되므로 2상의 비율에 따라 내공식성이 크게 변화한다.

그림 16-12에 각종 스테인리스강의 공식 및 틈새 부식 한계 온도와 PRE값의 관계를 나타냈다. 틈새 부식은 틈새 내부의 pH가 저하하여 부동태가 파괴될 때 일어나고 탈부동태화 pH(pHd)가 각종 스테인리스강에 필요하며 그 예를 그림 16-13에 보인다.

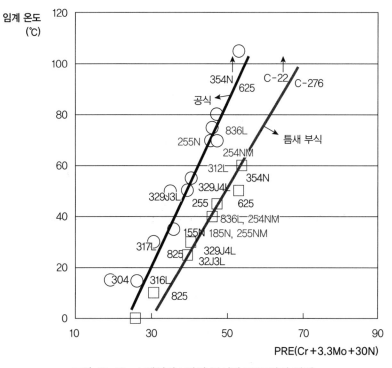

그림 16-12 스테인리스강의 부식과 PRE값의 관계

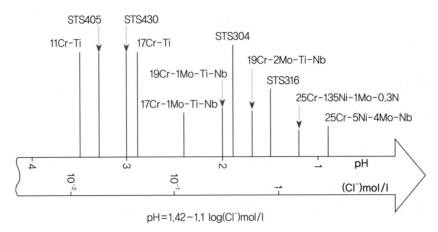

pH=1.42−1.1 log(Cl⁻)mol/l

그림 16-13 스테인리스강의 탈부동태화 PH값

내공식성은 가공이나 용접 등에 의해 떨어지기 쉽다. 오스테나이트계 스테인리스강을 가공하여 가공 유기 마르텐사이트가 생성되면 떨어짐의 정도는 크게 된다. 공식 전위는 연삭에 의해 낮아지며 건식 연삭이 습식보다 그 정도가 크다. 건식 연마 후 산처리하면 공식 전위는 뚜렷이 올라간다.

표면 조도와 공식 전위의 관계는 그림 16-14에 나타나 있다. 벨트 연마는 벨트 번호가 작을수록 공식 전위는 낮아진다. 내후성도 경면, 2B, 1D 등의 순서로 뛰어나며 연마재로 알루미나를 쓴 것보다 탄화 규소를 쓴 쪽이 내후성이 좋다.

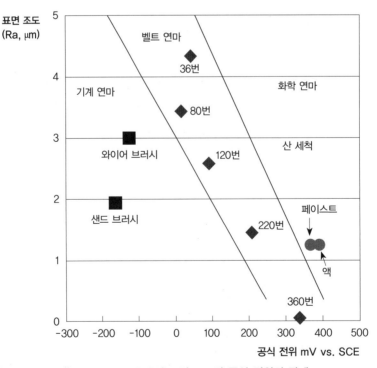

그림 16-14 STS316의 표면 조도와 공식 전위의 관계

또 용접 열영향에 의해 재료의 입계 부식 감수성이 증가하면 내공식성이 떨어지는데 예민하지 않아도 용접 스케일이 남아 있으면 내공식성은 뚜렷하게 떨어지므로 용접 후 스케일은 완전히 제거해야 한다.

2) 환경 측 인자의 영향

공식, 틈새 부식은 염소 이온 농도, 온도가 높을수록 생기기 쉽다. 물속에서는 미생물의 존재가 용접부 등의 부식을 촉진한다. 미생물이 존재하면 낮은 농도의 염화물에서도 틈새 부식이 발생할 위험이 있으며 이를 방지하기 위해서는 배관의 경우 용접부 내면을 전해 연마하는 것을 추천한다.

2. 응력 부식 크랙

1) 재료 측 인자의 영향

오스테나이트계 스테인리스강이 가장 응력 부식 크랙(SCC)을 일으키기 쉬우며 일반적으로 염소 이온을 포함한 50℃ 이상의 환경에서 생기기 쉽다. 니켈의 양을 늘리면 내응력 부식 크랙성은 향상되며 염화물 환경에서의 크랙은 공식 및 틈새 부식에 기인하는 경우가 많으므로 이들 부식에 강한 강종은 응력 부식 크랙에도 강하다.

페라이트계 및 2상계 스테인리스강은 오스테나이트계보다 강해 STS444는 내응력 부식 크랙강으로서 STS304를 대체하여 사용되며 STS329J4L도 사용된다. 그러나 오스테나이트계 스테인리스강이 성형 및 용접이 쉬우므로 최근에는 오스테나이트계 중에 내응력 부식 크랙성이 뛰어난 STS315J1 및 315J2도 사용되고 있다.

마르텐사이트계 스테인리스강의 내식성은 담금 상태에서 가장 좋으며 뜨임 처리하면 크랙 감수성이 증가한다. 염수 중에서의 다른 부식도 뜨임 처리의 영향을 받아 크롬 결핍을 일으키는 중간 온도 영역에서 열처리하면 크랙 감수성이 증가한다.

석출경화계 스테인리스강 중에는 세미 오스테나이트계인 STS631이 마르텐사이트계인 STS630보다 크랙 감수성이 높다.

마르텐사이트계, 가공 경화된 오스테나이트계 및 석출경화계 스테인리스강 등 고강도 스테인리스강은 대기 중, 특히 해안에서 사용되는 경우 응력 부식 크랙 발생 가능성이 있다.

2) 환경 측 인자의 영향

응력 부식 크랙은 공식과 마찬가지로 염소 이온 농도 및 온도의 상승과 함께 일어나기 쉽게 된다. pH가 낮아지면 크랙 발생 조건의 범위는 저온, 저염소 이온 영역까지 넓어진다.

염소 이온 농도가 낮아도 열교환기의 기화부 등 구조상 농축되기 쉬운 곳에서는 크랙 감수성이 크므로 주의해야 한다. 또 보온재에 접촉하는 부분은 누수, 우수 등의 영향으로 보온재 속의 염분이 침출되어 응력 부식 크랙을 일으키는 일이 있으므로 주의를 요한다.

3. 금속의 용출

스테인리스강의 부동태 피막 중의 크롬 양, 즉 크롬/(크롬+철)의 비율이 클수록 내식성이 좋으며 금속 이온의 용해가 적으므로 금속의 용해를 피해야 하는 약품 및 음료에 접촉하는 용기류에 대해서는 구연산으로 전처리하는 것이 바람직하다.

식품 조리용으로 쓰이는 팬에서 금속의 용출은 처음 사용 시, 특히 루바브(rhubarb) 및 살구를 조리할 때 크롬의 용출이 약간 많지만 계속 사용하면 용출량이 적어진다.

❖ 16-6 알루미늄 합금의 부식

1. 환경별 부식 상황

1) 대기 중에서의 부식

대기에 노출된 알루미늄에는 얕은 구덩이(pit)가 전면적으로 생긴다. 두께의 감소는 작으며 육지의 대기 환경에서는 연간 약 1μm 정도의 부식 속도를 넘지는 않는다. 부식성이 강한 대기는 해상, 해안공업단지, 해안가 내륙공업단지 순이다. 판의 두께가 두꺼우면 부식의 영향은 작지만 일반적으로 양극산화처리에 의해 15~25μm 정도의 피막을 만들어 충분한 공식 방지 처리를 하는 것이 바람직하다.

2) 물속에서의 부식

물속에서의 부식은 거의 공식이다. 알루미늄-마그네슘계와 알루미늄-망간계가 부식에 강한 편이지만 큰 차이는 없다. 방식법으로는 양극산화처리, 화학 변환처리, 도장 등이 있으며 순환계에서는 부식 억제제를 첨가하는 것이 효과적이다.

3) 해수 중에서의 부식

해수 중에서 문제가 되는 부식은 공식과 틈새 부식이다. 내해수성이 높은 재료로는 알루미늄-마그네슘계와 알루미늄-망간계가 있다. 공식 방지는 도장과 도금이 있으며, 도장은 밀착성이 나쁘면 틈새 부식을 일으키기 쉽다. 틈새 부식은 해수 중에서 생기기 쉽다.

2. 알루미늄 합금의 부식 형태

1) 전면 부식

알루미늄은 강산 및 강알칼리 중에서 전면적으로 부식(general corrosion)된다. 특히 염산 용액 및 가성(caustic) 알칼리 용액 중에서 부식 속도는 크며 산화성 산인 질산 용액 중에서는 작다.

2) 공식

중성 용액(pH 4~9)에 있어서의 중요한 부식은 공식(pitting corrosion)이다. 알루미늄의 공식 발생의 큰 요인은 염소 이온이며 수 ppm의 염소 이온에도 공식이 발생한다. 다른 음이온과 중금속 이온은 염소 이온의 부식을 촉진하지만 크롬산 이온은 공식을 억제한다.

3) 틈새 부식

알루미늄 합금은 틈새 부식(crevice corrosion)이 생기기 쉽다. 틈새부에는 물이 들어가기 쉽고 부식성 물질이 농축되기 쉬워 부식의 원인이 된다.

4) 갈바닉 부식

대부분의 금속은 알루미늄보다 높은 전위이므로 알루미늄이 다른 금속과 접촉한 상태에서 수용액에 잠기면 전지 작용에 의해 부식이 촉진된다. 이것을 갈바닉 부식(galvanic corrosion)이라 한다.

　각종 금속을 촉진 효과별로 분류하면 다음과 같다.

- 촉진 무 : 아연(억제 효과 있음), 카드뮴
- 촉진 소 : 철강(염소 이온이 적은 경우), 스테인리스강, 크롬, 마그네슘, 티타늄, 납
- 촉진 중 : 니켈, 주석, 탄소
- 촉진 대 : 철강(염소 이온이 많은 경우), 동, 수은

5) 침식

빠른 유속인 액체에 접촉하는 알루미늄은 표면 산화 피막이 기계적으로 파괴되어 깊은 구덩이를 만드는 일이 있다. 일반적으로 3m/sec 이상이 되면 침식(erosion)이 생기기 쉽다. 액체 중에 탁한 고형 물질 및 기포가 있으면 부식이 더욱 촉진된다.

6) 입계 부식

입계 부식(intergranular corrosion)은 부적절한 열처리를 실시하면 결정립 경계에 석출물이 존재하게 되어 이 부분에서 부식이 일어난다. 열처리형인 알루미늄-구리계, 알루미늄-마그네슘(4% 이상)계, 알루미늄-마그네슘-규소계, 알루미늄-아연-마그네슘-(구리)계에서 생기기 쉽다.

7) 응력 부식 크랙

알루미늄-마그네슘(35% 이상)계, 알루미늄-구리계, 알루미늄-아연-마그네슘-(구리)계 등의 합금은 해수 및 염분을 머금은 습한 대기 중에서 입계형 응력 부식 크랙(stress corrosion cracking)이 생기기 쉽다.

3. 각종 알루미늄 합금의 내식성

1) 순알루미늄

내식성이 가장 좋으나 순도가 떨어짐에 따라 내식성이 떨어진다. 특히 알루미늄-철-규소의 3원계

화합물이 석출되면 수중에서 깊은 구덩이를 만들기 쉽다.

2) 알루미늄-구리계

구리는 내공식성을 떨어뜨리는 원소이므로 이 합금은 내식성이 떨어진다. 입계 부식을 일으키기 쉬우며 부식성이 낮은 대기 이외의 곳에서 사용하는 경우에는 반드시 방식 처리를 하는 것이 바람직하다.

3) 알루미늄-망간계

전반적으로 양호한 내식성이 있으며 깊은 구덩이 부식은 순알루미늄보다 생기기 어렵다.

4) 알루미늄-마그네슘계

마그네슘은 내공식성을 향상시키며 산화 피막의 성장을 촉진시키므로 이 합금은 내식성이 알루미늄 합금 중에서는 가장 좋다. 특히 염분을 많이 머금은 환경에서 내식성이 뛰어나다. 그러나 마그네슘을 5% 이상 포함한 것은 응력 부식 크랙을 일으키기 쉽다.

5) 알루미늄-마그네슘-규소계

내식성은 알루미늄-마그네슘계, 알루미늄-망간계 다음으로 양호하며 열처리형 중에서는 가장 좋다. 그러나 이론적 혼합비[theoretical mixture ratio＝양론비(stoichiometric ratio)] 이상의 규소를 포함하거나 구리를 포함한 합금은 내식성이 약간 떨어진다.

6) 알루미늄-아연-마그네슘(-구리)계

아연은 내식성을 떨어뜨리는 합금 원소이므로 이 합금은 내식성이 떨어진다. 특히 구리를 포함한 합금은 알루미늄-구리계처럼 방식 처리가 필요하다.

구리를 포함하지 않은 이 합금은 구리를 포함한 알루미늄-마그네슘-규소계 합금과 동등한 내식성을 갖지만 용접 시 열영향부의 내식성은 떨어진다.

원소의 종류와 물리적 성질

원소 이름	한글 이름	기호	결정 구조	비중(g/cm³)	융점(℃)
Aluminum		Al	fcc	2.699	660.4
Aluminum oxide		Al₂O₃			2,300
Antimony		Sb	hex	6.897	630.7
Arsenic	비소	As	hex	5.778	816
Barium		Ba	bcc	3.5	729
Beryllium		Be	hex	1.848	1,290
Bismuth	창연	Bi	hex	9.808	271.4
Boron	붕소	B	ortho	2.3	2,300
Cadmium		Cd	hcp	8.642	321.1
Calcium		Ca	fcc	1.55	839
Cerium		Ce	hcp	6.6893	793
Cesium		Cs	bcc	1.892	28.6
Chromium		Cr	bcc	7.19	1,875
Cobalt		Co	hcp	8.832	1,495
Copper	동, 구리	Cu	fcc	8.93	1,084.9
Gadolinium		Gd	hcp	7.901	1,313
Gallium		Ga	ortho	5.904	29.8
Gallium arsenic	갈륨비소	GaAs			1,238
Germanium		Ge	fcc	5.324	937.4
Gold	금	Au	fcc	19.302	1,064.4
Graphite	흑연	C			3,550
Hafnium		Hf	hcp	13.31	2,227
Indium		In	tetra	7.286	156.6
Iridium		Ir	fcc	22.65	2,447
Iron	철	Fe	bcc/fcc	7.87	1,538
Lanthanum		La	hcp	6.146	918
Lead	연, 납	Pb	fcc	11.36	327.4
Lithium		Li	bcc	0.534	180.7
Magnesium		Mg	hcp	1.738	650
Manganese	망간	Mn	cubic	7.47	1,244
Manganese oxide		MnO₂			3,073
Mercury	수은	Hg	ortho	13.546	−38.9
Molybdenum	몰리브덴	Mo	bcc	10.22	2,610

(계속)

원소 이름	한글 이름	기호	결정 구조	비중(g/cm³)	융점(℃)
Nickel		Ni	fcc	8.902	1,453
Niobium		Nb			2,467
Osmium		Os	hcp	22.57	2,700
Palladium		Pd	fcc	12.02	1,552
Phosphorus	인	P			44.1
Platinum	백금	Pt	fcc	21.45	1,769
Potassium	칼륨	K	bcc	0.855	63.2
Potassium iodide	요오드화칼륨	Ki			681
Rhenium		Re	hcp	21.04	3,180
Rhodium		Rh	fcc	12.41	1,963
Rubidium		Rb	bcc	1.532	38.9
Ruthenium		Ru	hcp	12.37	2,310
Samarium		Sm			1,072
Scandium		Sc			1,539
Selenium		Se	hex	4.809	217
Silicon	규소	Si	fcc	2.33	1,410
Silver	은	Ag	fcc	10.49	961.9
Sodium	나트륨	Na	bcc	0.967	97.8
Sodium carbonate	탄산나트륨	Na₂O₃			1,124
Sodium chloride	염화나트륨	NaCl			801
Strontium		Sr	fcc	2.6	768
Sulfur	황, 유황	S			112.8
Tantalum		Ta	bcc	16.6	2,996
Tantalum oxide	산화탈탄	Ta₂O₅			3,880
Technetium		Tc	hcp	11.5	2,200
Tellurium		Te	hex	6.24	449.5
Thorium		Th	fcc	11.72	17.75
Tin	주석	Sn	fcc	5.765	231.9
Tin oxide	산화주석	SnO₂			1,127
Titanium		Ti	hcp	4.507	1,668
Tungsten		W	bcc	19.254	3,410
Uranium		U	ortho	19.05	1,133
Vanadium		V	bcc	6.1	1,900
Yttrium		Y	hcp	4.469	1,522
Zinc	아연	Zn	hcp	7.133	420
Zinc oxide	산화아연	ZnO₂			1,975
Zirconium		Zr	hcp	6.505	1,852

* fcc: face centered cubic(체심 입방), hex: hexagonal(육방정), bcc: body centered cubic(면심 입방), ortho: orthorhombic(사방정), hcp: hexagonal close packed(조밀 육방), tetra: tetragonal(정방정), cubic: 단순 입방정

가공 경화 : 냉간에서의 소성 변형에 의해 전위 밀도가 증가하고 그들이 서로 엉켜 전위의 이동이 곤란하게 되어 경화하는 현상. 철사를 몇 번 굽혔다 폈다 하면 딱딱해지다 결국에는 끊어지고 마는데 이것이 대표적인 예이다.

가공 변형 : 가공에 의해 격자 변형이 일어나 내부 응력이 증가하는 현상

가공성 : 가공의 용이성을 나타낸다. 굽히기 쉬운, 깎기 쉬운, 늘리기 쉬운 재료는 가공성이 좋다고 한다.

가공 열처리(thermo-mechanical treatment) : 열처리와 소성 가공을 병행하는 처리법. 열간 가공 시의 열을 이용한다.

가공 유기 변태(strain induced transformation) : 소성 변형 시의 응력에 의해 일어나는 변태. 주로 과냉 오스테나이트가 외력에 의해 마르텐사이트로 변태하는 것이 대표적이다.

가공 응력 : 가공의 결과로서 부품 내부에 생기는 잔류응력

가단 주철 : 단조 가능한 주철을 말한다. 그러나 단조 가능하다고 말 할만큼은 아니다. 애초에 단조 방법으로 만들지 않으면 안 되는 형상이라면 주조 단계에서 형을 만드는 것이 옳다. 구상 흑연 주철보다도 충격에 강하다.

가단화 풀림 : 백주철로부터 흑연을 미세 석출시켜 가단 주철로 만들기 위한 풀림처리. 장시간 가열에 의해 탄소의 대부분을 석출시키거나 표면을 탈탄시켜서 페라이트 바탕으로 만들어 인성을 얻기 위한 처리

가 뜨임 : 본래의 뜨임을 바로 실시할 수 없는 경우에 그것보다 낮은 온도(대략 200℃ 이하)에서 임시로 하는 뜨임

가스 연질화 : 질화성 가스를 이용하여 분위기 로 내에서 하는 연질화 처리

감마 철(γ-iron) : 철의 동소체로 A3와 A4 변태점 사이에 있는 철. 결정 구조는 면심 입방정

강 : 철과 탄소를 기본으로 하는 합금의 총칭

강괴 : 잉곳(ingot)

강성(stiffness) : 어떤 물체에 외력이 가해질 때 탄성 변형하기 어려운 정도를 나타내는 지표

강인 강(tough hardened steel) : 항복 인장강도가 1GPa 정도인 것으로, 강력한 동력 전달 메커니즘 및 고응력 부품 등 높은 강도를 필요로 하는 곳에 쓰임

강인 주철 : 주철의 약점인 취성을 개선하기 위해 개량한 주철

개재물 : 조직 내에 포함된 이물

게이지 강 : 합금 공구강인 STS3의 용도에서 유래된 속칭. 게이지(블록 게이지, 틈새 게이지, 링 게이지, 나사 게이지 등)는 내마모성이 높고 경년 변화가 적은(거의 제로) 것이 요구되며, 담금으로 경도를 확보할 수 있는 강재를 불안정 조직이 적게 열처리하여 실현한다. 구체적으로 STS3을 담금한 후 초서브제로 처리로 잔류 오스테나이트를 소멸시킨 다음 저온 뜨임을 실시한다.

격자 간 원자 : 결정 격자 사이에 끼어 들어간 침입형 원자. 주위를 팽창시키는 형으로 격자 변형을 일으킨다.

격자 결함 : 일정한 규칙으로 배열되어야 할 결정

격자의 규칙성이 어긋난 부분

격자 변태 : 원자가 매우 짧은 거리를 이동하는 것만으로 결정 구조를 변화시키는 동소 변태. 매우 짧은 시간에 변태가 진행되므로 원자의 확산이 일어나지 않아 무확산 변태라고도 한다. 강의 마르텐사이트 변태는 격자 변태의 대표이다.

격자 변형 : 결정 내에 원자 직경이 다른 이물질이 고용되는 것으로 결정 격자가 만곡된 것처럼 되는 것

결정 : 원자가 규칙 바르게 배열하고 있는 고체. 일반적으로는 단결정체를 뜻하며, 금속은 다결정체이다.

결정 격자 : 결정 내에서 원자가 격자 모양으로 배치된 구조.

결정립 : 결정으로서의 규칙성을 유지하고 있는 하나의 영역. 다결정체의 경우 많은 결정립이 모여 있는 구조로 되어 있다.

결정립계 : 다결정체에 있어서 인접한 결정립의 경계 부분. 불순물이 압출되기 쉽고 부식의 기점으로 되는 경우가 있으며, 특히 스테인리스강에서 문제가 된다.

결정립도 : 결정립의 크기를 나타내는 값. 현미경 100배 눈금에서 제곱 인치 범위 내의 결정립 수 평균이 1개인 상태가 기준이며 이때의 결정립도를 1로 한다. 범위 내의 결정립 수가 배가 될 때마다 결정립도 번호를 1씩 늘린다. 숫자가 클수록 결정립이 미세한 것이다.

결정립도 번호 : 현미경 100배에서 1제곱인치 범위 내의 결정립 수를 n개라 하면, 결정립도 번호 N은 $n = 2^{N-1}$로 정의된다. $N = \log 2^{N+1}$

결정벽면(habit plane) : 새로운 상이 모상의 특정한 결정면에 따라 원판 모양 또는 렌즈 모양으로 형성될 때 이 면을 모상의 결정면 지수로 나타내며 변태의 결정벽면이라 한다.

경강 : 강의 탄소량에 의한 분류에 있어서 비교적 탄소량이 높은 강에 대한 용어. 탄소량이 대략 0.3% 이상인 것. 탄소량 0.27~0.82%인 경강 선재가 규정되어 있다.

경년 변형(season distortion) : 열처리가 종료된 부품이 실온에서 오랜 시간이 지나면 재료의 형상 및 치수가 변화하는 것. 잔류 오스테나이트의 지연 변태, 내부 잔류 응력의 개방 등이 원인이다. 경년 변화를 막기 위해서는 뜨임 공정에서 이들 원인 요소를 감소 또는 소멸시키는 것이 중요하다.

경년 변화 : 장기간에 걸쳐 부품의 형상 및 치수가 변화하는 현상. 경년 강화 및 경년 경화라는 변화도 경년 변화의 범주인데 이들은 시효 처리 등에 의해 의도적으로 실시된 후에 제품화된 것이다.

경도 : 하중을 가할 때 변형되기 어려운 정도를 나타내는 것으로 물리학적인 정의는 아니며 경도를 나타내는 수치는 물리량이 아니다.

경면성 : 경면 마무리하기 쉬운 정도. 거대 탄화물을 포함하는 등 성질이 크게 다른 조직이 거칠게 존재하는 재료는 경면성이 나쁘다.

경시 변화 : 경년 변화

경점(hard spot) : 크롬 및 망간이 포함된 주철에 있어서 이들 원소가 탄화물을 만들어 유리된 부분. 절삭성을 나쁘게 한다.

경화층 : 고주파 경화 등 표면 경화 및 침탄 경화, 질화 처리 등에 의해 딱딱해진 표면층

경화층 깊이 : '한계 경도를 하회하지 않는 부분까지의 깊이'를 나타내는 유효 경화층 깊이와 '값이 작아도 모재보다 경도가 높은 부분까지의 깊이'를 나타내는 전경화층 깊이가 있다.

계단 담금 : 담금 냉각 시 페라이트 및 펄라이트의 석출을 방지하려고 Ms점보다 높은 온도 혹은 Ms점 바로 아래 온도로 유지한 후 실온까지 냉각하는 담금. 마르텐사이트 변태의 언밸런스(공간적 또는 시간적인 큰 온도차)를 완화하여 변형을 억제하는 담금이 가능하다. 냉각 시 부품 온도를 시간에 따라 그리면 계단 모양으로 그려지므로 이렇게 부른다.

고로(blast furnace) : 제철소의 용광로. 높이가 매

우 높아 붙여진 이름이다.

고망간 주강 : 대략 망간 13%, 탄소 1%인 조성으로 수인(water-toughening)에 의해 상온에서 오스테나이트화 시킨 주강. 가공 경화가 크며 타격을 받으면 그 부분이 경화하여 내마모성이 발휘된다. 단, 비벼지는 마모의 경우는 가공 경화가 일어나지 않아 오스테나이트 상태로 마모되어 버린다. 발명자의 이름을 따 하드필드(Hadfield)강이라 불린다.

고온 경도 : 고온에 노출된 상태에서의 경도. 고속 절삭에 쓰이는 공구는 고온 경도가 높은 것이 요구된다.

고온 뜨임 : 비교적 높은 온도(대략 500~600℃ 전후)에서 하는 뜨임. 구조용 강에 있어서는 탄화물을 미세 석출시켜 소바이트 조직을 얻는 것을 목적으로 하며, 합금 공구강에 있어서는 잔류 오스테나이트 소멸에 의한 2차 경화를 목표로 하는 처리이다. 또 냉간 공구에 있어서는 후공정으로 코팅, 질화 등 부품이 500℃ 전후의 온도에 노출될 예정인 경우 미리 고온 뜨임을 한다. 2차 경화가 나타나는 강을 고온 뜨임하는 경우는 2회 이상 반복 뜨임이 필요하다.

고온 뜨임 취성 : 고온 뜨임을 할 때 선택온도 및 처리 방법에 따라 취화되는 현상. 니켈을 포함한 강에서 현저하게 나타나며, 몰리브덴 첨가는 취화를 막는 데 유효하고 인은 유해하다.

고용 : 고상인 상태에서 녹아 합쳐진 상태

고용체 : 복수의 원소가 독립된 결정을 만들지 않고 완전히 합쳐져 일정한 상태로 된 고체

고용 한도 : 고용 가능한 최대량. 예를 들면 α철의 탄소 고용 한도는 727℃에서 0.02%이며 γ철에서는 1,147℃에서 2.14%이다. 고용 한도를 넘는 탄소는 시멘타이트로서 결정 밖에 석출된다.

고용화 처리 : 합금 성분이 균일한 고용체로 되는 온도까지 가열한 다음, 특정한 결정이 석출되지 않도록 급랭하는 처리. 오스테나이트계 스테인리스강을 균일한 오스테나이트 조직으로 하는

처리가 대표적. 알루미늄 등의 비철 금속에서도 석출 경화의 전처리로서 같은 처리를 하는 것을 용체화 처리라고 한다.

고장력 강(high tensile strength steel) : 구조물의 경량화를 목적으로 쓰이는 일반 구조용 강보다 인장강도, 항복점(내력)이 높고 항복비가 큰 강. 고항복점 강이라 부르기도 하며 하이텐(Hi-ten) 강이라 불리기도 한다.

고장력 주강(high tensile cast steel) : 일반적으로 저합금 주강의 일종으로, 인장강도가 일반 주강보다 뛰어나며 용접성, 가공성, 노치 취성 등이 좋다.

고주파 경화(induction hardening) : 고주파 유도 전류로 강재의 표면을 급속 가열한 후 급랭하여 경화시키는 방법. 고주파 열처리

고체 침탄(solid carburizing) : 목탄에 촉진제로 바륨 등의 탄산염을 수% 첨가한 침탄제를 부품과 함께 통에 채우고 900~950℃에서 수 시간 유지하여 탄소를 표면에 고용 확산시키는 방법. 목탄에서 바로 강으로 직접 탄소가 이동하는 것은 아니며, 대기 중의 산소에 의한 부도어 반응(348쪽 참조)에 의해 침탄이 된다. 관리하기 어려워 공업용으로는 그다지 이용되지 않는다.

고체 확산 : 고체 상태에서의 확산

고탄소 강(high carbon steel) : 탄소 함유량이 0.5~1.7%인 강. 담금성이 크며 공구 등에 쓰인다.

고합금강 : 합금 원소량이 비교적 많은 강을 나타내는데 정량적인 정의는 아니다.

공기 담금 : 공랭에 의한 담금. 자경성이 매우 큰 강에 적용된다. 냉각 속도가 느리므로 담금 변형이 매우 작다.

공랭 : 공기 중에 방치하여 하는 냉각. 방랭. 냉각 방법 중 로냉 다음으로 냉각 속도가 느리다.

공석 : 단일 상에서 다른 상을 석출할 때 동시에 복수의 상이 석출하는 조직. 강의 경우 오스테나이트에서 페라이트와 시멘타이트가 동시에 펄라

이트로서 석출한다.

공석 강 : 탄소량 0.77% 정도인 공석 조성을 가진 강. 모든 결정이 펄라이트로 되어 있다. 이것보다 탄소 농도가 낮은 강을 아공석강, 높은 강을 과공석강이라 한다.

공석 반응(eutectoid reaction) : 2원계 합금에서 하나의 고상이 냉각에 의해 결정 구조가 다른 2종의 새로운 고상으로 분해하는 변태

공석 변태 : 공석 조성인 오스테나이트에서 펄라이트를 만드는 변태. 탄소강의 경우, 아공석강에서는 초석 페라이트가, 과공석강에서는 초석 시멘타이트가 각각 석출하며 남은 오스테나이트 부분은 서서히 공석 조성에 가까워지며 최종적으로는 공석 변태에서 오스테나이트가 소멸하여 펄라이트화한다. 펄라이트 변태

공석 점 : 공석 변태를 일으키는 조건. 강의 경우 탄소량 0.77%, 온도 727℃

공식(pitting) : 부품 전체가 부식하는 것이 아니고 좁은 범위에서 부식이 발생하는 현상. 특히 스테인리스강에서 문제가 되며, 탄소 확산이 불충분하여 크롬카바이드가 생기고, 크롬 결핍층이 생겨 거기부터 부식이 진행되는 현상 및 외력에 의한 가공 유기 마르텐사이트가 선택적으로 부식되는 현상. 해수와 같이 산소, 염소 등 부식성 원소가 많은 환경에서 부분 부식이 발생하면 그것들이 움푹한 부분에 정체하여 구멍이 깊게 되도록 진행된다.

공정 : 액상에서 고상을 정출할 때 동시에 복수의 상이 정출된 조직. 주철의 공정조직은 레데부라이트(leledeburite)라 불린다.

공정 반응 : 액상에서 다른 복수의 고상이 동시에 정출하는 현상. 주철의 경우 비교적 냉각 속도가 빠른 경우는 공정점(철-시멘타이트 평형)에서 오스테나이트와 레데브라이트를 만들며, 냉각이 느리면 공정점(철-흑연 평형)에서 오스테나이트와 흑연을 만든다.

공정점 : 공정 반응을 일으키는 조건. 철-탄소계 평형 상태도에 있어서, 철-흑연 평형에서는 탄소량 4.28%, 온도 1,153℃인 점이며 철-시멘타이트 평형에서는 탄소량 4.32%, 온도 1,147℃인 점이다.

과공석강(hypereutectoid steel) : 탄소 함유량이 0.77%보다 많은 강. 오스테나이트 상태로부터 천천히 냉각하면 Acm선을 넘는 온도에서 초석 시멘타이트를 만들고 나머지는 서서히 탄소 함유율이 감소하여 공석 조성으로 된 상태에서 A1점을 넘을 때 공석 변태에 의해 펄라이트를 만든다.

과냉 오스테나이트 : A1점 이하의 온도에서 존재하는 오스테나이트. 담금 냉각 중 과도기적인 상태이며, Ms점을 넘으면 마르텐사이트화하는 표준 단계. 열처리 종료 후에도 조직 내에 존재하는 것을 잔류 오스테나이트라 한다.

과시효 : 오버 에이징

과잉 침탄 : 침탄층의 탄소량이 목표를 크게 넘는 부적합 현상

과포화 고용체 : 용질 원소의 고용 한도가 온도 상승에 따라서 증가하는 경우, 가열 후에 급랭하여 제2상의 석출을 억제하여 한도량 이상의 원소를 무리하게 고용한 대로 실온까지 냉각한 고용체. 석출경화의 준비 단계로서 과포화 고용체화하는 처리를 고용화 열처리 혹은 용체화 처리라 한다.

광휘 담금 : 무산화 분위기 중에서 금속 광택을 잃지 않도록 한 담금. 산소에 의한 악영향을 제거하는 조작을 하는 것이 기본이다.

광휘 열처리 : 처리품 표면의 산화 및 탈탄 등의 열화를 막아 광휘 상태를 유지하는 열처리. 보호 분위기 및 진공 중에서 열처리를 실시한다.

광휘 풀림 : 무산화 분위기 중에서 금속 광택을 잃지 않도록 한 풀림

구상화 풀림 : 탄화물을 구상화시킬 목적으로 하는 풀림. 구상화 풀림된 강을 담금하면 딱딱한 바탕에 더 딱딱한 탄화물이 산재하는 상태가 되므로 내마모성이 증가한다. 칼날로 사용되는 경

우는 구상화가 작게 될수록 자르는 감이 좋은 제품이 된다. 구상 조직의 좋고 나쁨이 부품 성능을 좌우하는 고탄소크롬 베어링강에는 필수 공정이다.

구상 흑연 : 마그네슘 등의 첨가 작용에 의해 구상으로 정출된 흑연. 현미경 관찰된 조직의 모양으로부터 bull's eye라고도 불린다.

구상 흑연 주철 : 마그네슘 및 세슘 등의 첨가에 의해 흑연이 구상으로 정출된 주철. 내마모성은 그대로이며 취성이 개선된 강인 주철로 덕타일(ductile) 주철이라고도 불린다. 또 흑연의 형상으로부터 노듈라 주철로도 불린다.

구조용 강 : 일반 구조용 압연강, 기계 구조용 탄소강, 기계 구조용 합금강 등 구조 용도에 적용되는 강의 총칭. 구조물에 가해진 부하를 부담하고 형상을 유지하는 역학을 한다.

굽힘 시험 : 양끝이 지지된 시험 편의 중앙에 정하중을 주어 파단할 때까지의 하중값 및 휨량 등을 측정하는 시험.

기니어-프레스턴 존(Guinier-Preston zone) : 석출 경화 현상의 초기 단계에 있어서, 과포화 고용체 중에 용질 원소(석출 경화 원소 : STS630에서 Cu 등)가 온도 상승에 따른 원자 교환으로 국부적인 집합체(cluster)를 만들고, 큰 격자 변형을 발생시키는 부분. 결정의 변형에 의해 소성 변형이 저해되어 경도를 올린다. 온도가 높을수록 빠른 단계에서 발생하고 곧이어 중간 상을 지나 단 원소 또는 금속 간 화합물로 구성된 안정한 석출물로 진행된다. 완전히 모상에서 석출되면 격자 변형이 완화되므로 석출 경화 처리 온도가 높을수록 경도가 저하하며 인성이 회복된다. 일반 석출 현상은 결정립계로부터 이루어지는데, G-P대에서는 결정 내부에서도 발생하며 제2상 미세 석출의 핵이 된다.

규칙 격자 : 합금을 구성하는 원자가 규칙적으로 배치되어 있는 결정 격자. 원자가 규칙적인 것이 저에너지 상태이므로 결정 격자는 기본적으로 규칙 격자화하여 가는데, 가열에 의해 열진동 에너지가 증가하면 규칙 배열이 흐트러져 불규칙 격자로 된다.

균열(均熱, soaking) : 열처리할 부품이 로 내에 반입되면 먼저 표면이 가열되고 내부로 전달되므로 내외의 온도차이를 만드는데, 일정 시간 유지함에 의해 온도 차이가 없어져 가는 상태. 혹은 내외의 온도차를 완화하기 위해 일정 온도에서 유지하면서 단계적으로 가열하여 가는 조작.

균질 풀림 : 확산 풀림

그래파이트 : 흑연

그물 모양 조직(망상 조직) : 결정립과 결정립 경계 사이에 분명한 성분 차이가 있으며 현미경 관찰에서 그물 모양으로 보이는 조직.

그물 모양 시멘타이트(망상 시멘타이트) : 과공석강의 불림 처리 조직에서 관찰됨

그물 모양 페라이트 : 아공석강의 불림 처리 조직에서 관찰됨

금속 간 화합물 : 금속 원소끼리 결합한 화합물. 일반적으로 경도가 높다.

급랭도 : H값

기계 구조용 강(machine structural steel) : 각종 기계 부품에 쓰이는 탄소강, 합금강

기계적 성질 : 인장강도, 항복점, 충격값, 크리프 강도 등 변형 및 파괴에 관련된 성질. 비중, 전기 전도도, 열 전도도 등은 물리적 성질, 이온화 경향 및 원자 가 등은 화학적 성질이다.

기상 증착 : 코팅재를 가스화하여 처리품 표면에 기능성 막을 증착, 형성시키는 공정

기소(case hardening) : 침탄 담금의 일본식 용어. 부품 전체를 가열 냉각하지만 표면만 경화되므로 이렇게 부른다.

기소강 : 침탄 담금을 위한 강

기체 침탄 : 침탄성 가스를 침탄제로 하여 분위기

로 내에서 하는 침탄. 분위기 가스의 카본 포텐셜에 따라 침탄층의 탄소량을, 처리시간에 따라 확산층의 깊이를 제어한다. 처리품 표면에서 일산화탄소가 이산화탄소로 산화될 때 남은 탄소가 처리품에 침투 확산하는 반응(부도어 반응)을 이용하므로 생체에 위험한 기체를 다루므로 작업장 관리에 주의가 필요하다.

깃털 모양(우모상) 베이나이트 : 현미경 관찰에서 깃털을 닮은 조직으로 보이는 베이나이트. 상부 베이나이트

나이트라이드(nitride) : 질화물

내공식성 : 공식에 강한 성질

내력(proof stress) : 다결정 시료의 인장 시험에서 얻어지는 진응력–진변형률 곡선에서는 항복 응력이 확실하지 않은 것이 많으므로 편의상 표준으로 정해져 온 소성변형률을 일으키는 데 필요한 응력을 내력이라 정의하여 쓰고 있다. 0.2%의 영구 변형을 일으키는 하중을 0.2% 내력이라 부르며 항복점을 대체하여 사용

내마모성 : 마찰에 의한 표면의 마모량이 적은 성질

내부 응력 : 외력에 의한 것이 아니라 소재 내부에 존재하는 응력

내식성 : 산화 등 부식에 대한 내구성

내식 내열 초합금 : 고온 특성에 중점을 둔 니켈기 초합금. 풀림 또는 시효처리를 실시한다.

내열강(heat-resisting steel) : 강에 크롬과 니켈 또는 소량의 알루미늄 등을 넣어 고온에서도 표면이 안정하도록 한 강. 또는 더 나아가 탄소, 질소, 티타늄 등을 첨가하여 고온에서의 강도도 높인 강. 엔진 및 가스 터빈 등에 사용된다.

내열성 : 뜨거워져도 기계적 성질이 저하하기 어려운 성질. 고온에 노출되는 구조물에 요구된다.

내충격성 : 충격이 가해지는 하중에 의한 파괴에 강한 성질

내크리프성 : 크리프 변형이 일어나기 어려운 성질. 고온 환경하에서 사용되는 제품은 일반적으로 내크리프성이 높은 것이 요구된다.

내피로성 : 반복되는 부하에 의한 피로 파괴가 일어나기 어려운 성질. 구조물에 있어서는 중요한 성질. 내피로성을 향상시키기 위해서는 부품 표면의 경도를 높인다, 표면에 잔류 압축 응력을 준다, 표면 조도를 작게 한다, sharp edge를 없앤다 등의 대책이 효과가 있다.

내후성 : 기온, 습도, 자외선, 비바람 등 기후의 변화에 대한 기계적 성질 변화가 없는 성질

냉간 : 재결정 온도 이하인 온도 범위를 말하지만 일반적으로는 실온에서 가열하지 않은 상태를 가리킨다.

노듈러(nodular) 주철 : 구상 흑연 주철

노즈(nose) : 등온 변태 곡선에서, 펄라이트 변태를 나타내는 선이 온도 저하에 따라 짧은 시간 쪽으로 어긋나는 부분이 옆에서 본 사람의 코와 비슷한 점에서 이렇게 불린다.

누프(Knoop) 경도 : 딱딱할수록 변형하기 어려움을 이용한 경도 측정 방법. 측정 대상 부품에 일정한 하중으로 다이아몬드 압자를 눌러 생긴 자국의 표면적과 하중으로부터 산출한다.

다결정 : 물질이 다수의 결정으로 구성된 상태

다이스 강(dies steel) : 금형용 강의 별칭. 냉간 다이스 강의 대표인 STD11 및 열간 다이스강의 대표인 STD61 등을 가리킨다.

다이 퀜치(die quench) : 금형에 끼워 넣고 냉각하는 담금. 프레스 퀜치라고도 한다.

단결정 : 물질이 하나의 결정으로 이뤄진 상태. 대표적인 단결정체는 수정 등이 있다.

단조 담금(ausforging) : 열간 단조 후 바로 담금하는 방법. 강의 인장강도는 거의 올라가지 않지만 충격값이 약간 개선되며 담금성은 뚜렷이 개선된다.

단조 크랙 : 단조 시 발생하는 균열

담금 : 강의 페라이트 조직을 오스테나이트화한 다음 급랭하는 조작. 마르텐사이트 조직을 얻는 것이 목적이다.

담금 경도 : 담금 후 뜨임하기 전의 경도

담금 경화(quench hardening) : 담금에 의해 딱딱하게 되는 것

담금 경화성(hardenability) : 강의 조직이 마르텐사이트로 되기 쉬운 정도

담금 뜨임 : 담금과 뜨임은 반드시 세트로 실시되므로 합쳐서 이렇게 부른다.

담금성 : 담금에 의해 경화하기 쉬운 정도. 담금에 의해 얻는 경도가 높은 것을 가리키는 것이 아님

담금성 곡선 : 조미니 곡선

담금성 띠(hardenability band) : H밴드(H band)라고도 한다. 동일한 성분인 강이라도 담금성이 다른데 이 담금성 차이의 범위를 띠 모양으로 나타낸 것. 이 범위를 H밴드라 한다. H밴드가 일정한 범위 내에 있음을 보증한 강을 H강이라 한다.

담금성 배수 : 강에 어떤 합금원소를, 일정량 첨가한 경우의 이상 임계 직경과 전혀 첨가하지 않은 경우의 이상 임계 직경과의 비율.

담금 얼룩(uneven browning, soft spot) : 담금할 때 부분적으로 경화되지 않는 부분이 나타나는 것. 질량 효과에 의해 냉각이 빠른 부분과 느린 부분에서 경도 차이가 나는 경우 및 부분적인 산화, 탈탄 등에 의해 연점을 만드는 경우, 편석 및 이상 조직에 의한 경우 등 다양한 원인이 있다.

담금 임계 직경(quenching critical diameter) : 중심부까지 50% 마르텐사이트로 되는 직경을 말한다. 담금성의 비교 기준으로 삼는다.

담금 크랙(quenching crack) : 담금할 때 생기는 크랙

담금 휨(warping) : 담금에 의해 생기는 평면의 배부름 현상

덕타일(ductile) 주철 : 구상 흑연 주철

도가니 : 액상인 용해 재료를 유지하는 그릇

동소 변태 : 결합 방법 및 원자 배열의 변화만으로 성질이 다른 동소체로 변화하는 것. 상온에서는 α상인 철이 911℃에서 γ상으로 변화하는 것도 동소 변태의 일례이다.

동소체 : 동일 원소로 구성되어 있는 물질이 결합 방법 및 원자 배열이 다른 것만으로 성질이 다른 물질이 되는 경우 이 두 물질을 동소체라 부른다.

등방성 : 재료의 방향(직경 방향과 축 방향 등)에 따라서 기계적 성질 및 물리적 성질의 차이가 없는 또는 매우 작은 것

등온 변태 : 오스테나이트화 온도에서 냉각할 때, 일정 온도로 유지된 상태에서 진행되는 변태. 항온 변태라고도 한다.

등온 변태 곡선 : 등온 변태가 어떻게 진행되는지를 기록한 선도로 S 곡선, C 곡선, TTT 곡선이 있다.

등온 조 : 일정 온도로 유지된 조

등온 풀림 : 완전 풀림을 짧은 시간에 완료시킬 목적으로 하는 풀림

뜨임(tempering) : 담금된 강의 인성을 증가시키고 경도를 줄이기 위해 A1 변태점 이하의 적당한 온도로 가열한 후 냉각하는 처리. 고온 뜨임과 저온 뜨임이 있다.

뜨임 경화(temper hardening) : 경도를 올리기 위해 하는 뜨임 처리 또는 뜨임에 의해 경화하는 현상을 말한다. 2차 경화.

뜨임 마르텐사이트(tempered martensite) : 담금에 의해 얻어진 고탄소 마르텐사이트를 저온 뜨임에 의해 입실론 탄화물을 석출시켜 정방정에서 입방정으로 변화된 마르텐사이트. 경도는 약간 저하하지만 내부 응력 감소 및 인성 회복이 이루어진다.

뜨임 색(temper color) : 강의 뜨임 시에 온도에 따라 나타나는 색

뜨임 소바이트 : 조질 처리에 의해 얻어지는 조직

뜨임 연화 저항 : 담금된 강을 뜨임하면 일반적으로 경도가 낮아지는데 이 연화의 속도를 늦추는 작용

뜨임 조직(tempered structure) : 뜨임 처리에 의해 얻어지는 조직. 트루스타이트 및 소바이트가 이에 해당한다.

뜨임 취성(temper brittleness) : 담금 경화한 강을 뜨임할 때 부서지기 쉽게 되는 현상으로, 약 350℃와 약 600℃에서 뜨임했을 때 뚜렷하게 부서지기 쉽게 된다.

뜨임 크랙 : 뜨임에 의해 발생하는 크랙. 일반적인 뜨임은 조직 내 응력 경감 처리이므로 주의하면 발생하지 않는데, 고합금강의 2차 경화를 수반하는 뜨임 냉각 시는 꼭 그렇지는 않다.

뜨임 트루스타이트 : 담금 후 400℃ 전후의 온도에서 뜨임할 때 얻어지는 조직

뜨임 파라미터 : 뜨임 온도는 요구되는 성능에 따라, 뜨임 시간은 부품의 크기에 따라 각각 정해지는 데, 뜨임 온도와 뜨임 시간으로 구성된 $P = T(C+\log t)$의 식에서 얻어지는 값을 말한다. T는 절대 온도, t는 뜨임 시간, C는 강의 종류에 따른 정수이다.

라멜라(lamella) 간격 : 펄라이트 등 층상 조직에 있어서의 층 간격. 라멜라란 생체 조직의 판상 또는 층상 부분을 나타내는 단어임

래디언트 튜브(radiant tube) : 연소로에서, 내열성 튜브 내에서 연료를 연소시켜 튜브를 통한 방사열로 로 내를 가열하는 부품

레데부라이트(ledeburite) : 오스테나이트와 시멘타이트의 혼합 조직

라스(lath) 상 마르텐사이트 : 라스란 도장 시 밑 처리로 얇은 판을 간격을 두고 붙인 것을 말한다. 침상 마르텐사이트

레이저 열처리 : 레이저 빔 조사에 의한 가열과 부품 자체의 열전도에 의한 냉각으로 하는 표면 경화 처리

렌즈 모양 마르텐사이트 : 볼록 렌즈 모양의 단면 형상이 현미경으로 관찰되는 마르텐사이트. 공구강 등의 담금 조직에서 관찰된다.

로냉 : 부품을 가열로에 넣은 채로 식히는 방법. 냉각 속도가 매우 느리며 냉각 시에 부품 내부의 온도차에 의한 내부 응력 발생이 어려우므로 각종 풀림 시의 냉각에 이용한다.

림드(rimmed)강 : 비교적 탈산 작용이 약한 페로망간 등에 의한 탈산만으로 만들어진 강. 강괴의 단면이 잔류 산소에 의한 기포 때문에 테가 있는 것처럼 보여 이렇게 불린다. 응고 시 남아 있는 산소가 강 중의 탄소와 반응하여 CO 가스가 발생하여 용강이 비등하는 것처럼 보인다. 킬드강보다 수율은 좋지만 불순물이 응집하는 편석이 많아 고탄소강 등 탄소량 관리가 엄격한 강에는 쓸 수 없다.

마르퀜치(marquench) : Ms점 바로 위(등온 변태 곡선의 베이 부분) 또는 Ms점 바로 아래까지 급랭하고 등온 유지하여 부품의 내외 온도차가 어느 정도 일정하게 되면 바로 공랭한다. 노즈부를 피해 급랭함에 의해 펄라이트 및 베이나이트의 발생을 억제하면서 변태 응력에 의한 트러블을 회피할 수 있다. 등온 유지 중에 오스테나이트가 안정화하여 잔류 오스테나이트량은 약간 늘어난다. Ms점 위에서 유지하면 마르퀜치, Ms점 아래에서 유지하면 마르템퍼라 부른다.

마르템퍼 : 마르퀜치 참조

마르텐사이트 : 탄소 원자를 과포용한 α철. 철의 α상인 페라이트는 탄소를 0.02%밖에 고용할 수 없는데, 오스테나이트화하면 2% 정도까지 고용 가능하다. 여기서 급랭하면 탄소 원자가 이동할 시간이 없어 체심 입방 격자 내에 더 많은 탄소 원자를 눌러 넣은 상태의 조직이 된다. 이것을 마르텐사이트라 한다. 강제로 더 많이 고용된 탄소 원자 때문에 격자가 뒤틀리고 고밀도 격자 결함을 내포하므로 변형에 대한 저항이 커져 높은 강도와 경도가 얻어진다.

마르텐사이트 변태 : 하부 임계 냉각 속도를 넘는

급속 냉각 과정에서 M_s점 이하로 되었을 때 일어나는 변태. 평형 상태도에는 나타나지 않는다. 탄소 원자가 확산 이동하지 않고 변태하므로 무확산 변태이다.

마르텐사이트 팽창 : 마르텐사이트는 탄소를 과포화하고 있으며 많은 격자 결함을 가지므로 원래의 펄라이트 조직보다 체적이 크게 된다. 즉 담금된 강은 담금 전보다 반드시 팽창하며 뜨임에 의해 탄화물의 석출과 격자 결함의 감소가 이루어져야 체적이 감소한다.

마이크로 얼로이(micro alloy) : 열처리에 의존하지 않고 강의 기계적 성질을 향상시키기 위해 합금원소를 소량 첨가하는 것. 구조용 강에 니오븀, 티타늄, 바나듐 등을 첨가하여 압연 및 냉각 공정을 최적 제어하여 조질에 의한 강인성에 버금가는 성능을 기대한다.

망상 : 그물 모양

매트릭스(matrix) : 금속 재료에서 석출물에 대응하는 모재(바탕) 부분

머레이지(marage) : 탄소 강화 메커니즘을 쓸 수 없는 저탄소 고합금강의 마르텐사이트 조직을 시효에 의해 강화하는 처리

머레이징강(maraging steel) : 니켈을 약 18% 포함한 저탄소 합금강을 담금하여 마르텐사이트와 약간의 오스테나이트 조직으로 한 다음 뜨임하여 니켈 화합물의 석출에 의해 뚜렷하게 강인하게 만든 초강인강

면상 결함 : 면을 이루는 격자 결함

면심 입방 격자 : 단위격자가 입방체이며 각각의 정점과 면의 중심에 원자가 하나씩 배열되어 있는 결정 격자. 소성 변형하기 쉬운 구조로 매우 가는 선 및 얇은 막으로 가공할 수 있다. 금, 은, 동, 알루미늄 등은 면심 입방 격자이다.

무확산 변태(diffusionless transformation) : 마르텐사이트 변태와 같이, 원자가 이동하지 않고 격자의 형이 바뀌는 변태

물질 : 물체를 구성하는 것으로 공간의 일부를 차지하며 질량을 가진 것

미끄럼 : 격자의 특정면(미끄럼 면) 위에서 결합이 어긋나는 현상. 금속의 소성 변형을 일으키는 요인이 되는 메커니즘. 모식적으로는 입방체인 결정이 평행사변형으로 되는 변형을 연상하는 것이 가까우며 결코 2개의 직방체로 갈라져 크게 어긋나는 변형은 아니다.

미끄럼 면 : 미끄럼을 일으키기 쉬운 결정 격자 상의 면. 원자가 가장 조밀하게 배열하고 있는 면이다.

미세 펄라이트 : 일반적인 풀림 조직에서 보이는 펄라이트보다 결정립이 미세한 펄라이트. 냉각 속도가 빠를수록 결정립은 미세화하므로, 담금 메커니즘을 쓸 수 없는 저탄소강 등에서는 불림에 의해 결정립을 조정하여 기계적 성질을 개선하여 쓰고 있다.

바늘 모양 베이나이트 : 현미경 관찰에서 바늘과 같이 뾰족한 조직으로 보이는 베이나이트. 하부 베이나이트

바늘 모양 마르텐사이트(Lath martensite) : 현미경 관찰에서 바늘과 같이 뾰족한 조직으로 보이는 마르텐사이트

반복 뜨임(repeat tempering) : 고합금강 등 잔류 오스테나이트가 많이 발생하는 강 종에 대해 고온 뜨임을 하는 경우 2차 경화에서 생긴 마르텐사이트에 대해 뜨임할 복적으로 2회 이상 뜨임하는 것

반자성(diamagnetism) : 자석을 가까이 하면 먼 쪽에 다른 극을 만들고 가까운 쪽에 같은 극을 만들어 압축되는 성질을 말한다. 비스무트(bismuth, 창연), 안티몬(antimony) 등은 강한 반자성체(diamagnetic substance)이다.

방랭 : 대기 중에 방치하는 냉각

방탄 : 부분적으로 침탄하고 싶지 않은 곳에 동 도금을 실시하거나 침탄 방지제를 도포함에 의해 탄소의 침투를 방지하는 것

백선 : 백주철

뱃치(batch) 로 : 부품을 쌓아 올려 처리하는 형태의 로

버닝(burning) : 열처리 중 과열 상태에 노출된 처리부품이 원래 상태를 회복할 수 없게 되는 것

번아웃(burn-out) : 로 내의 불필요한 것을 태워 버리는 처리. 특히 침탄로에서는 그을음을 제거하기 위해 로 내에 산소를 주입하여 실시한다.

베어링강 : 고탄소 고크롬 합금강

베이나이트 담금 : 오스템퍼의 별칭

베이나이트 변태(bainite transformation) : 오스테나이트를 550℃ 이하 Ms점 이상의 온도로 냉각할 때 일어나는 변태로 조직은 페라이트와 시멘타이트로 된다.

베이킹(baking) : 산 세척 등 부품 내부에 수소 침입 가능성이 있는 공정 처리 후 적당한 온도로 가열하여 수소를 빼내는 처리. 수소 취성 방지를 위한 필수 공정이다.

변성로(gas generator) : 분위기 조정 열처리에 사용하는 분위기 가스를 생성하는 로

변태(transformation) : 온도의 상승 또는 하강에 따라 결정 구조 및 자기 특성이 변화하는 현상

변태 온도(transformation temperature) : 가열 또는 냉각할 때 변태가 일어나는 온도

변태 유기 소성(transformation induced plasticity) : 가공에 의해서 마르텐사이트 변태가 유기되어 매우 큰 늘어남이 나타나는 것

변태 응력 : 변태에 의한 결정의 변형 및 체적 변화가 시간 차이를 두고 생길 때 발생하는 내부 응력이며 잔류 응력의 주류이다.

변태점(transformation point) : 변태 온도와 같음

뵐러(Wöhler) 곡선 : 피로 곡선, 359쪽 참조

변형률 시효(strain aging) : 변형률을 주고 방치해 두면 항복 응력이 증가하는 현상. 연강에서 보여

진다. 탄소 및 질소에 의한 전위의 고착이 원인이다.

변형 제거 풀림 처리 : 응력 제거 풀림 처리

보통 강 : 탄소 이외의 합금 원소를 첨가하지 않은 저탄소강으로 SSxxx재를 가리킨다. 일반 강

복탄(carbon restoration) : 열처리에 의해 표면이 탈탄된 부품의 탄소량을 회복하기 위해 미세 침탄 하는 것

부도어 반응(Boudouard reaction) : 기체 침탄의 메커니즘을 설명하는 기본식. $C+CO_2=2CO$로 표시되는 가역 반응이며 이산화탄소가 탄소 원으로 반응하여 일산화탄소로 되며 이것이 처리품의 표면에서 탄소를 뺏어 다시 이산화탄소로 돌아가는 사이클을 반복한다.

부동태 : 화학적으로 활성인 물질이 어떤 조건하에서 불활성으로 전환되는 것. 예를 들면 알루미늄은 매우 산화되기 쉽지만 공기 중에서 표면이 산화되면 부동태화된 산화 피막이 그 이상의 산화를 저지한다. 결과적으로 알루미늄은 산소에 대한 활성은 높지만 공기 중에서는 부식되기 매우 어려운 금속이 된다. 반면에 철의 산화물은 부동태화하지 않으며 녹이 촉매가 되어 더욱 부식이 진행된다.

부동태 피막(passive film) : 금속의 산화 피막이 부동태화한 것

분말 야금 : 파우더 메탈을 압축 성형하여 금속 재료를 만드는 방법. 초경 합금 및 분말 하이스 등의 제조 방법으로 이용된다.

분말 하이스 : 파우더 메탈로부터 분말 야금에 의해 만들어지는 하이스. 결정립을 매우 작게 할 수 있으면 기계적 성질이 양호한 고인성 공구를 만들 수 있다.

분무 냉각 : 냉각제를 안개 모양으로 분무하면서 냉각. 유냉부터 공랭 정도까지 냉각 속도 조정이 가능하다.

분사 담금 : 가열된 부품 표면에 냉각제를 분사하

여 실시하는 담금. 침적 담금보다 냉각 속도가 빠르다.

불림 : 오스테나이트 영역까지 가열하고 방랭하는 (대형 부품인 경우는 강제 공랭) 조작. 담금 뜨임에 의해 기계적 성질을 개선할 수 없는 강에 실시한다. 또 단조나 주조품의 불균일한 조직의 개선 및 잔류 응력 제거에도 유효하다.

불림 뜨임(nortem) : 불림 후 예상보다 높은 경도로 되었을 때 경도 조정을 위해 뜨임을 하는 것. Normalizing + tempering

불완전 담금 : 담금 시 가열온도 부족, 가열유지 시간 부족, 냉각 속도 부족, 질량효과 등의 이유로 마르텐사이트가 부족하여 조직에 펄라이트 및 베이나이트가 섞인 상태로 되는 담금(잔류 오스테나이트에 의한 마르텐사이트화 되지 않는 것은 포함하지 않음).

불완전 담금 조직(partially hardened structure) : 충분히 열이 들어가지 않았을 때의 조직. 특히 강의 담금에서 오스테나이트가 완전히 마르텐사이트로 변태되지 않고 페라이트나 베이나이트 등이 섞인 조직

불꽃 시험(spark test) : 철강 재료에 회전하는 숫돌을 눌러 대었을 때 발생하는 불꽃을 관찰하여 재료의 조성을 판단하는 시험. 열처리 현장에서 적정한 조건으로 처리되었음에도 경도가 이상한 경우의 재질 확인, 가공 현장에서는 장기간 보관되어 있던(dead stock) 재료를 사용할 때 재질 확인에 활용한다.

불규칙 격자 : 합금을 구성하는 원자가 불규칙하게 배치되어 있는 결정 격자. 가열에 의해 열 에너지가 늘어나면 규칙 배열이 흐트러져 불규칙 격자로 된다.

불스아이(bull's eye) : 구상 흑연 주철의 조직 관찰에서, 둥근 흑연 주위에 저탄소인 페라이트 바탕에 펄라이트 조직이 소의 눈처럼 보여 이렇게 불린다.

블루잉(blueing) : 냉간 성형 스프링에서 탄성 한도를 높이기 위해 청열 취성 온도 범위에서 가열하는 처리

비금속 개재물 : 금속 재료 중에 불순물로서 개재된 산화물 및 질화물, 규산염류 등의 무기 화합물. 기계적 성질에 악영향을 미치며 특히 피로특성에 대해 유해하므로 적은 것이 바람직하다.

비드만슈테텐(Widmanstatten) 조직 : 페라이트가 기둥 모양으로 크게 성장한 조직. 주강을 주입한 그대로의 제품 등에서 많이 보여지며 조직이 매우 거칠어 기계적 성질이 떨어진다.

비등온 마르텐사이트(athermal martensite) : 변태율이 시간에 의존하지 않고 온도에만 의존하는 마르텐사이트

비정질 : 비결정질, 아모퍼스(amorphous)

비조질강 : 조질을 하지 않고 사용되는 구조용 강. 특정 원소를 소량 첨가하고 압연과 냉각을 제어하여 필요한 기계적 성질을 얻는 강이며, 기계 가공한 후에는 열처리가 필요없다.

비철금속 : 철강 이외의 금속재료

상(相, phase) : 물질의 상태. 눈에 보이는 상 변화에는 고체, 액체, 기체의 상태 변화가 있는데, 이것을 고상, 액상, 기상이라 부른다. 하나의 액체에 2개 이상의 다른 물질이 섞여 있는 경우 경계면에서 구별되는 균질한 부분이 각각의 상인데, 물과 기름을 합치면 상하 2층으로 나눠지는데 이것은 2개의 액상이 공존하는 상태가 된다.

상률(phase rule) : 상의 변태는 멋대로 일어나는 것은 아니며 특정의 조건(적정한 압력과 온도)에서만 나타난다. 즉 상태도에서 2상이 나타나는 조건 및 단상으로 되는 조건에는 법칙이 있다고 하는 것이며, 그 법칙은 P+F=n+2(P : 상의 수, F : 자유도, n : 성분의 수)의 식으로 나타낸다. 예를 들면 온도의 기준이 되는 3중점(얼음, 물, 수증기의 3상이 동시에 나타나는 조건)은 n=1(H_2O만 성분), P=3이며 이것을 풀면 F=0, 즉 자유도는 제로인데 이것은 온도와 압력 중 어느 하나라도 이 조건을 벗어나면 3상이 동시에

나타나는 일은 없다는 의미이다. 또 얼음과 물이 동시에 나타나는 조건(응고점 혹은 융점이라는 변태점)에서는 n=1, P=2이므로 F=1로 되며, 이것은 온도와 압력 중 하나가 변해도 다른 하나는 이에 맞춰 저절로 정해진다는 의미이다. 물의 비등을 생각하면, 압력을 대기 압으로 하면 물은 100℃에서 비등하는데 이 경우는 F=0이므로 100℃ 이외에서는 비등하지 않으며 2상이 동시에 존재하는 사이는 100℃를 유지한다. 수증기만 또는 물만인 경우는 F=1이며, 압력이 일정하다면 온도는 변화할 수 있다(100℃보다 높은 수증기 및 100℃보다 낮은 물은 존재 가능하다). 고상인 경우는 압력의 영향이 적으며 또 일반 공업 분야에서는 압력은 대기압으로 여겨지므로 자유도 중 하나는 무시되어 P+F=n+1로 생각해도 무방하다. 강(성분은 철과 탄소만이므로 n=2)의 평형 상태도에서, 공석점은 페라이트, 시멘타이트와 오스테나이트의 공존점이므로 p=3이고 F는 0이 된다. 즉 탄소량은 물론 온도가 바뀌면 공석점은 사라진다. 3상이 존재하는 조건은 0.77% 탄소, 727℃로 고정된다.

상부 베이나이트(upper bainite) : 강재를 550℃ 부근과 Ms점 사이의 온도에서 변태시키면 베이나이트 조직으로 되는데, 변태 온도가 350℃ 이상시에 얻어지는 깃털 모양(우모상) 베이나이트를 상부 베이나이트, 그 이하의 온도에서 얻어지는 것을 하부 베이나이트라 한다.

상부 임계 냉각 속도 : 담금 냉각에 있어서 펄라이트 변태가 일어나지 않는(100% 마르텐사이트화) 최소의 냉각 속도. 간단히 임계 냉각 속도라고도 한다. 이상적인 담금을 하는 데는 이 상부 임계 냉각속도보다 빠르게 냉각하지 않으면 안 된다.

상온 시효 : 자연 시효

상자성(paramagnetism) : 자석을 가까이 하면 먼 쪽에 같은 극을 만들고 가까운 쪽에 다른 극을 만들어 인장되는 성질을 말한다. 알루미늄, 칼륨, 나트륨, 백금 등은 상자성체이다.

상 전이(phase change) : 융해, 증발, 동소 변태 등 물질의 집합 상태가 다르게 되는 변화를 말하며 온도, 압력 등에 의해 유기된다.

상태도 : 평형 상태도의 약어

상항복점(upper yield point) : 연강의 인장 시험에서 시험 편이 하중의 증가 없이 늘어나는 최초의 하중. 불안정한 곳으로 시험 조건에 따른 변화가 크다. 상부 항복점

샤르피(Charpy) 충격시험 : 충격시험의 일종. 노치가 있는 시험편의 양끝을 고정하고 중앙의 노치 이면을 해머링하여 충격값을 측정한다.

서냉 : 매우 천천히 냉각하는 것. 로냉이라고 생각

서브제로 처리(subzero treatment) : Mf점이 낮은 강을 담금한 다음 0℃ 이하로 냉각하여 잔류 오스테나이트를 마르텐사이트로 변태시키는 처리. 시즌 크랙 및 시즌 변형의 방지, 경도의 향상 등의 효과를 기대할 수 있다.

서브제로 크랙 : 서브제로 처리에 의해 발생하는 크랙. 잔류 오스테나이트의 마르텐사이트화에 의한 변태 응력 크랙

서열(徐熱) : 천천히 온도를 올려 가열하는 것

석출 : 고용체로부터 다른 상이 분리되어 별개의 결정으로 나타나는 현상. 고체 중에 성질이 다른 고체가 생기는 것

석출 경화 : 과포화 고용체로부터 다른 상이 미세 석출하여 일어나는 경화 현상. 철강 재료에서는 석출 경화계 스테인리스강이 대표적이다. 또 담금에 의한 강화 메커니즘을 쓸 수 없는 비철금속의 경화 방법으로 쓰이고 있다. 시효 경화라고도 함

선상 결함 : 격자 결함의 하나로, 점 결함이 일차원적으로 배열되어 선 모양으로 된 것. 전위는 대표적 선상 결함의 하나다.

선철(pig iron) : 용광로에서 철광석으로부터 직접 만들어진 철로 4% 정도의 탄소를 갖고 있다.

세미 킬드강(semi-killed steel) : 킬드강의 수율 나쁨과 림드강의 편석이라는 결점을 개선하기 위

해 양자의 중간 정도의 탈산을 실시하여 리밍 반응(rimming action)은 일어나지 않고 편석의 진행을 억제하며 그러나 어느 정도의 기포 발생은 허용하여 꼭대기 부의 공동 발생을 적게 한 강

소결 : 재료 분말을 압축 성형한 다음 구워서 굳히는 처리. 분말 자체가 응착되는 경우와 결합제(binder)가 필요한 경우가 있다.

소둔 : 풀림의 일본식 한자어

소려 : 뜨임의 일본식 한자어

소바이트(sorbite) : α철(페라이트)과 미립 시멘타이트의 혼합물로 마르텐사이트를 500~600℃로 뜨임할 때 얻어지는 조직

소성 : 물질에 힘을 가해 변형시킬 때 힘을 제거해도 변형된 상태가 지속되는 성질

소성 가공 : 금속의 소성 변형 성질을 이용한 가공. 단조, 압연, 압출, 인발, 신선, 드로잉 등. 가공 시 온도에 따라 열간 가공과 냉간 가공으로 나눈다.

소성 변형 : 소성에 의한 영구 변형

소입 : 담금의 일본식 한자어

소준 : 불림의 일본식 한자어

소킹(soaking) : 균열하는 것

솔트 담금 : 염욕 담금

솔트 배스(salt bath) : 염욕

솔트 배스 로(salt bath furnace) : 염욕을 쓴 등온조(tank)

쇼트 피닝 : 경질 입자를 고속으로 부품에 쏘아 부품 표면의 가공 경화, 순간적인 가열 냉각에 의한 변태, 잔류 오스테나이트의 제거, 압축 잔류 응력의 부여 등이 가능하다. 처리 내용 자체는 쇼트 블라스트와 거의 같지만 쇼트 재의 쏘는 강도를 제어하여 표면 성능이 일정한 범위 내에 들어가도록 관리하는 점이 다르다. 열간 성형 스프링은 열처리 후 쇼트 피닝하여 표면 잔류 응력을 주어 내피로성 향상에 의한 장수명화가 가능하다.

쇼트 블라스트 : 경질 입자를 고속으로 부품에 쏘아 산화 스케일을 제거하는 처리

수소 취성 : 원자 반경이 작은 수소는 금속의 결정격자 내에 비교적 쉽게 침입하는데, 이것 때문에 인성이 나빠지는 현상. 산 세척 및 도금 공정에서 발생하기 쉬우므로 후공정으로 베이킹(baking)을 실시한다. 오스테나이트는 수소를 고용하므로 완전 풀림 등 변태점 이상까지 가열하는 열처리는 탈수소처리로 부적절하다.

수용액 담금 : 냉각제로 수용액을 쓰는 담금. 수 담금과 유 담금의 중간인 냉각 속도가 얻어지며, 수 담금으로는 크랙이 많고 유 담금으로는 경도가 나오지 않는 경우에 이용된다. 수용액 농도를 조정하여 냉각 속도를 관리한다.

수냉 : 물에 담가 실시하는 냉각. 일반적인 냉각 방법 중에서는 가장 빠르다.

수 담금 : 냉각제로 물을 쓰는 담금. 냉각 속도는 빠르지만 담금 크랙 감수성이 높으므로 공업 분야에서는 그다지 선호하지 않는다.

수인(水靭, water toughening) : 고망간 주강의 고용화 처리. 냉각 방법이 수냉이며 결과가 부드럽고 질기게 되므로 이렇게 부른다.

수지상 : 나뭇가지 모양

수팅(sooting) : 침탄로 내에 그을음이 발생하는 현상. 부도어 반응에 의한 침탄에 관계없는 탄소가 그을음으로 되어 로 내에 떠다니다 퇴적된다. 침탄 처리를 방해하므로 정기적인 번아웃으로 제거해야 한다.

순금속 : 불순물을 포함하지 않고 단일 원소로 이뤄진 금속. 금속 원소는 고용이 허락되므로 불순물의 제거가 매우 곤란하며 또 기계적 성질에 있어서 합금 쪽이 유용한 경우가 많으므로 공업적으로 이용되는 사례는 매우 적다.

순철 : 화학적으로는 철의 순금속을 가리키며, 공업적으로는 극저 탄소강을 공업용 순철이라 한다.

스웨덴 강 : 강의 종류를 나타내는 용어는 아니며 스

웨덴 산 강재를 고평가하는 의미로 이렇게 부른다.

스케일 : 강의 표면에 생긴 산화 피막. 흑피

스킨 패스 압연(skin pass rolling) : 풀림 금속 판재에 하는 1~3% 정도의 가벼운 냉간 압연

스트레처 스트레인(stretcher strain) : 연강 등을 인장하거나 딥 드로잉할 때 생기는 표면의 물결 모양. 뤼더스 변형이 원인이다. 항복점이 존재하므로 소성 가공 중에 항복점 늘어남을 보이며 이것이 원인이 되어 성형품의 외관을 손상시키는 잔물결이 나타난다. 조질 압연에 의해 강판 표면의 항복점을 없애 방지할 수 있지만, 장기간 보관된 재료에서는 상온 시효에 의해 다시 잔물결이 발생한다.

스프링강 : 판 스프링, 코일 스프링, 토션 바 등에 이용되는, 탄소량이 공석점 부근인 탄소강 또는 합금강이며, 기호는 SPS이다. 열처리를 전제로 하며 비교적 대형인 스프링에 쓰이는 강재이다. 스프링의 탄력성은 형상에 따라 얻어지는 성질이며 재료적으로는 고탄성 한도가 요구된다.

슬래그(slag) : 광석을 융해 제련, 혹은 금속을 제련하는 경우 용탕 표면에 발생하는 비금속 성분의 물질

슬래브(slab) : 편평한 강괴로 두께 50mm 이상, 폭 300mm 이상인 것

시간 담금 : 담금 냉각 시 완전히 냉각되기 전에 냉각제로부터 빼내어 급랭을 중단시키는 담금. Ms점 이하의 위험 구역(급격히 변태가 진행되는 온도 범위)을 천천히 냉각함에 의해 크랙 및 변형을 방지할 수 있다. 인상 담금

시멘타이트 : 철의 탄화물. Fe_3C

시즈닝(1) : 주물을 장기간 방치하여 내부 응력을 제거하는 조작. 자연 시효. 현재는 응력 제거 풀림 등 인공 시효를 사용

시즈닝(2) : 분위기 로 내를 목적으로 하는 열처리가 가능한 상태로 조정하는 것. 분위기 로는 장기간 정지하거나 번아웃을 하면 로 벽에 수분 및

산소를 머금게 되어 그대로 사용하면 처리 결과에 영향을 준다.

시즌 크랙(season crack) : 열처리가 종료된 부품이 시간 경과에 따라 구열을 일으키는 현상. 경년 변화가 지나치게 진행된 것.

시효 : 가열 및 시간의 경과에 의해 조직 및 성능에 변화가 생기는 현상으로 석출 경화 등의 처리에 이용된다. 합금 원소의 농도 차이 확산 및 응집, 내부 응력의 완화 등 외에, 시효에 의한 변형 및 크랙 등의 트러블이 일어나는 경우도 있다. 온도가 높을수록 진행이 빠르므로 시효에 의한 결과를 의도적으로 얻고 싶으면 가열하는 것이 일반적이다.

시효 경화 : 시효에 의해 딱딱하게 되는 현상. 석출 경화와 거의 동의어이며 가열에 의한 인공 시효로. 또 냉간 가공된 선재 등을 300℃ 정도의 가열로 코트렐 효과에 의해 시효 경화시키는 조작을 blueing이라 하며 냉간 성형 스프링 등에 이용된다.

시효 변형 : 시효에 의해 치수 및 형상이 변화하는 것

시효 크랙 : 시효에 의해 크랙이 발생하는 것

신율 : 인장 시험에 있어 시험 전의 표시점 간 거리로부터 얼마만큼 늘어나 파단되는지를 나타내는 비율. 일반적으로 연한 재료일수록 값이 크다.

심냉 처리 : 서브제로 처리

아공석강(hypoeutectoid steel) : 탄소 함유량이 0.77% 이하인 강. 표준 조직은 초석 페라이트+펄라이트이다.

아모퍼스(amorphous) : 원자 배열에 있어 주기적인 규칙성이 없는 비정질 고체. 주변의 비정질로는 유리 등이 있다. 금속재료인 경우는 액체 상태에서 급랭에 의해 만들어지므로 두껍게 제조하는 것이 어려워 구조용으로 쓰는 일은 없지만 철계 아모퍼스 합금의 연자성을 이용한 변압기, 반도체인 규소 합금 박막의 태양전지 등이 실용화되어 있다.

아 시효(under aging) : '언더 에이징' 참조

아이즈드(Izod) 충격 시험 : 충격 시험의 일종. 노치가 있는 시험편의 한쪽 끝을 고정시키고 다른 쪽 끝을 해머링하여 충격값을 측정한다.

아토마이즈 법 : 용융 금속에 고압가스를 불어 금속 분말을 만드는 방법.

안전율 : 역학적으로 계산된 극한 하중과 허용 하중의 비율. 안전율이 1에서는 허용 하중이 걸렸을 때 파괴될지 아닐지에서 전혀 위험하지 않으며, 일반적으로는 허용하중의 수 배에서 수십 배의 하중에서 파괴되도록 설계한다. 반면에 안전율을 높게 하면 기계가 크고 무겁게 되어 자동차는 연비가 악화되고 항공기는 본래의 기능을 할 수 없게 된다. 때문에 하중을 받는 부품의 형상을 가능한 한 단순화하고 충격 하중을 받지 않도록 설계하고 신뢰성이 높은 재료를 사용하며 열처리에 의해 재료의 허용 응력을 높이는 등의 대책으로 안전율을 가능한 한 낮게 억제하는 것이 좋다.

안정화 처리 : 조직을 안정화시켜 시간 경과에 의한 치수 변화 및 조직 변화를 방지하는 것을 목적으로 하는 처리. 고합금강의 고온 뜨임 후에 잔류 오스테나이트를 안정화시키기 위한 가열 및 스테인리스 강의 탄화물 석출에 의한 크롬 결핍층 발생 방지 등에 적용한다. 또 비철 금속재료에 있어서도 기계적 성질을 안정화하기 위해 재결정 온도 이하로 가열하는 처리를 하는 경우도 있다.

알파 철(α iron) : 철의 동소체로 A3 변태점 이하의 철. 결정 구조는 체심 입방 격자이다.

압연 : 회전하는 롤러 사이로 강 등의 금속재료를 통과시켜 판, 띠, 레일 등 같은 단면 형상으로 성형하는 것

압축 잔류응력 : 서로 밀고 있는 상태의 잔류응력. 표면에 압축 잔류응력을 준 부품은 내피로성이 좋아진다.

액랭 : 물과 기름 등의 액체로 냉각하는 것. 공랭보다 빠른 냉각 속도가 얻어진다.

액체 침탄 : 액체를 침탄제로 하는 침탄. 시안화 소다를 주성분으로 하는 용융 염욕에 처리 부품을 담가, 탄소와 질소를 동시에 확산시키는 방법으로 침탄 질화라고도 불린다.

언더 에이징 : 석출경화와 같은 시효 처리에 있어서 가열 시간의 부족에 의해 정해진 성능이 얻어지지 않는 현상

언더 하드닝 : 통상의 온도보다 낮은 온도에서 담금을 한 것. 고속도 공구강을 사용한 금형 등에 많이 사용된다. 고속도 공구강은 본래 높은 고온 경도를 이용하여 고속 절삭하는 공구에 사용되는 강재지만 같은 경도의 금형용 강보다 인성이 높아 파손이 빈번한 금형에 대체 사용하는 경우가 있으며 경도가 유지될 수 있는 범위 내에서 담금 온도를 낮게 하여 인성의 향상을 목적으로 하는 담금을 실시한다. 담금 온도를 낮게 하면 오스테나이트의 탄소 고용량이 감소하고 마르텐사이트도 저탄소화하여 인성이 좋게 된다. 한편, 잔류 오스테나이트 양이 감소하여 2차 경화성은 저하한다. 예를 들면 SKH51은 1,200℃ 이상에서 담금하도록 규정되어 있지만 1,200℃보다 낮은 온도에서 담금하고 뜨임 온도를 약간 낮추면 STD11 정도의 경도(HRC60)는 확보하면서 인성은 1,200℃ 이상에서 담금한 SKH51을 상회하는 처리가 된다.

에이징(aging) : 시효

엔리치(enrich) 가스 : 침탄성 분위기 열처리에 있어서 카본 포텐셜(carbon potential, 366쪽 참조) 조정을 위해 로 내에 넣은 탄화 수소계 가스

연강(mild steel) : 일반적으로 탄소 함유량이 0.12~0.25% 정도인 일반 강

연삭 크랙 : 연삭 가공은 숫돌 접촉부의 불꽃을 봐도 알 수 있듯이 표면이 순간적으로 고온이 되며 연삭액에 의해 급랭되므로 열적 스트레스가 큰데다 마이너스 인선 각에 의한 가공이므로 미끄럼을 일으킨 조직이 잘려 나가, 절삭과 달리 부

품에도 큰 조직적 스트레스가 남는다. 이것이 원인이 되어 표면의 좁은 부분에 큰 응력이 발생하여 생긴 크랙. 뜨임에 의해 부품 내의 잔류 응력을 충분히 없애 놓고 절입을 작게 하여 연삭 스트레스를 작게 억제하는 것이 중요하다.

연성(ductility) : 잡아당길 때 잘 늘어나는 성질

연성 파괴 : 금속의 파괴에 있어서, 변형을 수반하면서 서서히 진행되는 파괴. 연강의 인장 시험에서 중앙부가 가늘게 되다 최종적으로 파단하는 현상이 대표적이다.

연소로 : 연료를 태운 열로 가열하는 형태의 로

연속 냉각 변태(continuous cooling transformation) : 강을 오스테나이트 역에서 연속적으로 냉각하는 경우의 변태. 이것을 그림으로 나타낸 것을 연속 냉각 변태 선도라 한다. 일반적인 방법이다.

연속로 : 컨베이어의 이동 등에 의해 구역마다 가열 및 냉각 등의 처리 내용이 정해지는 형태의 로. 같은 사양의 대량 생산품에 적합하다.

연속 주조법 : 용강을 바닥이 없는 틀에 흘려 넣으면서 냉각하여 띠 모양의 강재를 연속적으로 제조하는 방법

연점(soft spot) : 경도가 부족한 부분. 외관상으로는 부적합을 판단할 수 없어 그대로 부품화되는 경우가 많으며 기계적 성질의 국부적인 부족함이 트러블의 원인이 된다.

연질화(soft nitriding) : 경화를 주목적으로 하지 않고 내마모성, 내피로성 및 내식성 등의 성질을 부여하는 질화 처리. 가스 연질화와 염욕 연질화 등이 있다.

연화 풀림 : 경도를 줄이기 위한 저온 풀림

열간 : 재결정 온도 이상의 온도 범위

열간 다이스 강 : 열간 금형용 강

열간 압연 : 열간에서 실시되는 압연 가공

열 기전력 : 2종의 금속선 양끝을 접속하면 끝부분의 온도 차에 따라 생기는 전위 차. 이것을 측정하여 간접적으로 온도를 측정할 수 있다.

열 영향부 : 용접 시 용착부 주변이 가열 냉각되어 조직 변화를 일으킨 부분. 담금과 같은 현상에 의해 경화하므로 부서지기 쉬우며 구조물로서의 신뢰성을 떨어뜨린다. 줄이기 위해서는 탄소 당량이 낮은 강을 사용하고 용접 후 응력 제거 풀림 처리를 한다.

열 응력 : 동일 부품 내에 열적 불균형이 있는 경우 고온 부분은 열 팽창이 크고 저온 부분은 작아 생기는 응력

열전대(thermo couple) : 제벡(Seebeck) 효과에 의해 발생하는 열 기전력을 측정하여 온도로 환산하기 위한 이종 합금 쌍. 사용하는 금속 재료에 따라 측정 가능한 온도 범위가 다르다. 온도 센서

열처리(heat treatment) : 고체인 금속 및 합금에 가열 및 냉각을 적절하게 조합시킨 처리를 실시하여 상 변태를 시켜 요구에 맞는 성질을 얻는 것

열처리 변형 : 열처리에 의해 생기는 부품의 형상 변화

열 크랙 감수성 : 열 크랙이 일어나기 쉬운 정도

열탕 뜨임 : 열탕에 담그는 것으로 뜨임을 대신하는 간이 뜨임. 100℃ 뜨임. 뜨임은 담금 후 바로 하는 것이 원칙인데 공정상 하루를 넘길 수밖에 없는 경우 본뜨임 대신 하는 가뜨임

염욕(salt bath) : 화학적으로 '염'이란 산과 염기(알칼리)의 중화 반응에서 발생하는 이온 결합 화합물이며, 식염도 염의 일종이다. 열처리에서는 액체로 된 염이 등온 조(bath)의 전열 매체로서 사용된다. 질산계 염욕이 일반적이며 200~400℃ 정도의 범위에서 잘 이용된다. 또 공기와 같은 기체보다 밀도가 높은 만큼, 열 이동이 빠르고 가열 효율이 좋으므로 담금 등의 가열 매체로도 이용된다.

염욕 담금 : 오스테나이트화한 강을 염욕을 사용한 등온 조에 투입하는 담금 방법. 등온 변태를

이용한 담금에서 널리 이용되고 있다.

염욕 로(salt bath furnace) : 염욕을 가열 매체로 하는 로. 기체에 의한 열 교환에 비해 밀도가 높은 용융 염욕에서의 가열은 승온이 빠르고 대기 차단에 의해 산화도 적다.

염욕법 : 열처리를 위한 가열 방법의 일종. 염화 바륨, 염화 나트륨(식염) 등의 염류를 용융하고 그 속에 강 등 금속 재료를 넣고 가열하면 재료가 일정하게 가열된다.

염욕 연질화 : 염욕을 매체로 하여 실시하는 연질화 처리

예민화 처리 : 오스테나이트계 스테인리스강의 조직 관찰 및 입계 부식 시험을 위해 결정립계를 부식에 민감한 상태로 만드는 것을 목적으로 하는 조작. 450~650℃의 온도 범위에서 실시한다. 바꿔 말하면 이 온도 범위에 노출된 오스테나이트계 스테인리스강은 입계 부식이 일어나기 쉽게 된다.

오버 에이징(over aging) : 석출 경화와 같은 시효 처리에 있어 가열 시간이 너무 길어져 시효가 과도하게 진행되는 현상. 과시효

오스에이지(ausage) : 고용화 처리에 의해 과냉 오스테나이트화된 처리품을 Ms점 이상의 온도에서 시효에 의해 마르텐사이트화 시키는 처리. STS631이 오스에이지가 필요한 재료이며, 오스에이지 처리온도에 따라 석출 경화 온도가 변화한다.

오스테나이트 : 면심 입방 격자로 구성된 γ철 고용체. 순철에서는 911℃ 이상으로 가열하면 오스테나이트로 변태한다. 오스테나이트화하는 온도는 탄소 농도가 높아지면 낮아지며, 공석강(탄소량 0.77%) 이상에서는 727℃로 된다. 전연성이 좋아 소성 가공이 쉽다.

오스테나이트 변태 : 상온 조직을 가열하는 과정에서 A1점을 넘었을 때 일어나는 변태

오스테나이트계 스테인리스강 : 니켈 및 크롬의 다량 첨가에 의해 상온에서도 오스테나이트 조직을 유지하는 스테인리스강. STS304를 대표로 하는 18%Cr-8%Ni인 소위 18-8 스테인리스강. 내식성 및 고온 특성이 뛰어나 부식이 문제가 되는 부품에 사용되며 생활 주변에서는 식기 등에 많이 보인다. 오스테나이트계 스테인리스강을 쓴 부품은 냉간 가공에 의해 강한 스트레스를 받으면 오스테나이트 조직이 마르텐사이트화하므로 내식성을 회복하려면 고용화 처리를 실시하여 다시 오스테나이트화해야 한다.

오스테나이트 온도 : 오스테나이트 변태를 필요로 하는 열처리(풀림, 불림, 담금 등)에서 최종 가열 유지 온도. 일반적으로 오스테나이트화 온도를 낮게 한 열처리 부품은 조직이 미세하여 인성이 높으며, 반대로 높게 한 경우는 조직이 거칠고 담금성이 향상되며 담금 시에는 잔류 오스테나이트가 증가한다.

오스테나이트-페라이트계(2상계) 스테인리스강 : 오스테나이트 스테인리스강보다 크롬을 늘리고 니켈을 줄인 스테인리스강. 니켈의 감소에 의해 페라이트 상이 나타나 2상 조직으로 된다. 공식(pitting) 및 응력 부식 크랙에 강하다.

오스템퍼(austemper) : 오스테나이트 상태에서 등온 변태 곡선 상의 노즈(nose)온도 이하 및 Ms점 이상인 온도 범위에서 등온 유지한 후 냉각하는 열처리. 스프링 등 균일한 단면이며 작은 부품에 있어서 베이나이트 조직을 얻는 방법이다. 등온 유지 온도가 높으면 상부 베이나이트, 낮으면 하부 베이나이트가 된다. 또 담금성이 나쁜 재료의 큰 부품의 경우 일반 담금으로는 표면과 내부의 조직 및 기계적 성질의 차이가 크게 되는데 이것을 방지하기 위해 쓰이기도 한다. 일반 담금과는 달리 뜨임은 필요없다. 베이나이트 담금이라고도 한다.

오스폼(ausform) : 오스테나이트 변태 온도 바로 위에서 열간 가공하고 담금하는 것. 결정립의 조대화를 방지하면서 재결정하기 쉬운 상황하에서 미세한 결정을 얻는 열처리(일반 열간 가공은 오

스테나이트 영역에서도 상당히 높은 온도에서 실시한다). 충격값이 높은 고인성 부품이 얻어진다.

오일 템퍼 : 선재를 빼내어 연속적으로 유 담금 뜨임을 하는 처리. 또 고온으로 데운 유에 담가서 하는 뜨임을 이와 같이 부르기도 한다. 산소와 닿지 않으므로 뜨임 색이 나타나지 않는 이점이 있지만 사용하는 기름의 발화 가능성에 주의해야 한다.

완전 담금 조직(completely hardened structure) : 가장 냉각이 늦게 되는 중심부까지 경화된 담금. 처리품을 완전 담금하기 위해서는 가열 온도, 가열 유지 시간, 냉각 속도 등의 조건을 적절한 상태로 설정해야 한다. 담금성이 좋은 강재는 완만한 냉각으로도 완전 담금되지만 담금성이 나쁜 강재는 중심까지 완전 담금되기 어렵다.

완전 풀림(full annealing) : 강을 A3(아공석강) 또는 Ac1(과공석강) 바로 위 온도로 가열하고 그 온도로 충분히 유지한 후 Ar1 이하의 온도로 로냉하여 연화시키는 처리

용강 : 용해된 강

용체화 처리 : 복수 상인 합금을 가열 냉각하여 단일 상으로 만드는 처리. 알루미늄 합금 등에서 시효처리 전의 준비 단계로 실시된다. 스테인리스강의 고용화 처리와 같은 뜻이며 처리 내용, 목적, 순서 등은 거의 같지만 비철 금속 분야에서는 이렇게 쓴다. 알루미늄 합금에서는 용체화 처리 → 시효 처리의 재료 강화 방법이 스테인리스강에서는 고용화 처리 → 석출경화 처리와 대응된다.

우모상 : 깃털 모양

원자핵 : 양전기를 띤 몇 개의 양자와 전기적으로 중성인 몇 개의 중성자가 결합하여 만들어진 것. 원자핵에 들어 있는 양자의 수는 원소에 따라 다르며 그 수를 그 원소의 원자 번호라 한다.

위험 지역 : 담금에서 Ms점 이하의 마르텐사이트 생성 온도대. 담금 크랙이 발생하기 쉬워 이렇게 부른다. 담금 크랙을 방지하기 위해서는 이 지역을 천천히 냉각해야 하며, 시간 담금 등이 유효하다.

유 담금(oil quenching) : 가열 후 냉각을 기름 중에서 하는 담금. 유냉이라고도 함

응력 : 하중을 받는 구조물의 임의의 단면에 있어 단위 면적마다의 저항력

응력 부식 : 부식 환경하에서 인장 응력을 받고 있는 표면부터 부식하는 현상. 오스테나이트계 스테인리스강에서 문제가 되는 경우가 많으며, 냉간 가공 시의 잔류 응력도 부식의 원인이 된다. 부식 메커니즘은 여러 설이 있지만 대부분이 염소 이온의 침입에 의한 것이며 수돗물 및 해수에 노출된 환경하에서의 사용 시에는 응력 부식의 위험성을 염두에 두어야 한다.

응력 부식 크랙 : 응력을 부담하는 금속 부품에서 응력 부식이 진행되어 크랙에 이르는 현상. 스테인리스강에서 문제가 된다. 내부 응력도 크랙의 원인이 되므로 냉간 가공을 한 부품은 응력 제거 풀림을 하는 등의 대책이 필요하다.

응력 집중 : 단면 형상이 일정하지 않은 부분에 하중이 걸릴 때 특정 부위에 평균보다 큰 응력이 생기는 현상. 피로 파괴의 기점이 되는 경우가 많으며 일반적으로 단면 형상의 변화가 클수록 큰 응력 집중이 생기므로 변화가 점진적으로 이루어지도록(테이퍼, 라운드 등) 할 필요가 있다.

이방성 : 재료의 방향에 따라(직경 방향 또는 축 방향) 기계적 성질 및 물리적 성질이 다른 것. 열처리 하는 경우에는 특히 압연 방향에 따른 이방성이 문제가 되는 일이 많다.

이상 임계 직경 : 강을 담금하는 경우, 냉각 속도가 이상적으로 무한대로 되는(부품이 일순간에 냉각제와 같은 온도로 되는) 냉각제에 투입된다고 가정할 경우의 임계 직경

이상 조직 : 원래의 조성 및 제조 공정에서 얻어져야 할 조직과 다른 조직. 철강재료의 침탄 처리에서 그물 모양 시멘타이트가 성장하여 그것을 둘러싸듯이 페라이트 상이 생겨 열 얼룩에 의한

연점(soft spot)을 만들어 침탄 처리의 목적을 이루지 못한 것을 가리킨다.

이온(ion) : 전기를 띤 상태의 원자. 원자는 전기적으로 중성이다.

이온 질화 : 감압 용기 내에 질소를 넣고 부품과 로 사이의 방전 에너지에 의해 부품을 질화시키는 방법. 질소 플라스마의 충돌 에너지를 이용함에 의해 단시간에 처리가 가능한 데다 질화되기 어려운 재료(스테인리스강 등)에도 처리가 가능하다.

인공 시효 : 적당한 온도로 일정 시간 가열 유지하여 시효를 진행시키는 조작

인상 담금(Graduated hardening, interrupted quenching) : 시간 담금

인상 전위 : 선상 결함인 전위의 일종. 일정한 규칙으로 배열된 결정 격자에, 하나의 원자면을 끼워 넣은 것 같은 형상이 면도날을 눌러 넣은 것처럼 보여 이렇게 불린다.

인성(toughness) : 끈끈하고 강해 충격에 잘 견디는 성질을 말하며 재료가 파단할 때까지 필요한 일량의 크기로 평가한다.

인장 시험 : 시험편을 축 방향으로 늘려 하중과 시험편의 변형과의 관계를 측정하여 재료의 정적 하중에 대한 여러 성질(인장강도, 항복점, 내력, 신율, 단면 감소)을 얻는 시험

인장 잔류 응력 : 서로 끌어 당기는 상태의 잔류 응력. 표면에 인장 잔류 응력이 남아 있는 부품은 내피로성 및 내마모성이 악화된다.

일반(보통) 주강(normal casting steel) : 탄소강의 주강. 인장강도는 360~540MPa이다.

일반(보통) 탄소강(plain carbon steel) : 2% 이하의 탄소를 포함하는 철 합금으로 다른 합금 원소를 특별히 의도적으로 첨가하지 않은 것

일차 담금 : 침탄 처리부품의 중심부 조직을 미세화하기 위한 담금. 중심분는 저탄소이므로 담금 온도를 높게 한다.

일차 뜨임 취성 : 고온 뜨임 취성의 하나. 기계구조용 합금강에서 잘 나타나며 500℃ 정도에서 뜨임 했을 때, 그 이하의 온도에서 뜨임 한 경우보다 인성이 향상되지 않거나 더 악화되는 현상.

임계 냉각 속도(critical cooling rate velocity) : 강재를 담금 경화하는 데 필요한 냉각 속도. 상부와 하부 임계 냉각 속도가 있다.

임계 직경 : 강을 담금하는 경우 주어진 냉각 속도에서 중심부까지 강화되는 최대 직경을 말한다. 같은 강이라도 냉각 속도가 빠르면 임계직경은 크게 된다.

입계 : 결정립계

입계 부식 : 결정립계를 기점으로 진행되는 부식. 결정 자체는 부식에 강해도 결정립계는 불순물의 응집 및 에너지 순위가 높아 부식에 약한 조건이 존재하므로 스테인리스강 등에서 문제가 된다.

입상 조직 : 미세 탄화물이 알갱이 모양으로 석출된 소바이트 조직. 인성이 높고 기계적 성질이 뛰어나다.

잉곳(ingot) : 용강을 주형에 흘려 넣어 굳힌 것. 강괴. 잉곳을 정해진 형상으로 열간 압연하여 철강 제품을 만든다. 일반 강은 연속 주조하여 만들며 특수강만 잉곳에서 생산한다.

자경성 : 가열 후 의도적으로 빠르게 냉각하지 않아도 경도가 높게 되는 성질. 자경성이 높은 강재일수록 담금성이 좋고 공랭 및 방랭으로도 담금 가능한 강종도 있다. 반면에 풀림에 의해 연화시키기 위해서는 상당히 완만한 냉각이 필요하다.

자기 변태 : 강자성체가 상자성체로(또는 이 반대로) 변화하는 현상. 결정 구조의 변화는 수반하지 않지만 관행적으로 이렇게 부른다.

자기 변태점 : 페라이트가 자기 변태를 일으키는 온도. 순철에서는 780℃

자기 풀림 : 자기 성능을 조정하기 위해 강을 자기 변태점 이상으로 가열하여 냉각하는 조작. 전동

기 부품 등에 이용된다.

자분 탐상 시험(magnetic particle testing) : 부품 표면의 흠을 검사하는 탐상법의 하나. 담금에 의해 표면에 크랙이 발생했는지를 조사한다. 처리품을 자화시켜 자분(철분)을 흡착시키면 급격한 곡률 변화를 일으키는 부분에서 자력선이 집중하므로 자분이 고밀도로 모여 있는 곳은 크랙이 있다고 판단할 수 있다.

자연 시효 : 상온, 상압 환경에서 진행되는 시효. 계절을 지날 정도의 장기간에 걸친 처리이므로 시즈닝이라고도 불림. 상온 시효

잔류 오스테나이트(retained austenite) : Ms점 이하의 온도로 냉각되어도 오스테나이트가 마르텐사이트로 변태되지 않고 그대로 남아 있는 것. 잔류 오스테나이트는 경도를 낮추거나 경년 변형을 일으키는 단점과 인성, 구름 피로 강도 향상 등의 장점을 동시에 갖고 있다.

잔류 응력 : 부품을 만들기 위한 공정 중에 생겨 존재하는 내부 응력.

잡주철(mottled cast iron) : 백주철과 회주철의 중간적인 혼합 주철. 얼룩무늬(반문)처럼 보여 반주철이라고도 불린다.

재결정(recrystallization) : 만들어진 재료를 어떤 온도(융점의 40~50%) 이상으로 가열한 경우에 새로운 결정핵의 발생 및 그 성장이 보이는 현상

재결정 온도(recrystallization temperature) : 재료가 1시간 정도 동안 재결정을 완료하는 온도

재결정 텍스처(recrystallization texture) : 재결정에 의해 결정립의 배치가 일정한 방향을 가진 조직으로 되는 것

재결정 풀림 : 재결정을 이용하여 강에 특정한 성능을 주기 위해 하는 풀림. 이방성 규소 강판에 있어서 자기 특성의 조정에 사용된다.

저온 뜨임 : 담금 경도의 저하를 최소로 억제하기 위해 비교적 낮은 온도(대략 200℃ 이하)에서 하는 뜨임

저온 뜨임 취성 : 약 200~400℃의 온도에서 뜨임을 하면 인성이 떨어지는 현상. 300℃ 취성이라고도 불린다. 특히 구조용 강에서는 이 현상이 뚜렷하다. 고온 뜨임을 하면 이 온도 범위에 노출되어도 취화는 일어나지 않는다.

저온 풀림 : 가열 유지 온도를 변태점 이하로 하는 풀림의 총칭

저온 취성 : 실온 이하의 저온에서 강의 충격값이 떨어져 부서지는 현상. 인은 저온 취성을 증가시키므로 상한을 엄밀히 규제한다.

저탄소강(low carbon steel) : 탄소량이 0.3% 이하인 탄소강

저합금강 : 합금 원소량이 비교적 적은 강을 나타내는데 정량적인 정의는 아니다.

적열 취성(hot shortness, red brittleness) : 강이 붉은 기를 보이는 열간 가공 온도 범위에서 취성을 보이는 현상이며 단조 크랙 등의 원인이 된다. 유황은 적열 취성을 점점 심하게 하므로 대개 모든 강종에서 상한값을 엄밀히 규제하고 있다.

전경화층 : 표면 경화 처리에 있어서 모재 경도보다 높은 표면층

전로(converter) : 강을 만드는 데 쓰는 로의 일종으로, 로의 바닥 구멍 또는 위로부터 환원성 가스를 불어넣어 선철 중의 산소를 제거한다.

전성(malleability) : 누를 때 잘 펴지는 성질

전연성 : 전성과 연성

전위 : 금속 결정의 격자 결함

전위 밀도 : 단위 체적마다의 전위 선의 총연장. 전위 밀도가 높을수록 소성 변형에 대한 저항이 높게 되며 결과로 가공 경화가 일어난다. 풀림 상태의 전위 밀도는 10^6~10^8cm/cm³ 정도이다.

전자 : 음전기를 띤 입자이며 그 질량은 양자 및 중성자의 1/1,840이고 원자핵의 주위를 돌고 있다. 전자의 수는 양자의 수와 같다.

점 결함 : 격자 결함의 하나로, 원자 1개 정도의

결함으로 '점'이라 표현한다.

정출 : 액상으로부터 결정체인 고상을 만드는 현상

제강 : 제선 과정에 의해 고로에서 취출된 선철로부터 탄소를 빼내고(정련) 탈산하여 강을 만드는 공정

제벡(Seebeck) 효과 : 다른 종류의 도체 양끝을 접속하여 폐회로를 구성하면 양끝의 온도 차에 의해 회로 내에 열 기전력이 발생하며 온도차에 따른 전류가 흐르는 것. 서모커플은 이것을 이용하여 열 기전력으로부터 온도를 계측하기 위한 온도 센서이며 열처리 시 온도 측정에 널리 쓰이고 있다.

제선(pig iron making) : 철광석, 코크스, 석회석을 고로에 투입하여 선철을 만드는 것

제철 : 제선과 제강을 합한 것

조괴(Ingot casting) : 용강을 굳혀 잉곳을 만드는 것

조립(粗粒)강 : 결정립도 번호가 5 미만인 결정립이 거친(coarse grain) 강

조미니 시험(Jominy test) : 강의 담금성을 측정하기 위해 하는 담금 시험 방법의 하나

조직 시험 : 금속 조직의 절단면을 관찰하여 재료의 좋고 나쁨을 판정하는 시험. 육안 또는 루페(loupe, magnifying glass : 확대경) 배율 수준의 매크로 관찰에 의한 것과 전자 현미경 수준의 마이크로 관찰에 의한 것이 있다. 매크로 시험에는 내부의 흠집 및 기포의 검출, 설퍼 프린트(sulfur print) 법에 의한 유황의 분포 관찰, 에칭에 의한 편석 및 잉곳 패턴의 관찰 시험, 파단면의 관찰에 의한 파괴 메커니즘의 규명도 포함된다. 마이크로 관찰에는 조직 구조의 검사 및 결정립도 시험, 개재물의 유무 검출 등을 실시한다.

조질(heat refining) : 오스테나이트 결정립을 가늘게 다듬어 담금 뜨임에 의해 강을 강인화하는 것. 소바이트 조직을 얻는다. 구조용 강에는 필수적인 열처리이다. 넓은 의미로는 재료의 인성을 향상시키는 결정립 미세화를 가리킨다.

조질 압연(skin path) : 냉간 압연 강판 제조의 최종 단계에 있어서 가공 경화를 없애기 위한 풀림을 실시한 후 표면의 강인성을 어느 정도 회복시키기 위해 하는 가벼운 전도의 압연. 조질 압연을 생략하면 드로잉 가공 등에서 잔물결이 발생한다.

조질 강 : 조질하여 사용되는 구조용 강

주강 : 주조에 의해 형상을 만드는 강

주물용 선철 : 주철의 재료로 공급되는 선철

주요 5원소 : 탄소, 규소, 망간, 인, 황을 이렇게 부른다. 모든 강에 포함된 합금 원소로 강의 성질을 좌우하는 가장 기본적인 첨가물

주조 : 녹인 금속을 틀에 부어 부품을 만드는 가공법

주철 : 탄소량이 2.14% 이상인 강

준안정 오스테나이트 : 과냉 오스테나이트

중간 풀림 : 냉간 가공 공정 중간에 실시하는 저온 풀림. 회복 온도 또는 재결정 온도까지 가열하여 결정립을 정비하여 내부 변형을 억제하는 것으로, 후공정의 효율화, 가공 불량의 감소를 목적으로 한다.

중탄소강(medium carbon steel) : 탄소량 0.3~0.7% 수준의 일반 강. 담금 뜨임에 의해 강도와 인성이 크게 향상된다. 축, 레일, 기어 등 중요한 기계 부품의 재료로 쓰인다.

직접 담금 : 침탄 담금에 있어서, 원래는 침탄, 일차 담금, 이차 담금을 거쳐 이루어지는 작업을 침탄 처리 후 그대로 담금 온도까지 낮춰 유지하여 바로 하는 담금. 규격상 문제가 없다면 작업 효율이 대폭 개선된다.

진공 탈가스법 : 용강 중에 가스화된 불순물을 진공 상태로 하여 배출하는 처리. 청정도가 높게 요구되는 고급강에서 채용된다.

진공 열처리 : 고진공하에서 실시하는 열처리. 무산소 상태에서 처리할 수 있어 부품 표면의 산화를 막는 것이 가능하다. 또 진공 방전을 이용한

플라스마 질화 등에도 이용되고 있다.

질량 효과(mass effect) : 담금 냉각 시 아무리 빨리 냉각해도 내부에 열이 남아 강도를 얻기 어려운 현상. 재료의 직경, 살 두께 등 마치 질량에 따라 나타나는 현상과 비슷하여 이렇게 불린다.

질별 기호 : 알루미늄 합금의 강화 공정을 기호화한 것. 가공 경화 및 석출 경화 등 처리 내용을 재료 기호에 이어서 써 넣는다.

질화(nitriding) : 강을 암모니아 가스, 시안화물 중에서 가열하여 표면에 생기는 질화물을 이용하여 표면을 경화하는 방법. 질소는 확산 속도가 느려 두꺼운 질화층을 얻는 데 많은 에너지와 시간이 필요하다. 질화 처리 온도는 500℃ 정도이다.

질화강(nitriding steel) : 알루미늄, 크롬 등 질소와 화합하기 쉬운 원소를 포함하여 질화하여 쓰는 강

집합 조직(texture) : 정확하게는 결정 집합 조직(crystal structure). 다결정체에서 구성 단결정이 특정한 규칙적 배열을 가진 것. 가공 및 재결정된 금속 재료에서 보인다.

천이 온도(transition temperature) : 재료의 성질이 급격히 변화하는 온도(또는 온도 범위의 중앙값). 강이 연성 파괴에서 취성 파괴로 바뀌어 충격값이 뚜렷이 저하하는 온도 또는 온도 범위

철강 : 철을 포함하고 있는 금속 재료의 총칭

청열 취성(blue brittleness, blue shortness) : 연강이 실온에서보다 200~300℃ 범위에서 부서지기 쉽게 되는 현상. 원인은 질소이다. 대기 중 가열에 의해 산화 피막이 청색으로 되는 온도에서 나타나는 현상이라 이렇게 불린다.

청정도 : 비금속 개재물의 많고 적음의 정도. 일반적으로 비금속 개재물은 기계적 성질에 악영향을 미치므로 고기능 재료일수록 높은 청정도가 요구된다.

초경 합금 : 고온에서의 내마모성이 매우 높은 고융점 금속 탄화물을 주성분으로 하는 소결 합금. 텅스텐 카바이드의 미세 분말을 코발트를 바인더로 하여 소결한 매우 딱딱한 공구는 가공 현장에서 많이 쓰이고 있다.

초두랄루민 : 알루미늄-구리-마그네슘 계인 A2024 등 시효 경화에 의해 고강도를 실현한 알루미늄 합금. 두랄루민보다 강하다는 의미로 이렇게 불린다.

초석 : 변태점 이상으로 가열된 고상을 냉각 시 최초로 석출하는 다른 상

초석 시멘타이트(proeutectoid cementite) : 고온인 균일 오스테나이트 상태로부터 냉각 시 과공석강에서 공석 변태 전에 석출하는 시멘타이트

초석 페라이트(proeutectoid ferrite) : 고온인 균일 오스테나이트 상태로부터 냉각 시 아공석강에서 공석 변태 전에 석출하는 페라이트

초음파 탐상 시험 : 부품의 내부 결함을 검사하는 탐상법의 하나

초정 : 액상을 냉각 시 최초로 정출하는 결정

초초 두랄루민 : 알루미늄-아연-마그네슘 계인 A7075 등, 시효 경화에 의해 고강도를 실현한 알루미늄 합금. 동보다 고용 한도가 높은 아연을 사용하여 큰 석출 경화를 얻고 있다.

초합금 : 용질인 합금 원소의 총량이 용매인 철보다 많은 합금

충격 시험(impact test) : 시험 편에 충격을 주어 절단할 때 재료에 흡수된 에너지의 크기로 내충격성을 측정하는 시험. 아이조드(Izod) 형과 샤르피(Sharpy) 형이 있다.

취성(brittleness, fragility) : 인성의 반대로 충격에 약한 성질.

취성 파괴 : 금속의 파괴에 있어서, 변형을 거의 일으키지 않고 급격히 진행되는 파괴. 붕괴되는 과정으로는 매우 위험한 것이므로 구조물에는 연강 등 연성 파괴되는 재질을 사용하며, 반복 하중에 의한 피로 파괴도 취성 파괴이므로 설계 시 주의해야 한다.

취화 : 열처리 등의 결과로 강이 부러지기 쉽게 되는 현상

층상 조직 : 다른 물질이 층을 이루듯이 겹친 조직. 철강에서는 페라이트와 시멘타이트의 매우 얇은 층이 반복적으로 겹쳐져 있는 펄라이트 조직이 대표적이다.

치환형 고용 : 용매 원소와 원자 반경이 비슷한 원소가 용매의 결정 격자를 구성하는 원자와 바뀌는 형태의 고용

침상 : 바늘 모양

침입형 고용 : 용매 원소보다 원자 반경이 작은 원소가 용매의 결정 격자의 틈새로 들어가는 형태의 고용. 화합물을 만들지 않는 단체인 탄소 원자는 철의 결정 격자에 침입형으로 고용된다.

침적 담금(immersion quenching) : 처리품을 냉각제(물 또는 유)에 담가서 하는 담금

침탄(carburizing) : 강을 목탄 분말 또는 메탄과 일산화탄소 가스 등 속에서 가열하면 CO가 분해되어 활성 탄소가 강의 표면에서 확산하는 것에 의해 탄소량이 높은 표면층을 얻는 강의 표면 경화법

침탄강(blister steel, case hardening steel) : 고체 침탄법으로 표면의 탄소 농도를 높인 딱딱한 층을 만드는 강

침탄 경화층 깊이 : 침탄 경화에 의해 경화된 부분의 깊이로 한계경도를 HV550으로 하고 이보다 낮지 않은 부분의 표면부터의 거리

침탄제 : 침탄 처리에 있어서 탄소원으로 되는 물질

침탄 질화법(carbonitriding) : 강의 표면에 탄소와 질소를 동시에 침입시켜 담금에 의해 표면을 경화하는 방법

침투법(cementation) : 금속재료 표면층의 경도 혹은 내열 내식성을 주기 위해 다른 원소를 표면에 침입시키는 처리

침투 탐상 시험(penetrant testing) : 부품 표면의 흠을 검사하는 탐상법의 하나. 담금에 의해 표면에 크랙이 발생했는지를 조사한다. 착색된 침투액을 뿌리고 일정 시간 놔둔 다음, 표면에 남아 있는 침투액을 닦아내고 현상액을 뿌려, 건조된 현상액의 모세관 현상에 의해 침투액이 흡집 부분에 번져 나오는지를 검사한다.

침황 : 처리품 표면에 유황을 확산시키는 처리. 마찰계수 감소에 효과가 있다.

카바이드(carbide) : 탄화물

카본 포텐셜(carbon potential) : 기체 침탄에 있어서 분위기 가스의 처리품에 대한 침탄성을 보여주는 수치. 분위기 가스와 처리품 사이에 일어나는 침탄, 탈탄 반응이 평형에 달할 때의 처리품 표면 탄소량에 해당한다. 카본 포텐셜 0.8이면 처리품의 표면 탄소량이 0.8%까지 침탄 가능하다는 것이다.

컬러 체크 : 침투 탐상 시험

캡드강(capped steel) : 림드강으로 만들어진 용강을 주입하여 괴를 만들 때 리밍 반응(rimming action)을 억제한 강. 세미 킬드강과 림드강의 중간 성질로 된다.

코크스(cokes) : 석탄을 고온 처리하여 휘발 성분을 제거하고 탄소 함유량을 늘린 가연성 고체. 제선 과정에서 용융 열원 및 선철의 탄소원으로 된다.

코트렐 분위기 : 인상 전위의 틈새가 용질 원자로 채워지고 에너지적으로도 안정한 상태로 된 것. 전위가 고착되어 움직이기 어렵게 되므로 강도가 증가한다.

코트렐(Cottrell) 효과 : 인상 전위에 다른 원소가 석출하여 코트렐 분위기를 형성하는 것으로 재료가 강화되는 것. 냉간 가공에 의한 전위 밀도의 증가와 가열에 의한 원자의 이동을 조합시킨 것으로, 의도적으로 얻는 것이 가능하지만 전위가 감소할 때까지 온도를 올리면 소멸된다.

쾌삭강 : 절삭성 향상을 꾀한 강. 절삭 속도의 향

상 및 절삭 공구의 장수명화 등에 의해 가공비용 절감이 기대되는 반면에 기계적 성질이 떨어지므로 구조용 부품으로의 사용에는 주의가 필요하다.

큐리점(Curie point) : A2점.

크라이오(cryo) 처리 : 심랭 처리의 일종. 일반적인 서브제로 처리는 냉각제로 드라이아이스를 사용하는데 액체 질소 등을 써서 더욱 낮은 온도(-100℃ 이하)까지 냉각 가능하므로 초서브제로 처리라고도 부른다.

크롬 결핍층 : 크롬은 탄소와의 친화력이 강해 탄화물 석출 시 시멘타이트에 대해 우선적으로 크롬카바이드가 석출하는 점으로 주변의 크롬 농도가 떨어지는데 특히 스테인리스강에서 문제가 된다. 스테인리스강은 크롬의 부동태 막에 의한 내식성을 이용하는 강이므로 크롬카바이드가 석출하여 결정립계에 크롬 결핍층이 생기면 그곳부터 부식이 진행되어 입계 부식 크랙에 이르게 된다.

크리프(creep) : 탄성 한도 범위 내의 변형이라도 하중을 받고 있는 상태에서 열이 가해지면 영구 변형하는 현상. 일반의 소성 변형과 구별하는 경우 크리프 변형이라 부른다.

크리프 강도 : 내크리프성

킬드강(killed steel) : 정련의 최종 단계에서 규소(ferro-silicon), 망간(ferro-manganese) 등 탈산제를 첨가하여 용강 중의 산소를 제거한 후 토피도에서 알루미늄 및 FeSi 등 강탈산제를 첨가해 충분히 탈산하여 만들어진 강. 괴를 만들 때 가스의 발생이 거의 없고 매우 조용히(killed) 굳는다. 수율은 좋지 않지만 균질하고 건전하므로 기계 구조용 탄소강 이상의 고급 강재에 쓰인다. 가스 발생을 더욱 감소시키는 방법으로 진공 탈가스법 등이 있으며 특수강 제조에 채용되고 있다.

탄성 : 외력에 의해 변형되지만 힘을 제거하면 원래 형상으로 돌아가는 성질

탄성 변형 : 탄성에 의한 일시적인 변형

탄성 한도 : 탄성 변형 범위의 최대 하중. 이것을 넘는 하중이 걸리면 소성 변형한다.

탄소강 : 탄소가 주요 합금원소인 강. 탄소량에 따라 분류된다.

탄소 공구강 : 탄소가 주요 합금 원소인 공구강. 탄소 이외의 원소는 거의 없으며 담금성이 떨어지므로 두꺼운 공구에서는 질량 효과 때문에 경도가 떨어진다.

탄화물(carbide) : 탄소와 한 가지 이상의 금속 원소와의 화합물.

탄화물 생성 원소(carbide former) : 강의 합금 원소 중 몰리브덴 및 크롬처럼 탄화물을 형성하는 경향이 강한 원소

탈탄 : 대기 중의 산소 등의 작용에 의해 가열 중인 부품 표면에서 탄소가 빠져나가는 현상

탕 : 용강을 나타내는 현장 용어

터프트라이드(tufftride) : 독일의 Degussa Co.에서 개발한 염욕 연질화법. 원래는 상품명이었는데 일반명사처럼 쓰이고 있다. 부품 표면에 얇은 질화막을 형성하여 마찰계수를 낮춰 내마모성이 향상되므로 슬라이딩 면에 이용된다.

템퍼 컬러(temper color) : 뜨임 가열에 의해 부품 표면이 산화하여 나타나는 색. 뜨임 색이라고도 한다. 저온 뜨임에서는 황색을 띠지만 고온 뜨임일수록 흑색으로 된다.

트립강(TRIP steel) : 가공 열처리에 의한 강화와 변태 유기 소성에 의한 인성화를 조합시켜 만든 강. 1.4~2.1GPa의 항복 강도를 가지면서도 25~40%의 연신율을 보인다.

특수강 : '제조 방법 및 첨가하는 합금 원소가 특수한 강'이라는 느낌인데 약간은 막연한 단어이다. 미국에서는 쓰이지 않는 용어이다.

특수용도강 : 어떤 특정한 용도에 사용할 목적으로 개발된 강

파텐팅(patenting) : 오스테나이트화한 공석 성분

부근의 강을 용융, 급랭, 유지하여 일부 베이나이트화한 미세 펄라이트 조직을 얻는 처리

펄라이트(pearlite) : 강 또는 주철을 Ac1 이상의 온도로부터 냉각한 경우 A1 변태에 의해 생기는 페라이트와 시멘타이트의 층상 조직

페라이트(ferrite) : α철 고용체의 별칭. 순철에서 911℃ 이하에서 냉각하면 페라이트화한다. 탄소 고용 한도가 0.00218%로 상온에서는 거의 탄소를 고용하지 않는다. 이 때문에 탄소량 0.02% 이하인 강은 '공업용 순철'이라 부른다. 자성 재료인 산화철도 페라이트(페라이트 자석)라 불리므로 혼동하지 않도록 주의한다.

편석 : 특정 원소가 응집 또는 결핍되어 성분상 불균일을 만드는 현상 또는 그 상태

편상 흑연 : 회주철에 정출하는 얇고 긴 모양의 흑연을 말한다.

평형 상태도 : 평형 상태에서 온도와 성분에 따라 안정하게 나타나는 상의 모양을 도시한 것. 여기서 평형이란 열평형, 즉 열량이 변화하지 않는 상태를 가리킨다. 평형 상태도에 나타나는 상은 '그 온도에 장시간 유지될 때 보여지는 상'이며 가열 냉각의 과도 단계에서 나타나는 마르텐사이트와 같은 준안정 조직은 나타나지 않는다. 영역을 나누는 선은 상 변태점이다.

평형 탄소 농도(carbon potential) : 357쪽 카본 포텐셜 참조

표면 경화 : 처리품의 표면은 딱딱하지만 내부는 연한 상태

표면 경화 처리 : 부품 표면만 경화할 목적으로 하는 처리의 총칭. 표면의 기계적 성질이 부품 성능 및 부품 수명에 주는 영향은 크다. 고주파 처리, 화염 처리, 레이저 처리, 침탄 처리, 연질화 처리 등이 있다.

표준 조직 : 균일 오스테나이트 상태로부터 천천히 냉각하여 얻어지는, 즉 평형 상태도에 따른 조직. 베이나이트와 같이 평형 상태도에 나타나지 않는 조직은 포함되지 않으며 아공석강에서는 초석 페라이트+펄라이트, 과공석강에서는 초석 시멘타이트+펄라이트이다.

풀림(annealing) : 철 또는 강의 연화, 결정 조직의 조정 또는 내부 응력의 제거를 위해 적당한 온도로 가열 후 천천히 냉각하는 처리

프레스 퀜치(press quench) : 다이 퀜치 참조

프레스 템퍼(press temper) : 가압 뜨임. 담금 변형을 교정하기 위해 부품을 치구에 끼워 넣고 하는 담금

플라스마 질화 : 이온 질화

피로 : 금속재료가 '피로하다'라는 것은 작은 하중을 반복하여 주고 있을 때 돌연 파괴될 가능성이 높아졌다는 것을 의미한다. 그러나 눈앞에서 사용 중인 부품이 지금 어느 정도 피로한 상태인지를 아는 것은 불가능하다.

피로 곡선 : 피로 파괴에 이르는 하중과 반복되는 횟수와의 관계를 나타내는 선도로 뵐러 곡선, S-N 곡선이라고도 불린다. 세로축은 응력, 가로축은 반복 횟수의 로그 함수인데, 어떤 하중에서 몇 회 반복하면 피로 파괴되는지를 기록한 것이다. 응력이 어떤 값 이하에서는 무한 횟수(강에서는 $N = 10^7$으로 대체)의 반복에도 파괴되지 않는다. 즉 선도에서는 오른쪽 부분에서 수평으로 된다.

피로 파괴 : 허용 하중보다 작은 하중이라도 반복하여 주어지면 재료가 피로하게 되어 표면에서 크랙이 발생하고 성장하여 파괴되는 현상. 반복 하중을 받는 재료는 안전율을 정하중의 2배 정도로 해야 한다. 또 크랙 발생의 원인이 되기 쉬운 응력 집중을 피하기 위해 큰 라운드를 주거나 툴마크에 의한 거친 표면조도를 좋게 하는 마무리 가공의 실시, 압축 잔류 응력을 주는 처리 등을 실시한다.

피로 한도 : 하중이 무한 횟수 반복되어도 피로 파괴되지 않는 하중의 최댓값. 강인 경우는 10^7회

피아노 선(piano wire) : 0.6% 이상의 고탄소강 선

재를 파텐팅 처리와 냉간 인발 가공에 의해 고인장강도로 만든 고급 탄소강 선

피팅(pitting) : 공식

하드필드강(Hadfield's steel) : 망간 10~13%, 탄소 0.9~1.2%인 망간강을 고망간강 또는 하드필드강이라 한다.

하부 베이나이트 : 오스 템퍼에 의해 만들어지는 베이나이트 조직 중 비교적 낮은 온도에서의 등온 유지로 생기는 바늘 모양(침상) 조직. 조직 사진은 렌즈 모양 마르텐사이트와 비슷하다.

하부 임계 냉각 속도 : 담금 냉각에 있어서 마르텐사이트 변태가 일어나지 않는 최대 냉각 속도. 풀림 및 불림을 하는 데는 이 하부 임계 냉각 속도보다 천천히 냉각하지 않으면 안 된다.

하부 항복점 : 연강의 인장 시험에 있어서의 항복 현상으로, 상부 항복점에 이어서 나타나는, 하중 증가가 없어도 늘어남이 진행하는 영역의 응력값

하이스 : 고속도 공구강의 속칭(High speed tool steel)

하이텐 : 고장력강의 속칭(High tensile strength steel)

하항복점(lower yield point) : 연강의 응력 변형률 선도에서 소성 변형이 급속히 진행되기 시작하는 응력

한계 경도 : 경화층 깊이를 측정할 때의 기준값. 예를 들면 SM45C를 고주파 열처리한 경우의 한계 경도는 450HV이며 이것을 하회하지 않는 범위가 유효 경화층이 된다.

합금 : 순금속에 대해 여러 가지 원소를 첨가하여 재료로서의 성능을 조정한 금속 재료. 단, 순금속 이외의 모든 것을 가리키는 것은 아니며 별도 원소가 불순물로써 섞여 있는 경우는 합금이라 하지 않는다. 어디까지나 필요한 성능을 얻기 위해 의도적으로 첨가한 경우만 합금이라 한다.

합금강 : 강에 탄소 이외의 각종 합금 원소를 첨가하여 탄소강에는 없는 성능을 얻는 강의 총칭

합금 공구강 : 담금성 향상 및 탄화물에 의한 내마모성 향상을 목적으로 합금 원소를 첨가한 공구강

합금 원소 : 합금을 만들기 위해 첨가하는 원소

항복 : 연강의 인장 시험에 있어서 약간의 하중 증가 또는 하중 증가 없이도 급격히 늘어남이 진행되는 현상

항복 강도(yield strength) : 거시적인 소성 변형이 시작되는 강도

항복 비(yield ratio) : (항복점 또는 내력)/인장강도의 비율. 같은 인장강도라도 항복점이 높은 쪽이 유리하며 이런 재료를 항복비가 높다고 한다. 열처리된 강은 고강도이며 동시에 고항복비인 것이 많다.

항복점 : 일반적으로 상부 항복점을 가리키며 강도 설계 시 근거값이다.

항온 변태(isothermal transformation) : 합금을 고온으로부터 상온보다 높은 온도까지 급랭하고 그 온도로 유지하여 변태시키는 것. 등온 변태라고도 함

항온 변태도(isothermal transformation diagram) : 과냉된 오스테나이트 상이 일정 온도로 유지할 때 시간의 경과와 함께 어떻게 변태하여 가는지를 보인 그림. TTT(time temperature transformation) 선도라고 한다.

항온 조 : 등온 조

하드필드(Hadfield)강 : 고망간 주강의 별칭

핵 생성(nucleation) : 상 변태의 시작이며 매우 작은 영역(핵)의 새로운 상의 출현을 가리킨다.

헤어 크랙(hair crack) : 부품 표면에 나타나는 복수의 가는 크랙

화염 경화(flame hardening) : 버너 등으로 부품의 일부만 가열하면 모재의 열 흡수에 의해 냉각되어 담금되는 열처리

확산 : 소재 내부의 위치에 따른 성분 농도 차이가 원자의 이동에 의해 서서히 균질화되도록 하는

현상. 원자의 이동은 고체 내에서도 일어나며 온도가 높을수록 확산이 잘 이루어진다.

확산 변태(diffusion transformation) : 변태에 있어서 원자의 확산을 필요로 하는 변태. 원자의 확산 이동에 의해 평형 상태에 가까운 안정적인 조직으로 되는 변태. 석출이 대표적인 것이며 마르텐사이트 변태는 무확산 변태임. 강의 풀림에 의해 얻어지는 페라이트와 시멘타이트의 혼합 조직도 확산 변태 조직이다.

확산 제어 성장(diffusion controlled growth) : 모상에서의 원자 확산이 새로운 상의 성장 속도를 규제하는 경우의 성장. 공석 변태 및 과포화 고용체로부터의 석출이 예다.

확산 풀림 : 조직의 편석을 제거 또는 경감시켜 전체적으로 균질한 상태로 만드는 것을 목적으로 하는 풀림. 잉곳을 만든 다음 압연하기 전 공정으로 실시되는 일이 많다. 처리 온도가 높을수록 편석의 확산이 잘 이루어지지만 결정립의 조대화가 유도된다. 이 경우 결정립 미세화를 목적으로 불림을 실시한다. 균질 풀림이라고도 한다.

회복(recovery) : 냉간 가공 등에 의해 격자결함이 증가한 상태에서 융점의 40% 미만의 온도로 가열하면 결정 내부에 쌓인 변형 에너지가 개방되어 가는 과정. 전위의 합체, 소멸이 일어나 전위가 재배열 된다. 격자 결함의 감소에 의해 경도 저하, 신율 및 단면 감소의 증가, 전기 저항의 감소 등이 일어난다. 가공도가 높을수록(격자 결함이 많다) 회복은 진행되기 쉽다. 더욱 온도를 올리면 다음 과정인 재결정으로 진전된다.

흑심 가단 주철 : 백선을 흑연화 풀림하여 페라이트와 흑연으로 분해한 가단 주철. 파단면이 흑색을 띤다.

흑연 : 강 중의 탄소가 시멘타이트를 형성하지 않고 탄소 단체로 존재하는 상태

흑연화 풀림 : 고온에서 시멘타이트로부터 흑연을 분리시키는 풀림. 유리된 시멘타이트를 흑연과 페라이트로 분리하는 제1단계와 펄라이트 중의

시멘타이트까지 분해하는 제2단계가 있다.

흑피 : 열간 가공 및 열처리 등 가열에 의해 강의 표면에 생기는 산화 스케일. 가열 온도가 높을수록, 가열 시간이 길수록 발생량은 증가하며 두껍게 된다. 열 전달이 나빠 급랭을 방해하므로 열처리 부품에 흑피가 남아 있는 것은 피해야 한다 (흑피가 남아 있는 부분이 연점이 되기 쉽다).

히트 체크(heat check) : 가열과 냉각이 반복되어 표면에 생긴 열 균열. 열간 다이스 강 제품처럼 히트 쇼크가 반복되어 열 피로가 큰 용도에 사용되는 것에서 문제가 된다.

A0 변태(A0 transformation) : 강 중에 있는 시멘타이트의 자기 변태. 213℃ 근처에서 일어난다.

A1 변태(A1 transformation) : 강의 공석 변태. 즉 오스테나이트 → 펄라이트 변태. Ac1은 가열, Ar1은 냉각일 때의 A1 점이다. c는 chauffage(가열), r은 refroidissement(냉각)(프랑스어)의 약자. 727℃ 근처에서 일어난다.

A2 변태 : α철의 자기 변태. 실제로 격자 변태를 일으키지는 않으며 자기 성능 변화도 어떤 온도에서 급격히 바뀌는 것은 아니다. 780℃ 근처에서 일어난다.

A3 변태 : 철의 동소 변태의 하나로 α철 → γ철(페라이트 → 오스테나이트) 변화

A4 변태 : γ철 → δ철 변태

Acm 선 : 과공석강의 평형 상태도에서 오스테나이트 → 시멘타이트 변태선

Ar′ 점 : 공석강에서 냉각 시의 변태 상황을 부품의 길이 변화로 관찰하면 냉각 속도의 증가에 따라서 Ar1점은 저온 측으로 움직이며 두 가지 변화점을 보이게 된다. 첫 번째 변화점을 Ar′점, 두 번째 변화점을 Ar″점으로 부른다.

bcc : body-centered cubic lattice, 체심 입방 격자

C 곡선 : 등온 변태 곡선의 별칭

CCT도(continuous cooling transformation

diagram) : 연속 냉각 변태선도

CD 침탄 : carbide dispersion carburizing. 탄화물 분산 침탄

DLC : diamond like carbon. 내마모성 향상을 꾀한 탄소 피막 코팅

ESD : extra super duralumin, 초초 두랄루민

fcc : face-centered cubic lattice, 면심 입방 격자

H값 : 냉각제의 냉각 능력을 나타내는 수치. 담금 강열도, 담금 급랭도

H강 : 담금성을 보장한 구조용 강재. SCM435의 H강은 SCM435H이다.

H밴드 : 담금성 밴드

H커브 : 조미니 곡선

HAZ(heat affected zone) : 열 영향부

HB : 브리넬 경도

hcp : hexagonal close-packed lattice, 조밀 육방 격자

HN : 누프(Knoop) 경도

HRC : 로크웰 경도 C 스케일

HS : 쇼어 경도

HSS : 고속도 공구강

HV : 비커스 경도

ISO : international organization for standardization 국제 표준화 기구

J커브 : 조미니 곡선

LN2 : liquefied N2

Mf점(martensite finish point) : 냉각 시에 있어 마르텐사이트 변태가 끝나는 온도

Ms점(martensite start point) : 냉각 시에 있어 마르텐사이트 변태를 시작하는 온도

n값(n-value) : 응력-변형률 곡선에서 변형률을 진 변형률로 나타내어 ε으로 하고, 진응력을 σ로

나타내면 $\sigma = c \times \varepsilon^n$의 관계가 있으며 c, n은 정수이다. 이때의 n으로, 가공 경화계수 또는 변형률 경화계수라고도 한다.

PM 하이스 : 분말 하이스

R값(plastic strain ratio) : 판을 인장하면 길이 방향으로 늘어나며 판 두께 방향과 판의 폭 방향으로는 줄어든다. 이때 폭 방향과 판 두께 방향의 스트레인 비를 말한다. 이 값이 클수록 재료의 딥 드로잉 성질이 좋다.

S 곡선(S curve) : 강의 항온 변태의 각 온도에서의 개시점과 종료점을 연결한 곡선

SI 단위 : 국제 단위계. 어원은 Le Systeme International d'Unites이다.

S-N 곡선 : 재료의 피로 특성을 보이는 선도

TTT 곡선(time temperature transformation curve) : 항온 변태곡선과 같은 의미. S 곡선이라고도 부른다.

ε 마르텐사이트 : 육방 조밀 구조인 마르텐사이트로 망간, 크롬 등을 많이 포함한 적층 결함 에너지가 낮은 강종에서 조기에 나타난다.

ε 철(ε iron) : 철은 고압(상온에서는 130kbar 이상)에서는 육방 조밀 구조를 취하며 이것을 ε철이라 한다.

ε 탄화물(ε carbide) : 담금에 의해서 생긴 마르텐사이트 중에 과포화로 고용하고 있는 탄소는 250℃ 이하의 뜨임에서는 ε 탄화물(Fe_24C)로 석출된다. 이것에 따라 정방정 마르텐사이트의 축 비율은 급감한다.

σ상 : 스테인리스강에 있어서 600~800℃ 온도 범위에서 결정립계에 석출되는 Fe-Cr 화합물. 취화의 원인이 되므로 이런 온도 범위에서 장시간 가열 및 서냉은 피해야 한다.

15-5 PH(Precipitation Hardening) : 크롬 15%, 니켈 5%, 구리 4%의 조성인 석출 경화계 스테인리스강

17-4 PH : 크롬 17%, 니켈 4%, 구리 4%인 석출 경화계. STS630

17-7 PH : 크롬 17%, 니켈 7%, 알루미늄 1%인 석출 경화계. STS631

18-8 스테인리스강 : 오스테나이트계 스테인리스강의 별칭

2차 경화 : 뜨임 온도의 상승에 따라 경도가 늘어나는 현상. 일반적으로는 뜨임 온도가 높을수록 처리품의 경도는 저하하는데, 일부 고합금강에서 뜨임 온도를 올려 가면 경도의 저하가 멈추고 반대로 상승하는 현상이 보인다. 예를 들면 열간 다이스강인 STD61은 담금 시 HRC55 정도의 경도로 되며, 300℃까지의 뜨임에서는 HRC50 정도까지 서서히 떨어지지만 400℃를 넘으면 온도 상승에 따라 경도가 증가하며 500~530℃에서는 HRC55 가까이 된다. 그 후는 뜨임 온도가 올라감에 따라 경도도 떨어진다. 고온 가열에 의한 탄화물 석출로 저탄소화한 잔류 오스테나이트가 냉각 시 마르텐사이트화하기 때문이라 생각되며, 당연하지만 잔류 오스테나이트가 발생하지 않는 강에서는 보여지지 않는 현상. 2차 경화를 수반하는 고온 뜨임에서는 새로 발생한 마르텐사이트에 대한 뜨임을 필요로 하므로 2회 이상 반복하여 뜨임을 실시하는 것이 일반적이다.

2차 담금 : 침탄 처리품의 표면 조직 경화를 목적으로 한 담금. 표면부는 고탄소이므로 담금 온도는 1차 담금보다 낮다.

2차 뜨임 취성 : 고온 뜨임 취성의 하나. 기계 구조용 합금강에서 잘 보여지며 고온 뜨임 시에 500℃ 전후의 온도 범위에서 냉각이 늦어지면 인성이 저하하는 현상

300℃ 취성 : 대략 300℃ 뜨임에서 취화하는 저온 뜨임 취성의 별칭

475℃ 취성 : 저탄소 고크롬강인 스테인리스강을 400~500℃에 장시간 유지 후 냉각할 때 나타나는 취성

국제 규격 명칭

ISO : International Organization for Standardization(TR 15510)

AISI : American Iron & Steel Institute

SAE : Society of Automotive Engineers

ASTM : American Society for Testing and Materials

ASME : American Society of Mechanical Engineers

BS : British Standards(EN10259)

DIN : Deutsches Institut für Normung(1654 PART 4/17240)

EN : European Standards(10088-1)

NF : Norme Francaise(EN 10259)

GB : Guojia Biaozhun(China)

UNS : Unified Numbering System

KS 재료명 약칭

SSxxx : Steel Structure(xxx N/mm^2, 일반 구조용 압연강)

SMxxC : Steel Machine Structure(0.xx% carbon, 기계 구조용 탄소강)

SNCMxxx : Steel Nickel Chrome Molybdenum(0.xx% carbon, 기계 구조용 합금강)

STCxx : Steel Tool Carbon(탄소 공구강)

STSxx : Steel Tool Special(합금 공구강)

STDxx : Steel Tool Die(금형용 합금 공구강)

SKHxx : Steel 공구(Konggu) High Speed(고속도 공구강)

STBx : Steel for Bearing(베어링강)

STSxxx : Stainless Steel

GCxxx : Grey Cast xxx N/mm^2

GCDxxx : Grey Cast Ductile

(계속)

KS	JIS	ISO R630	AISI SAE ASTM	BS EN10025	DIN 17100	NF (France)	GB (China)
SS330	KS와 동일	Fe 33	Fe 37A,B,C,D	Gr. S185	St 34-1	St57-1,2,3	
SS400		Fe 42A, 44A	A36 / A283 Gr. D	Gr. S275JO	St44-2		
SS490							
SS540							
SM400		Fe 42B, 44B	A573-81	Gr. S275JO	St.42-2, 42-3, 46-2	E 28-3	
SM490			A573 Gr 58, 65	Gr. S355JR	St.52-3	E 36-3	
SM520		Fe 52B, D	A633 Gr. C, D	Gr. S355JO, J2G3	17102		
SMA400			A242, A588, A709				
SMA490							
SMA570							
SPA							
SB410			A515 Gr. 60	1501	17155 H3	A36-206	
SB450			A515 Gr. 65		17Mn4		
SB480			A515 Gr. 70		19Mn6		
SPV235			A285		H2	A36-295	
SPV315			A455				
SPV355			A537 Cl 1 / A841 Cl 1	Gr. P355N, NH	19Mn6		

KS	JIS	ISO R630	AISI SAE ASTM	BS EN10025	DIN 17100	NF (France)	GB (China)
SPV410			A537 Cl 2 A841 Cl 2				
SPV450				Gr. P460N, NH			
SGV410		2604/IV P7	A516 Gr. 60		H3		
SGV450		2604/IV P11	A516 Gr. 65		17Mn4		
SGV480		2604/IV P16	A516 Gr. 70	Gr. P275 N,H	19Mn6		
STKM12			A570.36		RSt.37−2	E24−2Ne	
STKM18C						E36−3	
SGP			A53 TYPE F		1626 St.33		
STPG 370			A53 E−A		St.37		
410			A53 E−B		St.42		
STPT 370			A106 A106A		17177 St35.8		
STPL 450			A333 Gr. 3				

(계속)

KS	JIS	ISO	AISI SAE ASTM	BS	DIN 17200		NF (France)	GB (China)
SM10C	S10C	C10	1010	040A10 045A10 045M10	C10E C10R		XC10	08 10
SM12C	S12C	-	1012	040A12	-		XC12	
SM15C	S15C	C15E4 C15M2	1015	055M15	C15E C15R	Ck15	-	15
SM17C	S17C	1017					XC18	
SM20C			1020	070M20 C22 C22E C22R	C22 C22E C22R		C22 C22E C22R	20
SM22C			1023					
SM25C		C25 C25E4 C25M2	1025	C25 C25E C25R	C25 C25E C25R	Ck25		25
SM28C			1029					
SM30C		C30 C30E4 C30M2	1030	C30 C30E C30R	C30 C30E C30R		C30 C30E C30R	30
SM33C	S33C							
SM35C		C35 C35E4 C35M2	1035		C35 C35E C35R	Ck35	C35 C35E C35R	35
SM38C			1038					
SM40C		C40 C40E4 C40M2	1039 1040	C40 C40E C40R	C40 C40E C40R		C40 C40E C40R	40

KS	JIS	ISO	AISI SAE ASTM	BS	DIN		NF (France)	GB (China)
SM43C			1042 1043	080A42				
SM45C		C45 C45E4 C45M2	1045 1046	C45 C45E C45R	C45 C45E C45R	Ck45	C45 C45E C45R	45
SM48C				080A47				
SM50C		C50 C50E4 C50M2	1049	C50 C50E C50R	C50 C50E C50R		C50 C50E C50R	50
SM53C	S53C		1050 1053			Ck53		
SM55C		C55 C55E4 C55M2	1055	C55 C55E C55R	C55 C55E C55R	Ck55	C55 C55E C55R	55
SM58C		C60 C60E4 C60M2	1059 1060	C60 C60E C60R	C60 C60E C60R	Ck60	C60 C60E C60R	60
SM09CK	S09CK			045A10 045M10	C10E		XC10	
SM15CK					C15E		XC12	15F
SM20CK							XC18	
SMn420(1)	KS와 동일	22Mn6	1522	150M19	20Mn5			20Mn2
SMn433(2)			1534	150M36	34Mn5			30Mn2
SMn438(3)		36Mn6	1541	150M36	36Mn5		40M5	35Mn2 40Mn2

(계속)

KS	JIS	ISO	AISI SAE ASTM	BS	DIN		NF (France)	GB (China)
SMn443	KS와 동일	42Mn6	1541					45Mn2
SMnC420(3)					16MnCr5			
SMnC443(21)								15CrMn
SAlCrMo645	SACM645	41CrAlMo74						40CrMn
SCr415(21)	KS와 동일		5015	523M15	17Cr3 / 17CrS3		13C3	15Cr / 15CrA
SCr420(22)		20Cr4 / 20CrS4	5120					20Cr
SCr430(2)		34Cr4 / 34CrS4	5130 / 5132	34Cr4 / 34CrS4	34Cr4 / 34CrS4	34C4 / 34CS4	34Cr4 / 34CrS4	30Cr
SCr435(3)		37Cr4 / 37CrS4	5132	37Cr4 / 37CrS4	37Cr4 / 37CrS4	37C4 / 37CS4	37Cr4 / 37CrS4	35Cr
SCr440(4)		41Cr4 / 41CrS4	5140	530M40 / 41Cr4 / 41CrS4	41Cr4 / 41CrS4	41Cr4 / 41CrS4	41Cr4 / 41CrS4	40Cr
SCr445(5)								45Cr, 50Cr
SCM415(21)					15CrMo5	12CD4		15CrMo
SCM418		18CrMo4 / 18CrMoS4						20CrMo
SCM420(22)				708M20	20CrMo5			
SCM430(2)		4131	4131					30CrMo / 30CrMoA
SCM432(1)			4135	708A37	34CrMo4	35CD4		
SCM435(3)		34CrMo4 / 34CrMoS4	4137	34CrMo4 / 34CrMoS4	34CrMo4 / 34CrMoS4	35CD4	34CrMo4 / 34CrMoS4	35CrMo

KS	JIS	ISO	AISI SAE ASTM	BS	DIN	NF (France)	GB (China)
SCM440(4)	KS와 동일	42CrMo4 42CrMoS4	4140 4142	708M40 709M40 42CrMo4 42CrMoS4	42CrMo4 42CrMoS4	42CrMo4 42CrMoS4	42CrMo
SCM445(5)			4145 4147				
SCM822(24)							
SNC236(1)			3135	640A35	36NiCr6	35NC6	
SNC415(21)			3415		14NiCr10	14NC11	12CrNi2
SNC631(2)					36NiCr10		30CrNi3
SNC815(22)		15NiCr13	3415:3310	655M13	15NiCr13	12NC15	12CrNi4
SNC836(3)					31NiCr14		37CrNi3
SNCM220(21)		20NiCrMo2 20NiCrMoS2	8615 8617 8620 8622	805A20 805M20 805A22 805M22	20NiCrMo2 20NiCrMoS2	20NCD2	20CrNiMo
SNCM240(6)		41NiCrMo2 41NiCrMoS2	8637 8640		40NiCrMo22		
SNCM415(22)							
SNCM420(23)			4320				18CrNiMnMoA
SNCM431(1)					30CrNiMo8		

(계속)

KS	JIS	ISO	AISI SAE ASTM	BS	DIN	NF (France)	GB (China)
SNCM439(8)	KS와 동일		4340		40NiCrMo6		40CrNiMoA
SNCM447(9)					34CrNiMo6		
SNCM616							
SNCM625(2)							
SNCM630(5)							
SNCM815(25)							
SNB5			501				
SNB7		42CrMo4 42CrMoS4	4140 4142 4145	708M40 709M40 42CrMo4			
SNB16			A193 B16	40CrMoV4-6	40CrMoV47	40CrMoV4-6	
SPS3	SUP3		1075 1078		17221		
SPS6	SUP6	59Si7			56SiCr7	60Si7	55Si2Mn
SPS7	SUP7	59Si7	9260		61SiCr7	60Si7	60Si2Mn 60Si2MnA
SPS9	SUP9	55Cr3	5155		55Cr3	55C3	55CrMnA
SPS9A	SUP9A		5160		55Cr3	60C3	60CrMnA
SPS10	SUP10	51CrV4	6150	735A51 735H51	50CrV4	51CV4	50CrVA

(계속)

KS	JIS	ISO	AISI SAE ASTM	BS	DIN	NF (France)	GB (China)
SPS11A	SUP11A	60CrB3	51B60		51CrV4		60CrMnBA
SPS12	SUP12	55SiCr63	9254	685A57 685H57	54SiCr6	54SiCr6	
SPS13	SUP13	60CrMo33	4161	705A60 705H60	60CrMn3-2	60CrMo4	60CrMnMoA
SUM11	KS와 동일		1110				
SUM12			1108				Y12
SUM21		9S20	1212				
SUM22		11SMn28	1213	230M07	9SMn28	S250	Y15
SUM22L		11SMnPb28	12L13		9SMnPb28	S250Pb	Y12Pb
SUM23			1215				
SUM24L		11SMnPb28	12L14		9SMnPb28	S250Pb	Y15Pb
SUM25		12SMn35			9SMn36	S300	
SUM31			1117		15S10		
SUM43		44SMn28	1144	(226M44)		(45MF6.3)	
STB1	SUJ1		51100				GCr4
STB2	SUJ2	B1 100Cr6	52100		100Cr6	100Cr6	GCr5
STB3	SUJ3	B2 100CrMnSi4-4	A485 Grade 1				GC15SiMn

(계속)

KS	JIS	ISO	AISI SAE ASTM	BS	DIN	NF (France)	GB (China)
STB4	SUJ4						GCr15SiMo
STB5	SUJ5						GCr18Mo
STC140(1)	SK140(1)	TC140	–			C140E3U	T13
STC120(2)	SK120(2)	TC120	W1-11(1/2)			C120E3U	T12
STC105(3)	SK105(3)	TC105	W1-10		C105W1	C105E2U	T11
STC95(4) STC90	SK95(4) SK90	TC90	W1-9		–	C90E2U	T10
STC85(5) STC80	SK85(5) SK80	TC90 TC80	W1-8		C 80W1	C90E2U C80E2U	T9
STC75(6) STC70	SK75(6) SK70	TC80 TC70	–		C 80W1	C80E2U C70E2U	T8
STC65(7) STC60	SK65(7) SK60	–	–		C 70W2	C70E2U	T7
STS11	SKS11	105WCr1	F2				
STS2					105WCr6	105WCr5	
STS21							W
STS5							
STS51			L6				
STS7							
STS8	SKS8						C140E3UCr4	Cr06

(계속)

KS	JIS	ISO	AISI SAE ASTM	BS	DIN	NF (France)	GB (China)
STS4							5CrW2Si 6CrW2Si
STS41							4CrW2Si
STS43		TCV105	W2-9(1/2)	BW2		100V2	
STS44			W2-8				
STS3							9CrWMn
STS31		105WCr1				105WCr5	CrWMn
STS93	SKS93						
STD1		210Cr12	A681 D3	BD3	X210Cr12	X200Cr12	Cr12
STD11			D2	BD2	X153CrMoV12	X160CrMoV12	Cr12MoV
STD12		100CrMoV5	A2	BA2		X100CrMoV5	Cr5Mo1V
STD4		30WCrV5				X32WCrV3	
STD5		30WCrV9	H21	BH21	X30WCrV9-3	X30WCrV9	3Cr2W8V
STD6	SKD6		H11	BH11	X38CrMoV51	X38CrMoV5	4Cr5MoSiV
STD61		40CrMoV5	H13	BH13	X40CrMoV51	X40CrMoV5	4Cr5MoSiV1
STD62			H12	BH12		X35CrWMoV5	
STF7	SKD7	30CrMoV3	H10	BH10	X32CrMoV33	32CrMoV12-18	4Cr3Mo3SiV
STF8	SKD8		H19	BH19			

KS	JIS	ISO	AISI SAE ASTM	BS	DIN	NF (France)	GB (China)
STF3	SKT3					55CrNiMoV4	
STF4	SKT4	55NiCrMoV2		BH224/5	55NiCrMoV6	55NiCrMoV7	5CrNiMo
SKH2	KS와 동일	HS18-0-1	A600 T1	BT1		HS18-0-1	W18Cr4V
SKH3		HS18-1-1-5	T4	BT4	S18-1-2-5	HS18-1-1-5	W18Cr4VCo5
SKH4		HS18-0-1-10	T5	BT5		HS18-0-2-9	W18Cr4V2Co8
SKH10		HS12-1-5-5	T15	BT15	S12-1-4-5	HS12-1-5-5	W12Cr4V5Co5
SKH51		HS6-5-2	M2	BM2	S6-5-2	HS6-5-2	W6Mo5Cr4V2
SKH52			M3-1				CW6Mo5Cr4V2
SKH53		HS6-5-3	M3-2		S6-5-3	HS6-5-3	W6Mo5Cr4V3
SKH54			M4	BM4		HS6-5-4	
SKH55		HS6-5-2-5		BM35	S6-5-2-5	HS6-5-2-5HC	W6Mo5Cr4V2Co5 W7Mo5Cr4V2Co5
SKH56			M36				
SKH57		HS10-4-3-10		BT42	S10-4-3-10	HS10-4-3-10	
SKH58		HS2-9-2	M7			HS2-9-2	W2Mo9Cr4V2
SKH59		HS2-9-1-8	M42	BM42	S2-10-1-8	HS2-9-1-8	W2Mo9Cr4VCo8
STS201	SUS201	12	A276 201			Z12CMN17-07Az	1Cr17Mn6Ni5N

KS	JIS	ISO	AISI SAE ASTM	BS	DIN	NF (France)	GB (China)
STS202			202				1Cr18Mn8Ni5N
STS301		5	301	301S21	X12CrNi17-7	Z11CN17-08	1Cr18Mn10Ni5Mo3N
STS301L		4			X2CrNiN18-7		
STS301J1					X12CrNi17-7		
STS302			302	302S25		Z12CN18-09	1Cr18Ni9
STS303		13	303	303S21	X10CrNiS18 9	Z8CNF18-09	Y1Cr18Ni9
STS304		6	304	304S31	X5CrNi18 10	Z7CN18-09	0Cr18Ni9
STS304L		1	304L	304S11	X2CrNi19 11	Z3CN19-11	00Cr18Ni10
STS304N1		10	304N		Z6CN	Z6CN19-09Az	0Cr18Ni9N
STS304J3	SUS304J3	304J					
STS309S		X6CrNi23-14	309S			Z10CN24-13	0Cr23Ni13
STS310S		X6CrNi25-21	310S	310S31		Z8CN25-20	0Cr25Ni20
STS316		26	316	316S31	X5CrNiMo17 12 2	Z7CND17-12-02	0Cr17Ni12Mo2
STS316L		19	316L	316S11	X2CrNiMo17 13 2	Z3CND17-12-02	00Cr17Ni12Mo2

KS	JIS	ISO TR 15510 L. No.	AISI SAE ASTM	BS EN10025	DIN 17440	NF (France)	GB (China)
STS316N	SUS316N		316N				00Cr17Ni12Mo2N
STS316LN		22	316LN		X2CrNiMo17 12 2	Z3CND17-11Az	00Cr17Ni13Mo2N
STS316Ti		28			X6CrNiMoTi17 12 2	Z6CNDT17-12	
STS321		15	321	321S31	X6CrNiTi18 10	Z6CNT18-10	1Cr18Ni9Ti 0Cr18Ni10Ti
STS347		17	347	347S31	X6CrNiNb18 10	Z6CNNb18-10	0Cr18Ni11Nb
STS329J1	SUS329J1		329				0Cr26Ni5Mo2
STS329J3L		33	S31803			Z3CNDU22-05Az	
STS405		40	405	405S17	X6CrAL13	Z8CA12	0Cr13Al
STS410L						Z3C14	00Cr12
STS430		41	430	430S17	X6Cr17	Z8C17	1Cr17
STS430F		42	430F		X7CrMoS18	Z8CF17	Y1Cr17
STS434		43	434	434S17	X6CrMo17 1	Z8CD17-01	1Cr17M0
STS410		48	410	410S21	X10Cr13	Z13C13	1Cr13
STS410S		39	410S	410S17	X6Cr13	Z8C12	
STS416		49	416	416S21		Z11CF13	Y1Cr13
STS420J1		50	420	420S29	X20Cr13	Z20C13	2Cr13
STS420J2		51	420	420S37	X30Cr13	Z33C13	3Cr13
STS420F	SUS420F		420F			Z30CF13	Y3Cr13

KS	JIS	ISO	AISI SAE ASTM	BS	DIN	NF (France)	GB (China)
STS431	SUS431	57	431	431S29	X20CrNi17 2	Z15CN16-02	1Cr17Ni2
STS440A			440A			Z70C15	7Cr17
STS440C			440C			Z100CD17	9Cr18
STS630		58	A567 630			Z6CNU17-04	11Cr17
STS631	SUS631	59			X7CrNiAl17 7	Z9CNA17-07	9Cr18Mo
STR31 (A계)	SUH31			331S42		Z35CNWS14-14	0Cr17Ni4CuNb
STR36				349S54	X53CrMnNi21 9	Z55CMN21-09Az	0Cr17Ni7Al
STR310				310S24	CrNi2520	Z15CN25-20	
STR21 (F계)					CrAl1205		5Cr21Mn9Ni4N
STR409		37	409	409S19	X6CrTi12	Z6CT12	2Cr25Ni20
STR1 (M계)				410S45	X45CrSi9 3	Z45CS9	
STR4	SUH4						
STR600							4Cr9Si2
STR330	SUH330		330		X12NiCrSi36 16	Z12NCS35.16	8C20Si2Ni
			5666		NiCr22Mo9Nb	NC22FeDNB	2Cr12MoVNbN
					NiCr20Ti	NC20T	1Cr16Ni35

(계속)

KS	JIS	ISO	AISI SAE ASTM	BS	DIN	NF (France)	GB (China)
			5660		NiFe35Cr14MoTi	ZSNCDT42	
			5391	3146-3	S-NiCr13A16MoNb	NC12AD	
			5383	HR8	NiCr19Fe19NbMo	NC19FeNB	
			4676	3072-76	NiCu30Al		
			AMS5399		NiCr19Co11MoTi	NC19KDT	
			AMS5544		NiCr19Fe19NbMo	NC20K14	
			AMS5397		NiCo15Cr10MoAlTi		
			5537C		CoCr20W15Ni	KC20WN	
			AMS5772		CoCr22W14Ni	KC22WN	
STS F304	SUS F304		A182 F304				
304L			F304L				
F316			F316				
F316L			F316L				
F321			F321				
F347			F347				

단조품

KS	JIS	ISO	AISI SAE ASTM	BS	DIN	NF (France)	GB (China)
SFCV 1			A668 class C				
2A			A105				
2B			A181 class60				
SFVA F1			A182 F1				
F2			F2				
F12			F12				
F11A			F11				
F22B			F22				
F5B			F5				
F9			F9				

주강품

KS	JIS	ISO	AISI SAE ASTM	BS	DIN	NF (France)	GB (China)
SCPH 2			A216 WCB		17245		
SCPH 11			A217 WC1		GS-22 Mo 4		
SCPH 21			WC6		GS-17 CrMo55		
SCPH 23			A356 Gr. 8		GS-17 CrMoV511		
SCPH 32			A217 WC9				
SCPH 61			A217 C5				
SCPL 1			A352 LCB				
SCPL 11			LC1				
SCPL 21			LC2				
SCPL 31			LC3				
SCS 13A (STS304)			A743 & A351 CF 8				
SCS 14A (316)			CF 8M				
SCS 16A (316L)			CF 3M				
SCS 19A (STS304L)			CF 3				
SCS 23			CN 7M				
SCS 24 (STS630)			A747 CB7Cu-1				

(계속)

KS	JIS	ISO	AISI SAE ASTM	BS	DIN	NF (France)	GB (China)
GC100	FC100		A48 No.20B	100	GG10	Ft 10D	HT100
GC150	FC150		25B	Grade150	GG15	FGL150	HT150
GC200	FC200		30B	220	GG20	FGL200	HT200
GC250	FC250		35B	260	GG25	FGL250	HT250
GC300	FC300		45B	300	GG30	FGL300	HT300
GC350	FC350		50B	350	GG35	FGL350	HT350
			55B	400	GG40	FGL400	
GCD400	FCD400		A356 60-40-18	SNG400/17	GGG40	FGS400-12	QT400-18
GCD500	FCD500		70-50-05	SNG500/7	GGG50	FGS500-7	QT500-7
GCD600	FCD600		80-60-03	SNG600/7	GGG60	FGS600-2	QT600-3
GCD700	FCD700		100-70-03	SNG700/2	GGG70	FGS700-2	QT700-2
GCD800	FCD800		120-90-02	800/2	GGG80	FGS800-2	QT800-2
							QT900-2
A1050	KS와 동일		1050	1050(1B)	A199.50	1050A	1A50
A1080				1080(1A)	A199.90	1080A	1A80
A2017				HF15	AlCuMg1	2017S	2A11
A2024			2124		AlCuMg2	2024	2A12
A2014			2014		AlCuSiMn	2014	2A14
A2018			2218				2A90
A2117			2036		AlCu2.5Mg0.5	2117	2A01

(계속)

KS	JIS	ISO	AISI SAE ASTM	BS	DIN	NF (France)	GB (China)
A5056	KS와 동일		5056	NB6	AlMg5		5A05
A5556				NG61			5A30
A5052		AlMg2.5	5052 A356.1	NS4	AlMg2.5	5052	5A02
A5083		AlMg4.5Mn0.7	5083				
A6061			6061 A413.0		GD-AlSi12		
A7075		AlZn5.5MgCu	7175 A380.1		GD-AlSiBCu3 AlZnMgCu1.5	7075	7A09
AC1B		AlCu4MgTi	204				
AC2B			319				
AC3A				LM6	G-Al12	A-S12-Y4	ZAlSi12
AC4A			GD-AlSI12	LM5	G-ALMG5	A-SU12	
AC4B			333				
AC4C		AlSi7Mg	356	LM25	G-AlSi7Mg		ZAlSi7Mn
AC4D		AlSi5Cu1Mg	355				
AC5A		AlCu4Ni2Mg2	242				
AC8A			332		G-Al12(Cu)		ZAlSi2Cu2MG1
AC8C							
			AMS R54520	TA14/17	TiAl5Sn2.5	T-A5E	
			AMS R56400	TA10-13/TA28	TiAl6V4	T-A6V	
			AMS R56401	TA11	TiAl6V4ELI		
					TiAl4Mo4Sn4Si0.5		

재료명	판재	봉재
SS400	760	
SPCC	930	
SECC	980	
SGCC	1,000	
STS201	2,700	
STS202	3,200	
STS304	3,500	
STS310S	11,000	
STS316	5,500	
STS420J2	4,000	
STS430	2,400	
SM25C	1,500	
SM45C	1,300	
SCr	1,600	
SCM21	1,700	
SNC		
SNCM	2,700	
STD11	6,000	
SKH	22,000	
A2024	8,400	6,700
A6061	6,200	5,200
A7075	12,000	7,800
황동	9,500	7,300
베릴륨동	34,000	

기계재료와 자동차[*]

1 자동차에 대한 요구

1. 사회가 자동차에 원하는 것

- 환경 부하 제로
- 교통사고 제로
- 교통체증 제로

2. 개인이 차에 원하는 것

- Fun to drive
- Excitement
- Comfortable

3. 자동차의 효용

- 사람과 물건의 이동 및 운반 기능 : 빠르게, 멀리, 확실히
- 사람의 거주 공간 : 사생활 보호, 쉬는 공간
- 소유와 운전의 기쁨
- 개인 활동 범위의 확대
- 경제 및 사회 활동 수단 제공

효용이 제약되지 않으면서 환경보전 및 자원 절약 등에 대응해야 지속성이 있다.

----

* 참고자료 : Kobe Steel Engineering reports
　　　　　　신일철 기보
　　　　　　Sanyo Technical reports

⊙ 2 자동차를 구성하는 재료

1. 자동차 재료

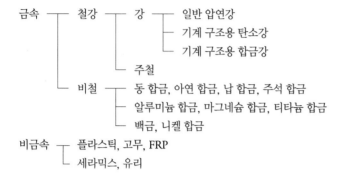

2. 자동차 재료에 요구되는 조건

- 대량을 안정되게 공급 가능할 것
- 재료 비용, 생산성(가공성) 및 균일성
- 환경 보존 : 환경 부하 감소, 리사이클

3. 재료별 주요 부품

재료명	주요 사용 부품
주철	실린더 블록 등 엔진 부품
일반 압연강	차체, 프레임, 차륜 부품
기계 구조용 탄소강, 합금강	기어, axle shaft, crank shaft, 연료 분사 장치
동 합금	전장품, radiator, 전선
납, 주석, 아연 합금	엔진 메탈류, solder, 장식 부품, 배터리
알루미늄 합금	피스톤, 실린더 헤드 등 에닌 부품, 휠, 차체
귀금속	배출가스 정화용 부품
합성수지	Steering wheel, 범퍼, 라디에이터 그릴, 램프
유리	Window, mirror
고무	타이어, 각종 seal 부품, 방진 부품
세라믹스	플러그, 전자부품, 센서, 배출가스 정화용 부품
섬유	시트, 내장재, 시트 벨트
피혁	시트, 패킹
종이	필터
목재	내장재

🛞 3 자동차의 과제와 재료

1. 배기가스 정화

1) 클린 에너지화

배출가스 규제 강화 : 저공해차(low emission vehicle)

(1) 클린 가스 자동차

수소, 메탄올, 천연 가스

(2) 전기 자동차

- 연료 전지 : 가스 개질-가솔린, 메탄올
  수소 탑재 : 수소 흡수 저장 합금이 고성능화
- 2차 전지 : 니켈-MH전지 : 수소 흡수 저장 합금이 고성능화
  기타 전지

2) 배기가스 정화

가솔린 차의 배기가스 정화와 연소 효율 향상을 위해서는 공연비 제어의 정밀화와 연소 고온화가 필요하며 이를 위해 O_2 sensor, 연소 분사 제어기기 및 배기계 재료로 내식 내산화강, 내식 연자성 강, 고내식 · 열내식강의 사용이 요구된다.

(1) 공연비 제어

O₂ 센서 : 내식성, 내산화성 강
연료 분사 제어 : 내식성, 연자성 강

(2) 촉매

3원 촉매

(3) 연소 고온화

- 배기 밸브의 내열성 : 고내열성 밸브용 강
- 배기 가스 고온화 대응 : 고내열 내식 스테인리스강

2. 연비 향상

CO_2 배출 감소

1) 엔진 효율 향상

(1) 하이브리드

(2) 연소 효율 향상

- 린번(lean burn) 엔진 : 내식성, 내산화성 강
- 직분사 엔진

(3) 엔진 주변 동력전달계의 마찰 손실 감소

- 저마찰화 : 표면 개질-표면 개질용 강의 개발
  자체 윤활 : 자기 윤활 재료의 개발
  　　　　　 표면 처리
- 운동 부품의 경량화 : 부품의 소형화-고강도, 고강성화
  　　　　　　　　 고강도 경량 재료-고강도 저가 경량재료

(4) 무단변속(CVT)화

내고면압, 고피로강도, 고인성

(5) 자동변속(AT) 다단화

2) 주행 저항 감소

차량의 중량은 부대장치, 즉 ABS, airbag, DPF(diesel particulate filter) 등과 하이브리드화 및 충돌 안전 기준의 엄격화 등에 따라 점차 증가하는 경향이다.

일반적으로 100kg 감소에 연비 1km/liter 개선되며 15g/km로 CO_2 배출량이 감소한다.

(1) 차 무게 경량화

- 부품의 소형화, 일체화
- 고강도 경량재료 적용 : 고장력 강판과 경량재료
- 중공화
- 치수, 강도 최적화 : 생산가공기술 개발(테일러드 블랭크, 하이드로포밍 Hot stamping, 이종 재료 접합기술 등)

(2) 공기 저항 감소

(3) 구름 저항 감소

3. 진동 소음 감소

1) 발생원 대책

(1) 기어 소음 감소

- 고강도 제진 재료
- 고정밀도화 : 가공정밀도 향상

열처리 변형 감소-연질화 처리, 불균일성 감소

2) 전달 경로 대책

감쇠, 흡음 : 제진 강판, 고감쇠형 주철

4. 환경부하물질 감소

1) 환경부하물질 감소

(1) 납 용출량 감소

- 납 대체 쾌삭강 개발
- 연료 탱크용 강판의 납 프리화
- Pb-free solder

2) 리사이클성 향상

1) 슈레더 더스트 처리

슈레더 더스트(schredder dust) : 자동차 및 가전제품 등을 공업용 schredder machine(파쇄기)으로 분쇄하여 철 등 재이용 자원을 회수한 다음 남는 유리 고무 등의 파편

- 더스트 발생량 감소
- 재자원화 기술

5. 안전성 향상

1) 예방 안전성

- ABS

  토크 센서 : 고강도 비자성 스테인리스강
- 각종 경보 제어 : 내식 연자성 스테인리스강

2) 충돌 안전성

- 충돌 안전 바디 : 고강도 강판
- 안전 벨트, 에어백 등

6. 가격 경쟁력 향상

1) 제조 비용 감소

(1) 자원 절약

- 합금 절약 : 강종 선정 최적화-저등급화

  붕소(boron) 활용

- 에너지 절약

   침탄 → 고주파 경화-고주파 경화성과 냉간 단조성의 양립

   열처리 생략, 감소-비조질강, 풀림, 불림 생략 강 : 제어 압연재

   열처리 시간 단축-신속 침탄강, 신속 연질화강
- 수율 향상

   불량률 감소

   절삭 생략-near net shape 가공-냉온 단조화-소재 고정밀화

(2) 공수 절감

- 공정 생략

   절삭 생략

   연삭 생략-고정밀도 성형

   　　　　열처리 변형 감소
- 가공성 향상 : 피삭성 개선 강

(3) 공정 비용 삭감

- 금형, 공구비 삭감 : 공구 수명 연장-장수명 고피삭성 공구강

2) 전략적 비용 절감

- 부품 공용화, 부품 개수 삭감
- 모듈화
- 국제적 기술 및 업무 제휴

⊕ 4　동력 전달계 부품용 재료

연비 향상에는 엔진 효율 향상과 주행 저항 감소의 두 가지 면이 있다. 전자에서 재료가 관련되는 것은 엔진 주변 동력 전달계의 마찰 손실을 줄이기 위한 피스톤, 커넥팅 로드, 크랭크 축 등 운동 부품의 소형화와 경량화이며 후자에서 관련되는 것은 차량 총중량의 70%를 차지하는 백색 차체(body-in-white)와 내외장 등의 경량화이다.

　차량 중량의 약 15% 정도를 차지하고 있는 동력 전달계통의 재료로는 기계 구조용 탄소강이나 합금강이 엔진부터 차륜까지, 스티어링부터 차륜의 동력 전달계 부품, 현가 장치 부품, 무단변속기 또는 다단변속기 등 일반 강재의 인장강도보다 2배 정도 높은 강도가 필요한 부품에 쓰이고 있다.

　여기서는 고강도화와 경량화가 중요한 과제이다. 부품군을 사용 재료의 특성에 따라 두 가지로 구분하면 (1) 직접 접촉에 의한 동력 전달 부품과 (2) 부품 사이를 연결하는 동력 전달 또는 하중 지지 부품으로 나뉜다. 동력 전달 부품을 다시 세분하면 (1) 내마모성, 높은 면압 강도, 높은 인성이 필요

하며 침탄 처리하는 것, (2) 내마모성과 높은 면압 강도가 필요하며 고탄소강을 열처리하는 것, (3) 이러한 요구가 다소 약해 중탄소강을 고주파 경화 처리하는 것으로 나뉜다.

동력 전달 또는 하중 지지 부품은 강도와 인성이 균형을 이루는 소위 강인강 적용 분야로 탄소강 및 합금강이 있다. 스프링강 및 비조질강도 여기에 속한다. 이들 분야에 대해 대표적인 경량 재료의 적용 가능성을 살펴보면, 직접 접촉에 의한 동력 전달 부품에 필요한 침탄 또는 고주파 처리에 의한 700HV 이상의 높은 표면 경도와 중심부의 인성을 모두 가진 경량 재료는 없다. 베어링강으로 대표되는 고탄소강의 침탄 경화 처리 용도에는 질화 규소 등의 세라믹스가 인성이 떨어지지만 경도 및 강성이 뛰어나 대체 가능하다.

조질강(비조질강) 분야에 대해서는 비강도, 비탄성률, 비피로한도로 평가하므로 티타늄 합금 및 CFRP는 합금강도 대체 가능하여 경량화가 가능하다. 알루미늄 합금은 요구 강도에 따라서는 탄소강에 대체 가능한 경우도 있다. 그러나 이들 경량 재료는 비용 면에서 아직 실용화·양산화는 극히 일부에 한정되어 있다.

결국 동력 전달 분야에서는 경량 재료가 강재를 대신할 여지는 적으며 강재 자체의 고강도화에 의한 경량화밖에 없다.

표 5A-1 동력 전달계용 재료

재료	밀도 (g/cm³)	비탄성률 (×10⁸mm)	비강도 (×10⁶mm)	비피로한도 (×10⁶mm)	표면경도 (HV)	적용 부품
SCr420 침탄 경화	7.87	26	22	11	700 이상	피스톤, 기어, CVT, 풀리, 디스크, 롤러, 스티어링 기어
SM53C 고주파			21	9	700 이상	크랭크 축, CVT 외륜, 구동축, 스티어링 랙, 허브 유닛
SM45C 조질			10	6	250	커넥팅 로드, 프로펠러 축, 암류, 휠 허브
SCM440 조질			17	10	400	너클 스핀들, 고부하 암류, 타이로드, 스태빌라이저, 스프링
STB 2 조질			23	11	700 이상	베어링
알루미늄 합금	2.7	26	14	4	200	어퍼 암
티타늄 합금	4.3	26	25	12	350	커넥팅 로드, 밸브 스프링, 리테이너, 밸브
CFRP	1.4	31	35	15	120	프로펠러 축
질화 규소 세라믹스	3.2	94	–	–	1,000 이상	베어링 볼

1. 경량화 대책

1) 고강도 기어

접촉형 동력 전달 부품인 기어에는 내면압 강도, 굽힘 강도 및 내충격성이 필요하므로 일반적으로 SCr420, SCM420 등 침탄강이 쓰인다. CVT(무단변속기) 내륜, CVT 풀리(벨트식) 및 디스크(트로이달식, troidal) 등도 같다. 경량화를 위한 고강도화 대책으로는 먼저 굽힘 피로 강도 및 면 피로 강도에 대응하는 적정한 경화 프로파일(표면 경도, 경화층 깊이, 중심부 경도)의 설정이 이루어진 위에, 고강도화에 기여하는 것으로서 압축 잔류 응력의 부여, 침탄층 자체의 강화 및 마이너스 요인(침탄 이상층, 비금속 개재물)의 감소 등을 들 수 있다.

(1) 굽힘 피로 강도

- 기존의 합금강을 기본으로 한 고강도화 : 가스 침탄에서는 입계 산화에 의해 그 근처의 규소, 망간, 크롬 등이 우선적으로 산화되어 경화성이 손실되어 불완전 경화 조직을 만든다. 이것이 침탄 이상층이며 하나의 표면 결함으로 굽힘 피로 강도를 저하시킨다. 방지책으로는 특히 산화되기 쉬운 규소, 망간을 줄이고 그에 따른 경화성 감소 분을 산화되기 어려운 니켈, 몰리브덴으로 치환하는 것이다. 니켈과 몰리브덴은 침탄층의 강인화에도 유효하므로 고강도 기어용 강의 기본 성분은 저규소-저망간-크롬 0.5~1%, 몰리브덴 0.4% 이상, 니켈 1~2%이다. 비교적 많이 쓰이는 것은 SCM822의 저규소형이다.
- 붕소(boron)에 의한 입계 강화, 티타늄 또는 니오븀 미세 석출물에 의한 분산 강화 등 미량 원소 첨가에 의한 고강도화 : 합금 원소의 고용 강화에 의한 한계를 해소할 가능성이 있는 것으로, 붕소에 의한 입계 강화 및 티타늄 혹은 니오븀 미세 탄화물 분산 강화를 활용한 침탄강이 검토되고 있다.

표 5A-2에 이강의 성분 및 재료 특성을 정리하였다.

표 5A-2 고강도 기어용 강의 성분 및 재료 특성

탄소	규소	망간	크롬	니오븀	티타늄	보론
0.18	0.28	1.2	0.47	첨가	첨가	첨가

시험 항목	개발 강	SCM420H
샤르피 충격 시험 충격값(J/cm^2)	13.4	7.5
3점 굽힘 시험 굽힘 강도(N/mm^2)	264	153
고노식 회전 굽힘 피로 시험 피로한도(N/mm^2)	696	666
롤러 피팅(pitting) 시험 10^7h 강도(N/mm^2)	2,695	2,450

　　각 강 모두 굽힘 피로 강도, 면 피로 강도, 정적 굽힘 강도 및 충격값 등 기어용 강의 필요 특성은 SCM420 강에 비해 좋다. 보론은 경화성을 향상시키는 원소라 그만큼의 합금 원소 감소가 이루어지므로 냉간 단조성은 오히려 SCM420 이상으로 보여진다. 또 티타늄 첨가 강에 대해서는 탄화티타늄(TiC) 양을 유지시켜 고온 침탄도 가능하게 되었다.

- 냉간 가공과의 조합에 의한 고강도화 : 표준 침탄강은 저탄소 크롬강 또는 크롬 몰리브덴강이며 뛰어난 냉간 단조용 강도 있다. 냉간 단조재의 침탄에서 오스테나이트 결정립의 이상 성장이 일어나기 쉬운 것은 잘 알려져 있다. 첫째 원인은 가열 시에 재결정 과정을 거치므로 매우 미세한 오스테나이트 결정립이 형성됨에 의한다. 거꾸로 말하면 냉간 단조재에서는 이 이상 성장만 방지하면 극미세립을 얻는 것이 가능하다.
- 피로파괴의 근본 원인인 비금속 개재물의 감소 및 그 영향의 정량화에 의한 고강도화 : 고경도재의 피로파면에는 물고기눈(fish eye)이라 불리는 원형 모양이 보이며 그 중심에 비금속 개재물(대부분은 산화물)이 있는 경우가 많다. 그러므로 강 중의 비금속 개재물의 양을 줄임에 의해 피로 강도가 향상된다.

(2) 치면 구름 피로 한도

기어의 내피팅성을 결정하는 것은 치면의 슬라이딩에 따른 구름 피로 강도이다. 설계값으로는 허용 면압이 반영된다. 치면 피로 강도를 강화하는 방법에는 다음과 같은 것들이 있다.

- 합금 원소(니켈, 크롬, 몰리브덴) 첨가에 의한 모재 강화
- 탄화물(질화물)에 의한 분산 강화 : 탄화티타늄(질화티타늄), 탄화니오븀(질화니오븀) 등
- 뜨임 저항성 부여
- 침탄 이상층 감소
- 비금속 개재물 감소
- 표면의 압축 잔류 응력 부여

2) CVT 외륜, 허브 유닛의 고강도화 - 고주파 경화강의 고강도화

기어와 같은 접촉 응력 전달이지만 기어만큼 인성을 요구하지 않고 면압 부하가 약간 가볍고 접촉부가 부분적으로 부피 강도로 되는 것(스플라인 축) 등에는 고주파 경화가 적용된다. 재료로는 필요한 경화층 깊이를 얻기 위해 0.45~0.58% 탄소강 및 합금강이 사용된다.

　　중심부의 적당한 강도와 인성의 균형을 잡는 데는 조질(담금 후 고온 뜨임) 처리가 바람직하지만 이 부품들은 비용 절감 요구가 강한 것 중 하나로 비조질강, 단조 상태대로 사용 또는 냉간 가공에 의한 경화 활용 등 조질 생략 쪽으로 이행되고 있다.

　　고주파 경화강에 있어서 고강도화 요인은 침탄 이상층 및 고농도 침탄이라는 침탄 고유의 항목을 제외하고 나머지는 침탄강과 같다.

3) 고가공성 무방향성 탄소강판

Ring gear, drive plate 등을 비용 절감을 위해 종래의 단조, 주조 공정으로부터 고탄소 냉연강판을 프레스로 성형 후 열처리하는 방법으로 제작하여 경량화한다.

2. 기어 소음 감소

기어 소음 감소를 위해서는 맞물림 정밀도를 올리지 않으면 안 되는데, 이를 전부 기어 연삭으로 대응하게 되면 비용 증가가 수반되므로 열처리 변형을 감소시켜야 한다는 요구가 생긴다. 기어 표면 경화 처리의 주류인 침탄에서, 목표 연삭비 내로 변형을 억제하기 위해서는 담금성 관리의 폭을 좁힘, 결정립도의 균일화, 편석의 균일화 등 편차 감소가 필요하다. 더 나아가 연삭 생략이 가능한 변태 없는 표면 경화법인 연질화로 침탄과 동등한 특성을 내는 강(신속질화성 고면압 질화강)의 개발 및 윤곽 고주파 경화법의 개발이 바람직하다.

1) 침탄 경화 처리 변형 감소

여기서의 변형에는 두 가지가 있는데, 하나는 강의 담금에서 불가피한 체적 팽창에 의한 치수 변화이며 또 하나는 이 치수 변화의 양이 불균일함에 따라 생기는 형상의 뒤틀림이다.

(1) 담금성 협폭 관리

침탄 기어에서의 치수 변화는 중심부의 체적 팽창량에 영향을 받는다(치 부위에서는 침탄층의 영향이 크다고 생각되지만). 중심부의 체적 팽창량은 마르텐사이트로의 변태 비율과 탄소 함유량에 따라 정해진다.

기어의 이뿌리 굽힘 피로 강도에는 적정한 중심부 경도가 있는데 그 오차폭을 ±5~6 HRC 정도로 하고 있다. 이것을 하한값 기준으로 ±2 HRC의 좁은 폭으로 관리하여 중심부 경도의 편차 감소뿐 아니라 저변형, 일정 변형화에 기여하는 것이 담금성 협폭 관리이다.

(2) 담금성의 불균일 감소

주로 형상 변형에 관한 부분으로 동일 강재에 있어 담금성의 불균일이 문제가 된다. 하나는 침탄 담금 시 오스테나이트 결정립도가 부분적으로 조대화하는 결정립의 이상 성장이며 주형의 형상에 의한 마크로 편석 패턴의 등방성 영향도 검토되고 있다.

침탄강에는 알루미늄과 질소에 의해 오스테나이트 결정립의 성장을 억제하는 기능을 가진 미세 분산 입자 AlN이 적정량 생성되도록 조정되어 있어 어느 일정 온도까지(일반적으로 침탄 온도보다 높다)는 문제가 없지만 성장 저지 조건을 벗어나면 급격히 결정립이 성장한다. 그런데 이 한계 온도가 조건에 따라서는 침탄 온도에 가까워지는 것이 문제이다. 냉간 가공재를 침탄 시 이 조건에 딱 맞는다.

3. 전기 자동차의 동력 전달계 재료

동력 전달계는 PDM(power delivery module), 모터, 인버터, 감속기로 구성되어 있다. 그중 가장 중요한 것이 모터이다. 모터는 소형 고출력이고 고효율 및 고속회전이 요구되므로 영구자석(NdFeB) 매입형 동기모터(interior permanent magnet synchronous motor)가 채용되고 있다. 모터에는 코일 동손(copper loss)과 코어 철손(iron loss)에 의한 발열로 자석이 고온에 노출된다. NdFeB 자석은 내열성이 높지 않으므로 디스프로슘(dysprosium, Dy)을 첨가하여 내열성을 높인다.

또한 모터의 소비전력을 줄이는 것은 전기 자동차의 항속거리 연장 및 하이브리드 자동차의 연비 향상으로 이어진다. 경부하 영역에서는 철손이 큰 부분을 차지하므로 고정자 코어(stator core)를 구성하는 전자강판의 철손을 줄여야 한다. 철손 중에서도 와전류 철손을 줄이기 위해 일반적으로 쓰이는 0.5mm, 0.35mm보다 얇은 0.3mm 이하 강판을 채용한다.

이 외에도 압분 자심(pressed powder, dust core) 및 철기 비정질 재료 등도 검토되고 있다.

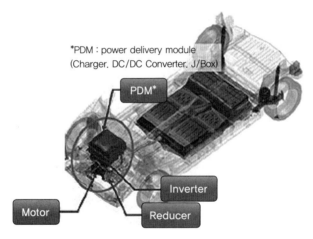

*PDM : power delivery module
(Charger, DC/DC Converter, J/Box)

PDM*

Inverter

Motor

Reducer

그림 5A-1 전기 자동차의 구조

🔘 5   자동차 차체용 고강도 강판

최근 자동차에 요구되는 운동 성능 향상 및 연비 향상, 에너지 절감 및 충돌 안전성 향상을 위한 차체 중량 증가에 대응하는 방법으로 고강도 강판의 적용이 진행되고 있다. 고강도 강판을 자동차 재료로 사용하기 위해 필요한 것은 재료의 특성 면에서는 높은 신율, 높은 연성 및 신장 플랜지성, 용접성을 얻기 위한 저탄소강화와 도장성 등이며 성형 가공기술 면에서는 성형 한계 저하에 의한 성형 가공의 어려움과 성형 후 탄성 회복(spring back)에 의한 치수 불량에 대한 대책 및 접합 기술 대책 등이다.

치수 불량에는 굽힘 각도의 변화, 휨 변형 등의 2차원 불량과 뒤틀림 변형 등의 3차원 불량이 있다. 성형 가공에 대한 대책에는 서보 프레스(servo press) 사용, 하이드로포밍(hydroforming, 튜브, 시트), 롤 포밍(roll forming) 적용 부품의 확대 및 성형 시뮬레이션의 적용 등이 있다. 접합 기술 대책으로는 기존의 점 용접에 대해서는 적정한 용접 조건 관리, 용접 데이터베이스 구축, 이음 강도 추정식 활용, 시뮬레이션의 고도화 등이 있으며, 새로운 용접법에 대해서는 레이저 용접의 적용을 들 수 있다. 레이저 용접은 연속 용접이 가능하여 차체의 굽힘 및 비틀림 강성을 향상시켜 보강부품 생략이 가능하고 리모트 용접에 의한 생산성 향상이 가능하다.

이러한 강판이 적용되는 부분을 크게 구분하면 패널계 부품, 구조 및 보강재 부품, 새시계 부품으로 분류한다. 적용 부품별 요구 특성을 정리하면 표 5A-3과 같다.

표 5A-3 고강도 강판 적용 부품

부품		Tension 강성	Dent resistance	부재 강성	내구 강도	동적 압지 강도
외판	Door outer 등	◎	○			
내판	Floor 등	◎		○	○	○
구조 부재	Front rail, rear pillar 등			◎	○	○
	Front side member, side seal 등			◎	○	◎
	Door guard bar 등			○	○	◎
바닥 하부재	Suspension arm, wheel disk 등			◎	◎	
판 두께 이외 특성을 지배하는 재료 인자		영률	항복 강도	영률	강도	강도

일반적으로 외판 패널에는 340MPa급, 필라, 멤버 등 구조부재에는 440~590MPa급, 보강재에는 1,000MPa를 넘는 초고강도강, 서스펜션 등 바닥 하부재에는 490~590MPa급 고장력 강판이 쓰이고 있다.

표 5A-4 용도별 인장강도

종류		인장강도(MPa)		용도
일반 냉연 강판		항복점		
	드로잉용(SPCD)	≤240	≥270	Floor, roof
	딥 드로잉용(SPCE, SPCF)	≤220		Fender, quarter panel
	초딥 드로잉용(SPCG)	≤190		내부 panel

(계속)

종류			인장강도(MPa)	용도
특수 냉연 강판				
	가공용 강판			
		일반용 : 가공성을 중시한 일반용으로 항복점이 낮고 지연 시효성을 가진 강판	≤195	Door, hood(bonnet) 등 얇은 드로잉 부품
		드로잉용		Side panel, floor
		초딥 드로잉용 : 극저탄소 냉연강판으로 가공성이 우수	≤175	Quarter panel, oil pan, high loof(웨건, 밴 지붕)
	고강도 강판			
		일반 가공용 : 굽힘 가공	390~590	각종 보강재, member, pillar, bumper
		드로잉 가공용	340~440	pillar, side sill, dash board
		딥 드로잉 가공용	340~440	hood outer, door outer, member, dash board
		저항복비(항복 강도/인장강도) 형	490~1180	member, door impact bar, bumper
		초연성형	590~780	member, pillar, side sill
가공용 고강도 열간 압연 강판 및 강대			490~780	member, wheel rim
저항복비 형 고강도 열연 강판 및 강대			540~590	wheel disk
고버링성 열연 강판			370~590	suspension, ring, arm
고잔류 오스테나이트 열연 고장력 강판			590~780	구조재 , 차축부
바닥용 강판(무늬목 강판)				step부

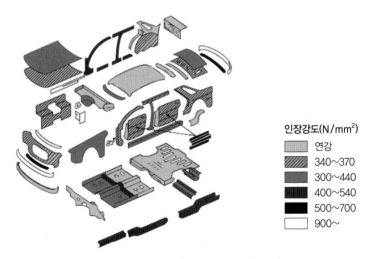

인장강도(N/mm²)

	연강
	340~370
	300~440
	400~540
	500~700
	900~

그림 5A-2 자동차의 재료 강도별 구성

1. 프레스 성형성

박 강판은 적용되는 각 부재에 요구되는 강도 특성 이외에 여러 가지 복잡한 형상에 대한 조형성이 강하게 요구된다. 자동차용 강판은 프레스 가공에 의해 최종적인 부재의 형상으로 성형되는 것이 일반적이며, 프레스 성형성은 그림 5A-3에 보이는 4종의 모드로 분류된다.

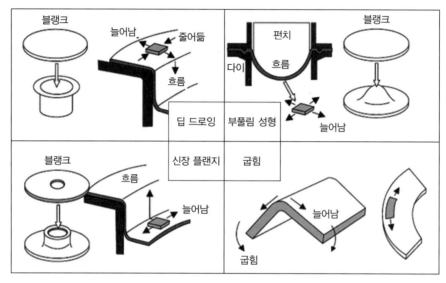

그림 5A-3 박판의 성형 모드

적당한 크기로 절단된 강판을 펀치와 다이 사이에 끼워 넣고 조형하는 프레스 가공은 컵 성형으로 대표되듯이 재료를 펀치와 다이 사이에 효율적으로 넣는 것에 의해 높은 성형 높이를 확보하는 딥 드로잉 성형, 판 두께를 감소키면서 풍선을 팽창시키는 요령으로 성형하는 신장 부풀림 성형, 타발한 구멍을 넓히는 요령으로 끝부분에 큰 인장 변형을 주는 플랜지 성형, 굽힘 성형 등으로 분류하며 실제 부품은 이들을 조합해 성형한다.

딥 드로잉 성형은 금형에 의해 비교적 강하게 끼워 넣어져 있는 플랜지 부의 체적이 감소하는 변형이므로 이 부분에서의 수축 변형이 필수이다. 이 같은 변형 특성은 예를 들면 원반 모양의 강판을 원통 컵 모양으로 성형할 때 한계 드로잉 비[성형 전 원반과 성형 후 원통의 직경 비로 나타내며 limiting drawing ratio(LDR)라 불린다]로 나타내며 강판의 소성이방성(r값)과 밀접한 관계가 있다. 자동차의 내·외판 패널 등에서는 특히 이 특성이 중요한 역할을 하며 강판 중의 탄소량 감소 및 티타늄, 니오븀 등을 써서 탄소, 질소를 석출물로 고정하는 방법 등이 채택되고 있다. 그러나 500MPa를 넘는 고강도 강판에서 r값을 높이는 것이 쉽지는 않다.

r값은 랭포드(Rangford)값을 의미하며 인장 시험에서 시험 편의 판 두께와 판 폭의 변화 비율을 나타낸다. r값은 1~3 정도인데 값이 클수록 프레스 성형성이 좋다.

$$r=\ln(w/w_0)/\ln(t-t_0)$$

부풀림 성형은 재료를 유입시키지 않고 판 두께를 감소시키면서 성형 높이를 확보하는 성형이며 한계 부풀림 높이(limiting dome height, LDH)에 의해 나타낸다. 한계 부풀림 높이는 강판의 연성, 특히 균일 신율과 강한 상관관계를 갖고 있다. 일반적으로 고강도일수록 부풀림 성형성은 떨어진다.

신장 플랜지 성형은 끝부분, 특히 타발 끝부분의 변형 성능을 나타낸다. 대표적으로는 원형으로 타발된 구멍을 원추 펀치로 넓히는 홀 확장 시험에 의해 평가된다. 원래 뚫려 있는 지름 d_0에 대한 최종 구멍 지름 d의 구멍 확대율($\lambda = 100 \times \frac{d-d_0}{d_0}\%$)이 그 지표로 쓰인다. 고강도 강판의 r값은 일반적으로 1.0 이하이므로 그 밖의 지배인자가 중요하게 된다. 신장 플랜지 성형성도 강판 강도의 상승과 함께 떨어지지만 금속 조직의 영향을 강하게 받으며 신장 플랜지 성형성 향상을 위해서는 금속 조직의 균일화 및 경질 상인 탄화물, 산화물의 감소, 미세 분산화가 중요하다.

굽힘 성형성은 매우 높은 강도에서 특히 문제가 된다. 신장 플랜지 성형과 같이 국소적인 대변형에 의한 파괴 현상으로 다뤄지므로 굽힘성 향상은 동일한 방향으로 생각할 수 있다.

1) 패널용 고강도 강판

패널계 부품은 딥 드로잉 성형이 필요한 경우가 많으며 고용 탄소, 고용 질소를 제강 단계에서 감소시킨 극저 탄소강에 티타늄 및 니오븀을 첨가하여 잔존하는 고용 탄소 및 질소를 석출물로서 고정한 IF(interstitial free)강이 많이 이용되고 있다. 이들 강에 대하여 열간 압연에서 저온 고압과 급랭에 의한 페라이트의 미세화, 고압 냉간 압연, 고온 풀림을 조합하여 평균 r값이 2.5, 가공 경화 지수 n값(클수록 프레스 성형성이 좋다)이 0.27인 높은 성형성을 가진 강판을 개발하였다. 이와 같은 고성형성 강판은 2개 이상의 부품을 일체화하여 성형함에 의해 금형 비용 및 접합 공정 생략에 의한 생산 비용 절감에 공헌한다.

(1) 고BH(bake-hardening) 강판

도어, 후드 및 트렁크 리드 등 외판 패널에는 재료의 영률과 판 두께 및 기하학적인 형상에 따라서 정해지는 인장 강성과 함께, 사람이 누르거나 작은 돌이 날아와 움푹 들어가는 것에 대한 저항(dent resistance)이 요구된다. 덴트 저항을 높이기 위해서는 항복 강도를 올리는 것이 효과적이다. 반면에 프레스 성형에 의한 면 응력 발생을 피하고 높은 정밀도를 얻기 위해서는 항복 강도를 240MPa 이하로 할 필요가 있다. 이와 같은 반대되는 요구를 만족하기 위해 프레스 시에는 낮은 항복 강도, 사용 시에는 높은 항복 강도를 보이는 강판으로 BH 강판을 개발하였다.

BH 효과란 강판 중에 고용 상태로 존재하는 탄소와 질소가 도장 후 굽기 처리(170℃에서 20분 유지) 중에 프레스 시 생긴 전위를 확산, 고착하여 항복점을 올리는 현상이다. 따라서 고용 탄소와 질소 양이 많을수록 높은 BH가 얻어진다. 그러나 강판 중에 잔류하는 고용 탄소와 질소는 실온에서 강판을 시효시켜 프레스 시에 스트레치 스트레인(stretched strain)이라 불리는 표면 결함을 일으킨다. 100℃에서 1시간의 촉진 시효 열처리를 실시한 후의 항복점 신장이 0.2% 이하라면 그 표면 결함이 실용상 문제가 되지 않으므로 실용 BH량은 30~50MPa 정도로 되어 있다.

극저탄소강을 기본으로 BH강판을 제조하는 방법은 두 가지로 탄소, 질소가 티타늄 및 니오븀 첨가량보다 과다하게 첨가되어 있는 경우와 반대인 경우가 있다. 전자는 고용 탄소가 제조 공정 중에 항상 존재하므로 그 존재에 의해 r값에 좋은 영향을 주는 집합 조직의 형성이 어려운 점이 있으며 후자는 BH성을 발휘하기 위해 풀림을 고온에서 처리하여 탄화물을 재고용시켜 최종 제품에 고용 탄소를 적정량 존재시킬 필요가 있다.

(2) 딥 드로잉 가공성이 뛰어난 고강도 강판

패널 부품에 보다 강도가 높은 강판을 적용하는 경우도 있는데, 니오븀-티타늄 첨가 극저탄소강을 기본으로 인, 망간, 규소에 의한 고용 강화를 통하여 440MPa급에서 전신율 38.3%, n값 0.24, r값 1.95라는 고가공성 고강도 강판이 그것이며, 티타늄으로 IF화한 강에 구리를 첨가하여 냉간 압연-풀림 처리에 의해 r값을 높인 후 600℃ 근처에서 구리의 석출 열처리를 실시하는 것으로 590MPa급에서 r값이 1.9인 고강도 고r 강판도 사용되고 있다.

그림 5A-4 딥 드로잉 성형성

2) 구조부재, 보강재용 고강도 강판

구조부재는 충돌 시에 탑승자를 보호하기 위한 부품에 많이 쓰이며 강화되는 안전 기준과 연비 개선에 대한 요구에 따라 최근 가장 고강도화가 진전되고 있다.

정면 충돌 시에는 프론트 사이드 멤버 등 구조부재의 좌굴, 굽힘 변형에 의해 충돌 에너지를 흡수하여 탑승자에 대한 충격을 완화하고 엔진 및 주변 부품의 캐빈 내 진입을 저지하여 탑승자의 생존 공간을 확보한다. 한편 측면 충돌 시에는 부재의 소성 변형은 탑승자의 생존 공간을 좁히므로 매우 강인한 구조로 캐빈 내 진입을 작게 해야 한다.

(1) 충돌 안전용 고연성 복합 조직 강판

충돌 시 에너지 흡수 능력이 요구되는 구조재 및 보강재는 복잡한 형상을 프레스 성형하기 위한 양호한 가공성이 필요하다. 높은 r값을 기대할 수 없는 고강도 강판에서는 연성에 의해 지배되는 부풀림 성형성이 중요하다.

연성은 일반적으로 강도 상승과 함께 떨어지지만 연질인 페라이트를 주상(main phase)으로 경질의 마르텐사이트 상을 섞은 DP(dual phase)강 및 저합금 TRIP(transformation induced plasticity)강은 석출 강화, 고용 강화, 변태 조직 강화한 같은 강도의 강판에 비해 높은 연성을 보인다.

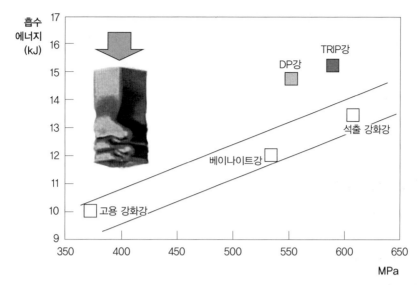

그림 5A-5 박육 각 파이프의 찌그러짐 에너지 흡수성

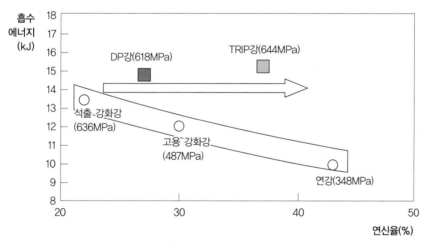

그림 5A-6 박육 각 파이프의 흡수 에너지와 연성

DP강은 종래의 강에 비해 연성이 큰 합금화 용융 아연 강판도 개발되어 신율이 좋고 내식성, 용접성 및 동적 강도 특성이 우수하여 차체 골격 부품에 실용화하고 있다.

TRIP강은 값이 싼 중탄소강을 이용하여 오스테나이트를 안정화한 저합금 TRIP강이다. 또한 TBF(TRIP aided bainitic ferrite)강은 내지연 파괴성(delayed-fracture resistance)이 좋은 980MPa급 강이다.

(2) 초고강도 강판

측면 충돌 대응 부품 및 범퍼 보강재 등에는 980MPa 이상의 초고강도 강판의 사용이 이루어지고 있다. 이 같은 초고강도 강판에는 연성과 동시에 굽힘성 및 신장 플랜지 성형성이 중요한 특성이다. 연성 향상을 위해서는 복합 조직화가 실시되며 1,180MPa까지의 냉간 압연 DP강이 실용화되어 있다. 그러나 굽힘성을 향상시키는 데는 연질 상과 경질 상의 복합화는 불리하며 조직의 균일화가 효과적이다.

3) 섀시계 부재용 고강도 강판

섀시계 부재는 강성과 함께 피로 및 부식에 대한 내구 수명이 요구되며 비교적 두꺼운 강판이 이용되므로 열간 압연 상태의 강판이 널리 쓰이고 있다.

(1) 고연성 열간 압연 강판

열간 압연인대로의 고강도 강판 중에서 가장 연성이 큰 강이 저합금 TRIP강이다. 열간 압연 TRIP강은 고연성이고 충격 에너지 흡수 능력이 뛰어나며 양호한 피로 내구성을 보이지만 버링(burring) 가공과 같은 신장 플랜지 성형성은 떨어진다.

(2) 고버링성 열간 압연 강판

암(arm)류 등 바닥 부품에는 타발 끝부분에 인장 변형이 가해지는 신장 플랜지 성형이 실시되는 경우가 많다. 신장 플랜지 성형성은 금속 조직이 균일할수록 좋으므로 페라이트＋베이나이트 또는 베이나이트 단독 상에 가까운 마이크로 조직을 가지는 고강도 강판을 개발하고 있다.

(3) 용접성이 뛰어난 고강도 강판

(4) 고피로강도 강판

휠 및 서스펜션 암 등 바닥 부품에는 높은 피로 내구성이 요구된다. 용접부, 타발 끝부분, 형상에 따른 응력 집중부에서 피로가 문제가 된다. DP강이 양호한 피로 내구성을 보인다.

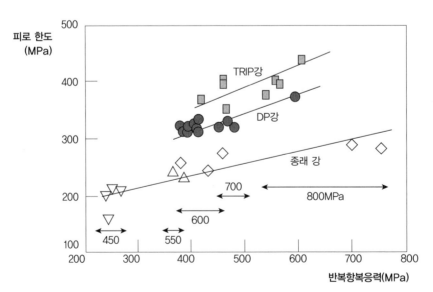

그림 5A-7 각종 고강도 강판의 피로 한도와 반복항복응력

⬡ 6   경량재료

자동차에 사용되는 경량재료에는 알루미늄 합금, 마그네슘 합금 및 합성수지 등이 있는데 강철에 비해 값이 비싸며 양산 시 가공 난도가 높아지고 품질 유지가 어려운 단점이 있다.

1. 알루미늄 재료와 가공 기술

자동차에의 알루미늄 재료 사용량은 매년 늘어나고 있다. 알루미늄 재료 사용의 주목적은 자동차 경량화인데 알루미늄재의 특성인 높은 열 전도율 및 복잡한 가공의 용이성 때문에 알루미늄 다이캐스팅 부품이 엔진 부품 및 휠 등에 사용되고 있으며 판재와 압출재는 열교환기에 사용되고 있다.

그림 5A-8에 보이듯이 자동차 차체에 알루미늄이 널리 사용된 것은 비교적 최근인데(양산 차종은 1985년 마쓰다의 RX-7의 후드가 최초), 이후 경량화를 위해 적용 확대가 불가피하다. 자동차 차체에는 판재의 사용이 주인데 이용을 늘리기 위해서는 새로운 재료 및 가공 방법의 개발이 필수적이다.

패널용 알루미늄 합금으로는 5000계(알루미늄-마그네슘계)와 6000계(알루미늄-마그네슘-규소계)가 주로 쓰인다. 알루미늄재는 강재에 비해 성형성(r값, n값, 신율, 탄성률, 강도)이 떨어지지만, 성형 시뮬레이션 등을 활용하여 적합한 가공 조건을 선정함에 의해 일반 부품은 물론 난이도가 높은 부품에도 알루미늄의 적용을 촉진할 수 있다. 고온에서의 높은 연성을 이용한 고온 블로(blow) 성형, 블랭크 주변부를 가열하여 부분적으로 재료 강도를 바꾸는 것에 의한 성형성 향상, 패드의 형상 최적화 및 분할 가동에 의해 블랭크에 걸리는 장력을 균일화하여 성형성을 향상시키는 연구 등을 들 수 있다. 또한 재료의 조직 제어 및 가공 공정 개선을 통한 헤밍(hemming) 가공성 개선, 서보 프레스 사용, 금형 윤활제, FEM 스프링 백 해석 등에 의한 성형성 향상도 이루어지고 있다.

현재 화이트인바디(white-in-body)의 구조는 모노코크(monocoque) 일체 구조로, 올 알루미늄 차체를 제외하고 알루미늄 재료를 쓰는 것은 어렵다. 이종 금속 접합기술과 도장 시 알루미늄과 강의 열

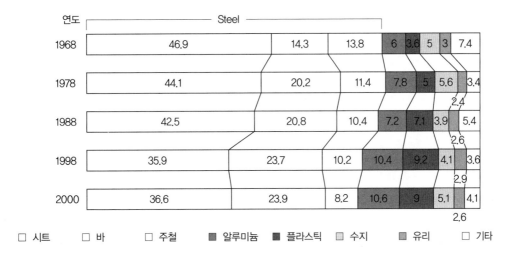

그림 5A-8 자동차 재료의 사용 비율 추이

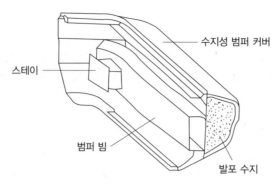

수지성 범퍼 커버

스테이

범퍼 빔

발포 수지

그림 5A-9 범퍼 구조

팽창 차이에 의한 변형에 대한 대책이 필요하다.

한편 범퍼 빔 및 도어 가드 바 등 자동차 안전 성능을 받쳐주는 부재에는 조종 안정성과 경량화 관점에서 적용이 검토되고 있는데 6000계, 7000계 알루미늄 압출재가 개발되고 있으며, 본체와의 결합 부재인 스테이(stay)에 있어 전자성형(electromagnetic forming)이 실용화되고 있다.

차륜 지지장치(suspension system)에는 6000계 합금의 단조 서스펜션 적용이 조종 안정성, 승차감, 내식성 향상 등의 관점에서 증가하고 있다.

알루미늄재의 접합 방법에는 저항 점용접, 메커니컬 클린칭(mechanical clinching) 등은 감소하고 SPR(self piercing rivet), MIG 용접 및 레이저 용접 등은 증가하고 있다. 서스펜션 부품에는 마찰 교반 용접, 패널 부품에는 마찰 교반 용접의 점용접 방식, 대기 중 전자빔 용접 등도 사용되고 있다.

2. 마그네슘 합금의 자동차 부품 적용 실용화 목록

전자제어 부품 케이스

Steering column lock housing

Cylinder head cover

Engine cam cover

Brake pedal support

Wheel

Oil fan

Seat frame base

Transmission case

Shift lever

Instrument panel

Air bag plate

Meter panel housing

Fender mirror

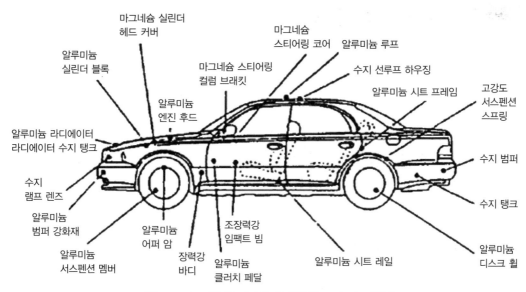

마그네슘 실린더
헤드 커버

알루미늄
실린더 블록

마그네슘 스티어링
컬럼 브래킷

알루미늄
엔진 후드

알루미늄 라디에이터
라디에이터 수지 탱크

수지
램프 렌즈

알루미늄
범퍼 강화재

알루미늄
서스펜션 멤버

알루미늄
어퍼 암

장력강
바디

알루미늄
클러치 페달

조장력강
임팩트 빔

마그네슘
스티어링 코어   알루미늄 루프

수지 선루프 하우징

알루미늄 시트 프레임

알루미늄 시트 레일

고강도
서스펜션
스프링

수지 범퍼

수지 탱크

알루미늄
디스크 휠

그림 5A-10 자동차 경량화 사례(출처 : 토요타 자동차)

3. 합성수지

내외장 부품, 엔진룸 내의 기능 부품, 전자 시스템, 연료 시스템, 안전벨트, 에어백

　PP 범퍼, 폴리아미드(나일론)제 흡기 매니폴드, HDPE제 연료 탱크

　GFRP, CFRP body : front hood, fender, door 등

　PC window : glass 대체 가능한가

　장점 : 경량, 연성, 성형성 우수, 디자인 자유도

　　　　　강도는 비슷함

　단점 : 상처나기 쉽다-hard coat 필요

　　　　　변형되기 쉽다-종탄성계수 2.3GPa vs. 70GPa

　　　　　온도 변화에 매우 민감하다-열팽창계수 70 vs. 9×10^{-6}/K

표면처리 강판

표면처리 강판이란 제강 회사에서 기존의 냉연 강판 등의 코일을 사용하여 미리 각종 표면처리를 하여 출하하고 이들 재료를 사용하여 제품을 만드는 회사는 부품 가공 후 별도로 표면처리를 할 필요가 없는 강판이다.

1 표면처리 강판의 종류

1. 용융 도금 강판

- 아연 도금
  - 합금화 : 도장 내식성, 용접성 우수, 도장 강판 용도에 적합
    세탁기, 에어컨 등의 외판, 섀시, 도어 셔터, 자동차 내·외판

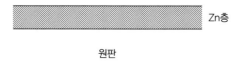

Zn-Fe 합금층

원판

  - 비합금화 : 내식성 우수
    자동차 외판, 집 외벽, 냉장고, 에어컨, 전자레인지 내판

Zn층

원판

- 알루미늄 도금 : 내열성, 내식성 우수
  자동차 배기 부품, 팬 히터에 사용
- 아연-5% 알루미늄 합금 도금 : 용융 아연에 비해 내식성 2~3배 우수
  도어, 섀시, 파이프에 사용
- 아연-55% 알루미늄 합금 도금 : 갈바륨 강판, 3~5배 내식성 우수
  도어, 섀시, 파이프에 사용

- 아연-11% 알루미늄-3% 마그네슘 합금 도금 : 아연계 고내식성 도금

  각종 건축용 기구, 자동차 부품에 사용
- 아연-마그네슘 도금 : 아연계 고내식성 도금
- 주석-납(납≥75%) 합금 도금 : 내식성, 연납접성 우수
- 주석-납(주석≥60%) 합금 도금

- 주석-아연 도금

2. 전기 도금 강판

- 아연 도금 : 가공성, 내식성, 도장성 우수

  자동차 내외판, 에어컨, 세탁기, 팬 히터에 사용
- 아연-니켈 합금 도금 : 가공성, 내식성, 용접성 우수

  자동차 내외판, 에어컨, 세탁기, 팬 히터에 사용
- 동 도금
- 니켈계 도금

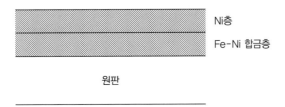

- 아연-주석-니켈 3층 도금 : 내식성, 프레스 가공성 우수

  자동차 외판에 사용

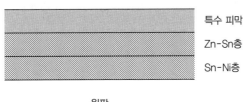

- 주석 도금
- 인산염 피막 아연 도금
- 전해 크롬산 처리(chromium plated tin free steel) : 비싼 주석 도금 강판 대체품

3. 도장, 피복 강판

- 아연 도금 도장
- 복합 도금 도장
- 알루미늄 도금 도장
- 염화 비닐 도장
- 도장(prepainted, precoated)
- 기능성 도장
- 라미네이티드(laminated)
- 법랑(porcelain enamel) : 이산화규소를 주성분으로 하는 유리질 유약을 피복하여 고온에서 구운 무기 피막 강판

4. 클래드 강판

✪ 2　도장 강판

미리 도장을 한 강판으로 이 강판을 쓰는 것에 의해 가전업체 등의 도장 공정 생략, 용접 생략 등에 의한 작업 환경 개선 및 폐기물 감소, 생산 리드타임의 감소, 도장 시 불량률 감소, 반제품 재고 삭감 등 여러 가지 효과를 얻을 수 있다.

　도막의 구조 제어에 의한 가공성과 경도 및 내오염성이 양립 가능한 도장 기술, 절단면의 내식성을 확보할 수 있는 도장 원판과 도료 개발, 용접을 대체할 수 있는 기계적 접합 기술 및 접착제 개발 등 도장 강판의 약점을 극복할 수 있는 기술의 개발에 따라 수요가 급속히 늘고 있다. 또한 아래와 같은 여러 가지 기능성 도장 강판도 개발되어 사용되고 있다.

1. 고흡열 도장

내측의 서비스 도막으로 흡열성 피막을 시행하는 것으로 DVD, PDP/ LCD TV, TV 튜너, AV 기기 커버에 사용된다.

2. 고반사 도장

92~98%의 높은 확산 반사율, 상도 도막으로 고반사막 실시
　조명 기구 반사판, 액정 TV 부품에 사용된다.

3. 셀프 클리닝 도장

친수성 도막으로 급탕기 외판, 에어컨 실외기 외판, 레인지 후드 등에 사용된다.

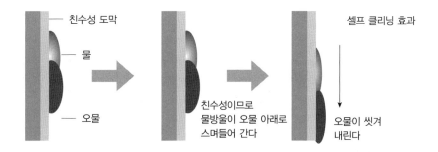

친수성 도막 — 물 — 오물 — 친수성이므로 물방울이 오물 아래로 스며들어 간다 — 셀프 클리닝 효과 — 오물이 씻겨 내린다

4. 고가공성 메탈릭 도장

굽힘, 드로잉 등 고가공용에 적합하다. DVD, PDP/ LCD TV, TV 튜너, AV 기기 커버 등에 사용된다.

5. 대전 방지 도장

정전기에 의한 먼지 부착을 최소화한다. 냉장고 측판 등에 사용된다.

6. 귤 껍질(orange peel) 도장

귤 껍질 표면처럼 도장 표면을 오톨도톨하게 하는 것으로, 에어컨 실외기 외판, 냉장고 측판, 세탁기 외판에 사용된다.

7. 돌, 나무, 가죽 무늬 도장

도장 강판의 대표적인 구조는 아래 그림과 같다.

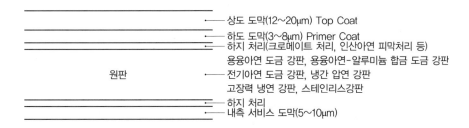

원판 ← 상도 도막(12~20μm) Top Coat — 하도 도막(3~8μm) Primer Coat — 하지 처리(크로메이트 처리, 인산아연 피막처리 등) 용융아연 도금 강판, 용융아연-알루미늄 합금 도금 강판 — 전기아연 도금 강판, 냉간 압연 강판 고장력 냉연 강판, 스테인리스강판 — 하지 처리 — 내측 서비스 도막(5~10μm)

도장 강판은 성형 가공 및 접합 시에 특별히 주의해야 하며, 성형 가공 시 주의할 점은 아래와 같다.

- 금형 설계 : 도장면에 닿는 부분은 경질 크롬 도금하는 것이 바람직하다.
- 틈새(clearance) : 일반적인 틈새보다 70% 정도 더 크게 한다.
- 누름 압력 : 표면이 미끄러우므로 누름 압력을 약간 강하게 한다.

부록 7 초합금의 종류

항공기 가스 터빈용 초합금	내열 합금	내식 합금	저팽창 합금		전열/저항 합금		전자재료 합금	
Inconel	Inconel	Inconel	Inconel 783		Nichrome		Nickel 201	
617	617	050	Incoloy			NCH 1	212	
625	625	625	903			1S	270	
625LCF	625LCF	625LCF	907			2	DF 16CN	
706	600	600	909			3	42CN	
718	718	718	NILO	INVAR			47CN	
718SPF	601	22	36	FN36		FCH 1	52CN	
HX	HX	686	365			2	MEN	Permaloy
X-750	X-750	690	42		CN 30		PB	45%
783	751	725	48		CONSTANTAN CN49		PC1	78%
Incoloy	601GC	C-276	K	KOVAR			PC2	
903	Incoloy	Incoloy	NI-SPAN-C902				PD	
907	DS	G-3	SuperINVARFN-315					
909	800	800						
A-286	A-286	020						
Nimonic	800HT	25-6Mo						
75	803	825						
80A	840	925						
Nimonic	Incoloy	Hastelloy						
86	864	C276						
90	330	C22						
105	Nimonic	B2						
115	75	Carpenter						
263	80A	20-C63						
901	90	Cupronickel						
PE16	Hastelloy X	7 : 3						
PK33		9 : 1						
Udimet alloy			등록 상표					
188			Inconel/Incoloy/Monel : Special Metal Co.					
500			Hastelloy : Heins Co.					
520			Kovar : Westinghous Co.					
720			Carpenter : Carpenter Co.					
D979								
R41								
Waspaloy								

각종 재료의 밀도, 열 전도율, 열팽창계수

재료	밀도	열 전도율	선팽창계수 ×10⁻⁶/℃	재료	밀도	열 전도율	선팽창계수
아연	7.13	97	33	석고	1.94	0.5	
알루미늄	2.7	175	23.6	토벽	1.28	0.59	
탄소강	7.8	39		소나무	0.78	0.15	
스테인리스강	7.82	14		라왕 합판	0.53	0.11	
동	8.96	332	16.8	노송	0.45	0.088	
황동	8.56	85	18~23	삼목	0.37	0.083	
납	11.34	30	29.1	연질 섬유판	0.24	0.051	
대리석	2.62	1.35	4	아스팔트루핑	1.02	0.09	
콘크리트	2.28	1.4	7~13	석면보온판	0.3	0.053	
경량 콘크리트	0.75	0.2		암면	0.07	0.054	
모래 모르타르	2.04	0.93		Glasswool	0.03	0.038	
석고 보드	0.754	0.18		glass면 보온판	0.02	0.034	
옻	1.32	0.6		발포 페놀	0.05	0.033	
창유리	2.59	0.76	9	발포 폴리에틸렌	0.03	0.026	
경량 콘크리트 블록	1.5	0.46		발포 폴리스티롤	0.03	0.047	

열 전도율 단위 : kcal/mhdeC

단열 성능의 표기

단열 성능	측정	무엇을 구하는가	결과	목적
열 전도율	재료의 온도 표면→ 이면	잃어버린 열량	비례정수값 λ가 작을수록 단열성이 큼	단열재료 선택
열 관류율	외기 온도 → 실내 온도	통과 열량 /℃, m2, hour	열 관류 저항값(R)이 높을수록 좋음 R : 열 관류율의 역수	단열 하지 재료 두께와 필요한 장수 계산

재료명		Machinability % (speed)	HRB	인장강도 (ksi)	UNS No.
Carbon & low alloy steel	B1112	100		120	
	12L14	197	84	60	
	1215	136	91	60	
	1137	82	88	55	
	1018	72	72	53	
	1045	45	84	45	
	H11	45	56HRC		T20811
	4340	39	40~60HRC	121	G43400
Stainless steel	310	44	78	30	S31008/09
	309	44	83	30	S30908
	321	45	82	30	S32100
	347	45	87	30	S34700
	446	45	85		S44600
	416 annealed	103	27HRC	49	S41600
	416 hardened	48	28HRC		S41600
	440C	39	56HRC		S44004
	303	62	91	30	S30300
	304/304L	55	92	30	S30400/03
	316/316L	61	92	30	S31600/03
	17-4 annealed	45	34HRC		S17400
	17-4 H1150	48	33HRC	125	S17400
	17-4 H1025	36	38HRC	165	S17400
	17-4 H1150	48	27	85	S17400
	15-5 annealed	45	33		S15500
	13-8 annealed	45	44		S13800
Super duplex	ZERON100	29	32HRC	80	S32760
	ZERON1000FG		32HRC	105	S32760

(계속)

	재료명	Machinability % (speed)	HRB	인장강도 (ksi)	UNS No.
duplex	2205	35	31HRC	65	
Titanium alloy	6-4	21		120	R56400
	6-4 ELI	21	30~34HRC	110	R56401
	6-4 STA	18		120~155	R56401
	Nitronic 50(XM-19)	17	96	55	S20910
	Nitronic 60	17	92	50	S21800
Nickel alloy	RA330	24	86	30	N08300
	RA333	14	76-95	39	N06333
	RA602CA	12		39	N06025
	600	18	85	35	N06600
	601	18	65	30	06601
	AL-8XN	42	90	45	08367
	625	12	24HRC	60	06625
	617	12	87	49	06617
	718AMS5662	18	37HRC	70	07718
	718NACE/API		32~40HRC	120~145	07718
	Nickel 200/201	112	45~75	55	02200/1
	MONEL 400	39	60-80	15	04400
	ALLOY 20	39	94	35	08020
	K500 annealed	36		40	05500
	K500 aged	15		85	05500
	825	18	135~165	35	08825
	800 H/AT	18	70	25	08811
	X-750	12	65	123	07750.
	Waspaloy	12	38HRC	120	07001
	C-276	12	87	41	10276
	C-22	12	75~90	47	06022
	B2/B3	11	60~80	39	C10200
	G-30	10	90	45	06030
	N155	11	92	57	R30155
	X	12	96		06002
	INVAR36	25	80	35	K93600

Rockwell C Scale HRC	Vickers HV	Brinell(HB)		Rockwell		Rockwell Superficial			Shore HS	인장강도 (N/mm²)
		표준구 HBS	WC구 HBW	A Scale HRA	B Scale HRB	15-N HR15N	30-N HR30N	45-N HR45N		
68	940			85.6		93.2	84.3	75.4		
67	900			85.0		92.9	83.6	74.2	95.2	
66	865			84.5		92.5	82.8	73.3	93.1	
65	832		739	83.9		92.2	81.9	72.0	91.0	
64	800		722	83.4		91.8	81.1	71.0	88.9	
63	772		705	82.8		91.4	80.1	69.9	87.0	
62	746		688	82.3		91.1	79.3	66.6	85.2	
61	720		670	81.8		90.7	78.4	67.7	83.3	
60	697		654	81.2		90.2	77.5	66.6	81.6	
59	674		634	80.7		89.8	76.6	65.5	79.9	
58	653		615	80.1		89.3	75.7	64.3	78.2	
57	633		595	79.6		88.9	74.8	63.2	75.6	
56	613		577	79.0		88.3	73.9	62.0	75.0	
55	595		560	78.5		87.9	73.0	60.9	73.5	2075
54	577		543	78.0		87.4	72.0	59.8	71.9	2015
53	560		525	77.4		86.9	71.2	58.6	70.4	1950
52	544	500	512	76.8		86.4	70.2	57.4	69.0	1880
51	528	487	496	76.3		85.9	69.4	56.1	67.6	1820
50	513	475	481	75.9		85.5	68.5	55.0	66.2	1760
49	498	464	469	75.2		85.0	67.6	53.8	64.7	1695
48	484	451	455.0	74.7		84.5	66.7	52.5	63.4	1635
47	471	442	443	74.1		83.9	65.8	51.4	62.1	1580
46	458	432	432	73.6		83.5	64.8	50.3	60.8	1530
45	446	421	421	73.1		83.0	64.0	49.0	59.6	1480
44	434	409	409	72.5		82.5	63.1	47.8	58.4	1435
43	423	400	400	70.0		82.0	62.2	46.7	57.2	1385
42	412	390	390	71.5		81.5	61.3	45.5	56.1	1340
41	402	381	381	70.9		80.9	60.4	44.3	55.0	1295
40	392	371	371	70.4		80.4	59.5	43.1	53.9	1250
39	382	362	362	69.9		79.9	58.6	41.9	52.9	1215
38	372	353	353	69.4		79.4	57.7	40.8	51.8	1180

Rockwell C Scale HRC	Vickers HV	Brinell(HB)		Rockwell		Rockwell Superficial			Shore HS	인장강도 (N/mm²)
		표준구 HBS	WC구 HBW	A Scale HRA	B Scale HRB	15-N HR15N	30-N HR30N	45-N HR45N		
37	363	344	344	68.9		78.8	56.8	39.6	50.7	1160
36	354	336	336	68.4	109.0	78.3	55.9	38.4	49.7	1115
35	345	327	327	67.9	108.5	77.7	55.0	37.2	48.7	1080
34	336	319	319	67.4	108.0	77.2	54.2	36.1	47.7	1055
33	327	311	311	66.8	107.5	76.6	53.3	34.9	46.6	1025
32	318	301	301	66.3	107.0	76.1	52.1	33.7	45.6	1000
31	310	294	294	65.8	106.0	75.6	51.3	32.5	44.6	980
30	302	286	286	65.3	105.5	75.0	50.4	31.3	43.6	950
29	294	279	279	64.7	104.5	74.5	49.5	30.1	42.7	930
28	286	271	271	64.3	104.0	73.9	48.6	28.9	41.7	910
27	279	264	264	63.8	103.0	73.3	47.7	27.8	40.8	880
26	272	258	258	63.3	102.5	72.8	46.8	26.7	39.9	860
25	266	253	253	62.8	101.5	72.2	45.9	25.5	39.2	840
24	260	247	247	62.4	101.0	71.6	45.0	24.3	38.4	825
23	254	243	243	62.0	100.0	71.0	44.0	23.1	37.7	805
22	248	237	237	61.5	99.0	70.5	43.2	22.0	36.9	785
21	243	231	231	61.0	98.5	69.9	42.3	20.7	36.3	770
20	238	226	226	60.5	97.8	69.4	41.5	19.6	35.6	760
18	230	219	219		96.7				34.6	730
16	222	212	212		95.5				33.5	705
14	213	203	203		93.9				32.3	675
12	204	194	194		92.3				31.1	650
10	196	187	187		90.7				30.0	620
8	188	179	179		89.5					600
6	180	171	171		87.1					580
4	173	165	165		85.5					550
2	166	158	158		83.5					530
0	160	152	152		81.7					515
	150	143	143		78.7					490
	140	133	133		75.0					455
	130	124	124		71.2					425
	120	114	114		66.7					390
	110	105	105		62.3					
	100	95	95		56.2					
	95	90	90		52.0					
	90	86	86		48.0					
	85	81	81		41.0					

✿ 저자 소개

이건이

서울대학교 기계설계학과 학사
기업 실무 경력 35년
현재 건국대학교 기계공학부 겸임교수

최 영

서울대학교 기계설계학과 학사
KAIST 기계공학과 석사
미국 카네기멜론대학교 공학 박사
현재 중앙대학교 기계공학부 교수